力学丛书·典藏版 33

边界层理论

（下册）

H. 史里希廷 著

徐燕侯 徐书轩 马晖扬 译

蔡树棠 校

科学出版社

1991

内 容 简 介

本书是世界名著，中译本分上、下册出版。下册包括原书的第三、四部分，即转捩和湍流边界层。书中系统地讨论了层流向湍流的转变、压力梯度等因素对边界层转捩的影响以及二维、三维、可压缩与不可压缩湍流边界层。

中译本下册第十六、十七章由马晖扬翻译；第二十、二十一章由徐书轩翻译；第二十二、二十三、二十四章由徐燕侯翻译。最后由蔡树棠教授审定。

本书可供力学、航空航天、造船、机械、动力、气象、海洋学和海洋工程等领域的大学生、研究生、教师、技术人员和科研人员参考。

图书在版编目 (CIP) 数据

边界层理论. 下册／（德）史里希廷（Schlichting，H.）著；徐燕候，徐书轩，马晖扬译. —北京：科学出版社，1991.2
（力学名著译丛）
ISBN 978-7-03-001872-4
I. ①边… II. ①史… ②徐… ③徐… ④马… III. ①边界层理论
IV. ① O357.4

中国版本图书馆 CIP 数据核字（2016）第 018678 号

责任编辑：朴玉芬　李成香 / 责任校对：邹慧卿
责任印制：赵　博 / 封面设计：陈　敬

科学出版社出版
北京东黄城根北街 16 号
邮政编码：100717
http://www.sciencep.com
北京天宇星印刷厂印刷
科学出版社发行　各地新华书店经销
*
1991 年 2 月第　一　版　开本：850 × 1168 1/32
2025 年 2 月第六次印刷　印张：13 3/8
字数：353, 000
定价：118.00 元
（如有印装质量问题，我社负责调换）

目　　录

第三部分　转　　捩

第四部分 湍流边界层

下册数值表目录

第三部分 转 捩

第十六章 湍流的起源 I

有关的实验结果。稳定性理论基础及对平板边界层的实验验证

引言. 本章及下一章专门论述有关从层流向湍流转捩的各种问题. O. Reynolds 在上一世纪 80 年代所进行的染色液实验是转捩现象的第一个**实验**结果，在第二章 c 中已经提到过并且画在图 2.22 中. O. Reynolds 和 Lord Rayleigh 提出了分析转捩问题的基本理论思想，概括来说，就是转捩构成了层流稳定性中的一个问题(Reynolds 假设). 经过几十年艰苦的努力，终于在观察到转捩现象的半个世纪以后，转捩问题的**理论**研究取得了决定性的突破. 这一成就表现为 Goettingen Prandtl 学派于 1930 年左右建立了流动稳定性理论. 1940 年 H. L. Dryden和他的合作者以非常精细的实验成功地证实了上述理论. 在 1930 年至 1970 年这段时间内，关于转捩的全部知识，无论是在实验方面还是理论方面，都成功地被扩展了.

近二十年来在该领域中出现了大量的总结性著作. 按照时间的先后，它们是: 1959, H. L. Dryden[20a]; 1959, H. Schlichting[79]; 1961, W. Tollmien 和 D. Grohne[102]; 1963, J. T. Stuart[91]; 1964, S. F. Shen(沈申甫)[85a]; 1969, I. Tani[96]; 1969, M. V. Morkovin[61a]; 1976, E. Reshotko[70a]. 前不久，AGARD 流体动力学小组召开的“层流向湍流转捩”会议反映了这个领域研究的近况. 这次会议于 1977 年 5 月在 Copenhagen 举行，会议录见 AGARD 会议录 No. 224[1a].

a. 层流向湍流转捩的一些实验结果

1. 管道流动中的转捩 真实流体的流动常常不同于以上各章所研究的层流。它们呈现出称为**湍流**的特征。当 Reynolds 数增加时，内部流动和在固体表面形成的边界层流动都明显地经历从层流向湍流流态的转捩。湍流的起源以及伴随着的从层流向湍流的转捩对整个流体力学学科都是极其重要的。湍流的出现首先是在直管道和直槽内的流动中观察到的。在很低的 Reynolds 数下通过等截面、光滑壁面直管道的流动中，每一个流体质点都沿直线匀速地运动。粘性力使靠近壁面的流体质点运动得慢一些。流动是很有规则的，各流体质点分别沿着毗邻的各层前进(层流)，见图 2.22(a)。然而，观察表明，这一有序的流动图象在较高 Reynolds 数时不复存在(图 2.22(b))，并且出现了所有流体质点的强烈混合。正如 O. Reynolds[71] 首先指出的那样，在管道流动中引入一股细的染色液体可以将混合过程显示出来。只要流动是层流，这条染色液的细线沿整个流动保持着清晰确定的边界。一旦流动成为湍流，染色液体就扩散到流场中，在下游很短的距离内使流体均匀地染色。此时，在沿管轴方向的主运动上叠加着与轴线垂直的附加运动，引起流体混合。在一个固定点上，流线的图象持续地发生脉动，附加的运动导致横向的动量交换，这是因为在发生混合时，每一个流体质点基本上保持它向前的动量，结果，沿横截面的速度分布在湍流中要比在层流中均匀得多。两种流态测量的速度分布画在图 16.1 中，这里两种流动的质量流量是一样的。

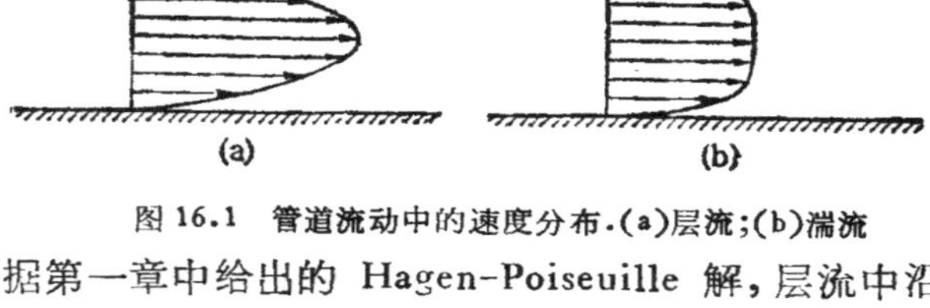

图 16.1 管道流动中的速度分布.(a)层流;(b)湍流

根据第一章中给出的 Hagen-Poiseuille 解，层流中沿横截面的速度分布是抛物线(见图 1.2)，但是在湍流中，由于沿横向的动量交换，速度分布变得相当均匀．更仔细的研究表明湍流的最基本特征在于这样一个事实：在某一给定点上，速度和压力不再是常数，而是随时间显示出极不规则的高频脉动(图 16.17)．给定点上的速度只有在较长的时间间隔内取其平均值，才能认为是不变的(准定常流动)．

O. Reynolds[71] 首先对这两种本质上不同的流态进行了系统的研究．他也是第一个深入研究从层流向湍流转捩过程的人．上面提到的染色液实验就是他用来进行这方面研究的，他发现了现在以他的名字命名的相似律，即从层流向湍流转捩总是发生在几乎相同的 Reynolds 数 $\bar{w}d/\nu$ 时，其中 $\bar{w}=Q/A$ 是平均流速($Q=$体积流量，$A=$ 横截面积)．发生转捩的 Reynolds 数的值（临界 Reynolds数)近似地确定为

$$\mathbf{R}_{crit}=(\bar{w}d/\nu)_{crit}=2300. \tag{16.1}$$

因此，Reynolds 数 $\mathbf{R}<\mathbf{R}_{crit}$ 的流动认为是层流，$\mathbf{R}>\mathbf{R}_{crit}$ 的流动认为是湍流．临界 Reynolds 数的数值非常强烈地依赖于某些条件，主要是管道进口段的长度以及来流的条件． Reynolds 甚至设想过，当减小管道入口前流动的扰动时，临界 Reynolds 数会增加．H. T. Barnes 和 E. G. Coker[1b]，以及稍后的 L. Schiller[80] 用实验证实了这一事实，L. Schiller 得到的 Reynolds 数的临界值高达 20000．V. W. Ekman[24]利用一个几乎不引起扰动的进口段，成功地保持流动为层流，直到临界 Reynolds 数高达 40000．若极其小心地排除进口的扰动，临界 Reynolds 数的上限是多少，至今尚不知道．然而，如许多实验证实的那样，$\mathbf{R}_{crit}$ 的下限是存在的，约为 2000．低于该值，即使存在非常强烈的扰动，流动仍保持为层流．

从层流向湍流的转捩过程伴随着阻力规律明显的变化．在层流中，维持运动的轴向压力梯度与速度的一次方成正比(参阅第一章 d)；对比之下，湍流中的压力梯度变得几乎和平均速度的平方成正比．流动阻力的增加起因于湍流的混合运动，从图 20.1 可以看出管内摩擦律的变化规律．

转捩过程的深入研究揭示出，在临界 Reynolds 数附近的某一范围内，流动变成“间歇性”的，即它在层流和湍流之间交替变化．在图 16.2 中，沿圆管径向不同距离处的测量结果表示出在这个 Reynolds 数范围内流速随时间的变化，测量是在 1956 年由 J. Rotta[75] 做的．速度曲线表明层流和湍流随机地依次出现．在靠近中心线的位置上，层流的速度超过湍流速度的时间平均值；在靠近管壁的位置上，情形恰好相反．由于实验过程中在长时间范围内谨慎地保持流量不变，由此可以得出结论：在间歇性流动区域内，速度分布交替变化，一会儿是发展了的层流分布，一会儿是充分发展的湍流分布，分别如图 16.1(a)和 16.1(b)所示．这种流动的物理本质可以恰当地用间歇因子 γ 来描述，该因子定义为，在某一确定位置上流动保持为湍流的时间的比例．因此，$\gamma = 1$ 对应着连续的湍流，$\gamma = 0$ 对应着连续的层流．在图 16.3 中画出了对于不同的 Reynolds 数，间歇因子随轴向距离 x 变化的曲线．当 Reynolds 数不变时，间歇因子随着距离的增加而连续地增加．转

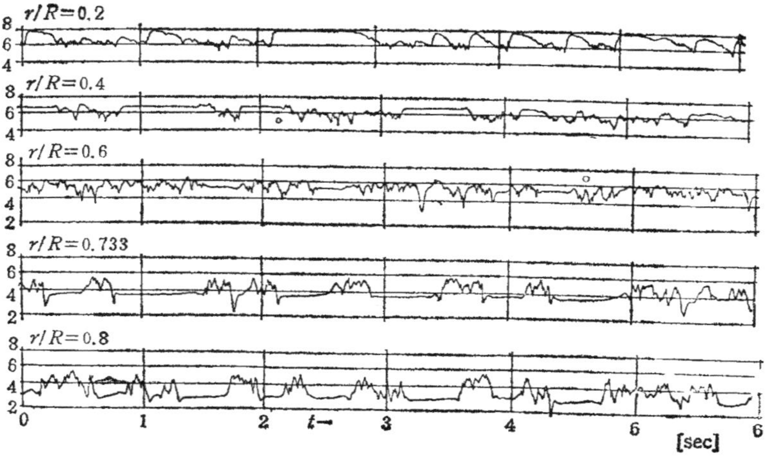

图 16.2 圆管转捩区内，离管轴不同距离处流速随时间的变化，根据 J. Rotta[75] 的测量. Reynolds 数 $\mathbf{R} = \bar{w}d/\nu = 2550$；轴向距离 $x/d = 322$；$\bar{w} = 4.27\text{m/s}$ ($= 14.0\text{ft/s}$)；速度的单位是 m/s. 使用热线风速计得到的速度曲线显示了在层流和湍流随时间依次交替阶段流动的间歇特性

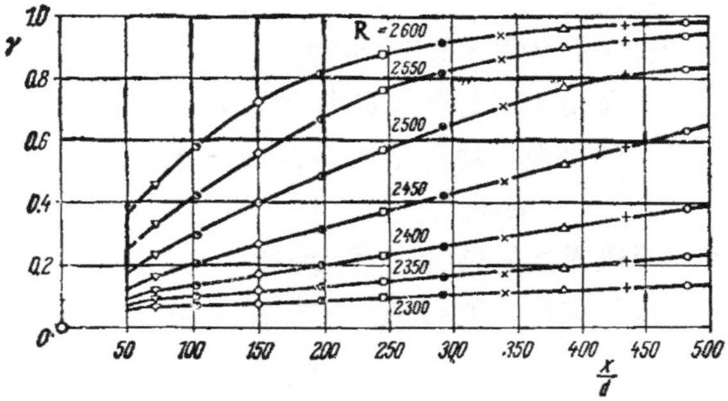

图 16.3 对不同的 Reynolds 数 **R**，圆管流动转捩区的间歇因子 γ 随轴向距离 x 的变化，根据 J. Rotta[75] 的测量

这里 $\gamma = 1$ 表示连续的湍流，$\gamma = 0$ 表示连续的层流

捩是在 Reynolds 数从 $\mathbf{R} = 2300$ 至 2600 范围内完成的. 当 Reynolds数接近转捩 Reynolds 数的下限时，流动延伸到很长的距离，才转捩成充分发展的湍流，该距离可达直径的数千倍. 最近，J. Meseth[60] 进一步充实了这类测量结果.

2. 壁面边界层内的转捩 正如已经指出的那样，边界层中的流动也会经历转捩. 不过，发现这个事实要比发现管内流动的转捩迟得多. 绕流物体周围的整个流场，特别是作用在物体上的力，强烈地依赖于边界层内流动是层流还是湍流. 绕流物体壁面边界层的转捩受到许多参数的影响，其中最重要的是外流中的压力分布、壁面特性(粗糙度)及来流中扰动的性质(湍流度).

钝头体. 与边界层转捩有关的，特别值得注意的现象发生在钝头体，例如球或圆柱. 由图 1.4 和 1.5 可见，球或圆柱的阻力系数在 Reynolds 数 $\mathbf{R} = VD/\nu$ 约为 3×10^5 时骤然减小. G. Eiffel[23] 首先注意到球的阻力系数突然下降是边界层转捩的结果. 转捩使分离点向下游移动，显著地减小了尾迹的宽度. L. Prandtl[41] 将一细线圈安装在球的最大迎风面前面一点，证实了这种解释的正确性. 在低 Reynolds 数时，这种作法使边界层人为地变成湍流，从而阻力下降，犹如 Reynolds 数增加时发生的情形一样. 图 2.24 和 2.25 的烟流照片清晰地显示出圆球尾迹的范围：在亚临界流态，尾迹宽，阻力大；在超临界流态，尾迹窄，阻力小，其中后一种流态是用 Prandtl 的“绊线”产生的。这些实验明确地证实了圆球阻力曲线的突变是由于边界层的作用，并且是由转捩引起的。

平板. 零攻角平板上边界层的转捩在一定程度上比钝头体的要容易理解。J. M. Burgers[6], B. G. van der Hegge Zijnen[41] 首先研究了平板边界层的转捩过程，此后 M. Hansen 以及 M. L. Dryden[16,17,18] 作了更深入的研究。根据第七章，平板边界层厚度的增长正比于$\sqrt{x}$，此处 x 表示离前缘的距离。前缘附近的边界层总是层流1)，在下游才变成湍流。对具有尖前缘的平板，在通常的气流条件下(即湍流度 $\mathbf{T} \approx 0.5\%$)，转捩发生在离前缘为 x 处，由下式决定：

$$\mathbf{R}_{x,\text{crit}} = \left(\frac{U_\infty x}{\nu}\right)_{\text{crit}} = 3.5 \times 10^5 \text{至} 10^6.$$

和管内流动一样，对于平板，如果是无扰动的外流（非常低的湍流度)，临界 Reynolds 数可以提高，参见第十二章 d2.

研究边界层内的速度分布最容易觉察出它的转捩。如从图 2.23 中看到的，边界层厚度突然增加明显地标志着它的转捩。在层流边界层中，无量纲边界层厚度 $\delta/\sqrt{\nu x/U_\infty}$ 保持不变，并且近似地等于 5。在图 2.23 中已经画出了无量纲边界层厚度随长度 Reynolds 数 $\mathbf{R}_x = U_\infty x/\nu$ 变化的曲线，当 $\mathbf{R}_x > 3.2\times10^5$ 时，边界层厚度的突然增加清晰可见，转捩还包含着速度分布曲线形状的显著变化。以 G. B. Schubauer 和 P. S. Klebanoff[83] 在湍流度非常低的流动中进行的测量为基础，在图 16.4 中画出了转捩区中速度剖面的变化。可以看到，在该情形下，转捩区从 Reynolds 数约为 $\mathbf{R}_x = 3 \times 10^6$ 延伸至 4×10^6。在这个范围内，边界层速度剖面从充分发展的层流剖面（如 Blasius 计算的那样）变成充分发展的湍流剖面（见第二十一章）。如图 16.5 所示，形状因子

1) 假定没有前缘分离，如果不采取预防措施来抑制的话，有限厚度的平板可能发生前缘分离，这些留到以后予以解释.

$H_{12}=\delta_1/\delta_2$ 在转捩过程中减小很多，其中 δ_1 表示位移厚度，δ_2 是动量厚度。在平板的情形下，形状因子从层流流态的 $H_{12}\approx2.6$ 减小到湍流流态的 $H_{12}\approx1.4$。

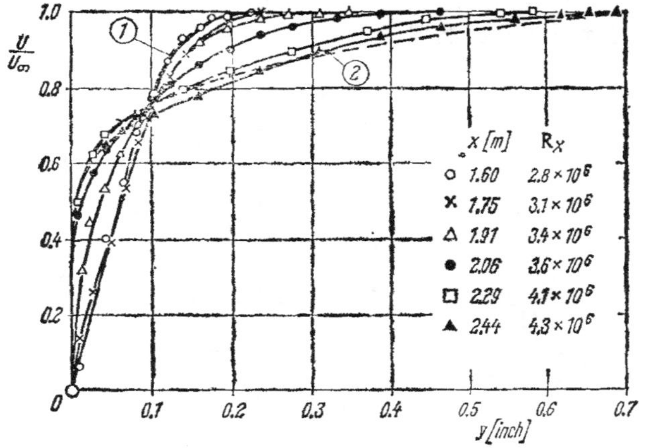

图 16.4 平板边界层转捩区的速度剖面，根据 Schubauer 和 Klebanoff[85] 的测量结果. (1)层流，Blasius 剖面；(2)湍流，1/7 次幂律，$\delta=17$mm(=1.36in)，外流速度 $U_\infty=27$m/s(89ft/s)；湍流度 T = 0.03%

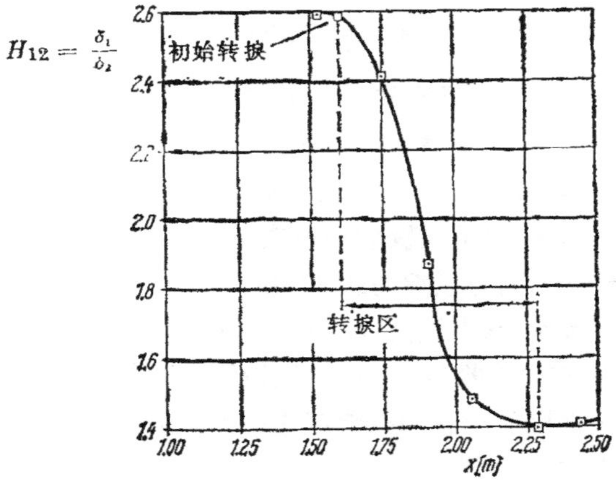

图 16.5 平板边界层转捩区的形状因子 $H_{12}=\delta_1/\delta_2$，根据 Schubauer 和 Klebanoff 的测量结果，引自文献[65]

利用转捩区速度分布的这种变化可以方便地确定转捩点，更确切地说是确定转捩区，其原理可用图 16.6 来解释．一个总压管或者 Pitot 管平行于壁面移动，它离壁面的距离对应于层流和湍流速度相差最大的地方．当管子向下游移动穿过转捩区时，它表示出总压或动压非常突然地增加．

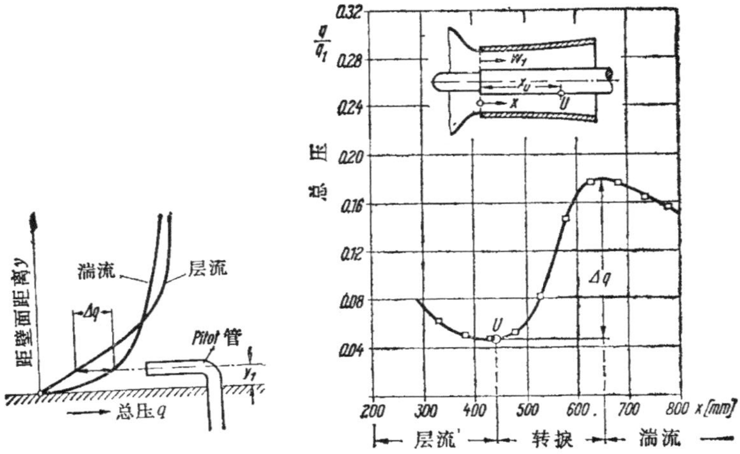

图 16.6　用总压管或 Pitot 管确定转捩点位置方法的示意图

平板上的转捩还涉及到流动阻力（即表面摩擦力）很大的变化．在层流中，表面摩擦力正比于速度的 1.5 次方（见式(7.33)），而在湍流中，则增加到 1.85 次方． W. Froude[29] 在很久以前曾进行过高 Reynolds 数下平板的拖曳实验，证实了这一点．关于这方面，读者愿意的话，可以参考图 21.2．

H. W. Emmons[25] 以及 G. B. Schubauer 和 P. S. Klebanoff[83] 最近完成的实验表明，在平板情形下，转捩过程也是间歇性的，构成一个层流流态和湍流流态的无规则序列．如在图 16.7 中所说明的那样，在边界层内的一个固定点上，突然产生一个形状不规则的小湍流区域（“湍斑”），它沿如图所示的楔形区域向下游运动．这种湍斑以无规则的时间间隔出现在平板随机分布的不同点上． 在这楔形区域的内部主要是湍流，而在其邻近的区域中，层流和湍流连续地交替出现．关于这方面的内容还可以参阅文献[13]． M. E. McCormick 的一篇论文([57a])讨论了这种湍斑的起源问题，其结论是当 Reynolds 数值低于 $\mathbf{R}_{\delta_1}=500$ 时，人为形成的湍斑不会持久，这个数值和线性稳定性理论(式(16.22))计算的临界 Reynolds 数值是一致的． J. Wygnanski等人[108]进行了非常深入的关于湍斑的实验研究，特别是对湍斑中速度分布进行了研究．

细长体． 已经证实，沿壁面的压力梯度对边界层内转捩点的位置有重要的影响．一般来说，在顺压区(加速流动)，边界层保持层流；反之，即使是压力增加很少也几乎总是导致边界层转捩．利用这个事实，通过将转捩点尽量向下游移动，总可以减小细长体(翼型，流线型物体)的表面摩擦力．实现这一点是依靠适当地选

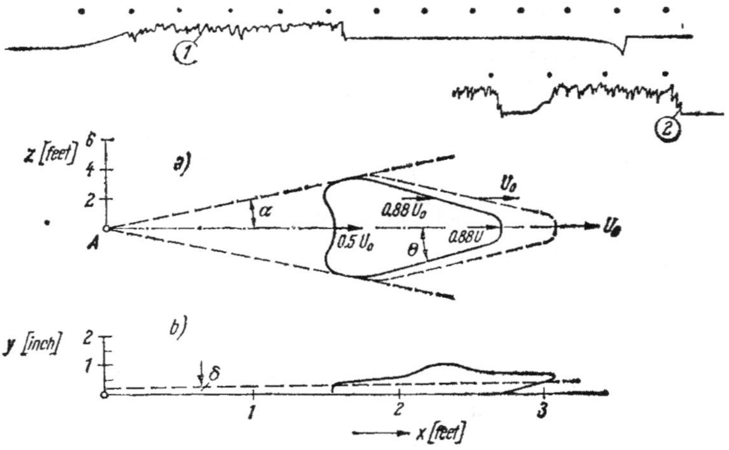

图 16.7 零攻角平板层流边界层中人工湍斑的生长，根据 G. B. Schubauer 和 P. S. Klebanoff[43] 的测量结果，引自文献[20]

(a)平面图；(b)在 A 点人工产生的湍斑的侧视图，此时它离 A 点约为 2.4ft．A 点离前缘 2.3ft．$\alpha=11.3°$，$\theta=15.3°$，$\delta=$ 边界层厚度，$U_\infty\approx10$m/s(速度)．(1)和(2)表示当人工的或自发的湍斑穿过时，用热线风速计得到的波形图．示踪扫描的时间间隔是 1/60sec

择物体的形状或剖面形状及相应的压力分布。这种物体（层流剖面）具有延伸得很长的层流边界层，它们的表面摩擦力可以减小到一般形状物体表面摩擦力的一半甚至更小。

转捩点位置和与此相关的表面摩擦力的大小可能还受到其他因素的强烈影响，例如边界层的抽吸。

b. 层流稳定性理论的原理

1. 引言 几十年前人们就致力于从理论上弄清楚和解释刚刚描述过的引人关注的边界层转捩过程，但只是在近三十年才取得成功。这些理论研究的基础是假定层流受到某种小扰动的影响。在管道流动的情形下，这些扰动可能发生在例如进口段，而在绕流物体壁面边界层的情形下，它们可能是由于壁面的粗糙及外流无规则的影响引起的。这种理论试图探索这样一些叠加在主流上的扰动随时间的变化特性，尽管这些扰动的精确形式有待在各种特定的情形下加以确定。这里要回答的关键问题是这些扰动是否随时间增长或者衰减。如果扰动随时间衰减，则认为主流是稳定的；反之，如果扰动随时间增长，则认为流动是不稳定的，存在着转变成湍流流态的可能性。这样就建立了**稳定性理论**，其目的是确定给定主流的临界 Reynolds 数。稳定性理论的基础可以追溯到 O. Reynolds[72]，他提出这样的假设，即层流流态作为流体动力学微分方程的解总是代表流动的一种可能的形式，但是在超过一定限度（确切地说，超过临界 Reynolds数）以后，就成为不稳定的，进而变成湍流流态。

几十年来，许多人对 Reynolds 假设的数学基础作了很多工作，首先是 O. Reynolds 本人，稍后有著名的 Lord Rayleigh[70]。他们做了艰难的尝试，进行了十分复杂的计算，但在很长时间内仍然毫无成果。1930 年左右，L. Prandtl 和他的合作者成功地以令人满意的方式实现了确定临界 Reynolds 数的初步目的。十多年后，当 H. L. Dryden 和他的同事能够得到理论与实验完全一致的结果时，稳定性理论才得到实验验证。H. Schlichting[78,79]，R.

Betchov 和 W. O. Criminale[4],以及 C. C. Lin[55] 对稳定性理论作了详细的论述.

2. 小扰动方法的基础 层流稳定性理论将运动分解成平均流动(其稳定性构成研究的对象)和叠加的扰动. 假设平均流动是定常的,用笛卡尔速度分量 U, V, W 和它的压力 P 来描述. 非定常扰动中相应的量分别用 u', v', w' 和 p' 来表示. 因此, 合成运动的速度分量为

$$u = U + u', \quad v = V + v', \quad w = W + w', \tag{16.2}$$

压力为

$$p = P + p'. \tag{16.3}$$

在大多数情形下, 假定与扰动有关的量远小于主流中相应的量.

可以用两种方法来研究这种被扰动的流动的稳定性. 第一种方法(**能量法**) 仅计算扰动能量随时间的变化,所得的结论取决于在时间过程中能量是增加还是减小. 该理论允许任何形式的叠加运动, 仅要求它们应该和连续方程相容. 能量法主要是由 H. A Lorentz[57] 建立的,但是这种方法未能取得成功, 因此, 我们将不详细地讨论它.

第二种方法仅考虑与运动方程组相容的流动, 参照适当的微分方程, 分析扰动在流动中的发展. 这就是**小扰动方法**. 这种方法获得了圆满的成功,为此将较为详细地加以论述.

现在我们来考虑二维不可压缩平均流动, 并假设扰动也是二维的. 式(16.2)和(16.3)描述的合成运动满足由方程(4.4a,b,c)给定的二维形式的 Navier-Stokes 方程.我们把问题进一步化简, 规定平均速度 U 只依赖于 y,即 $U = U(y)$,并假设其余两个速度分量处处为零, 或 $V = W = 0$[1]. 我们早就遇到过这种流动, 并且称之为**平行流**. 在壁面平行的槽和管道的情形下, 在离进口截

---

1) 正如 G. B. Schubauer 和 P. S. Klebanoff[43] 所指出的那样, 有理由假定,在真实流动中,特别是在绕过平板的流动中,这些速度分量总是存在的. 对大多数情形,它们的大小是可以忽略的, 但是在转捩过程中, 它们似乎起着一定的、至今尚未充分认识的作用,另见 542 页的脚注.

面充分远的下游十分准确地出现这种流动. 边界层内的流动也可以认为是非常近似于平行流，因为它的平均速度U随x的变化远远小于随y的变化. 如果考虑到平均流动中的压力，显然必须假设压力依赖于x和y,即$P(x,y)$,这是因为压力梯度$\frac{\partial P}{\partial x}$维持着流动. 这样,我们假设平均流动为

$$U(y);\ V\equiv W\equiv 0;\ P(x,y). \tag{16.4}$$

设在平均流动上叠加着一个二维扰动,它是时间和空间的函数,其速度分量和压力分别为

$$u'(x,y,t),\ v'(x,y,t),\ p'(x,y,t). \tag{16.5}$$

这样按照式(16.2)和(16.3),合成运动是

$$u=U+u';\ v=v';\ w=0;\ p=P+p'. \tag{16.6}$$

假设平均流动(式(16.4))是 Navier-Stokes方程的解，并要求合成运动(式(16.6))也必须满足 Navier-Stokes 方程. 式(16.5) 中叠加的脉动速度认为是"小量"，即脉动分量的平方项相对于线性项可以忽略不计. 下一节将包含对扰动形式的更细致的描述.现在，稳定性理论的任务在于对给定的平均运动确定扰动是增长或者衰减. 在前一种情形下,流动是不稳定的,后一种情形下流动是稳定的.

将式(16.6)代入二维、不可压缩、非定常流动的 Navier-Stokes 方程 (4.4a,b,c),忽略扰动速度分量的平方项,我们得到

$$\frac{\partial u'}{\partial t}+U\frac{\partial u'}{\partial x}+v'\frac{dU}{dy}+\frac{1}{\rho}\frac{\partial P}{\partial x}+\frac{1}{\rho}\frac{\partial p'}{\partial x}=\nu\left(\frac{d^2U}{dy^2}+\nabla^2u'\right),$$

$$\frac{\partial v'}{\partial t}+U\frac{\partial v'}{\partial x}+\frac{1}{\rho}\frac{\partial P}{\partial y}+\frac{1}{\rho}\frac{\partial p'}{\partial y}=\nu\nabla^2v',$$

$$\frac{\partial u'}{\partial x}+\frac{\partial v'}{\partial y}=0,$$

其中 ∇^2 表示 Laplace 算子$\frac{\partial^2}{\partial x^2}+\frac{\partial^2}{\partial y^2}$.

如果考虑到平均流动本身满足 Navier-Stokes 方程，上面的

方程可以简化为

$$\frac{\partial u'}{\partial t}+U\frac{\partial u'}{\partial x}+v'\frac{dU}{dy}+\frac{1}{\rho}\frac{\partial p'}{\partial x}=\nu\nabla^2 u', \qquad (16.7)$$

$$\frac{\partial v'}{\partial t}+U\frac{\partial v'}{\partial x}\qquad\qquad+\frac{1}{\rho}\frac{\partial p'}{\partial y}=\nu\nabla^2 v', \qquad (16.8)$$

$$\frac{\partial u'}{\partial x}+\frac{\partial v'}{\partial y}=0. \qquad (16.9)$$

我们得到 u',v' 和 p' 的三个方程. 边界条件规定脉动速度分量 u' 和 v' 在壁面上为零(无滑移条件).从(16.7)和(16.8)两个方程很容易消去压力 p'，这样和连续方程合在一起有关于 u' 和 v' 的两个方程. 有人可能批评平均流动假设的形式,其理由是式(16.4)忽略了速度分量 U 随 x 的变化以及法向分量 V. 然而，关于这一点，J. Pretsch[44] 证明了方程中因此出现的附加项对边界层的稳定性是不重要的(可参阅 S. J. Cheng[7]).

3. Orr-Sommerfeld 方程 假定沿 x 方向速度为 $U(y)$ 的层流平均流动受到某一扰动的影响，这个扰动由一些离散的单个脉动组成，而每个脉动都是一个沿 x 方向传播的波. 正如已经假设的那样,扰动是二维的,所以可以引进流函数 $\psi(x,y,t)$,从而积分了连续方程 (16.9). 设表示扰动的单个振荡的流函数形式为

$$\psi(x,y,t)=\phi(y)e^{i(\alpha x-\beta t)}. \qquad (16.10)^{1)}$$

假设任意的二维扰动都可以展开成 Fourier 级数，它的每一项表示一个单个振荡. 在式 (16.10) 中，α 是实数，$\lambda=2\pi/\alpha$ 是扰动的波长. β 是复数,

$$\beta=\beta_r+i\beta_i,$$

其中 β_r 是单个振荡的圆频率,而 β_i(扰动增长率) 确定了扰动增长或衰减的程度. 如果 $\beta_i<0$，扰动衰减，层流平均流动是稳定的;反之,若 $\beta_i>0$,平均流动是不稳定的. 不采用 α 和 β,而引入它们的比值是方便的,

---

1) 这里使用了通常的复数记法. 只有流函数的实部具有物理意义,即

$$R_e(\psi)=e^{\beta_i t}[\varphi_r\cos(\alpha x-\beta_r t)-\varphi_i\sin(\alpha x-\beta_r t)],$$

其中 $\varphi=\varphi_r+i\varphi_i$ 是复振幅.

$$c = \frac{\beta}{\alpha} = c_r + ic_i. \tag{16.11}$$

这里 c_r 表示波沿 x 方向传播的速度(相速度),而 c_i 仍然决定着扰动衰减或增长的程度,这取决于它的正负号. 由于平均流动只依赖于 y, 可以假定脉动的振幅函数 ϕ 也只依赖于 y. 由式(16.10)可以得到扰动速度分量

$$u' = \frac{\partial \psi}{\partial y} = \phi'(y) e^{i(\alpha x - \beta t)}, \tag{16.12}$$

$$v' = -\frac{\partial \psi}{\partial x} = -i\alpha\phi(y) e^{i(\alpha x - \beta t)}. \tag{16.13}$$

将这些值代入方程(16.7)和(16.8),消去压力以后,我们得到关于振幅 $\varphi(y)$的下列四阶常微分方程:

$$(U - c)(\phi'' - \alpha^2\phi) - U''\phi = -\frac{i}{\alpha \mathbf{R}}(\phi'''' - 2\alpha^2\phi'' + \alpha^4\phi). \tag{16.14}$$

这是**扰动的基本微分方程(稳定性方程)**,它形成了层流稳定性理论的出发点,通常称之为 **Orr-Sommerfeld 方程**. 方程(16.14)已经变成无量纲形式,所有长度都用适当的参考长度 b(槽的宽度)或 δ(边界层厚度)来除,速度用平均流动的最大速度 U_m 来除. 方程中的一撇"'"代表相对于无量纲坐标 y/δ 或者 y/b 的微分,同时

$$\mathbf{R} = \frac{U_m b}{\nu} \quad 或 \quad \mathbf{R} = \frac{U_m \delta}{\nu}$$

是表征平均流动特性的 Reynolds 数. 方程(16.14)的左端是由运动方程中惯性项导出的,而右端的各项是由粘性项导出的. 以边界层流动为例,方程(16.14)的边界条件要求扰动速度分量在壁面($y = 0$)以及离壁面很远处(来流)必须为零. 因此,

$$\left.\begin{aligned} y = 0:\ u' = v' = 0:\ \phi = 0,\ \phi' = 0; \\ y = \infty:\ u' = v' = 0:\ \phi = 0,\ \phi' = 0. \end{aligned}\right\} \tag{16.15}$$

此时可能会有人提出异议,认为如果要实现稳定性问题的完整分

析，则叠加在二维流动上的扰动不非得是二维的. H. B Squire[87]假定扰动沿 z 方向也是周期性的，证明了与二维扰动相比，当扰动是三维时，二维流动在更高的临界 Reynolds 数下才变成不稳定的，从而排除了上述的不同看法. 从这个意义上来说，对于二维流动，二维扰动比三维扰动更“危险”，因而临界 Reynolds 数数值，或者更确切地说，稳定性界限的最小值是由考虑二维扰动得到的.

4. 特征值问题 稳定性问题现在归结为求方程 (16.14) 的特征值问题，其边界条件为式(16.15). 当平均流动 $U(y)$给定时，方程 (16.14) 含有 4 个参数，即 α, $\mathbf{R}$, c_r 和 c_i，其中平均流动的 Reynolds 数也是给定的. 此外，扰动的波长 $\lambda = 2\pi/\alpha$ 认为是给定的. 在这种情形下，对每一组 $\alpha,\mathbf{R}$ 值，由微分方程(16.14)和边界条件(16.15) 可以解出一个特征函数 $\phi(y)$ 和一个复数特征值 $c = c_r + ic_i$. 此处 c_r 表示所讨论的扰动的相速度，而 c_i 的正负号确定扰动波是增长($c_i > 0$)或者衰减($c_i < 0$)[1]. 对给定的 α 值，当 $c_i < 0$ 时，相应的流动($U,\mathbf{R}$)是稳定的，而 $c_i > 0$ 时，该流动是不稳定的. 极限情形 $c_i = 0$ 对应于中性稳定(随遇稳定).

对给定层流 $U(y)$的上述分析结果可以在 α, $\mathbf{R}$ 图上表示出来，因为该平面上的每一点对应一对 c_r 和 c_i 的值.特别是，$c_i=0$ 的轨迹线将稳定扰动区域和不稳定扰动区域区分开来. 这个轨迹线称作**中性稳定性曲线**(图16.8). 中性稳定性曲线上 Reynolds 数数值最小的一点(过该点作曲线的切线平行于 α 轴)是最值得注意的，因为它指出低于这个 Reynolds 数值的所有单个振荡都是衰减的，而高于此值时，至少有一些振荡是增长的. 这个最小的 Reynolds 数就是目前所考虑的这种层流的**临界 Reynolds 数**，或称为**稳定性界限**.

上述有关从层流向湍流转捩的实验事实使得我们期望，在流

---

1) 另一方面，也可以认为 $\mathbf{R}$ 和圆频率 β_r 是给定的. 此时特征值问题确定 α (波长)的相应的值和增长率 β_i. 如在第十六章 d 中所述，H. L. Dryden 和他的同事利用适当激发的簧片使确定频率的人为扰动叠加到层流上来进行稳定性实验，就满足这种条件.

动保持层流的小 Reynolds 数时，所有波长的波都只产生稳定的扰动，而在观察到湍流的大 Reynolds 数时，某些波长的波将对应着不稳定扰动. 然而，对这一点需要加以说明，即不能期望稳定性理论计算出的临界 Reynolds 数等于在转捩点得到的Reynolds 数.

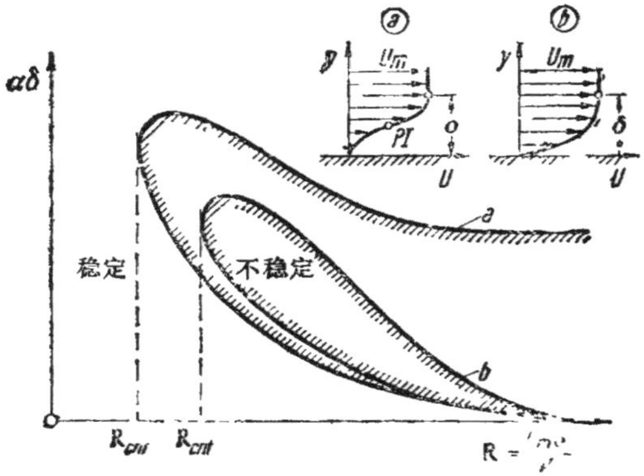

图 16.8　相对于二维扰动的二维边界层中性稳定性曲线

(a)"无粘"不稳定性. 在速度剖面是有拐点 *PI* 的 a 型情形下，中性稳定性曲线是 a 型.
(b)"粘性"不稳定性. 在速度剖面是无拐点的 b 型情形下，中性稳定性曲线是 b 型.
当 $\mathbf{R}\to\infty$时，中性稳定性曲线 a 的渐近线是从"无粘"稳定性方程(16.16) 得到的

如果注意力集中在沿壁面的边界层流动，那么临界 Reynolds数的理论值指示的是壁面上这样的一点，在该点上某些单个扰动开始增长并向下游不断增强. 这种不断增长的扰动转变成湍流需要一定的时间，与此同时，不稳定扰动有机会向下游方向前进一定的距离. 因此，必须估计到，观察到的转捩点位置将在理论计算的失稳点下游，换句话说，临界 Reynolds 数的实验值大于它的理论值. 显然，这一说明既适用于基于流动方向长度的 Reynolds 数，也适用于基于边界层厚度的 Reynolds 数. 为了区分起见，通常称临界 Reynolds 数的理论值（稳定性界限）为**失稳点**，称临界 Reynolds 数的实验值为**转捩点**[1)].

1) 在第十六章 a 中已经解释过，最近的实验结果(H. W. Emmons[25] 以及 Schubauer 和Klebanoff[83]) 表明不存在非常确定的转捩点，从层流转变到充分发展的湍流的过程延伸到一定的距离.

以上简述的稳定性分析引出极其困难的数学问题．因此，这一领域的研究者为了计算临界 Reynolds 数，虽然作了最大的努力，仍然耗费了几十年的时间才获得了成功．所以下面我们不可能提供关于稳定性理论完整的论述，而不得不只限于给出一些最重要的结果的说明．

5. Orr-Sommerfeld 方程的一般特性 因为根据实验验证，预计稳定性界限 $c_i = 0$ 发生在大 Reynolds 数时，这时 Orr-Sommerfeld 方程中粘性项的系数 $1/|\mathbf{R}|$ 比起惯性项来说是小量，所以去掉方程右端的粘性项使方程简化是十分自然的事情．简化后的微分方程称为**无摩擦稳定性方程**，或 **Rayleigh 方程**：

$$(U - c)(\phi'' - \alpha^2\phi) - U''\phi = 0. \tag{16.16}$$

在这里注意到以下事实是重要的：由于无摩擦稳定性方程是二阶的，它只能满足未化简方程的四个边界条件(16.15)中的两个．这时保留下来必须满足的边界条件是在槽的壁面上速度的法向分量为零，或在边界层流动的情形时，壁面和无穷远处速度的法向分量为零．这样，在无摩擦情形下，我们有

$$y = 0:\ \phi = 0;\ y = \infty:\ \phi = 0. \tag{16.17}$$

去掉方程中的粘性项使方程的阶数从 4 减小到 2，大大地简化了方程，但是这可能使简化后方程的解失去原方程通解的重要特性．关于粘性流体的 Navier-Stokes 方程转变成无摩擦流体的方程，我们曾经在第四章中作过说明，在这里我们愿意重复这些有关的说明．

稳定性理论早期的大多数论文使用无摩擦方程(16.16)作为出发点．显然，这样处理不可能得到临界 Reynolds 数，但是它可以回答所给定的层流是否稳定的问题[1]．经过多次失败以后，人们终于成功地计算出临界 Reynolds 数，此后很久，才对未化简的方程(16.14)进行了分析．

从上述无摩擦稳定性方程(16.16)出发，Lord Rayleigh[70] 成功地导出了几个重要的关于层流速度剖面稳定性的一般定理．后

1) 此处有一点保留，即未考虑粘性对扰动本身的影响．

来还证实了这些定理也适用于计及粘性影响的情形.

定理 I: 这一类重要的一般定理中的第一个是所谓**拐点准则**,它指出具有拐点的速度剖面是不稳定的.

Lord Rayleigh 仅仅证明了拐点的存在是流动失稳的**必要条件**. 很久以后, W. Tollmien[100] 成功地指出了它同时也是扰动增长、流动变得不稳定的**充分条件**. 拐点准则对于稳定性理论是十分重要的,它对各种层流作了初步粗略的分类(除了由于忽略粘性影响而作的修正以外). 从实用的观点来看,这个准则的重要性是因为拐点的存在和压力梯度之间有直接的联系. 在收缩槽内的流动情形下, 压力梯度是顺压梯度, 速度剖面非常丰满而且没有拐点, 如图 5.15 所示. 在扩张槽的流动中,压力梯度是逆压梯度,速度剖面是尖的,存在着拐点. 在绕流物体壁面上的层流边界层内, 速度剖面的几何形状也会产生同样的差别. 按照边界层理论, 在压力减小的区域中,速度剖面没有拐点; 而在压力增加的区域中, 速度剖面总是有拐点的,见第七章 C. 因此,拐点准则和关于外流中压力梯度对边界层稳定性影响的论断是等价的. 将拐点准则应用于边界层流动,它说明顺压梯度使流动稳定,而逆压梯度促使其失稳. 因此, 绕流物体上最小压力点位置对转捩点位置是决定性的. 粗略地说,我们可以认为最小压力点位置决定着转捩点,并且转捩点紧靠着最小压力点的后面.

至此我们一直忽略了粘性, 它对稳定性方程的影响仅仅使上述结论略有改变. 上面所说的带有拐点的速度剖面的不稳定性通常称作"无摩擦不稳定性",因为已经证实,即使不考虑粘性对脉动运动的影响, 这种层流平均流动也是不稳定的. 在图 16.8 中, 无摩擦不稳定性的情形对应于 a 型曲线,即使在 $\mathbf{R}=\infty$时, 仍然存在着一定的不稳定波长范围,沿着 Reynolds 数减小的方向, 由中性稳定性曲线将这个区域和稳定的波长范围区分开.

与上述情形相反, **粘性不稳定性**与图 16.8 中 b 型的中性稳定性曲线有关, 同时也与不具有拐点的边界层速度剖面有关. 当 Reynolds 数趋于无穷大时, 不稳定波长范围收缩成一点, 不稳定脉动区域只在有限的 Reynolds 数下才存在．一般说来，在无摩擦不稳定性情形下，扰动增长的程度要远大于粘性不稳定性的情形。

只有和完整的 Orr-Sommerfeld 方程联系起来进行讨论，才能发现粘性不稳定性的存在，所以粘性不稳定性使分析工作更加困难．最简单的流动情形，即沿无压力梯度平板的流动，就属于仅产生粘性不稳定性的情形，直到最近人们才成功地解决了它的稳定性分析．

定理 II: 第二个重要的一般性定理指出，边界层内中性扰动($c_i = 0$)传播的速度小于平均流动的最大速度，即 $c_r < U_m$.

该定理也是首先由 Lord Rayleigh[70] 证明的，尽管他加了某些限制性的假定． W. Tollmien[100] 再次在更一般的条件下证明了这个定理．定理 II 断言，在流场的内部存在着一个流体层，对中性扰动来说，在该层有 $U - c = 0$. 这个事实对稳定性理论也是非常重要的． $U - c = 0$ 的这一层对应于无摩擦稳定性方程(16.16)中的奇点．在该点，若 U'' 不同时为零，则 ϕ'' 变成无穷大． 在 $y = y_k$ 处满足条件 $U = c$ 的这一层称为平均流动的**临界层**．如果 $U_k'' \neq 0$，那么在临界层附近，可以近似地令 $U - c = U_k'(y - y_k)$，则 ϕ'' 随

$$\frac{U_k''}{U_k'} \frac{1}{y - y_k}$$

趋向无穷大，因此 x 方向的速度分量可以写成

$$u' = \phi' \sim \frac{U_k}{U_k'} \ln(y - y_k). \qquad (16.18)$$

这样，按照无摩擦稳定性方程，如果在临界层速度剖面的曲率不同时为零，则平行于壁面的速度分量 u' 变成无穷大．无摩擦稳定性方程中的数学奇异性指出在临界层附近，一定不能忽略粘性对运动方程的影响．将粘性影响考虑进去就排除了无摩擦稳定性方程中不合理的奇异性．分析这一所谓的粘性修正对稳定性方程解的影响，在稳定性讨论中起着基本的作用。

Lord Rayleigh 提出的两个定理表明，速度剖面的曲率作为一种基本的因素影响着流动的稳定性. 同时，这个事实也表明为了有可能分析流动的稳定性，层流边界层速度剖面的计算必须要有很高的精确度. 仅以足够的精确度计算 $U(y)$ 是不够的，还必须准确地知道它的二阶导数 $\frac{d^2U}{dy^2}$.

P. G. Drazin 和 L. N. Howard[15a] 从数学家的观点总结了 Rayleigh 方程的解.

c. 稳定性理论应用在零攻角平板边界层上的结果

1. 早期稳定性研究 作为 Lord Rayleigh 工作的继续，早期的研究工作最初只限于考虑 Couette 流动，即在两个平行壁面之间具有线性速度分布的流动情形，见图 1.1. A. Sommerfeld[86], R. von Mises[61] 和 L. Hopf[45] 对这种流动的稳定性作了十分详尽的讨论，并充分考虑了粘性的影响. 他们得出了这样的结论：对所有 Reynolds 数和扰动波波长，这种类型的流动都是稳定的. 这个结论否定了不稳定性的存在，在此后的一段时间内，人们曾认为小扰动方法不适用于转捩问题的理论解. 后来弄清楚了，这个观点是不正确的，因为 Couette 流动是一个十分特殊和有局限性的例子. 此外，正如已经指出的那样，速度剖面的曲率在流动中起着非常重要的作用，不加以考虑是不能允许的.

1921 年 L. Prandtl[67] 试图重新用理论方法考察稳定性问题. 和 Lord Rayleigh 以前的研究方法一样，为了考虑平板层流边界层的稳定性，又避免过分的数学复杂性，Prandtl 使用了直线段的速度剖面，见图 16.9(a),(b),(c),(d). O. Tietjens[98] 以无摩擦稳定性方程为基础进行的计算表明： 在边界层速度剖面的情形下，剖面的凸角(图 16.9(a),(b))保证了边界层是稳定的，而凹角(图 16.9(c),(d)) 总是导致边界层失去稳定性. 这一研究成果可以使我们假定带有拐点的速度剖面(图 16.9(g)) 是不稳定的. 正如已经在第十六章 b 定理 I 中所叙述的那样，W. Tollmien[100] 后来证实了这个假定是正确的。

为了获得在不稳定速度剖面情形下(图 16.9(c),(d))用 Reynolds 数表示的稳定性界限，我们可以在方程中将那些出现在完整的稳定性方程(16.14)中的最大的粘性项包括进去，期望它们起

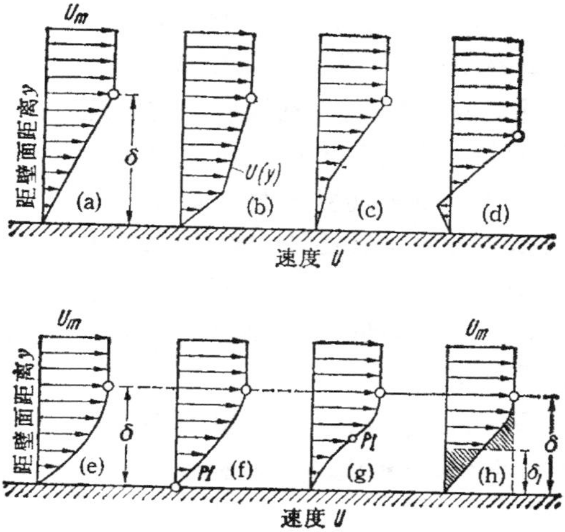

图 16.9 研究层流边界层稳定性采用的速度剖面

$U(y)$ = 速度分布；U_m = 来流速度；δ = 边界层厚度；δ_1 = 位移厚度；PI = 速度剖面的拐点。当$\mathbf{R}\to\infty$时，(a),(b),(e),(f)型速度剖面是稳定的·(c),(d),(g) 型剖面是不稳定的。在顺压梯度时存在着(e)型剖面；(f)型剖面相应于压力不变的情形；(g)型剖面存在于逆压梯度时

阻尼作用。由于要满足无滑移边界条件，粘性对扰动的影响只限于整个速度剖面中一个非常小的、极其靠近壁面的范围。O. Tietjens的计算得出一个非常令人意外的结果，对所有 Reynolds 数和所有波长的扰动，在方程中引入少量的粘性影响不是起阻尼作用，反而使扰动增强。此外，不仅对不稳定速度剖面 (图 16.9 c,d)得到这个结论，而且对图16.9 中 a 型和 b 型速度剖面也得到这个结论，而我们已经证明了当不考虑粘性时，这两种速度剖面是稳定的。

L. Prandtl[67a] 于 1931 年在 Bad Elster 举行的 GAMM (德国应用数学和力学学会)年会上作了一个报告，评述了 1920 年至 1930 年间稳定性研究取得的阶段性进展。

2. 中性稳定性曲线计算 W. Tollmien[99] 于 1929 年对上述疑题作出了满意的解释. 他指出不仅如 O. Tietjens 所假设的那样,在壁面附近要考虑粘性对扰动的影响,而且在临界层附近也必须考虑粘性的影响.在临界层处扰动波传播速度和主流速度相等,而且如第十六章 b 5 所指出的,按照简化的无摩擦理论,如果速度剖面的曲率在临界层不等于零, u' 将变成无穷大. 然而很明显, u' 实际上在那里是有限的,所以粘性引起**临界层**很大的变化. 但是,只有考虑到速度剖面的曲率时,粘性的影响才变得明显. 上述分析表明,必须研究弯曲的速度剖面($d^2U/dy^2 \neq 0$)情形下小扰动的特性,而且无论在壁面附近还是在临界层内都必须考虑粘性.在上面已经引用过的一篇论文中,W. Tollmien 进行了计算,结果找到了零攻角平板边界层流动的稳定性界限(临界 Reynolds 数),并与实验吻合得很好.

为了积分四阶的 Orr-Sommerfeld 方程(16.14),必须建立它的一组基本解. 对于 $y \to \infty$ 以及 $U(y) = U_m =$ 常数的情形,这组基本解是

$$\left.\begin{aligned}\phi_1 &= e^{-\alpha y}; \qquad \phi_2 = e^{+\alpha y},\\ \phi_3 &= e^{-\gamma y}; \qquad \phi_4 = e^{+\gamma y},\end{aligned}\right\} \tag{16.19}$$

其中

$$\gamma^2 = \alpha^2 + i\mathbf{R}(\alpha - \beta). \tag{16.20}$$

一般来说,对中性振荡,我们发现

$$|\gamma| \gg |\alpha|, \tag{16.20a}$$

因此, ϕ_1 和 ϕ_2 表示缓慢变化的解,而 ϕ_3 和 ϕ_4 是快速变化的解. 当 $y \to \infty$ 时, ϕ_1 和 ϕ_2 这对解同时满足无摩擦扰动方程(Rayleigh方程)和粘性的 Orr-Sommerfeld 方程 (方程(16.16)和(16.14)). 相反, ϕ_3 和 ϕ_4 这对解仅满足粘性扰动方程. 因此, ϕ_1 和 ϕ_2 称为无摩擦解,而 ϕ_3 和 ϕ_4 称为粘性解.

当进而计算通解

$$\phi = C_1\phi_1 + C_2\phi_2 + C_3\phi_3 + C_4\phi_4$$

中的常数时,我们注意到必须去掉 ϕ_2 和 ϕ_4. 这是因为边界条件(16.15)要求当 $y \to \infty$ 时 ϕ 和 ϕ' 为零. 因此

$$\phi = C_1\phi_1 + C_2\phi_2, \qquad (16.21)$$

其边界条件为在 $y=0$ 处 $\phi=\phi'=0$. 无粘解 ϕ_1 在壁面上($y=0$)有 $\phi_1' \neq 0$,所以不满足无滑移条件. 此外,在由 $U-c=0$ 确定的临界层上,我们发现,正如前面所解释的,$\phi_1' \to \infty$. 所以在这两个位置上,粘性的贡献变得特别大,所求的特解 $\phi_3(y)$ 以及通解 $\phi(y)$随 y 的变化也特别快. 因此,对给定的一对 α 和 $\mathbf{R}$ 值,不论用解析方法或者数值方法,计算特征函数 $\phi(y)$和特征值 $c=c_r+ic_i$ 都是十分复杂的. 在使用数值方法时,特殊的困难来源于 Orr-Sommerfeld 方程的最高阶导数 ϕ'''' 有一个非常小的因子 $1/\mathbf{R}$. 从数学上来说,由于去掉粘性项后微分方程的阶数从四阶降为二阶,所以用无摩擦(Rayleigh)方程和用含有粘性的(Orr-Sommerfeld)方程描写在壁面和临界层上的函数 $\phi(y)$,其区别很大.

对多组给定的 α(波数的倒数)和 Reynolds 数 $\mathbf{R}$,试图用数值方法计算 Orr-Sommerfeld 方程(16.14)的特征函数 $\phi(y)$向计算机的容量提出了巨大的要求.这就说明了为什么(O. Tietjens[98]和 W. Heisenberg[42] 在 20 年代解决这个问题都没有获得成功. 20 年代末, Tollmien 又重新研究了这个问题,并且发现唯一可行的方法是回到十分繁琐的解析方法.这种解析方法虽然很费时间,但是是很成功的1). 可以在 W. Tollmien[99,100,101] 和 D. Grohne[38] 的原始论文中找到关于计算细节的说明. 由于这种计算方法已经不可避免地被以大型高速电子计算机为基础的现代数值方法所代替,这里没有必要再去总结这一工作. 在 W. Tollmien[99] 最初的结果发表 30 年之后, E.F. Kurtz 和 S.H. Crandall[51] 才于 1962 年获得了 Orr-Sommerfeld 方程第一个成功的数值解. R.Jordinson[47,48] 1970 年的两篇论文改进了这个工作.M. R. Osborne[62] 以及 L. H. Lee 和 W. C. Reynolds[53] 也进行了重要的开创性工作.不久,在 J.M.Gersting 和 D. F. Jankowski[30],A. Davie[12] 的

1) 除此之外,Tollmien[99] 的解析方法还产生了重要的物理上的结果,即扰动速度 π' 分量经过临界层时发生角度为 π 的相移,这一相移是由于粘性的作用;见文献[39a]的计算.

工作中再次简要地讨论了 Orr-Sommerfeld 方程特征函数和特征值数值计算的特殊困难. 另外, R. Betchov 和 W. O. Criminale 以 R. E. Kaplan[48a] 的 MIT (美国麻省理工学院) 硕士学位论文为基础, 在他们的书[4]中对与 Orr-Sommerfeld 方程数值解有关的困难作了总结性论述. 关于这方面, 读者可以参考 F. M. White 的书[107]第五章.

许多人研究了主流中流动方向轻微变化对稳定性的影响, 除了文献[47]以外, 可以参阅文献[2,4a,31,46a,84a,106]. 正如 J. Pretsch[69] 指出的, 其影响很小.

在我们的论述中, 指出下面的一点可能是有益的: 一般而言, 边界层流动的稳定性分析要比槽内流动的稳定性分析更困难. 这是由于槽内流动的两个边界都位于有限的距离上, 而边界层流动的一个边界条件在无穷近处. 和槽内流动(即 Hagen-Poiseuille 流动)相反, 边界层主流的速度剖面 $U(y)$不是 Navier-Stokes 方程的精确解, 就使得这种情形更加恶化. 最后, 我们希望读者能够回忆起Orr-Sommerfeld 方程本身是在假定主流 $U(y)$沿流向不变的基础上导出的1). 槽内流动满足这一假定, 而边界层流动则不是这样. 所有这些因素加在一起, 就使边界层的稳定性分析比槽内流动的稳定性分析困难得多.

3. 平板的结果 W. Tollmien[99] 首先应用他的方法研究了零攻角平板边界层的稳定性. 这种边界层的速度剖面(Blasius 剖面)见图 7.7. 沿平板不同位置的剖面是彼此相似的, 这意味着用 $y/\delta(x)$ 为坐标画速度剖面, 可以使它们重合在一起. 这里 $\delta(x)$ 是边界层

1) 在 W.S.Saric 和 A.H.Nayfeh[84a] 的论文中可以找到Orr-Sommerfeld 方程(16.14)的推广形式, 它包括因主流不平行而引起的附加项. 附加项一共有六项. 扰动振幅沿 x 方向的变化引进了两项, 还有两项来自主流的横向速度分量, 再有一项来自扰动波长沿 x 方向的变化. 最后, 第六项对应于边界层理论的高阶项 (见第九章). 边界层有抽吸和引射时, 将引起更多的附加项. 对形式为 Falkner-Skan 级数的各种速度剖面, 修正的 Orr-Sommerfeld 方程的数值解[2,31,106]未能将普遍情形下的所有附加项都包括进去. 由于这一原因, 很难在这些解以及这些解和"简化的"Orr-Sommerfeld 方程的解之间进行比较, 但是, 在大多数情形下, 由于不平行性引起稳定性界限的变化是很小的. F. C. T. Shen 等人[85b]曾给出数值例子.

厚度，由 $\delta = 5.0\sqrt{\nu x/U_\infty}$ 给出，见式(7.35)。速度剖面在壁面上有拐点，对应于图 16.9 中 f 型的情形。这样，根据在第十六章 b 5 中叙述的拐点准则，可以看出该剖面位于无拐点剖面型（根据无摩擦理论是稳定的）和有拐点剖面型（根据无摩擦理论是不稳定的）之间的分界线上。

根据上一节叙述的方法得到的稳定性计算结果见图 16.10 和 16.11 以及表 16.1。标有斜线的曲线代表中性曲线，曲线所围的区域对应于不稳定扰动，曲线外是稳定区域。在非常大的 Reynolds 数时，中性稳定性曲线的两个分支趋向于零。在中性稳定性曲线对应着最小 Reynolds 数的那点上，仍然存在着一个既不增长也不衰减的扰动，这个 Reynolds 数称作临界 Reynolds 数，由下式给出，

$$\left(\frac{U_\infty \delta_1}{\nu}\right)_{crit} = \mathbf{R}_{crit} = 520(\text{失稳点})^{1)}. \tag{16.22}$$

这是平板边界层的失稳点．引人注意的是，对层流边界层只有一个相当狭窄的波长和频率范围是危险的．对边界层的不稳定性来

表 16.1　零攻角平板边界层(Blasius 剖面)中性扰动的波长 $\alpha\delta_1$ 及频率 $\beta_r\delta_1/U_\infty$ 随 Reynolds 数 R 的变化.(理论值根据 W. Tollmien[99]；数值结果引自 R. Jordinson[47] 和 D. R. Houston，两者均为平行流．见图 16.10 和 16.11)

$\mathbf{R} = \frac{U_\infty \delta_1}{\nu}$	下分支		上分支	
	$\alpha\delta_1$	$\frac{\beta_r\delta_1}{U_\infty}$	$\alpha\delta_1$	$\frac{\beta_r\delta_1}{U_\infty}$
1×10^6	0.017	0.0010	0.102	0.0153
5×10^5	0.021	0.0015	0.111	0.0178
600				
558				
530	0.281	0.110	0.324	0.130
$\mathbf{R}_{crit} = 520$	0.302	0.120	—	—

1) 在W. Tollmien 1929 年的第一篇论文中，他指出该值为 420，其后 H. Schlichting[76] 在 1933 年完成的计算给出的值为 575．这里采用 520 这个值是根据 Jordinson[47] 在 1970 年完成的最新研究成果.

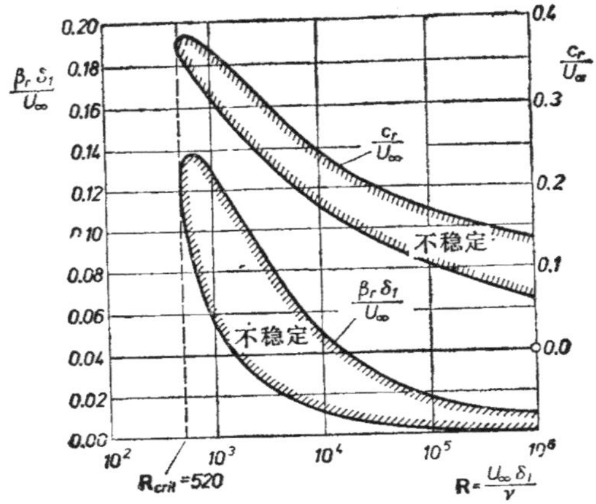

图 16.10 零攻角平板边界层(Blasius 剖面)中，中性稳定扰动的频率 β_r 和波速 c_r 随 Reynolds 数变化的曲线. 理论值根据 W. Tollmien[99]; 数值结果根据 R. Jordinson[47]. 另见表 16.1

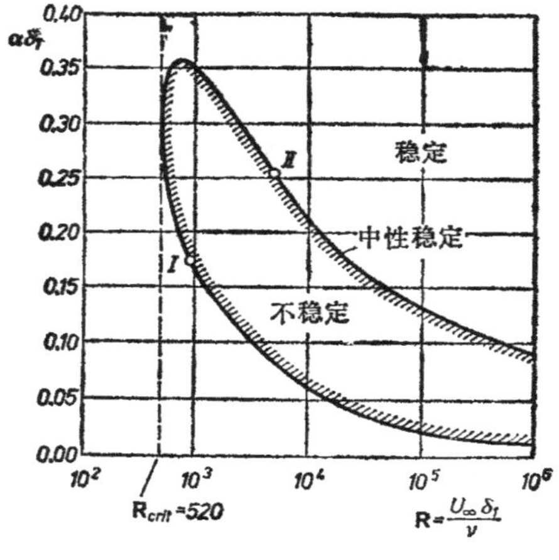

图 16.11 零攻角平板边界层(Blasius 剖面)中，中性稳定扰动的波长 $\alpha\delta_1$ 随 Reynolds 数变化的曲线. 理论值根据 W. Tollmien[99];数值结果根据 R. Jordinson[47]. 另见表 16.1. 在图 16.20 中给出扰动 I 和 II 的振幅分布

说，一方面，有一个 Reynolds 数的**下限**，另一方面，存在着扰动特征量的**上限**。一旦这些特征量超过了它们的极限值，就不会引

起不稳定．这些极限值为

$$\frac{c_r}{U_\infty}=0.39;\quad \alpha\delta_1=0.36;\quad \frac{\beta_r\delta_1}{U_\infty}=0.15.$$

值得注意的是，与边界层厚度相比，波长是很大的．最小的不稳定波长是

$$\lambda_{\min}=\frac{2\pi}{0.36}\delta_1=17.5\delta_1\approx 6\delta.$$

下一节将仔细地将上述理论结果与实验进行比较．在这里我们只想说明，由于不稳定扰动的增长，实际湍流发生于沿着失稳点到转捩点之间的路径上，所以理论上确定的边界层最初变得不稳定的位置（失稳点）必定总是位于实验观察到的转捩点上游．在现在所考虑的情形下，这个条件是满足的．第十六章 a 中我们已经说过，按照原有的测量结果，转捩点发生于 $(U_\infty x/\nu)_{\rm crit}=3.5\times10^5$ 至 10^6．利用式(7.37)$\delta_1=1.72\sqrt{\nu x/U_\infty}$，我们可以得到相应的临界 Reynolds 数

$$\left(\frac{U_\infty\delta_1}{\nu}\right)_{\rm crit}=950\ (\text{转捩点}),$$

它比我们刚才得到的失稳点值 520 要大得多．

失稳点和转捩点之间的距离取决于扰动的**增长率**和外流中扰动的类型（湍流度），但是研究中性稳定性曲线内部（$\beta_i>0$）参数的量级可以获得对扰动增长的实际机理的认识．H. Schlichting[76] 首先对平板进行了这种计算；S. F. Shen[85]重复了这些计算．

为了获得对振荡运动机理的更清晰的认识，H. Schlichting[77] 计算了几个中性扰动的特征函数 $\phi(y)$，这样他就能够画出扰动做中性振荡运动的流线图．在图 16.14 中可以找到这种流线图的例子．

图 16.12 中的曲线表示平板边界层内不稳定扰动的增长．以 H. G. Ombrewski 等人[63]最近进行的计算为基础，该图的曲线延伸到一个很宽的 Reynolds 数范围．由图可见，扰动增长率的最大值不是出现在高 Reynolds 数的地方($\mathbf{R}\to\infty$)，而是位于 $\mathbf{R}=$

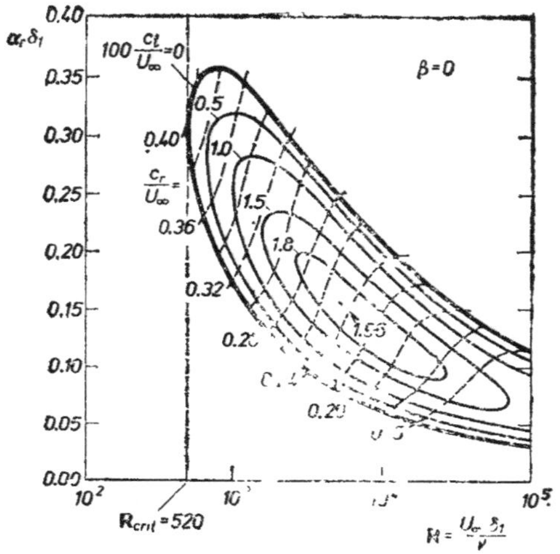

图 16.12 零攻角平板边界层，在一个相当宽的 Reynolds 数范围内，扰动时间增长率等值曲线，根据 H. G. Ombrewski 等人的结果[63]

10^3 至 10^4 的中等大小的范围内．这是由于平板的中性稳定性曲线属于“粘性不稳定”型的(图 16.8 中曲线 b)，在非常大的 Reynolds 数时不显示出扰动增长．图 16.13 画出在较低 Reynolds 数范围内扰动增长率的等值曲线．图 16.12 中 c_i = 常数的曲线代表不稳定扰动随**时间**的增长率，因为 $\beta_i = c_i\alpha$．相反，在本图中，α_i= 常数的曲线代表向下游传播的扰动的**空间**增长率1)．

后来，J. T. Stuart[90] 和 D. Grohne[34] 试图在确定不稳定扰

---

1) 当 $\alpha=\alpha_r$ 是实数和 $\beta=\beta_r+i\beta_i$ 是复数时，式(16.10)引入的扰动流函数描写扰动随时间的增长，因为

$$\psi(x,y,t)=\phi(y)\exp(\beta_i t)\exp[i(\alpha_r x-\beta_r\cdot t)].$$

另一方面，如果考虑式(16.10)中 $\alpha=\alpha_r+i\alpha_i$ 是复数，而令 $\beta=\beta_r$ 是实数，则扰动的**空间**增长率可以写成

$$\psi(x,y,t)=\phi(y)\exp(-\alpha_i x)\exp[i(\alpha_r x-\beta_r t)].$$

所以，$\beta_i>0$ 描述了不稳定扰动的时间增长率，而 $\alpha_i<0$ 描述了它的空间增长率．中性稳定性对应着 $\beta_i=0$ 和 $\alpha_i=0$，这表明它对时间和空间的增长率相同．关于扰动的时间增长率和空间增长率(或衰减)之间关系的更深入的研究见 M. Gaster 的两篇论文[32,33]．A. R. Wazzan[104a] 的论文将扰动的空间增长率与现在讨论的平板扰动的时间增长率进行了比较；J. R. A Pearson[64a] 讨论了非牛顿流体的情形．

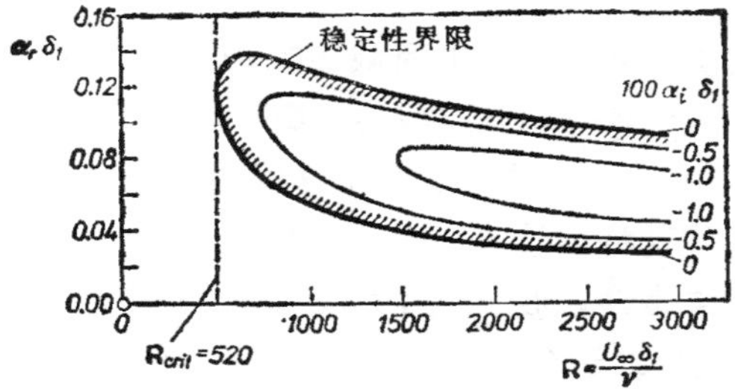

图 16.13 零攻角平板边界层，在低 Reynolds 数范围内扰动空间增长率的等值曲线，根据 R. Jordinson[47] 的计算结果

动增长的过程中，考虑到方程中**非线性项**的影响．这时，重要的是要了解，不稳定扰动的增长会使平均流动收缩得很厉害，由于能量的传递正比于 dU/dy，平均流动收缩反过来引起从主流向脉动运动传递能量的变化．这个变化的主要影响是，在扰动发展的后期，不稳定扰动不再按 $\exp(\beta_i t)$ 的比例增长，而是趋向于与初始值无关的一个有限数值．

失稳点和转捩点之间的距离，除了与扰动的增长率有关外，还在很大程度上依赖于**湍流度**（参阅第十六章 d）．

经过十多年的时间以后，上述稳定性理论才得到实验的验证．G. B. Schubauer 和 H. K. Skramstad[82] 出色地完成了这个工作，我们将在下一节中加以说明．当人们已经了解了这些实验结果以后，为了满足稳定性理论发展的需要，C. C. Lin[54] 重新进行了计算，他的计算在所有的基本点上都与 W. Tollmien 和 H. Schlichting 的结果一致．

Navier-Stokes 方程：在此之后很久，H. Fasel[28b] 计算了人工诱发的周期性扰动的时间增长率，他使用完全的 Navier-Stokes 方程和数值方法，和以前发表的、以 Orr-Sommerfeld 方程为基础的线性稳定性的结果进行比较，在所有基本点上都是吻合的，参阅文献[33a]和[57d]

d. 稳定性理论和实验的比较

1. 早期的转捩测量结果 上面叙述的是小扰动理论早期的结果，由此得到的临界 Reynolds 数，其量级和实验测量的一致．按照该理论，只要 Reynolds 数超过某个临界值，在一定的频率和波长的范围内，小扰动将增长；波长较短或较长的扰动将被衰减掉．小扰动理论的结果表明，波长大于和等于边界层厚度的倍数的扰动是特别"危险"的．该理论还进一步假设，扰动的增长最终将导致从层流向湍流的转捩．可以这样说，扰动增长的过程将稳定性理论和存在着转捩这一实验事实联系起来．

在稳定性理论获得最初的成功之前的一段时间里，L. Schiller[81] 对转捩现象，特别是当它发生在圆管中时，进行了广泛的实验研究．L. Schiller 的工作促进了转捩的半经验理论的发展，该理论的最重要的基础是假设转捩起源于管子进口段的有限扰动，或者，在边界层情形下，起源于外部来流中的有限扰动．这些想法在理论上得到进一步的发展，特别是 G. I. Taylor[97] 的工作[1]．

究竟应该采用稳定性理论还是半经验理论，只有依靠实验来决定．早在稳定性理论确立之前，J. M. Burgers[6]，B. G. van der Hegge Zijnen[41] 和 M. Hansen 已经对平板的转捩进行了详细的实验研究．测量的结果是临界 Reynolds 数在

$$\left(\frac{U_\infty x}{\nu}\right)_{crit} = 3.5\times10^5 \text{ 至 } 5\times10^5$$

的范围内． 此后不久，H. L. Dryden[16,17] 和他的合作者对这种流动进行了非常深入和仔细的研究．在研究过程中，使用了热线风速计，以空间坐标和时间为自变量将速度分布的大量数据画下

---

1) "在三十年代末期，盛行的观点可能如 G. I. Taylor[97]在 1938 年所表述的那样，稳定性理论与边界层转捩没有关系或关系很小．只有德国人对稳定性理论充满信心，他们研究该理论并推导了它和 Prandtl(1933) 在 Goettingen 水洞中的流场显示实验是定性地符合的．德国人是正确的：早期的实验未能检测出 Tollmien-Schlichting 波是由于它们被当时风洞中非常强的背景湍流度所淹没．"(摘自 F. M. White 的书[107]，1974)

来．然而，实验未能发现理论确定的扰动增长的选择性．

大约与此同时，在 Goettingen 水洞中进行的平板实验提供了稳定性理论的定性的验证．图 16.15 的照片描写了一个长波长扰动形成的湍流区域．这些照片和示于图 16.14 的中性扰动的理论流线图象之间的相似是无可辩驳的．

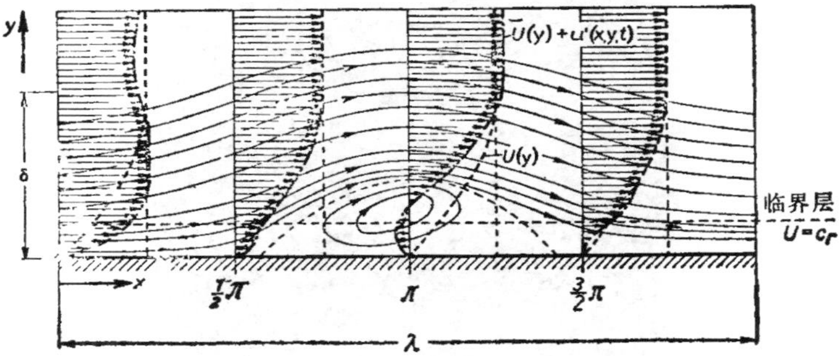

图 16.14 零攻角平板边界层中，中性扰动的流线和速度分布图（图16.11 中的 I 型扰动）

$U(y)$＝平均流动；$U(y)+u'(x,y,t)$＝扰动速度分布；$U_\infty\delta_1/\nu=893$＝Reynolds 数；$\lambda=40\delta_1$＝扰动的波长；$c_r=0.35U_\infty$＝扰动波的传播速度；$\int_0^\delta\sqrt{\overline{u'^2}}\,dy=0.172U_\infty\delta$＝扰动强度

在讨论边界层转捩现象时，必须引入一个度量外流"湍流度"的十分重要的参数．它的重要性首先是在不同的风洞中测量球的阻力时认识到的．当时曾发现球的临界 Reynolds 数，即对应于阻力系数突然下降的 Reynolds 数值（见图 1.5）非常明显地随来流中扰动强度的变化而变化．可以通过对脉动湍流速度（例如整流网后所产生的）的时间平均值来定量地测量这个参数（参阅第十八章 f）．记三个速度分量平方的时间平均值为 $\overline{u'^2}$，$\overline{v'^2}$，$\overline{w'^2}$，我们定义流动中的**湍流度**为

$$\mathbf{T}=\sqrt{\frac{1}{3}(\overline{u'^2}+\overline{v'^2}+\overline{w'^2})}/U_\infty,$$

式中 U_∞ 代表流动的平均速度．通常，离整流网或蜂窝器一定距

图 16.15 沿平板的流动．湍流起源于长波长的扰动，引自 L. Prandtl[68]
这些照片是利用低速电影摄影机拍摄的，将摄影机装在沿流动方向
运动的小车上，因此，摄影机一直对准同一群旋涡．将铝粉撒在水面
上来显示流动

离以后，风洞中的湍流变成**各向同性**的，即三个分量上的脉动速度平方的平均值相等，

$$\overline{u'^2} = \overline{v'^2} = \overline{w'^2}.$$

在这种情形下，完全可以只限于考虑沿流动方向的脉动速度 u'，并且设

$$\mathbf{T} = \sqrt{\overline{u'^2}}/U_\infty.$$

湍流度的这个更简单的定义在实际中得到了广泛的应用，即使在湍流不是各向同性的情形下也是如此．在不同风洞中的测量表明球的临界 Reynolds 数非常强烈地依赖于湍流度 $\mathbf{T}$，当 $\mathbf{T}$ 减小时，

$\mathbf{R}_{crit}$ 的值增加得很快。1940 年以前所建造的旧式风洞的湍流度，其量级为 0.01。

2. 稳定性理论的实验验证 1940 年，H. L. Dryden 在 Washington 美国国家标准局 G. B. Schubauer 和 H. K. Skramstad 的协助下，开始着手一项新的广泛的计划，对从层流向湍流转捩的现象进行实验研究[82]. 与此同时，湍流度对转捩过程起决定性作用的这个事实已经为人们所接受. 因此，为了进行这些实验研究，建造了一个专门的风洞，使用大量合适的整流网和很大的收缩比，湍流度减小到前所未有的非常低的数值，

$$\mathbf{T} = \sqrt{\overline{u'^2}}/U_\infty = 0.0002,$$

然后利用这个流动来进行零攻角平板的层流边界的深入研究. 实验结果发现在非常低的湍流度下，即 $\mathbf{T}$ 的量级 <0.001 时，以前确定的临界 Reynolds 数 $\mathbf{R}_{crit} = 3.5 \times 10^5$ 至 5×10^5，现在已经增加到

$$\left(\frac{Ux}{\nu}\right)_{crit} \approx 2.8 \times 10^6,$$

见图 16.16. 此外还发现，如图 16.16 所揭示的那样，湍流度减小引起临界 Reynolds数增加，起初是很快的，在 $\mathbf{T}$ 达到 0.001 以后，临界 Reynolds 数接近 $\mathbf{R}_{crit} = 2.8 \times 10^6$；在更低的湍流度时临界 Reynolds 数保持不变. 这证明了平板临界 Reynolds 数存在着上限. A. A. Hall 和 G. S. Hislop[39] 较早得到的测量结果与图 16.16 中的曲线十分吻合.

我们将要讨论的所有实验测量都是在湍流度 $\mathbf{T} = 0.0003$ 时进行的. 用热线风速计和阴极射线示波器测量速度. 测量的内容包括确定沿平板几个位置上的速度随时间的变化. 首先在正常条件下(即存在着自然扰动)进行，然后在人工产生扰动的条件下进行. 将薄的金属片放在离壁面 0.15mm 处，用电磁方法激振，产生有固定频率的人工扰动. 即使是在**自然扰动**的情形(即无激振时)下，实验也清楚地显示出存在着不断增长的正弦形扰动，见图 16.17. 由于湍流度极低，在边界层中几乎没有任何不规则的脉

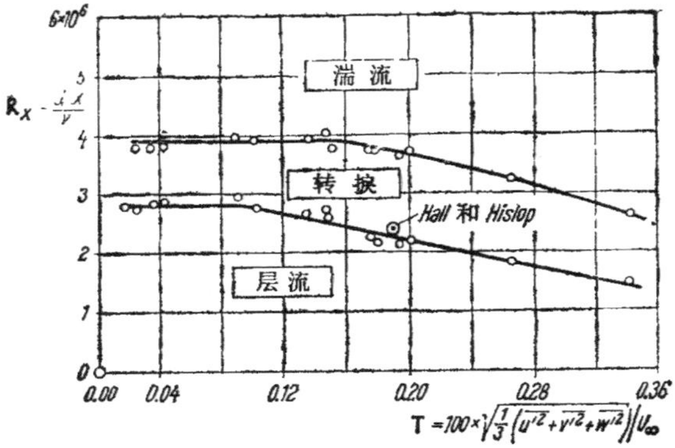

图 16.16　湍流度对零攻角平板临界 Reynolds 数的影响，根据 Schubauer 和 Skramstad[82]的测量结果

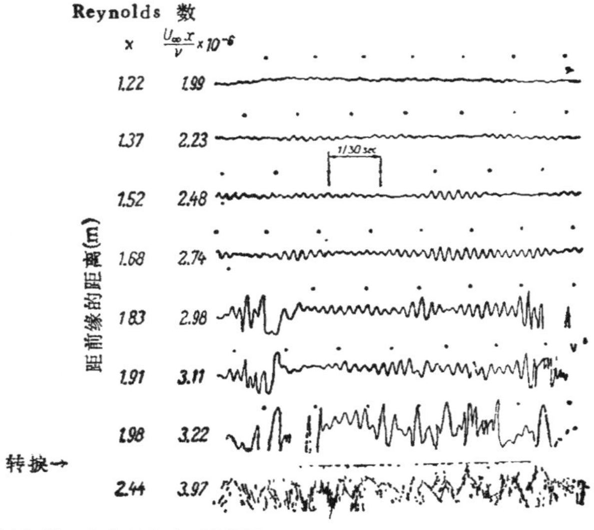

图 16.17　在空气流中，平板层流边界层由于随机（"自然"）扰动引起的脉动速度分量 u' 的波形图．从层流向湍流转捩的测量是 Schubauer 和Skramstad[82] 进行的

离壁面的距离：0.57mm；来流速度 $U_\infty = 24\text{m/s}$；

扫描时间间隔：1/30s

动，但是，当接近转捩点时，却出现了几乎纯正弦形的脉动，它们的振幅起初很小，然后沿下游方向迅速增长．在转捩点前不远处，出现振幅很大的脉动．在转捩点处，这些正常的脉动不存在了，突然变成高频无规则的图形，这正是湍流运动的特征．

我们所讨论的这些测量结果也解释了这个问题：为什么在早期的实验中未能检测出这些不断增长的正弦脉动．这就是说，如果湍流度从上述的 $\mathbf{T}=0.0003$ 增加到 0.01，即增加到早期实验测量通常遇到的数值，转捩是直接由随机扰动引起的，正弦脉动增长的选择性并不占据优势．

在**人工扰动**的实验过程中，将一个宽约为 30cm，厚 0.05mm，长 2.5mm 的金属片放在距壁面 0.15mm 处，由交流电诱导的磁场来激励．用这样的方法可以产生规定频率的二维扰动，这正是理论所要求的．这时会同时出现增长、衰减和中性的三种脉动，仍旧用热线风速计进行测量．测量的结果画在图 16.18 中，图中用虚线连接的实验点表示测量的中性脉动．引自图 16.12 的中性稳定性理论曲线也已画出来供比较，可见它与实验结果符合得很好．

为了获得对转捩机理更深刻的认识，测量了距壁面不同距离上几个中性扰动的速度分量 u' 的振幅．图 16.19 表示了速度分量 u' 正弦脉动的波形图．每一个波形图含有两个同步曲线，一条是在距壁面一个固定距离上测量的，另一条是在不同的距离上测量的．u' 脉动的振幅沿边界层厚度的变化见图 16.20．该图画出了 Schubauer 和 Skramstad 的结果，两条曲线对应于在图 16.11 中标着 I 型和 II 型的中性扰动．实验结果与 H. Schlichting[77] 的理论吻合得很好．

J. A. Ross 等人[74]最近在一座湍流度很低($\mathbf{T}=0.0003$)的风洞中非常仔细地完成了上述实验．他们同样报导了理论与实验符合得相当好．

我们前面已经说过，只有当能够产生湍流度很低的来流时，才第一次有可能对稳定性理论从实验上加以验证．早期在湍流度 $\mathbf{T}=0.01$ 时进行的实验验证了这样一个设想：观测到的转捩点位于理论估算的失稳点下游．然而，失稳点和转捩点之间的距离明显地依赖于湍流度．可以预料，该距离应随湍流度的增加而减

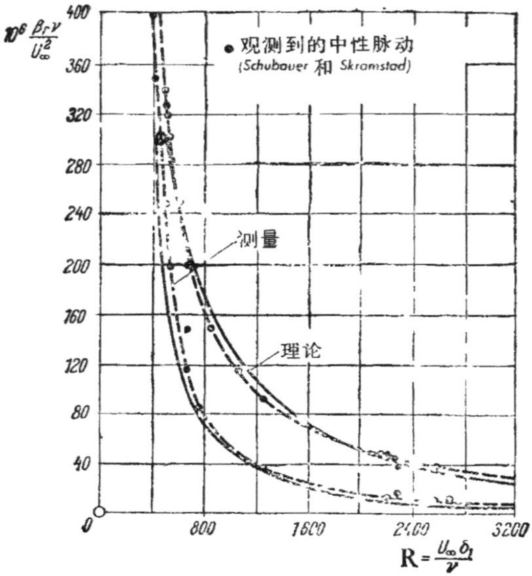

图 16.18 零攻角平板边界层，中性频率扰动的稳定性曲线，根据 Schubauer 和 Skramstad[82] 的测量结果.理论引自 Tollmien[99]

小，这是因为在高湍流度时，较小的扰动增长就足以使不稳定扰动演变成湍流．根据 P. S. Granville[36] 的实验结果，在图 16.21 中画出的平板边界层的曲线说明了这个结论． 用动量厚度定义的 Reynolds 数在转捩点和失稳点之间的差值，即

$$\left(\frac{U_\infty\delta_2}{\nu}\right)_{tr}-\left(\frac{U_\infty\delta_1}{\nu}\right)_i$$

被用来度量转捩点和失稳点之间的距离，并且在图中画出其随湍流度的变化．对平板的失稳点，采用了下面的数值：

$$\left(\frac{U_\infty\delta_2}{\nu}\right)_i=\frac{1}{2.6}\left(\frac{U_\infty\delta_1}{\nu}\right)_i=\frac{520}{2.6}=200.$$

图 16.21 将G. B. Schubauer 和 H. K. Skramstad[82] 在非常低湍流度下进行的测量与早期 Hall 及 Hislop 在高湍流度进行的测量联系在一起．所有的实验点描绘出一条曲线．只有湍流度

达到很高的数值，即 $T = 0.02$ 至 0.03 时，转捩点才和失稳点重合。参考文献[1].

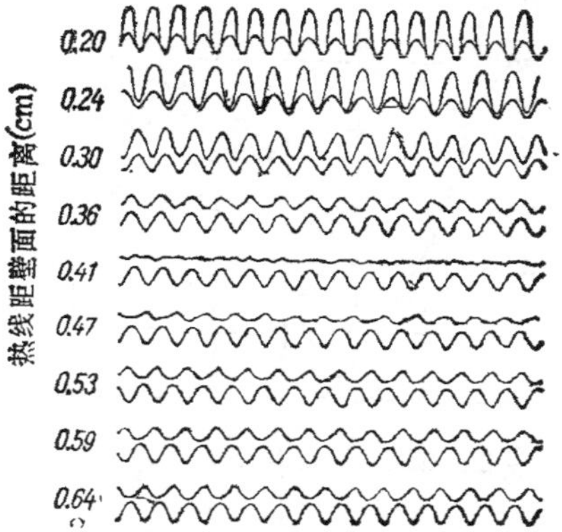

图 16.19 Schubauer 和 Skramstad[82] 测量的层流边界层中的脉动

两台热线风速计放在激振片后 30cm 处同时记录速度。两条曲线中下面的一条对应于将热线放置在距壁面 1.4mm 处;上面的一条对应于将热线放置在距壁面不同位置上，如图所示。激振片位于平板前缘后 90cm 处。频率 $70s^{-1}$,速度 $U_\infty = 13m/s$

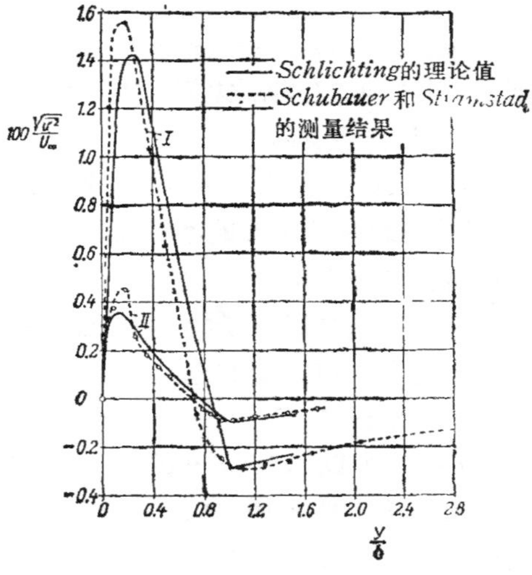

图 16.20 零攻角平板边界层中,两个中性扰动的脉动速度 u' 的振幅变化,根据 Schubauer 和 Skramstad[82]的实验结果,理论引自 Schlichting[77]. 标着 I 和 II 的曲线对应于图 16.11 中两种中性扰动 I 型和 II 型

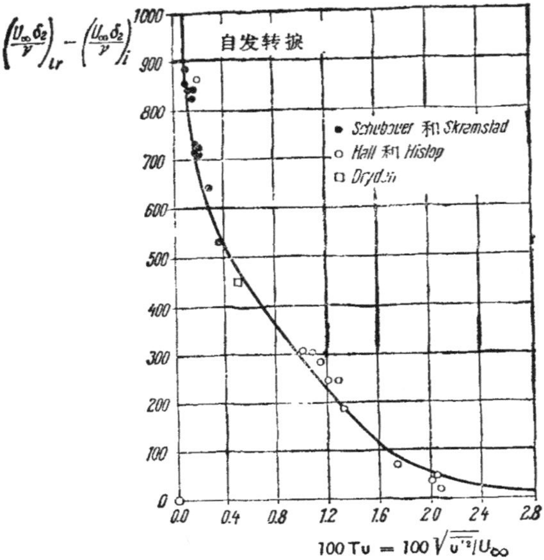

图 16.21 平板边界层转捩的测量结果，根据 P. G. Granville [36]. 转捩点和失稳点的 Reynolds 数差值随湍流度的变化. 随着湍流度增加，转捩点向失稳点靠近

其他速度剖面： 我们现在简略地叙述对其他速度剖面稳定性的研究，在第十七章中将作更详细的说明.

G. Rosenbrook[73] 从实验上证实了 Lord Rayleigh 和 W. Tollmien 提出的具有拐点的速度剖面的不稳定性定理，他还指出理论估算和实验之间是完全符合的.

S. Hollingdale[43] 的论文研究了物体尾迹的速度剖面的稳定性. N. Curle[10] 研究了层流射流的稳定性. 最后还可以提到 A. Michalke 和 H. Schade[58]，T. Tatsumi[96a]，L. N. Howard[46]，以及 C. W. Clenshaw 和 D. Elliot[11] 的工作，其中最后一篇参考文献确立了平面射流稳定性界限 $\mathbf{R}_{crit} = 6.5$，该 Reynolds 数是按在一半高度时射流的宽度定义的.

C. C. Lin[54] 首先发表了二维槽内流动的线性稳定性分析，他得到基于最大速度 U_m 和半槽宽度 b 的临界 Reynolds 数为

$$R_{crit} = \left(\frac{U_m b}{\nu}\right)_{crit} = 5314.$$

后来 L. H. Thomas[103] 作的更仔细的计算确认了这个结果. K. Stewartson[88] 和 J. T. Stuart[90] 应用非线性稳定性理论研究了这种流动. 还可参阅 R. G. DiPrima 等人[14]和 J. T. Stuart[91] 的工作. A. Michalke 对该课题研究领域内的工作作了总结. M. Ikeda[46b] 的文章也是令人感兴趣的.

H. Bergh[5] 拍摄了翼型上边界层转捩区的照片，复制在图 16.22 中. 拍摄时用扬声器产生人工扰动，它们在边界层中诱发出一系列规则的波形，其振幅沿下游不断增长. 研究这张照片可以形成关于扰动增长机制的若干细节的清晰的思想. 参阅文献[1].

图 16.22 有周期性扰动时，翼型上边界层流动的烟流照片，引自 H. Bergh[5]
来流速度 $U_\infty = 4\text{m/s}$;
扰动频率 $\beta_r = 145\ 1/\text{s}$

三维流： 至此所引证的实验事实都表明转捩起源于二维扰动的增长. G. B. Schubauer 和 H.K. Skramstad[82], G. B. Schubauer 和 P. S. Klebanoff[83] 以及 I. Tani[92,95] 非常深入地研究了这些扰动的增长过程，其结果是，不稳定平面波的增长总是产生明显的三维流动结构. 当波的振幅增长到一定大小以后，出现强烈的周期性非线性扰动增长. 该过程伴随着能量沿横向的传递并且破坏了主流原有的二维特性. 这样，三维不稳定扰动发展的结果是层流转捩成湍流. 与此同时，出现了涡轴沿流动方向的旋涡，在边界层内某种程度上亦是如此.

为了进一步了解这个问题，可以研究 G. B. Schubauer, P. S. Klebanoff 和 K. D. Tidstrom[84,49,50], H. Goertler 和 H. Witting[35]，以及 C. C. Lin, D. J. Benny 和 H. P. Greenspan[56,3,37] 的工作.

本章中所报导的实验结果显示出它与层流稳定性理论吻合得非常一致，使得这些理论现在可以被认为是流体力学中已经得到证实的内容. 实验完全证实了 O. Reynolds 的假设：从层流向湍流转捩的过程是层流不稳定性的结果；它确实表示了一种**可能的或可观察到的**转捩机制. 至于稳定性理论是否描述了这个过程完整的图象和它是否是自然界中所遇到的**唯一的**机制，这个问题现在依然有待回答，并引起许多研究者的注意.

e. 来流中的脉动对转捩的影响

上节叙述的实验发现了外流的湍流度(即在来流中存在着**无规则的**、与时间相关的脉动)对转捩有强烈的影响，在此之后，研究来流中**规则的**脉动对转捩的影响是很自然的事情. 在第十五章 a3 和 e3 中，讨论了在外流 $U(x,t)$ 上叠加形式为

$$U(x,t) = U_0(x) + \varepsilon U_1(x)\cos nt$$

的小振幅($\varepsilon \ll 1$)脉动对层流边界层结构的影响.

因为随着湍流度增加转捩 Reynolds 数明显地减小，我们可以十分自然地假设随着外流周期性变化的振幅 $\Delta U = \varepsilon U_1$ 的增加，应该产生类似的作用. J. H. Obremski 和 A. A. Fejer[63a]，以及 J. A. Miller 和 A. A. Fejer[60a] 已经从实验上证实了叠加在外流上的脉动对层流边界层转捩的影响. 他们首先把注意力集中在平板边界层(Blasius速度剖面). 在这种情形下，外流的速度分布是

$$U(x,t) = U_\infty + \Delta U \cos nt,$$

其中 U_∞ 是来流速度的时间平均值，与 x 无关. ΔU 是外流中随时间脉动的振幅，n 表示脉动的圆频率. 文献[63a]报道的实验是在不可压缩流动中进行的，

$$U_\infty = 20 \text{ 至 } 40\text{m/s}, \quad \Delta U/U_\infty = 0.014 \text{ 至 } 0.29, \quad \text{频率 } n = 4 \text{ 至 } 62\ 1/\text{s}$$

这些实验研究进行得非常仔细，它们提供了下列基本结果：

(a) 转捩开始发生的临界 Reynolds 数，$\mathbf{R}_{x,tr} = U_\infty x_{tr}/\nu$，仅与外部脉动的振幅 $\Delta U/U_\infty$ 有关.

(b) 无量纲转捩长度，即转捩开始发生到它完成之间的距离 $\mathbf{R}_{x,t} - \mathbf{R}_{x,tr}$，仅依赖于外部脉动的频率1).

1) 转捩开始于 $\mathbf{R}_{x,tr} = U_\infty x_{tr}/\nu$，即图 16.16 中下方的曲线. 转捩完成于 $\mathbf{R}_{x,t} = U_\infty x_t/\nu$，图 16.16 中上方的曲线. 在从 x_{tr} 至 x_t 这段距离上，观测到间歇因子从 $\gamma = 0$ 增加到 $\gamma = 1$，我们解释这个现象为在这个区域存在着"转捩中的湍流".

(c) 显示速度随时间变化的记录表明转捩的特征在于它是有规律的和间歇性的. 测量结果说明,转捩可以用下列"非定常" Reynolds 数来描述:

$$\mathbf{R}_{NS} = \Delta U \times L/2\pi\nu.$$

因为外部脉动流动的特征长度是 $L = U_\infty/n$,所以可以将"非定常" Reynolds 数表示为

$$\mathbf{R}_{NS} = \frac{U_\infty^2(\Delta U/U_\infty)}{2\pi\nu n}$$

其中 $\Delta U/U_\infty$ 是脉动的无量纲振幅,$n\nu/U_\infty^2$ 是无量纲频率. 实验说明,当"非定常" Reynolds 数大时,即当 $\mathbf{R}_{NS}>27000$ 时,转捩点的 Reynolds 数 $\mathbf{R}_{x,tr} = U_\infty x_{tr}/\nu$ 比起定常流来总要减小很多. 在这些实验中,定常流动中平板起始转捩 Reynolds 数 $\mathbf{R}_{x,tr} = 1.8\times10^6$. 按照图 16.16, $\mathbf{R}_{x,tr}$ 这个数值近似地对应于来流湍流度 $\mathbf{T}=0.28\%$.

人们至今还没有提出当外部流动脉动时,边界层稳定性令人满意的理论[118]. 在脉动流动中观察到间歇性的湍流,它的频率 β_r 和由稳定性理论得到的 Tollmien-Schlichting 类型自然中性扰动的频率是同一量级的,参阅图 16.18. 实验研究中脉动频率 n 比自然中性扰动的频率小 100 倍左右.

R. J. Loehrke, M. V. Morkovin 和 A. A. Fejer[48b] 最近发表了关于来流脉动时的转捩过程的述评.

f. 结　　论

在本章的结尾,我们希望用总结的方式叙述在低湍流度的来

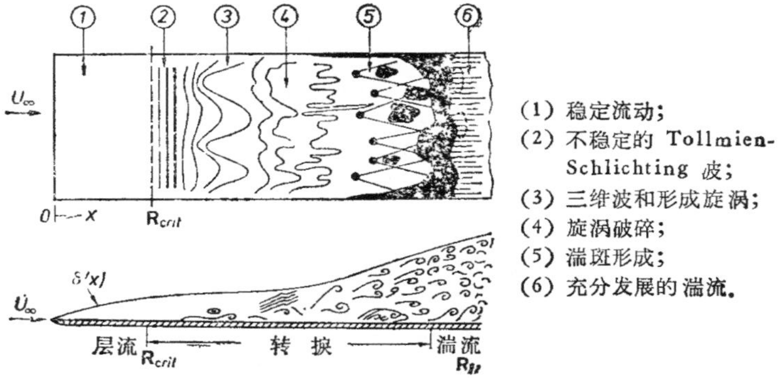

图 16.23　零攻角平板边界层转捩区的理想化图示,引自 F. M. White[107]

流条件下,平板边界层转捩过程. 正如从图 16.23 所见,从前缘开始,流动经历下列几个阶段:

(1) 前缘之后的稳定层流;

(2) 具有二维 Tollmien-Schlichting 波的不稳定层流；

(3) 不稳定层流的三维扰动波开始发展并形成旋涡；

(4) 在局部涡量很高的地方湍流猝发；

(5) 在湍流脉动速度大的地方形成湍斑；

(6) 湍斑聚结成充分发展的湍流边界层.

在讨论图 10.13 时我们已经提到过，在大多数情形下，从湍斑向充分发展的湍流转捩与分离泡的形成相关．现在，我们只能对阶段(1),(2)和(3)进行理论分析，还需要进行很多理论研究工作，才有可能对其余各阶段进行分析.

第十七章　湍流的起源 II[1)]

压力梯度、抽吸、可压缩性、传热以及粗糙度对转捩的影响

引　　言

在第十六章中叙述的结果已经原则上显示了小扰动方法可以用来研究层流转捩成湍流的现象．因此，我们可以期望，除了至今所讨论的 Reynolds 数外，小扰动理论还能给我们提供关于其它对转捩有重要影响的参数的信息．在第十六章 b 中，我们已经简略地叙述了外流中压力梯度对边界层的稳定性，以及由此对转捩都有很大的影响．顺压梯度使流动稳定，逆压梯度减小它的稳定性．体积力（例如流线弯曲的流动中的离心力和非均质流体中的浮力）对转捩来说是十分重要的．用抽吸或者引射的方法控制边界层及其对转捩的影响的问题近来变得越来越重要了（参阅第十四章）．抽吸产生稳定效果，但引射促使边界层失稳．在高速流动的情形下，必须认为流体是可压缩的．从壁面向外传热或者向壁面内传热(冷却或加热流体)对转捩有重要的影响．从流体向壁面传热有很高的稳定效果，但是如果是从壁面向流体传热，效果相反．最后，关于粗糙度对转捩影响的问题有着非常实际的重要意义．

本章将包括对所有这些问题的评述．由于压力梯度在实际应用中极其重要，我们首先来研究它的影响．关于这方面读者可以参考两篇总结性的述评，一篇是 1969 年 I Tani[238] 写的，另一篇是

---

1) 本章 e 节已经完全重新改写过，为此我十分感谢 California 理工学院(Pasadena)喷气推进实验室 L. M. Mack 博士

E. Reshotko[194a] 于 1976 年发表的．前一篇集中在不可压缩流动，而后一篇着重在可压缩流动和传热．我们希望再一次提醒读者注意，J. T. Stuart[227a] 关于这个课题所做的综述虽然有些过时，但极为精彩．

a. 压力梯度对沿光滑壁面的边界层转捩的影响

在第十六章中研究了零攻角平板边界层的稳定性．这种边界层有一个特殊的性质：从前缘向后，不同位置上的速度剖面是彼此相似的（见第七章）．这种相似性是外流中无压力梯度的结果．另一方面，在任意柱体形状的情形下，压力梯度沿壁面逐点变化，一般说来，其速度剖面不再是彼此相似的．在压力沿下游减少的区域中，速度剖面没有拐点，是如图 16.9e 所示的那种类型，但是在压力沿下游增加的区域中，速度剖面确实有拐点，如图 16.9g 所示的那种类型．在平板情形下，所有速度剖面具有相同的稳定性界限，即 $\mathbf{R}_{crit}=(U_\infty\delta_1/\nu)_{crit}=520$；与此相反，在物体为任意形状的情形下，各个速度剖面具有明显不同的稳定性界限．顺压梯度时，其值高于平板稳定性界限，逆压梯度时，其值低于平板的值．因此，为了确定特定形状物体失稳点的位置，必须进行如下的计算：1. 确定无摩擦流动沿物体周线的压力分布；2. 确定在该压力分布下的层流边界层；3. 确定这些不同的速度剖面的稳定性界限．确定压力分布的问题属于位势理论．位势理论能够提供合适的计算压力分布的方法，例如 T. Theodorsen 和 J. E. Garrick[242] 以及 F. Riegels[193] 所介绍的方法． 在第十章中已经给出计算层流边界层的适当的方法．我们现在详细地讨论第三步，即稳定性计算．

由第七章层流边界层理论，我们知道，一般来说，壁面的曲率对柱体边界层发展的影响很小，只要壁面曲率半径比边界层厚度大得多，这个结论就是成立的．这就是说，在分析这种物体的边界层的形成时，可以忽略离心力的影响．因此，这种边界层被视作如同在平板上的边界层一样，但是受到绕该物体位势流所确定的压力梯度的影响．这一点同样适用于确定压力梯度不为零时边界层的稳定性界限.

在平板情形下,外流是均匀的,$U_\infty=$常数. 与此相反,我们现在必须对付这样的外流,其速度 $U_m(x)$ 是长度坐标的函数. 速度 $U_m(x)$ 与压力梯度 $\frac{dp}{dx}$ 通过 Bernoulli 方程相联系

$$\frac{dp}{dx}=-\rho U_m\frac{dU_m}{dx}. \tag{17.1}$$

尽管外流速度依赖于长度坐标,但是如 J. Pretsch[177] 所证明的那样,用无压力梯度的稳定性分析方法来分析有压力梯度的层流的稳定性是可能的(第十六章),还可以用速度只依赖于横坐标 y 的平均流动 $U(y)$ 来研究.压力梯度对稳定性的影响是通过由 $U(y)$ 给出的速度剖面的形式体现出来的. 在第十六章 b 中,我们已经说过,一个速度剖面的稳定性界限强烈地依赖于它的形状. 有拐点的速度剖面的稳定性界限比无拐点的剖面低得多(拐点准则). 现在,因为按照式(7.15)

$$\mu\left(\frac{d^2U}{dy^2}\right)_{\text{wall}}=\frac{dp}{dx}, \tag{17.2}$$

压力梯度控制着速度剖面的曲率,所以稳定性界限对速度剖面形状的强烈依赖性就相当于压力梯度对稳定性的强烈影响. 因此,说加速流动$\left(\frac{dp}{dx}<0,\ \frac{dU_m}{dx}>0,\text{顺压梯度}\right)$比减速流动$\left(\frac{dp}{dx}>0,\ \frac{dU_m}{dx}<0,\text{逆压梯度}\right)$要稳定得多是正确的.

G. B. Schubauer 和 H. K. Skramstad (第十六章 d)用实验证实了上述理论分析预示的压力梯度对稳定性和小扰动增长的强烈影响. 图 17.1 中的曲线表示有压力梯度平板上速度脉动的波形. 该图的上半部分表明大小为动压百分之十的压力降使得振荡完全阻尼掉,随后压力增加,只增加了动压的百分之五,这就不仅引起扰动强烈地增长,而且立即产生转捩(这里应注意最后两个波形图的尺度减小了).

在稳定性计算中,方便的做法是用速度剖面的形状因子表示

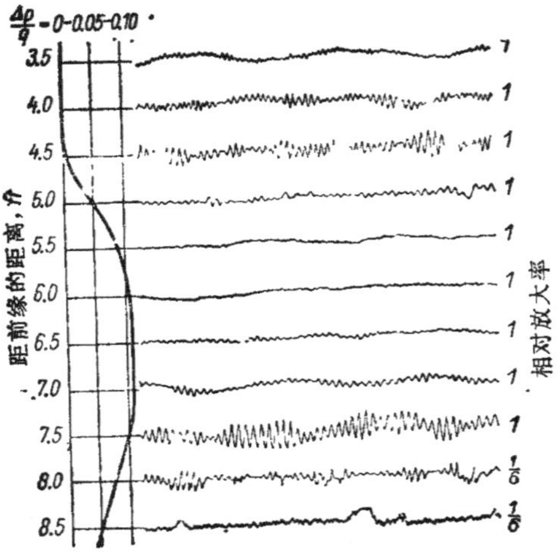

图 17.1 有压力梯度的层流边界层中速度脉动的波形图，根据 G. B. Schubauer 和 H. K. Skramstad 的测量. 减小压力产生对脉动的阻尼作用，增加压力引起脉动强烈地增长并造成转捩.
测量位置距壁面 0.5mm； 速度 $U_\infty = 29\mathrm{m/s}$

压力梯度的影响，并且为了简单起见，限定单参数族的层流速度剖面. Hartree 绕楔流动表示了这种单参数族速度剖面的一个例子，而且它本身还是边界层方程的精确解. 这种流动的外流速度为

$$U_m(x) = u_1 x^m, \tag{17.2a}$$

在图 9.1 中还画出了有关的速度剖面，其中 m 表示速度剖面的形状因子，楔角为 $\beta = 2m/(m+1)$. 当 $m < 0$ (压力增加)时，速度剖面有拐点；当 $m > 0$ (压力减小)时，速度剖面没有拐点. 早在 1941 年 J. Pretsch[178,179] 就完成了一系列单参数族速度剖面的稳定性计算. 后来在 1969 年 H. G. Ombrewski 又大大扩充了这些计算(见第十六章文献[63])，他不仅计算了临界 Reynolds 数，而且计算了不稳定扰动的增长率. 计算结果揭示出形状因子 m 对临界 Reynolds 数的影响要比早期的工作所表明的更强烈. 图17.2 描述了其中一个计算结果，即在由式 (17.2a) 给出的外流条件下

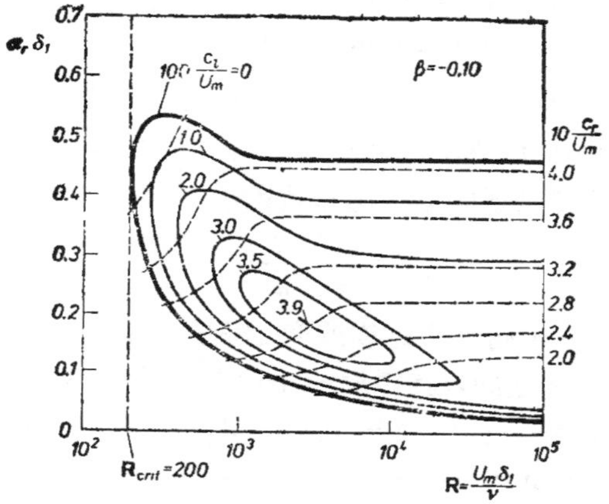

图 17.2　减速流动边界层扰动的时间增长率等值曲线. 来流速度为 $U_m = Cx^m$，数值计算的 Reynolds 范围很大，根据第十六章文献[63]. $m=\beta/(2-\beta)=-0.048$，$\beta=-0.1$

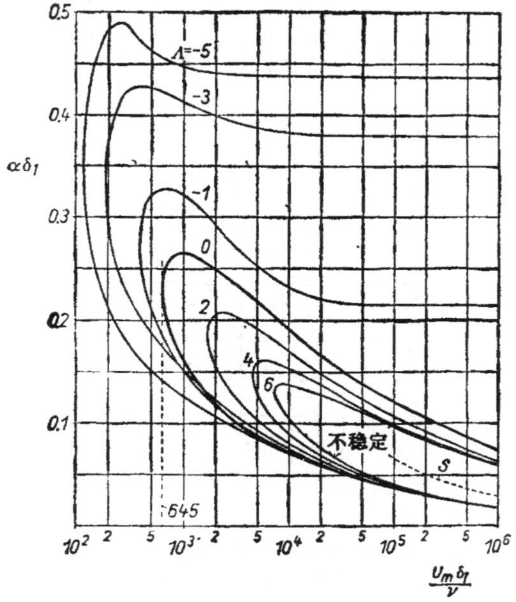

图 17.3　压力减小($\Lambda>0$)和压力增加($\Lambda<0$)时层流边界层的中性稳定性曲线. 定义速度剖面的形状因子为 $\Lambda=\frac{\delta^2}{\nu}\frac{dU_m}{dx}$，另见图 10.5

(其中 $m = -0.048$,对应于 $\beta = -0.1$), 相应速度剖面的扰动增长率的等值曲线,参见第十六章 A. R. Wazzan 的文章[104].

在第十章中介绍的 K. Pohlhausen 近似方法是计算层流速度剖面最方便的一种方法, 因此它对研究有关的速度剖面的稳定性很有用处,速度剖面的形状由形状因子

$$\Lambda = \frac{\delta^2}{\nu}\frac{dU_m}{dx} \tag{17.3}$$

决定. 在图 10.4 中画出了这族速度剖面. 设形状因子 Λ 的值在 $\Lambda = +12$ 和 -12 之间, 其中后一个值对应着分离. 在前驻点 $\Lambda = +7.05$,在最小压力点 $\Lambda = 0$. 当 $\Lambda > 0$ 时,压力减小; $\Lambda < 0$ 时压力增加. 凡 $\Lambda < 0$ 的速度剖面都具有拐点.

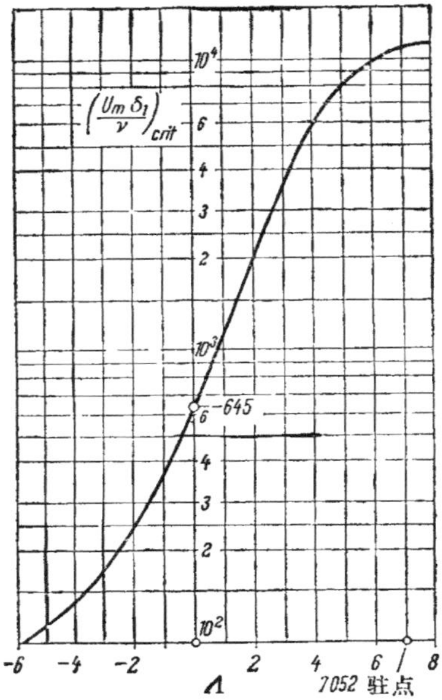

图 17.4 对于有压力梯度的边界层,速度剖面的临界 Reynolds 数随形状因子 Λ 的变化

H. Schlichting 和 A. Ulrich[200] 对这一族速度剖面进行了稳定性计算. 图 17.3 画出了中性稳定性曲线. 压力减小($\Lambda>0$)时,

当 $\mathbf{R}\to\infty$时，所有速度剖面的中性稳定性曲线的两个分支都趋向于零，正如 $\Lambda=0$ 的平板情形一样．另一方面，对于逆压梯度($\Lambda<0$)情形下的速度剖面，中性稳定性曲线上部分支趋向于一个不为零的渐近值，所以，即使 $\mathbf{R}\to\infty$，依然存在一个有限的波长范围，在该波长范围内扰动总是增长的．顺压梯度区域($\Lambda>0$) 以及等压区域($\Lambda=0$)的速度剖面的不稳定性属于“粘性”不稳定类型(图 16.8中曲线b)，而逆压梯度范围($\Lambda<0$)内速度剖面的不稳定性属于“无粘”不稳定性类型(图 16.8 中曲线 a)．由图 17.3 可见，对于有逆压梯度的边界层，中性稳定性曲线所包括的不稳定波长范围要比加速流动时大得多． 由图 17.3 可以得到临界 Reynolds 数，在图 17.4 中画出它随形状因子 Λ 变化的曲线[1)]． 所以，临界 Reynolds 数随着形状因子 Λ 的值，因而也随着压力梯度强烈地变化．此外，对于压力缓慢增加情形下的速度剖面($\beta=-0.1$)，图17.2给出了 $c_i/U_m=$ 常数的曲线，即扰动增长率的等值曲线． 与图 16.12 作比较使我们相信，压力缓慢增加明显地增强了扰动增长率．

F. X. Wortmann[255,256] 使用碲法[256] 在水洞中拍摄了流场照片(图 17.7)，清晰地显示出层流边界层不稳定振荡的图象．类似于在第十六章介绍过的 Schubauer 和 Skramstad使用的方法，用放置在壁面附近的振荡片产生人工扰动．压力沿壁面增加很小，式(17.3)中 Pohlhausen 参数的值 $\Lambda=-8$． 在产生扰动的位置上，当地Reynolds 数 $\mathbf{R}_{\delta_1}=750$，无量纲的扰动波波长为 $\alpha_1\delta_1=2\pi\delta_1/\lambda=0.48$． 这个波长位于图 17.3 的不稳定区域的边缘． 图 17.7 中瞬时曝光得到的条纹线显示出在振荡片下游 20 倍波长处，扰动的二维发展最后阶段的图象．扰动增长的这种图象表明理论与实验是完全吻合的．在照片左端扰动是二维的，在中部由于纵向旋涡的出现，扰动发生变形，在照片的右端，已经可以辨别出“湍流核”．这

---

1) 对 $\Lambda=0$，这里给出的值 $\mathbf{R}_{crit}=645$ 与前面图 16.11 中给出的值 520 略有不同．这是由于前者使用了精确的 Blasius 速度剖面，而在图 17.2 的情形下使用了近似的速度剖面．

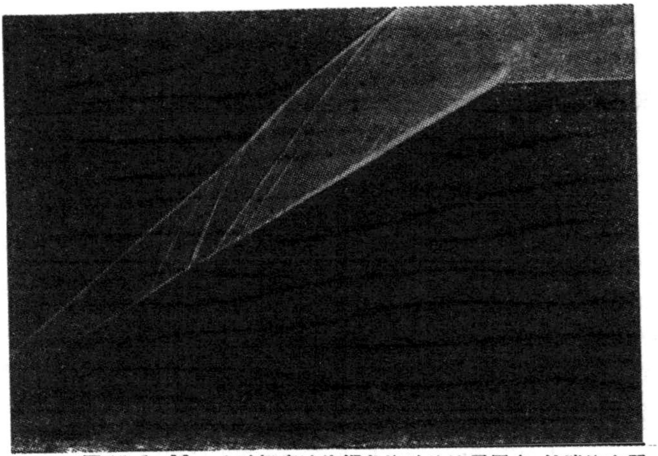

图 17.5 M = 3 时超声速绕拐角流动的边界层中，从湍流向层流逆转捩的阴影照片，根据 J. Sternberg[215]

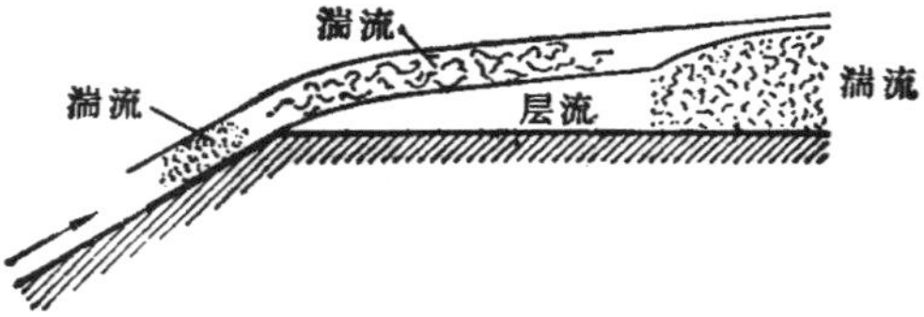

图 17.6 超声速绕拐角流动边界层中的流动示意图，根据 J. Sternberg，参见图 17.5

些将证实我们在这一章末尾给出的关于三维扰动的说明.

我们已经多次强调了这一事实，即沿边界层**压力增加**强烈地促使边界层向湍流转捩. 反之，**压力急骤降低**，正如超声速流动在尖锐边缘后面将会产生的那样，会引起湍流边界层变成层流. J. Sternberg[215] 用带有锥形前体的圆柱进行了这种有趣的观察. 图 17.5 给出 Mach 数 **M** = 3 时沿锥形前体流动的阴影照片. 在特意安装的绊线上边界层变成湍流，再往下游，在前后体连接处形成的拐角后面，湍流边界层再次变成层流(图17.6). 可以这样来解释这个现象：类似于风洞试验段之前截面急骤收缩所产生的效果，柱体肩部很大的顺压梯度强有力地加速流动，使湍流脉动衰减. 在 W. P. Jones 和 E. E. Launder[103] 的文章中可以找到对

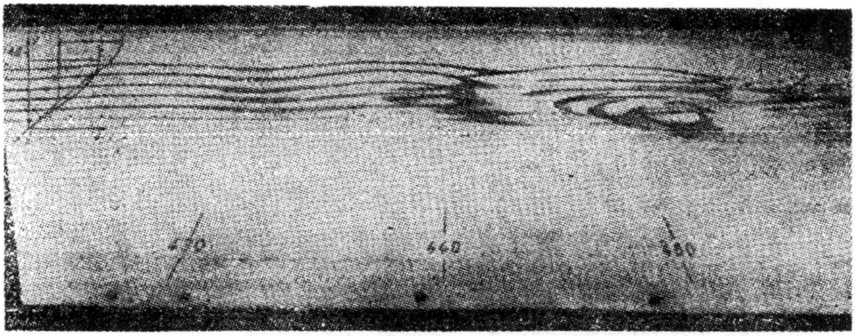

图 17.7　沿平直壁面，在有逆压梯度存在时层流边界层中二维 Tollmien-Schlichting 波不稳定性的说明. 使用 F. X. Wortmann[257,258] 提出的碲法获得在水洞中波形条纹线的照片，用一个振荡片($3\times800\times0.03$mm)人为地产生扰动. 该振荡片放置在 $\mathbf{R}_1=750$ 处，在 $\mathbf{R}_1=950$ 处发出条纹线(图的左边). 条纹线在下游卷起是扰动波不稳定的结果. 图中的数字表示距离(cm)
该图中心处层流边界层的数据:
边界层外缘的速度，$U_m=9.1$cm/s;
边界层位移厚度，$\delta_1=1.4$cm;
扰动波波长，$\lambda=18$cm;
Reynolds 数，$\mathbf{R}_1=U_m\delta_1/\nu=1250$;
形状因子，$\delta_1/\delta_2=H_{12}=2.9$;
由式(10.21)得到的 Pohlhausen 参数，$\Lambda=-8$

这种过程的定性的说明. 按照这两位作者的意见，在不可压缩流动中,当无量纲加速参数满足不等式

$$K=\frac{\nu}{U_m^2}\frac{dU_m}{dx}>3\times10^{-6}\quad\text{(再层流化)}$$

时,发生再层流化(湍流停息). 根据式 (10.21) 引入 Pohlhausen 形状因子 Λ,并利用式(17.3),我们可以将上述条件表示为

$$\Lambda>3\times10^{-6}\mathbf{R}_\delta^2,$$

其中 $\mathbf{R}_\delta=U_m\delta/\nu$ 表示按湍流边界层厚度定义的 Reynolds 数.必须强调指出，这纯粹是一个经验判据. R. Narasimha 和 K. R. Sreenivasan[168]进行了更深入的研究,另见 V. C. Patel 和 M. R. Head 早期的论文[189].

早在 1962 年 M. Sibulkin 对圆截面管中从湍流向层流的转捩进行了细致的实验研究. 特别是，他的研究工作扩展到研究纵向湍流脉动的衰减，并且发现壁面附近的衰减要比管道中心处更为强烈。

上述这些结果将使我们能在下一节计算绕任意形状物体的二维流动失稳点的位置。

b. 给定物体形状时确定失稳点位置

如果利用图 17.3 和 17.4 中的结果，确定(在二维流动中)给定物体的转捩点位置就变得十分容易了。下面所叙述的方法的主要优点是它不需要大量的计算，在计算图 17.3 的曲线时，那些繁琐的计算工作已经一劳永逸地完成了。

我们首先利用第十章介绍的 Pohlhausen 近似方法来计算层流边界层，其中位势流速度分布 $U_m(x)/U_\infty$ 认为是已知的。计算结果提供了用弧长 x（从前驻点算起）表示的形状因子 Λ 和位移厚度 δ_1 的值。假设物体 Reynolds 数 $U_\infty l/\nu$ (l——物体的长度）不变，沿着层流边界层从前驻点开始向下游方向进行计算。可以注意到，在一开始由于压力突然降低，稳定性界限 $(U_m\delta_1/\nu)_{crit}$ 非常高。另一方面，边界层很薄，所以当地 Reynolds 数 $U_m\delta_1/\nu$ 势必小于临界 Reynolds 数$(U_m\delta_1/\nu)$的值，因而边界层是稳定的。再往下游，压力降低得很缓慢，接着在最小压力点之后压力增加，所以当地稳定性界限$(U_m\delta_1/\nu)_{crit}$ 不断减小，然而边界层厚度以及由其给出的当地 Reynolds 数 $U_m\delta_1/\nu$ 不断增加。在某一点上，当地稳定性界限和 Reynolds 数相等:

$$U_m\delta_1/\nu = (U_m\delta_1/\nu)_{crit} \quad (失稳点). \tag{17.4}$$

从该点往后，边界层是不稳定的。式 (17.4) 所定义的这点称为**失稳点**，其位置显然取决于物体 Reynolds 数$(U_m l/\nu)$，因为它影响着当地边界层厚度。

借助于图 17.8 中的曲线，我们可以方便地进行上面所叙述的计算，得到用 Reynolds 数表示的失稳点位置。让我们通过一个椭圆柱的例子详细地说明这一点。该椭圆柱的长轴 a 和短轴 b 之比为 $a/b = 4$. 假设流动平行于长轴。该柱体位势流速度分布函数已经在图 10.9 中给出，边界层计算的结果见图 10.10(a) 和 10.10(b)。根据形状因子 Λ 随 x 的变化(图 10.10(b))，并借助于图 17.4，可以画出当地临界 Reynolds 数 $\mathbf{R}_{crit}=(U_\infty\delta_1/\nu)_{crit}$ 的变化，即图 17.8 中标志着**稳定性界限**的曲线. 通过层流边界层计算，我们还可以得到无量纲位移厚度$(\delta_1/l)(\sqrt{U_\infty l/\nu})$，如图10.10(a). 对给定的物体 Reynolds 数 $U_\infty l/\nu$，现在可以估算出基于位移厚度的当地 Reynolds 数 $U_m\delta_1/\nu$，因为

$$\frac{U_m\delta_1}{\nu}=\left(\frac{\delta_1}{l}\sqrt{\frac{U_\infty l}{\nu}}\right)\sqrt{\frac{U_\infty l}{\nu}}\,\frac{U_m}{U_\infty}\,, \qquad (17.5)$$

其中位势流速度 $U_m(x)/U_\infty$ 是已知的. 对不同的 Reynolds 数值，图 17.8 中画出了 $U_m\delta_1/\nu$ 随弧长 x/l' 变化的曲线. 这些曲线与

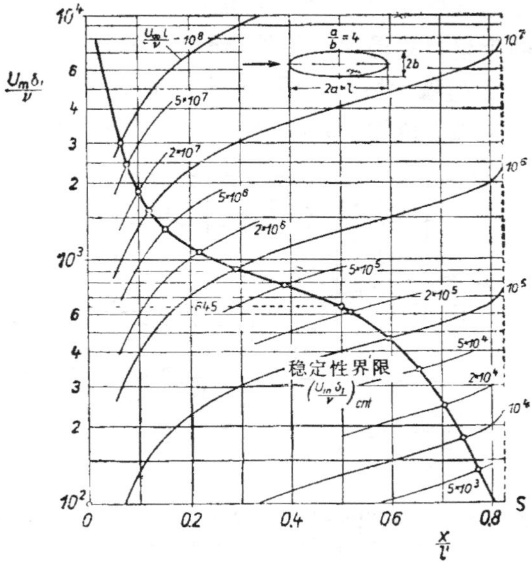

图 17.8 对于长细比 $a/b=4$ 的椭圆柱，用 Reynolds 数 $U_m l/\nu$ 表示的失稳点位置的计算结果

$a/b=4$;

$2l'=$ 椭圆周长

稳定性界限的交点给出了各自 Reynolds 数下失稳点的位置[1]. 图 17.9 画出了一族细长比 $a/b=1,2,4,8$ 的椭圆柱的失稳点. 值得注意的是，对于圆柱，随着 Reynolds 数的增加失稳点移动很小. 随着长细比的增加，失稳点的移动越来越明显.

可以很容易地用类似的方法计算翼型失稳点的位置. 这时特别重要的是，除确定 Reynolds 数的变化规律外，还要确定失稳点随攻角的变化规律. 图 17.10 画出了一个对称 Zhukovskii 翼型在不同攻角和不同升力系数时这些计算的结果. 可以看到，随着攻角增加，吸力面的压力最小值越来越小，并且最小压力点向前移；而在压力面最小压力值越来越大，压力分布越来越平坦，并且最小压力点向后移. 因此，随着攻角增加，引起吸力面上失稳点向上游移动，而在压力面上失稳点向下游移动. 由于吸力面上在最小压力点附近压力分布曲线变陡，对于所有的 Reynolds 数，失稳点都向最小压力点靠近；在压力面则发生相反的过程，最小压力点附近压力曲线平坦，使得对于不同 Reynolds 数的失稳点的分布是发散的. 无论是哪种情形，图 17.10 的曲线都十分清楚地显示了压力分布对失稳点位置，即对转捩点位置的决定性的影响. 在最

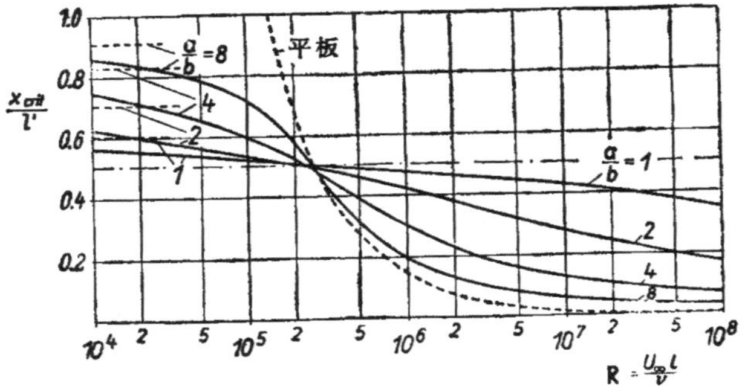

图 17.9 对于长细比 $a/b=1,2,4,8,\infty$（平板）的椭圆柱，相对于物体 Reynolds 数画出的失稳点位置

$2l'$——周长；S——层流分离点；M——最小压力点

1）如果采用对数坐标，沿平行于坐标轴的方向移动，就可以得到不同 $U_\infty l/\nu$ 数值时的 $U_\infty\delta_1/\nu$ 曲线. 当使用图解法时，这是非常方便的.

小压力点之前，即使在高 Reynolds 情形下，失稳点（从而转捩点）很难再往前移动；反过来，在最小压力点之后，即使在低 Reynolds 数情形下，也几乎立即就发生失稳和转捩.

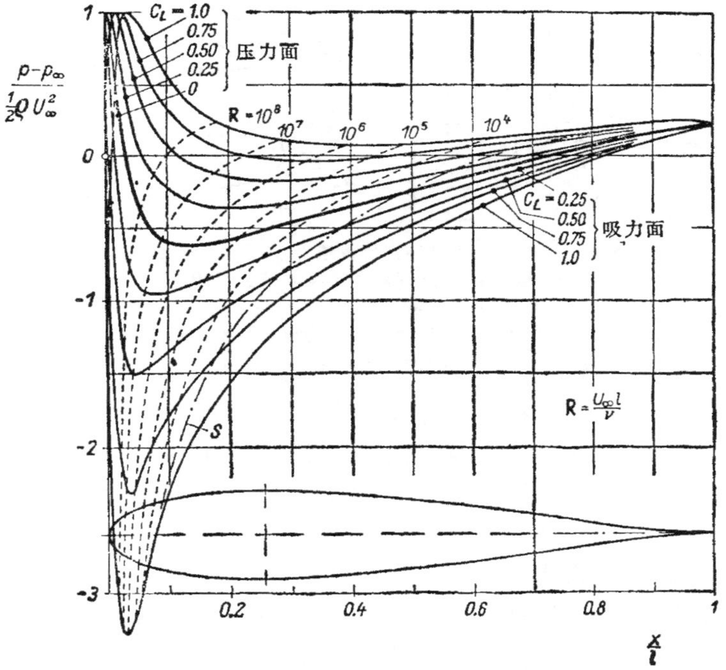

图 17.10 在不同升力系数下，对称 Zhukovskii 翼型的
——压力分布；------失稳点位置；$S=$ 层流分离点位置

图 17.11 还给出一个 NACA 翼型失稳点位置的实验结果，该翼型和上述所讨论的 Zhukovskii 翼型有几乎相同的压力分布.可以看出，正如理论分析所预计的那样，对所有 Reynolds 数和升力系数，转捩点都位于失稳点之后，但却在层流分离点之前.其次，随着 Reynolds 数和升力系数的变化，转捩点随着失稳点的移动而移动. 对不同厚度和弯度的翼型，可以在 K. Bussmann 和 A. Ulrich[10] 的报告中找到转捩点位置系统的计算结果.

作为近似计算粗略的指导原则，可以得出这样的规律：在

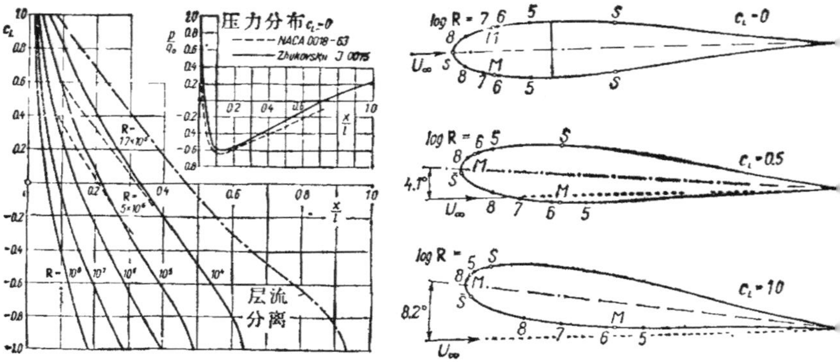

图 17.11 失稳点和转捩点位置随升力系数和 Reynolds 数的变化. ——理论失稳点: Zhukovskii 翼型 J0015; ---- 测量的转捩点: NACA0018 翼型

$\bar{S}$ = 驻点; M = 最小压力点; S = 层流分离点

Reynolds 数从 10^6 至 10^7 的范围内,转捩点几乎与位势流的最小压力点重合.在 Reynolds 数很大时,转捩点可能在最小压力点之前一点点,而在 Reynolds 数小时,特别当压力梯度(不论正负)很小时,转捩点可能移动到最小压力点之后相当远的位置. 另一方面,应该注意到,无论 Reynolds 数值是多少,失稳点总是位于层流分离点之前.因此我们可以确立这样一个原则:除了在极大 Reynolds 数的情形外,失稳点都位于最小压力点之后, 层流分离点之前.

转捩点和失稳点之间确切的距离取决于不稳定扰动的增长率和来流的湍流度. 扰动增长率又受到压力梯度的强烈影响. R. Mickel[150] 发现了一个相当简单、纯经验的公式, 它可以确定扰动增长率与理论失稳点和实验转捩点之间距离的关系. 最近,A. M. O. Smith[211]在稳定性理论的基础上成功地验证了这个关系式. 当扰动进入不稳定区域(图 17.3), 每一个不稳定扰动向下游传播时不断增长,正比于 $\exp(\beta_i t)$, 或者, 如果 β_i 与时间有关则正比于

$$\exp\left(\int\beta_i dt\right). \tag{17.6}$$

此处积分应该包括当扰动进入不稳定区域后出现的各种不稳定扰动. J. Pretsch[179] 已经计算了不同压力梯度情形下扰动增长率

β_i = 常数的曲线（如图 16.13 所示的那种）. 1957 年，A. M. O. Smith 利用这些曲线，对一些已经有转捩点实验数据的翼型和旋成体进行了大量的计算. 他根据式(17.6)进行计算，将积分从理论稳定性界限积到实验转捩点，得到了扰动增长率. 图 17.12 画出了他的计算结果. 这些计算结果涉及到在非常低来流湍流度和极其光滑的表面进行的许多不同的测量，从而得出如下结论：沿着从失稳点到转捩点的路径进行积分，得到不稳定扰动的增长率，其值为

$$\exp\left(\int \beta_i dt\right) = \exp 9 = 8103. \qquad (17.7)$$

几乎在同时，J. L. van Ingen[94] 验证了这个发现. 还可以参阅 R. Michel[166] 的论文.

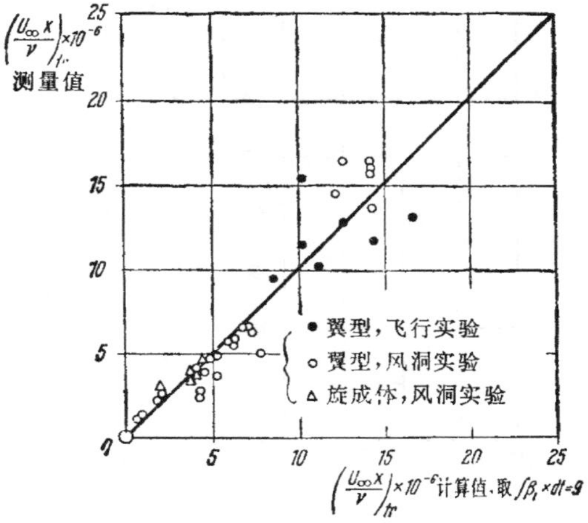

图 17.12 确定不稳定扰动的增长率 $\exp(\int \beta_i dt)$，积分路径从理论失稳点到实验转捩点，根据 A. M. O. Smith[211]

现在，许多测量[104] 证实了这一结论，并指出扰动增长率约为 $\exp 10 = 22026$.

正如在图 16.21 中已经做出的那样，失稳点和转捩点之间的距离可以用由这两点的动量厚度定义的 Reynolds 数之差来表示，即用 $(U\delta_2/\nu)_{tr} - (U\delta_2/\nu)_i$ 来表示. 以 P. S. Granville[75] 得到的

数值为基础，图 17.13 画出了这个差值随平均 Pohlhausen 参数 $\bar{K}$ 的变化曲线。这里我们有

$$\bar{K}=\frac{1}{x_{tr}-x_i}\int_{x_i}^{x_{tr}}\frac{\delta_2^2}{\nu}\frac{dU_m}{dx}dx=\frac{1}{x_{tr}-x_i}\int_{x_i}^{x_{tr}}K(x)dx, \quad (17.8)$$

其中 K 是由式(10.27)定义的。

在上述计算中所涉及的测量都是在极低的湍流度下进行的(自由飞行的测量和低湍流度风洞中的测量)。图 17.13 中的曲线表明许多不同实验的结果令人满意地落在一条曲线上。对顺压梯

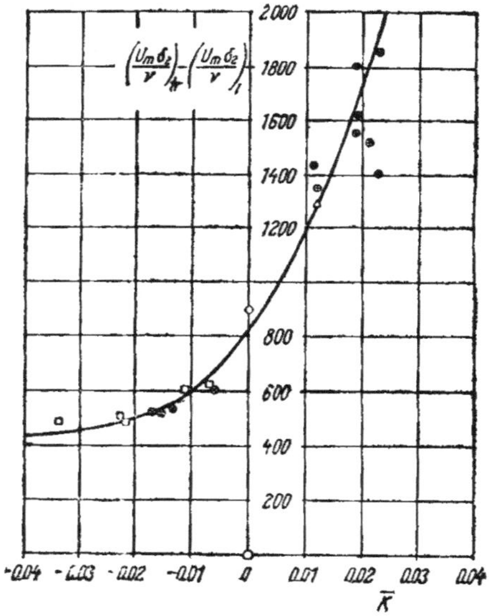

图 17.13 有压力梯度的边界层转捩点的测量结果，引自 Granville[82]。转捩点 Reynolds 数 $\mathbf{R}_{\delta_2,tr}=(U_m\delta_2/\nu)_{tr}$ 与失稳点 Reynolds 数 $\mathbf{R}_{\delta_2,i}=(U_m\delta_2/\nu)_i$ 的差值随平均压力梯度 $\bar{K}$ (式(17.8))的变化。$\bar{K}>0$ 对应于加速流动，$\bar{K}<0$ 对应于减速流动

○平板，Schubauer 和 Skramstad[203]

⊗NACA 0012 翼型，von Doenhoff[30]

●吸力面 } NACA 65(215)-114 翼型

⊕压力面 } Braslow 和 Visconti[7]

□8%厚度比的翼型，B. M. Jones[95]

其中文献[7,30,203]是在低湍流度风洞中的测量结果；文献[75]是飞行测量结果

度($\bar{K}>0$),$(U\delta_2/\nu)_{tr}-(U\delta_2/\nu)_i$ 的值比逆压区($\bar{K}<0$)的差值要大很多.在等压区($\bar{K}=0$),这个差值保持在 800 左右,与图 16.21 给出的极低湍流度下平板的测量结果吻合得很好.关于这个问题,请参阅 E. R. van Driest 和 C. B. Blumer 文献 [50] 的注释.

层流翼型: 图 17.9 和 17.10 中归纳的稳定性计算结果令人信服地显示出压力梯度对稳定性和转捩有决定性的影响,这一点与实验完全吻合.出于同样的考虑设计了**层流翼型**.在这种翼型的设计中,将最大厚度点,即最小压力点向后缘移动相当的距离,拉长层流边界层,使表面摩擦力减小.不过,只能在翼型攻角的一个很小范围内实现所希望的最小压力点位置的移动.

在第二次世界大战期间,美国进行了非常广泛的层流翼型的测量[1].H. Doetsch[31] 早在 1939 年就首先发表了层流翼型的实验结果,但是 B. M. Jones[98] 在此之前已经在飞行实验中观察到这种伸展得相当长的层流边界层.层流翼型在滑翔机的制造中得到广泛的应用.F. X. Wortmann 对滑翔机机翼的翼型进行的研究是非常重要的.他设计的这些翼型称之为 F. X. 翼型,其特征见文献 [2].图 17.14 表示出层流翼型可能使阻力减小的数量.在 Reynolds 数 $\mathbf{R}=2\times10^6$ 至 3×10^7 的范围内,由于"层流效应"使阻力减小,这个数量可以达到普通翼型阻力的 30—50%.在 Reynolds 数很大时,例如 $\mathbf{R}>5\times10^7$,正如稳定性理论所确定的那样,翼型上转捩点位置突然前移,层流效应消失了.几个翼型的压力分布曲线见图 17.15,对翼型 $R2525$ 还给出了转捩点位置的测量结果.可以看出,转捩发生于紧靠最小压力点之后的地方,完全符合图 17.10 的理论结果.对三种相同厚度但弯度不同的翼型,图 17.16 还画出了用升力系数表示的阻力曲线.应该注意到,弯度的增加可以使低阻力区域向大升力值的方向移动,但是即使如此,低阻力区域的范围也是有限的.很显然,在层流翼型的情形下,外流和边界层的相互作用是非常重要的,R. Eppler[60] 曾提出了计算这种效应的方法.在这里我们必须说明,在层流翼型

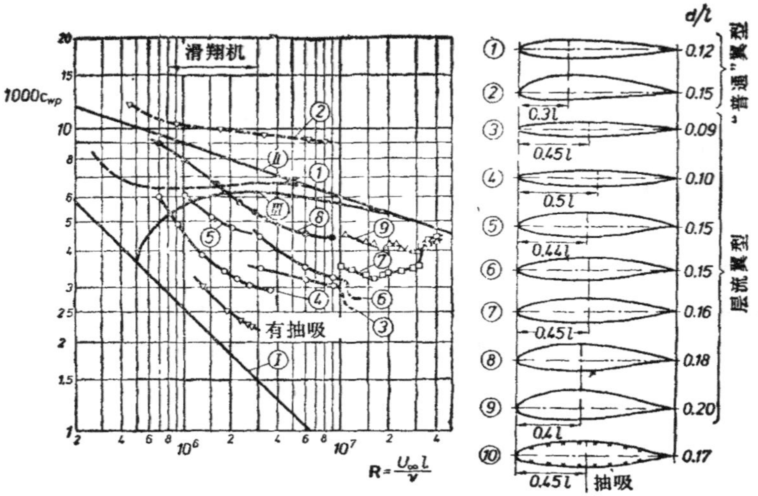

图 17.14 层流翼里和"普通"翼型的表面摩擦系数，根据文献[1]和[96]. LB24-日本 I. Tani[243] 的层流翼型. FX35—153-F. X. Wortmann[257] 的层流翼型. 具有抽吸的翼型，根据 W. Pfenninger，见第十四章文献[61]. 曲线 (I)，(II)，(III)表示零攻角平板在层流、充分发展的湍流和转捩流动的表面摩擦力. (1) NACA 0012; (2) NACA 4415; (3)NACA 66—009;(4) LB24; (5)FX35—153; (6) NACA 66_2—215; (7) NACA 66(2×15)—216; (8) NACA 65_3—418; (9) NACA 65(421)—420; (10) 有抽吸翼型

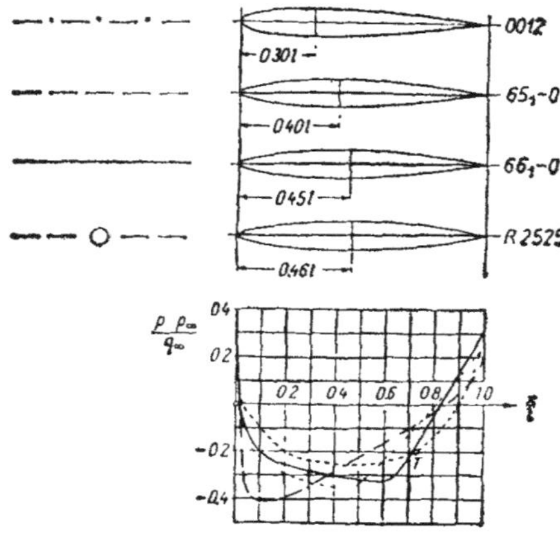

图 17.15 零攻角层流翼型($c_L = 0$)的压力分布. 翼型 0012，65_1-012，66_1-012，引自文献[1]；翼型$R2525$，引自 Doetsch[31]
T = 转捩点位置($\mathbf{R} = 3.5\times10^6$)

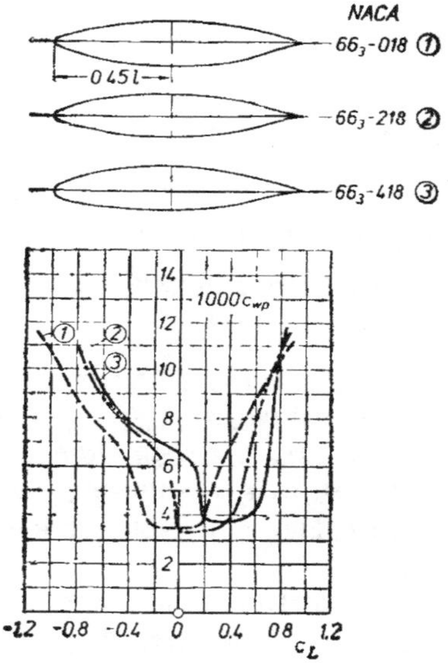

图 17.16 对于弯度不同的三种层流翼型，阻力系数 c_{wp} 随升力系数 c_L 的变化，$\mathbf{R}=9\times10^6$，引自文献[1]．随着弯度的增加，低阻力区域向高升力系数 c_L 的方向移动

的实际应用中，在某些情形下会出现很大的困难。原则上来说，为了不因表面粗糙度使转捩提前，对表面光洁度提出了很高的要求，从而造成了这些困难．关于这个问题，我们希望读者注意 L. Speidel[212] 关于放置在简谐振荡来流中的层流翼型的论文。

可以把本节讨论的内容总结如下：

1. 稳定性理论指出，压力梯度对层流边界层稳定性起着决定性的影响，压力沿下游方向减少有稳定作用，而压力增加导致边界层失稳．

2. 因此，位势流速度分布中最大速度点（= 最小压力点）的位置决定性地影响着失稳点和转捩点的位置．作为一个粗略的指导规律，可以假定，在中等 Reynolds 数时（$\mathbf{R}=10^6$ 至 10^7），失稳点和最小压力点重合，转捩点紧接其后．

3. 当 Reynolds 数不变时，随着翼型攻角的增加，吸力面上失稳点和转捩点向前移，压力面上失稳点和转捩点向后移.

4. 当攻角不变时，随着 Reynolds 数增加，失稳点和转捩点向前移.

5. 在 Reynolds 数很大以及压力分布的峰值比较平坦时，在一定的情形下，失稳点可能稍许在最小压力点之前.

6. 即使在低 Reynolds 数($\mathbf{R}=10^5$ 至 10^6)时，失稳点和转捩点也在层流分离点之前. 在一定的情形下，层流边界层可能分离并且再附为湍流边界层.

柔壁： 另一种使层流边界层稳定的有效方法是将浸润在流体中的壁面做成柔性的. 人们观察到海豚令人咋舌的游泳技能[90]，从而受到启发，这些动物具有很小的表面摩擦系数是由于它们表皮的柔软性，使得边界层即使在 Reynolds 数非常大时也维持层流. 为了验证这个假定，M. O. Kramer[110] 测量了轴线平行于来流的弹性圆柱体的阻力. 确实，与刚性圆柱比较，在 Reynolds 数 $\mathbf{R}=3\times10^6$ 至 2×10^7 的范围内，观察到阻力减小 50%左右.

此外，T. B. Benjamin[4] 和 M. T. Landahl[120] 利用第十六章C中说明的方法，对柔壁的边界层稳定性进行了深入的理论分析. 这些分析揭示出，由于壁面的柔性 Tollmien-Schlichting 波以一种变化了形式出现，除此之外，壁面本身还出现了变形的弹性波. 由于壁面外存在着流动，产生了这种弹性波. 同时，还出现了 Kelvin-Helmholtz 类型的波，非常类似于自由剪切层中观察到的那些波. 第一个效应——由壁面柔性引起 Tollmien-Schlichting 波变形，可以解释为什么中性稳定点急剧地向上游方向移动. 然而，上述依赖于壁面内摩擦的三种效应在一定程度上互相抵消. 因此，我们可以预期壁面柔性总的效果是小的. 这样，稳定性理论只是定性地，而不是定量地证实了 M. O. Kramer 的实验结果. 或许可以用柔壁对充分发展的湍流边界层的影响来解释 M. O. Kramer 的实验结果. 这种设想引起 G. Zimmermann[259] 对这个问题进行了理论研究，他得出结论： 柔壁可以使壁面切应力减少百分之十左右，至少在高密度的流体(例如水)情形下是如此. 由于缺少完整的湍流理论，我们只能把这些结果看作是一种估计. 论文[259]包含一些补充的参考文献，涉及到柔壁对边界层流动的稳定性和湍流结构的影响.

c. 抽吸对边界层转捩的影响

在第十四章中已经指出，将抽吸应用于层流边界层是减阻的有效手段. 抽吸的作用类似于上节讨论的压力梯度的作用，使边界层趋于稳定，抑制边界层由层流向湍流转捩，减小了阻力. 更仔细的分析表明抽吸的影响来自两个效应. 第一，抽吸减少了边界层厚度，而较薄的边界层不易变成湍流. 第二，抽吸建立了一种层流速度剖面，比起无抽吸的速度剖面，它具有更高的稳定性界限（临界 Reynolds 数）.

至今，只有对连续抽吸的边界层才能进行数学处理，在第十四章中已经给出了这种情形的几个解. 至于如何保持边界层为层流的问题，重要的是要估计排出的流量. 只要吸除足够的流体，就可以获得所期望的边界层厚度，从而使 Reynolds 数低于稳定性界限. 然而，抽吸量过大是不经济的，这是由于减阻而节省下来的动力有很大一部分用于驱动抽吸泵. 因此，重要的是确定一个保持边界层为层流所要求的**最小抽吸体积流量**. 当按照最小抽吸体积流量进行抽吸时，阻力减少得最多. 因为任何再大的抽吸流量将使边界层变得更薄，因而使壁面切应力增加.

正如在第十四章中指出的，在均匀抽吸的零攻角平板的情形下，边界层方程的解特别简单(用 $-v_0$[1]表示抽吸速度). 可以回忆起，此时距前缘一定距离以后，速度剖面及边界层厚度就与当地坐标无关了. 正如式(14.7)所示，这种**渐近抽吸速度剖面**的位移厚度由下式给出

$$\delta_1 = \frac{\nu}{-v_0}. \tag{17.9}$$

K. Bussmann 和 H. Muenz[9] 按照在第十六章中阐述的方法进行了这种速度剖面(图14.6)的稳定性计算. 从式(14.6)可见，速度剖面由式

$$u(y) = U_\infty[1 - \exp(v_0 y/\nu)]$$

所描述，这种速度剖面的临界 Reynolds 数很高，

$$\left(\frac{U_\infty \delta_1}{\nu}\right)_{\mathrm{crit}} = 70000. \tag{17.10}$$

可见，对于渐近抽吸速度剖面，其临界 Reynolds 数要比无压力梯度、无抽吸的零攻角平板的值大 130 倍，显示了抽吸的高度稳定效果. 上述讨论还表明，不仅由于边界层厚度减少，而且特别是由于

---

1) 这里 $v_0<0$ 表示抽吸，$v_0>0$ 表示引射.

这种速度剖面的稳定性界限大大增加，才使边界层保持为层流渐近抽吸速度剖面的中性稳定性曲线见图 17.17($\xi=\infty$). 由该图可以注意到，与无抽吸的情形相比，稳定性界限提高了，而且由中性稳定性曲线限定的不稳定扰动波波长范围也大大减小了.

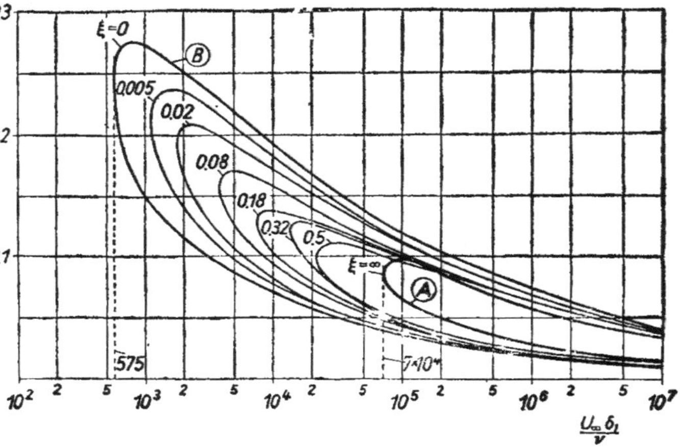

图 17.17 均匀抽吸的零攻角平板速度剖面的中性稳定性曲线. $\xi=\left(\frac{-v_0}{U_\infty}\right)^2\frac{U_\infty x}{\nu}=c_Q^2\mathbf{R}_x$表示无量纲初始长度

曲线(A): 渐近抽吸速度剖面;

曲线(B): 无抽吸的速度剖面

上述结果使我们可以得到下面这个问题的答案，即为了保持边界层为层流，应该吸除多少流体? 为了简单起见，假设从前缘开始均匀抽吸，在平板前缘已经存在渐近速度分布，我们可以得出结论：如果用位移厚度定义的 Reynolds 数小于式(17.10)给出的稳定性界限，则沿整个平板存在着稳定的层流边界层. 因此，边界层稳定的条件是

$$\frac{U_\infty\delta_1}{\nu}<\left(\frac{U_\infty\delta_1}{\nu}\right)_{\text{crit}}=70000.$$

利用式(17.9)给出的渐近速度剖面 δ_1 值，我们有

$$\text{稳定条件:}\quad \frac{(-v_0)}{U_\infty}=c_Q>\frac{1}{70000}. \tag{17.11}$$

按此结果，只要抽吸体积流量系数有极低的值 $1/70000=1.4\times10^{-5}$，边界层就是稳定的.

这里可能会注意到，更准确的计算或许能给出更高一些的体积流量系数的值.这是由于上述计算是以渐近速度剖面为基础的，而这种速度剖面只是在前缘之后一定的距离才建立起来. 从前缘到该点这段距离上的速度剖面具有不同的形状，从紧靠前缘之后的无抽吸 Blasius 剖面逐渐地变成上述渐近抽吸速度剖面. 在图 14.8 中已经详细地画出了具有抽吸的层流边界层在这个初始长度内速度剖面的形状. 所有这些速度剖面的稳定性界限比渐近形式

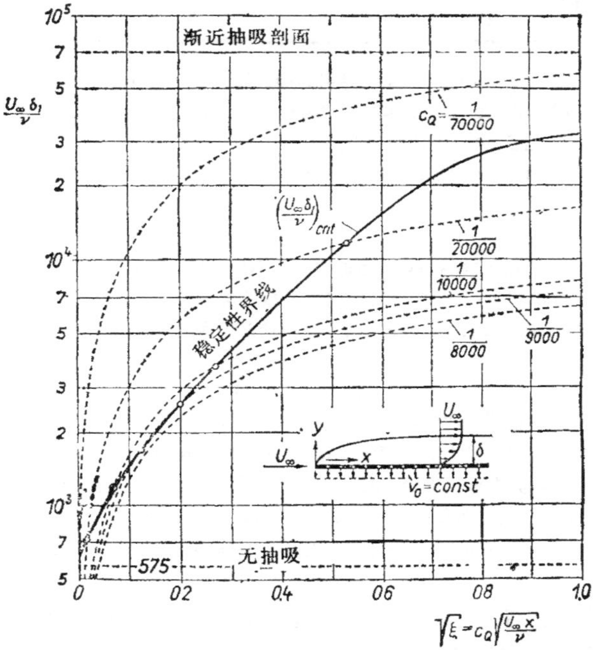

图 17.18 依靠抽吸保持平板边界层为层流，为此所必须的抽吸体积流量的临界值

速度剖面的值低，因此，若要保持边界层为层流，在初始长度内要吸除的流体体积流量必须大于式(17.11)给出的值.

为了更详细地分析这个问题，必须对初始长度内一系列速度剖面进行稳定性计

算. 这些剖面构成了单参数的曲线族,见图 14.8. 该参数为

$$\xi = c_Q^2 \times \frac{U_\infty x}{\nu},$$

而且在前缘处 $\xi = 0$,达到渐近速度剖面时 $\xi = \infty$,但是实际上可以假定初始长度截止于 $\xi = 4$. A. Ulrich[243] 已经计算了这一族速度剖面的临界 Reynolds数,列于表17.1中,相应的中性稳定性曲线见图 17.17 J. Pretsch[180] 计算了渐近速度剖面的不稳定扰动的增长率,在他的计算中得到的最大增长率比图 16.13 平板 (Blasius 流动)的值要小 10 倍左右. 利用计算的结果,现在不难确定出所需要的抽吸体积流量系数,它使初始长度上的边界层是稳定的. 可以从图 17.18 中得到这些值,其中稳定性界限引自表 17.1,而且对给定的 $c_Q = (-v_0)/U_\infty$,图 17.18 画出了无量纲位移厚度

表 17.1 有抽吸的速度剖面临界 Reyr olds 数随无量纲抽吸体积流量系数 ξ 的变化,根据 Ulrich[243]

$\xi = c_Q^2 \frac{U_\infty x}{\nu}$	0	0.005	0.02	0.08	0.18	0.32	0.5	8
$\left(\frac{U_\infty \delta_1}{\nu}\right)_{crit}$	575	1120	1820	3940	7590	13500	21900	70000

$$\frac{U_\infty \delta_1}{\nu} = \frac{-v_0 \delta_1}{\nu} \frac{1}{c_Q}$$

随无量纲长度的变化.这里,用 ξ 表示的 $(-v_0)\delta_1/\nu$ 的值是由边界层计算给出的,见表 14.1. 由图 17.18 可见,只要抽吸体积流量系数的值保持大于 1/8500, 沿整个平板长度上稳定性界限和无量纲位移厚度 $U_\infty \delta_1/\nu$ 就都没有交点,因此,抽吸体积流量系数的临界值是

$$c_{Q\,crit} = 1.2 \times 10^{-4}. \tag{17.12}$$

我们现在能够回答在第十四章中遗留下来的问题了,即关于零攻角平板通过抽吸保持为层流边界层时实际的阻力减少问题. 图 14.9 画出一条用 Reynolds 数表示的表面摩擦系数的曲线,其中体积流量系数 c_Q 作为一个参数出现. 如果现在将相应于式(17.12)的 $c_{Q\,crit}$ 的曲线画在该图中,可以得出在最佳抽吸条件下平板表面摩擦系数的变化,见图 17.19,图中标着“最佳抽吸”和“湍流”的曲线之间的距离对应于应用抽吸所减少的阻力.

以湍流阻力为基准,阻力的相对减小量随着Reynolds 数增加而略有增加,见图 17.20. 在 Reynolds 数 $\mathbf{R} = 10^6$ 至 10 的范围内,阻力相对减小量从百分之六十五增加到百分之八十五. 在第十四章中已经讨论过边界层控制的实验结果. 飞行实验和风洞实验[89,99,105] 已经极好地证实了抽吸使阻力减小的理论结果,另见图 14.19.

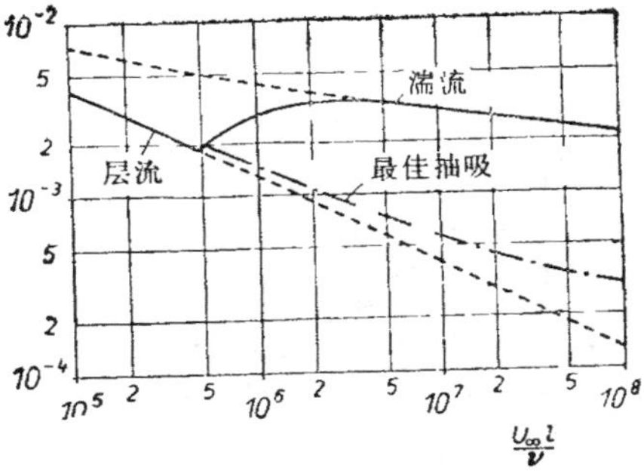

图 17.19 零攻角平板表面摩擦系数．**最佳抽吸**表示刚好足以保持层流的最小体积流量系数 $c_{Q\,crit} = 1.2\times10^{-4}$

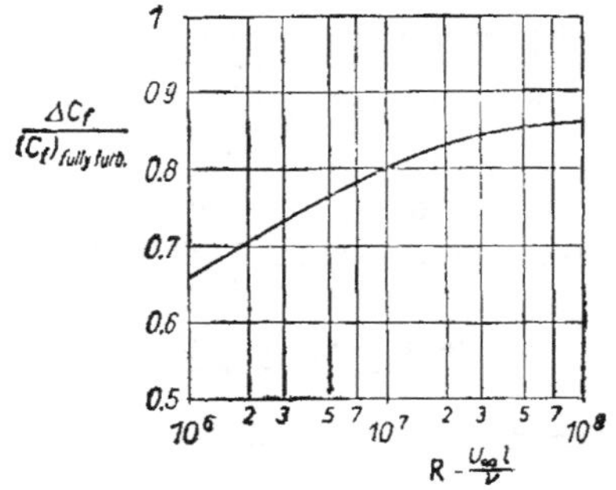

图 17.20 在**最佳抽吸**(见图17.19)条件下，零攻角平板通过抽吸保持为层流边界层，其阻力的相对减小量 $\Delta c_f = c_{f湍流} - c_{f有抽吸层流}$

把临界 Reynolds 数随边界层速度剖面形状因子 $H_{12} = \delta_1/\delta_2$ 的变化画出来，就可以用图表示抽吸及压力梯度对稳定性界限的影响，如图 17.21．均匀抽吸的零压力梯度平板(Iglisch 速度剖面，图 14.8)、以$v_0 \sim 1/\sqrt{x}$ 进行抽吸的平板（Bussmann 剖面，图 14.12）以及无抽吸但有压力梯度的平板（Hartree 剖面）的临界 Reynolds 数很好地落在一条曲线上． 对于渐近抽吸剖面，$H_{12}=2$；对于无抽吸平板，$H_{12} = 2.59$．

H. Krueger[111] 的一篇论文给出临界 Reynolds 数计算结果的几个例子，其中包括**翼型**．W. Wuest[247,248] 从数学上严格地证明了依次排列的几个分开的缝隙的稳定作用明显地小于均匀抽吸的效果.

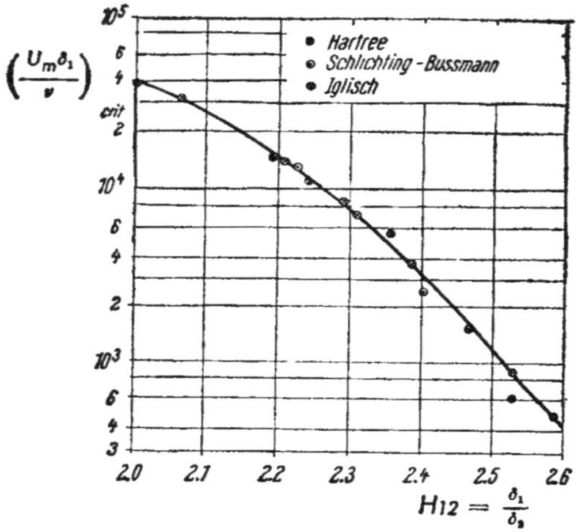

图 17.21 对于有抽吸及压力梯度的层流速度剖面,临界 Reynolds 数随形状因子 $H_{12}=\delta_1/\delta_2$ 的变化

d. 体积力对转捩的影响

1. 凸壁上的边界层(离心力的影响) 在从层流向湍流转捩的几种情形下，作用在边界层上的外力起着主要的作用. 在两个旋转的同心圆柱面之间的流动就是这些情形中的一个例子. 当内圆柱静止而外圆柱匀速旋转时，圆柱面间流体的速度实际上从内壁面的零线性地增加到外壁面的圆周速度. 圆环中外层流体质点受到的离心力大于靠近轴线的质点的离心力,趋于向外甩出,有反抗向内运动的趋势.同样,由于作用在内层质点的离心力小于远离轴线的质点的离心力,内层流体质点很难向外运动.这样，流体质点受到一个或许能称之为“向心升力”的力的作用. 因此我们可以这样理解,作为湍流运动特征的横向脉动将受到离心力的抑制,在这种情形下,离心力具有稳定作用.

迄今所介绍的各种稳定性计算方法都只适用于平板的情形. 考虑到壁面弯曲的情形有很重要的实际意义，H. Goertler[83] 将

Tollmien 关于有拐点的速度剖面的稳定性准则推广到包括壁面曲率影响的情形. Tollmien 关于平直壁面的稳定性定理：在大 Reynolds 数的极限情形下，d^2U/dy^2 改变符号的速度剖面是不稳定的(见第十六章 b)，在弯曲壁面的情形下必须作如下修正：表达式

$$\frac{d^2U}{dy^2}+\frac{1}{R}\frac{dU}{dy}$$

的符号改变将引起无摩擦不稳定性. 这里R表示壁面的曲率半径，$R>0$ 为凸壁；$R<0$ 为凹壁. 按照这个准则，在凸壁最小压力点前面一点的位置，二维扰动就变得不稳定，而在凹壁的情形下，扰动失稳发生在最小压力点后面一点的地方. 但是整个说来，如果边界层厚度 δ 和壁面曲率半径R之比满足条件 $\delta/|R|\ll 1$，那么壁面曲率的影响很小. 对于凹壁，更为重要的是另外一种类型的不稳定性，即相对于某些三维扰动的不稳定性，在本章 f 节中我们将讨论这个问题.

Couette 流动：在很大程度上，二个同心旋转圆柱面之间层流(Couette 流动)的稳定性是由离心力制约的. 图 5.4 给出了这种流动的速度分布，它是以 Navier-Stokes 方程精确解为基础的，包括了半径比 $\chi=r_1/r_2$ 的各种数值，并且集中于两种基本情形：(I)，内圆柱旋转，外圆柱静止；(II)，外圆柱旋转，内圆柱静止. 在情形 I 中(内圆柱旋转)，内圆柱壁面上的流体层所承受的离心力比靠近外壁面的流体层所承受的离心力更大，因此，这种情形是非常不稳定的. G. I. Taylor 很早就研究了这个问题. 他假定存在着三维扰动，结果发现存在着环状旋涡形式的二次流动. G. I. Taylor 的理论工作和实验吻合得极好，见第十七章 f 和图 17.32—17.34. 在情形 II 中(外圆柱旋转)，较大的离心力作用在靠近外壁面的各层流体上，对流动有高度的稳定作用. F. Schultz-Grunow[204c] 从理论上深入地研究了这种流动相对于二维扰动的稳定性，并证明了这种流动布局固有的稳定性. 该作者[204b] 的实验研究证实了这个结论，也可参考 F. Schultz-Grunow[204d] 更近的几篇论文.

2. 非均质流体的流动(分层效应) 流体密度沿垂直方向的变化影响着沿水平平直壁面流动的稳定性,在某种意义上,这种影响类似于均质流体沿曲壁流动时离心力的作用.当流体密度沿垂直方向越向上越小时,这种流动布局是稳定的;当密度变化相反时,流动会变得不稳定.在后一种情形下,即使流体是静止的,当从下面加热流体时也会出现不稳定.流体失稳后,水平流体层变成如蜂巢状的规则六角形涡流[5,97,190].在稳定的密度分层流动的情形下,由于在脉动运动过程中较重的流体质点必须向上运动,而较轻的流体要顶着流体静压力向下运动,抑制了沿垂直方向的湍流混合运动.如果流体密度梯度足够大,湍流甚至可能完全被抑制住.在一些气象过程中这是很重要的现象.例如,在夏季凉爽的夜晚,微风吹拂,可以观察到在牧场潮湿的田野上空笼罩着一层边缘清晰的薄雾.这个现象表明,风已经不再是湍流,空气层作层流运动,一层层地滑动而无湍流混合.产生这种现象的原因是由于夜晚地面冷却,在空气中形成了显著的温度梯度,它抑制了较热、较轻的大气上层空气与靠近地面较冷、较重的空气相混合.有时在傍晚可以观察到风"完全平息",也是由于同样的原因:在离地面较高的高度上,风比较强烈,但是靠近地面时,由于空气冷却抑制了湍流脉动,这就大大地减小了风速.再有,在 Kattegat 海峡出现的淡水在盐水上面流动,以及当冷气团在热空气下面形成高压楔时 Bjerknes 极锋明显的稳定性都属于这一类现象.

L. Prandtl[173] 将密度分层流动和前面讨论过的、有离心力影响的沿曲壁的流动联系在一起,使用能量法进行了分析.他指出,分层流的稳定性,除了通常对 Reynolds 数的依赖关系外,还取决于被称为 Richardson 数的分层参数

$$\mathbf{R}_i = -\frac{g}{\rho}\frac{d\rho}{dy}\Big/\left(\frac{dU}{dy}\right)^2_w, \tag{17.13}$$

其中 g 表示重力加速度,ρ 为密度,并且 y 的正方向是垂直向上的,下标 w 指示速度梯度在壁面取值. $\mathbf{R}_i=0$ 对应于均质流体,$\mathbf{R}_i>0$ 表示稳定的分层流动,$\mathbf{R}_i<0$ 表示不稳定的分层流动.

L. F. Richardson[192] 和 L. Prandtl 使用能量法证明了当 $\mathbf{R}_i > 2$ 时湍流可能会被完全抑制掉. G. I. Taylor[240] 改进了 Prandtl 的论证,得到稳定性界限为 $\mathbf{R}_i \geq 1$. H. Ertel[56] 给出了这个准则的热力学证明.

G. I. Taylor[240] 和 S. Goldstein[69] 最早应用小扰动方法研究了这个问题. 他们假设无界流体中存在着连续的密度分布和线性速度剖面,忽略粘性和速度剖面中曲率的影响,从而得到稳定性界限为 $\mathbf{R}_i = \frac{1}{4}$. H. Schlichting[199] 利用 Tollmien 理论研究了密度分层流动的稳定性. 他在计算中假定平板的速度剖面是 Blasius 剖面,在边界层内有密度梯度,边界层外密度不变. 从计算结果可以发现, 临界 Reynolds 数随着 Richardson 数增加而急骤增加(图 17.22),从 $\mathbf{R}_i = 0$(均质流体)时的临界值 $\mathbf{R}_{crit} = 645$ 增加到 $\mathbf{R}_i = 1/24 = 0.042$ 时的 $\mathbf{R}_{crit} = \infty$. 因此,当

$$\mathbf{R}_i > 0.042 \quad (稳定流动) \tag{17.14}$$

时平板流动处处都是稳定的. 可以看到, 稳定性界限的这个数值比前面几种理论给出的值要小得多.

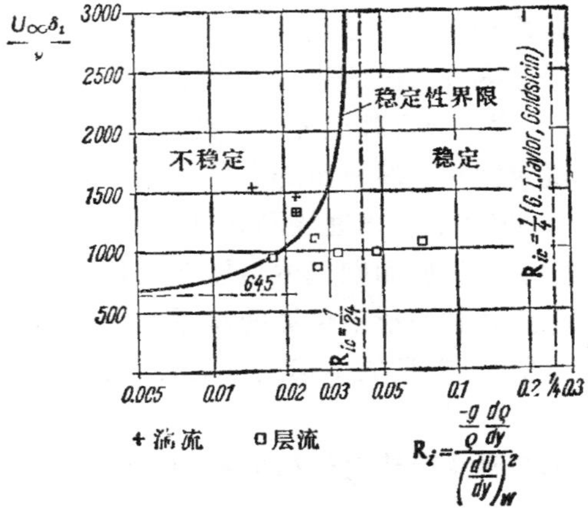

图 17.22 在有密度梯度的零攻角平板边界层流动中, 临界 Reynolds 数随 Richardson 数 $\mathbf{R}_i$ 的变化

理论计算和 H. Reichardt[174] 实验结果的比较见图 17.22. 实验是在 Goettingen 一个专用的矩形风洞中进行的. 风洞上壁面用蒸汽加热,下壁面用水冷却,空气从中流过. 可以看出,所有观察到的层流都落在稳定范围内,而湍流都落在不稳定范围内. 因此,理论计算结果与实验结果吻合得十分好.

G. I. Taylor[239] 在海流中观察到湍性流动, 这种流动的 Richardson 数相当高, 出现这个现象的原因看来是由于在流动中不存在壁面的影响. 最近 J. T. Stuart[227a] 从理论上研究了磁场对转捩的影响. 他发现在两个平行平板之间的层流情形下, 当磁力线平行于壁面时,临界 Reynolds 数明显地增加.

e. 传热和可压缩性对转捩的影响1)

1. 引言 上述各节中叙述的关于转捩的理论和实验研究结果仅适用于中等速度的流动(不可压缩流动). 在航空工程发展的推动下,近来人们广泛地研究了流体可压缩性对转捩的影响. 在可压缩流动情形下, 除了 Mach 数外, 还必须考虑另外一个重要的参数,该参数和流体与壁面之间的传热率有关. 当流体不可压缩时,只有当壁面温度高于或低于流经它的流体的温度时, 才会在壁面和流体之间发生热交换. 正如在第十三章中已经指出的, 对于可压缩流体, 边界层内释放出的热量将产生重要的影响. 在上述两种情形下,除了速度边界层外还形成热边界层,而且热边界层在确定小扰动的不稳定性时起着一定的作用. 我们即将讨论的理论和实验研究指出,对气体的亚声速流动,气体向壁面的传热产生的影响使边界层稳定, 而从壁面向气体传热产生相反的效果. 对于液体的流动, 在上述两种情形下传热的作用都恰恰相反. 对于超声速流动,可能出现一种新型的不稳定扰动,以完全不同的方式表现出传热的影响.

2. 不可压缩流动中传热对转捩的影响 即使流体是不可压缩

1) 本节是由 California 理工学院 (Pasadena, California) 喷气推进实验室 L. M. Mack 博士编写的.

的，也很容易认识到从壁面向流体传热影响着层流边界层转捩的某些主要特征．因此，我们首先说明这种简单的情形．W. Linke[131] 首先进行了关于传热对转捩影响的实验研究．他测量了放置在水平气流中被垂直加热的平板的阻力，其长度 Reynolds 数范围是 $\mathbf{R}=10^5$ 至 10^6．实验观察到加热使平板阻力增加很多．W. Linke 根据这个事实十分正确地得出了对平板加热使转捩 Reynolds 数减小的结论．

利用第十六章讨论的拐点准则，不难确定出当 $T_w \neq T_\infty$ 时，传热是产生稳定作用还是不稳定作用．传热产生的影响是由于流体的粘性系数 μ 依赖于温度 T．按照式(13.6)，若把粘性系数随温度的变化考虑进去，零攻角平板主流速度剖面 $U(y)$ 在壁面上的曲率由下式给出

$$\left(\frac{d^2U}{dy^2}\right)_w = -\frac{1}{\mu_w}\left(\frac{d\mu}{dy}\right)_w\left(\frac{dU}{dy}\right)_w. \tag{17.15}$$

现在，若壁面比来流的流体更热，则 $T_w > T_\infty$，而且温度梯度在壁面的值是负的：$(dT/dy)_w < 0$．按照式(13.3)，气体的粘性系数随温度的增加而增加，我们必定有 $(d\mu/dy)_w < 0$．因为壁面上速度梯度是正的，所以从式(17.15)得到

$$T_w > T_\infty \text{ 意味着 } (d^2U/dy^2)_w > 0. \tag{17.16}$$

因此对于加热壁，速度剖面的曲率在壁面上的值是正的，而在 $y=\infty$ 处速度剖面的曲率小到几乎为零，而且是负的(参见图7.4)，我们立即可知在边界层内存在着拐点($d^2U/dy^2=0$)．按照在第十六章中给出的准则，这个结论表明，从壁面向流过它的气体传热会使边界层不稳定，类似于压力沿下游方向增加产生的效果．反之，冷却壁面增加了壁面上速度剖面的曲率，使边界层更加稳定，其作用类似于顺压梯度产生的效果．

T. Cebeci 和 A. M. O. Smith[22] 对空气进行了计算，证实了加热使平板临界 Reynolds 数减小，同时，H. W. Liepmann 和 G. H. Fila[129] 在零攻角垂直平板的实验中观察到转捩 Reynolds 数减小的类似现象．

因为液体的粘性系数随温度增加而减小，按照式(17.15)，加热和冷却壁面产生的效果应该是相反的。 A. R. Wazzan, T. Okamura 和 A. M. O. Smith[249,250,251] 研究了水的情形，证实了这个估计。图 17.23 表示了加热壁和冷却壁时边界层出现的失稳临界 Reynolds 数，最大无量纲扰动增长率 $(\beta_i\delta_1/U_\infty)_{max}$，以及无量纲位移厚度 $\delta_{1i}\sqrt{U_\infty/x\nu_\infty}$ 相对于未加热壁面的值 1.721 的比值。

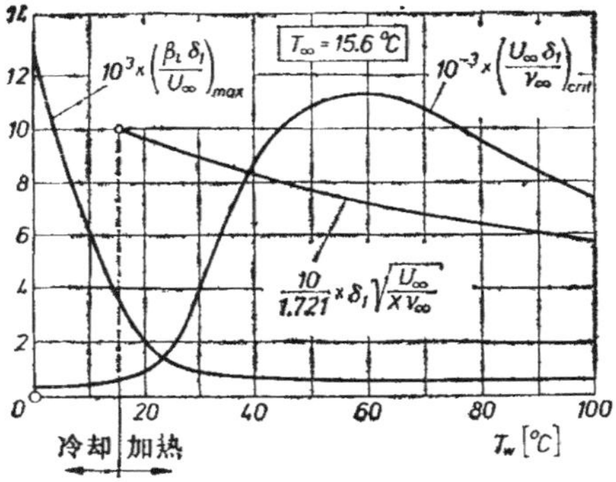

图 17.23 壁面温度对平板水边界层的稳定性及位移厚度的影响，根据 A. R. Wazzan, T. Okamura 和 A. M. O. Smith[250]
T_w = 壁面温度；T_∞ = 来流温度

当壁面温度从初始值 15.6℃(60°F)开始增加时，加热对水边界层有很强的稳定作用，但是进一步加热产生失稳作用。虽然当 $T_w > 60$℃ 以后，无量纲扰动增长率不变，但是与 δ_1 的减小成反比，有量纲的扰动增长率$(\beta_i)_{max}$ 是增加的。冷却壁的结果证实了冷却对液体的不稳定作用。在A. R. Wazzan 的理论中，传热的唯一影响不是表现在对平均速度剖面的影响，而是通过粘性系数随温度的变化起作用。R. L. Lowell 和 E. Reshotko[146] 的理论更完整，包括了温度和密度的脉动，但是得到几乎相同的数值结果。A. Strazisar, J. M. Prahl 和 E. Reshotko[227] 进行了稳定性实验，证实了在小量加热情形下理论计算确定的最小临界 Reynolds数的变化。

自由对流： E. R. G. Eckert 和 E. Soehngen[57,59] 最早将垂

直加热平板的自由对流边界层转捩和小扰动增长联系起来．关于这方面的综合评述，读者可以参考 B. Gebhardt[79,80,81] 的文章．在该领域内已经取得了许多进展，可以利用以小扰动理论为基础的精确数值计算来解释观察到的转捩现象．

虽然对于垂直加热的平板，边界层的不稳定性来源于 Tollmien-Schlichting 型的行波，但是在倾斜加热平板的情形下，观察到静止的不稳定旋涡，其轴线沿流动方向，它们是 Taylor-Goertler 型的旋涡，见文献[147,228,81]．

P. R. Nachtsheim[167] 使用小扰动方法研究了垂直加热平板自由对流的稳定性，其速度分布和温度分布分别见图 12.24 和 12.23．如图 12.24 所示，速度剖面有十分明显的拐点，是这种速度剖面稳定性界限很低的固有特征．除速度脉动外，同时存在着温度随时间的脉动，这种机制会使能量从主流传递给扰动，将对主流产生一种很强的不稳定作用．理论计算导出两个耦合的微分方程，代替了 Orr-Sommerfeld 方程(16.14)．其中一个对应于速度，另一个对应于温度．除了 Reynolds 数外，这两个方程还包含 Prandtl 数和 Grashof 数．关于这方面读者可参阅 E. Eckert 等人[59]，A. Szewczyk[229] 以及 T. Benjamin[15] 的论文，其中还含有实验结果．

3. 可压缩性效应 在超声速和高超声速边界层中遇到的许多转捩现象中，我们将集中讨论 Mach 数和传热对零压力梯度边界层转捩的作用，在零攻角平板和圆锥上都会形成这种边界层．我们首先总结由小扰动方法获得的主要结果，然后指出如何用理论来说明某些实验观察的结果．L. M. Mack[153] 对可压缩边界层的稳定性理论进行了深入的研究，因此下面要论述的许多理论结果，凡是未加说明的，均引自他的这篇文献[153]．

D. Kuechemann[112] 在忽略扰动运动中粘性影响的基础上，第一个分析了可压缩层流边界层的稳定性．L. Lees 和 C. C. Lin[122] 最早将温度梯度和速度剖面的曲率引进稳定性的无粘分析中．他们假设扰动具有如式(16.10)那样的周期形式，并将扰动分成三类，即亚声速、声速和超声速，它们取决于相速度 c_r 大于、等于还是小于 $U_\infty - a_\infty$，其中 a 是声速．特别是，L. Lees 和 C. C. Lin 证明了只要 $U(y_s) > U_\infty - a_\infty$，则不稳定亚声速扰动存在的充分条件是

$$\left[\frac{d}{dy}\left(\rho\frac{dU}{dy}\right)\right]_{y_s} = 0. \tag{17.17}$$

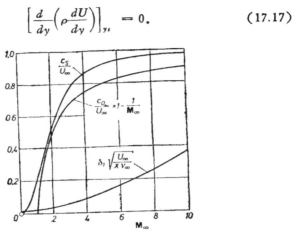

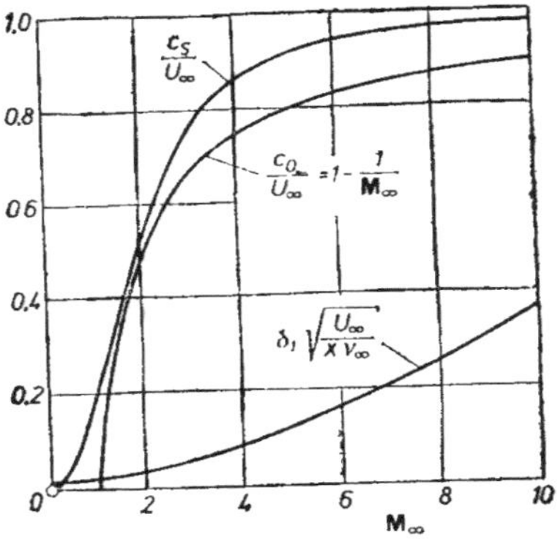

图 17.24　在绝热平板边界层中，Mach 数对二维中性扰动的相速度及位移厚度的影响

c_s = 中性亚声速扰动的相速度；　c_0 = 中性声速扰动的相速度

这个定理是第十六章 b 的定理 I 向可压缩流动的推广，其中 y_s 对应于不可压缩流动中的拐点，通常被称为广义拐点．对广义拐点，存在着 $c_r = c_s = U(y_s)$ 的中性亚声速扰动；而当 $\mathbf{M}_\infty > 1$ 时存在着相速度 $c_r = c_0 = U_\infty - a_\infty$ 的中性声速扰动，波数 $\alpha = 0$．在某些流动中，也可能存在着中性超声速扰动，但是尚未给出它们存在的一般条件．对一族绝热平板边界层，图 17.24 给出中性亚声速和声速扰动的无量纲相速度 c_s/U_∞ 和 c_0/U_∞ 随 $\mathbf{M}_\infty$ 变化的曲线．在计算 c_s 以及整个这一节的计算中，都要用到平板边界层速度剖面，这里选取的是空气可压缩层流边界层方程的精确数值解．粘性系数和 Prandtl 数都是温度的函数，在 $\mathbf{M}_\infty = 5.1$ 时来流驻点温度为 311K，静温为 $T = 50$K．在更高的 Mach 数时，T_∞ 保持为 50K．这些温度值是超声速和高超声速风洞运行时

典型的温度条件．在图 17.24 中因为 $c_s > c_0 > 0$，这一族边界层速度剖面都满足上述推广拐点定理的条件，所以对无粘扰动是不稳定的．随着 $\mathbf{M}_\infty$ 增加，广义拐点向 y/δ 增加的方向移动，类似于不可压缩流动中，拐点随逆压梯度增加而移动．图 17.24 还对一族绝热边界层速度剖面给出无量纲位移厚度 $\delta_1\sqrt{U_\infty/x\nu_\infty}$ 随 $\mathbf{M}_\infty$ 的变化．L. Lees 和 C. C. Lin 证明了中性亚声速扰动的波数如同不可压缩流动中一样是唯一的，只要在整个边界层内相对于相速度平均流动处处是亚声速的，即 $\hat{\mathbf{M}}^2 < 1$，其中 $\hat{\mathbf{M}} = (U - c_r)/a$ 是当地相对 Mach 数．虽然他们在同样的限制条件下证明了式(17.17)是失稳的充分条件，但是从大量的数值计算看来，即使对 $\hat{\mathbf{M}}^2 > 1$，式(17.17)也是扰动失稳真正的充分条件．反之，L. M. Mack[152] 利用数值计算结果证明对边界层 $\hat{\mathbf{M}}^2 > 1$ 的区域，有无数中性波数或模式，它们有同样的相速度 c_s．多重模式是控制方程变化的结果，例如压力脉动的方程从 $\hat{\mathbf{M}}^2 < 1$ 时的椭圆型方程变成 $\hat{\mathbf{M}}^2 > 1$ 时的双曲型．第一模式仍和不可压缩流动的一样，在可压缩流动中，它是由 L. Lees 和 E. Reshotko[142] 首先计算出来的．其他模式，或者说更高阶模式没有对应的不可压缩流动模式．当 $c_r = c_s$ 时，在 $\mathbf{M}_\infty = 2.2$ 时 $\hat{\mathbf{M}}_w^2$ 首先达到 1；当 $\mathbf{M}_\infty = 3, 5, 10$ 时，超声速相对流动区域的上界分别为 $y/\delta = 0.16,\ 0.43,\ 0.59$．

当 $\hat{\mathbf{M}}_w^2 > 1$ 时，具有相速度 c_s 的多重中性扰动并非是唯一可能的中性扰动，也存在着 $U_\infty \leqslant c_r \leqslant U_\infty + a_\infty$ 的多重中性扰动．这些扰动不依赖于具有广义拐点的边界层．此外，总是存在着毗邻的不稳定扰动，它们的**相速度 $c_r < U_\infty$．因此，只要可压缩边界层内有 $\hat{\mathbf{M}}^2 > 1$ 的区域，不管速度和温度分布的其他特性如何，该边界层对无粘扰动总是不稳定的．**

对第一模式的扰动增长率的限制是 c_r 必须落在 c_0 和 c_s 之间．任何使差值 $c_s - c_0$ 增加的作用也使增长率 β_i 增加．如图 17.24 所示，这个差值可能是非常小的．c_0 与 c_s 不同，它与边界层剖面无关，只有考虑采用更一般的扰动形式才能排除由 c_0 所加的限制．不用式(16.12)，而改用

$$u'(x,y,z,t) = f(y)\exp[i(\alpha x + \gamma z - \beta t)], \qquad (17.18)$$

则扰动波的法线与 x 方向成夹角 $\tilde{\psi} = \tan^{-1}(\gamma/\alpha)$. C. C. Lin[144] 已指出,若将坐标系统绕 y 轴旋转到使 x 轴与波阵面的法线重合,那么三维无摩擦方程等同于二维方程(除去新的 z 方向的动量方程,此方程与其他方程是不耦合的). 因此,上述分析对三维扰动仍然适用,但是对于制约着运动的 Mach 数要用 $\tilde{\mathbf{M}}_\infty = \mathbf{M}_\infty \cos\tilde{\psi}$ 来代替 $\mathbf{M}_\infty$. 所以,三维中性声速扰动的相速度是 $c_0/U_\infty = 1 - 1/\tilde{\mathbf{M}}_\infty$,同时 c_0 随 $\tilde{\psi}$ 增加而减小.

由于 $c_s - c_0$ 随着 $\tilde{\psi}$ 的增加而增加,三维扰动第一模式的最大增长率大于二维扰动的增长率, 如图 17.25 所示. 在该图中画出了这族绝热边界层无量纲扰动增长率最大值$(\beta_i\delta_1/U_\infty)_{\max}$ 随$\mathbf{M}_\infty$变化的曲线,这里所谓的"最大", 对于二维扰动是相对于 α 而言, 对于三维扰动则是相对于 α 和 $\tilde{\psi}$ 而言. 在图 17.25 中还表示了二维扰动第二模式的计算结果. 与第一模式相反, 最不稳定的第二模式扰动是二维的, 它仅取决于超声速相对流动区域沿 y 方向伸展的范围,这个范围是由 c_r 和 Mach 数 $\tilde{\mathbf{M}}_\infty$ 决定的. 对于二维扰动,这个区域的范围最大.

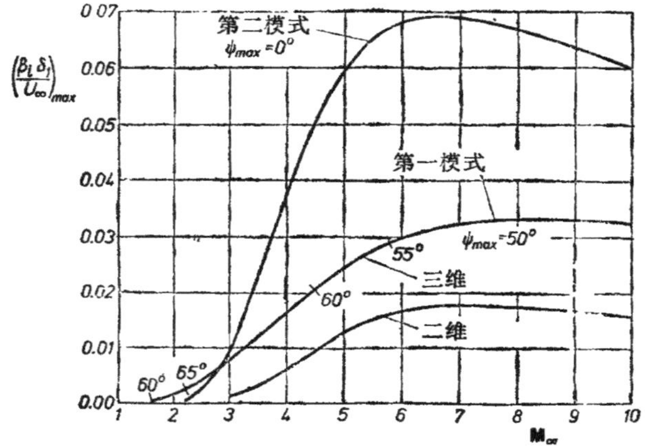

图 17.25 Mach 数对扰动第一、第二模式最大增长率的影响,由绝热平板边界层无摩擦理论得到的结果,根据 L. M. Mack[153]

L. Lees 和 C. C. Lin[122]沿着和第十六章叙述的不可压缩流渐近理论同样的思路，提出了粘性扰动理论. 后来 L. Lees[124], D. W. Dunn 和 C. C. Lin[43] 以及 E. Reshotko[142] 进一步推广了这个理论.但是,当首先由 W. B.B rown[14],而后是 L. M. Mack[151] 成功地用数字计算机得到十分精确的可压缩稳定性方程的特征值以后,人们发现渐近理论仅适用于低超声速 Mach 数. 因此，这里只涉及由完整的粘性稳定性方程的数值积分得到的结果.

对于绝热平板边界层，随着 Mach 数增加，可以区分出具有不同失稳特性的三个 Mach 数范围. 在图 17.26 中画出了 $\mathbf{R}=U_\infty x/\nu_\infty=2.25\times10^6$ 时,二维扰动第一、第二模式增长率的比值 $(\beta_i)_{max}/(\beta_i)_{max,inc}$ 随 $\mathbf{M}_\infty$ 变化的曲线，其中 $(\beta_i)_{max,inc}=0.00432\,U_\infty/\delta_1$ 是同一 Reynolds 数时不可压缩流动的扰动增长率. 在第一个区域,其 Mach 数范围到 $\mathbf{M}_\infty=2.5$,只有扰动的第一模式是重要的. 二维扰动的最大增长率随 Mach 数增加而急剧减小，但是当 $\mathbf{M}_\infty>1$ 以后,三维扰动是最不稳定的. 从 $\mathbf{M}_\infty=2.5$ 至 5.0 是第二个区域,如图 17.25 所示，无摩擦不稳定性开始增强，并在较低 Reynolds 数起作用.

当 Mach 数接近 $\mathbf{M}_\infty=3.5$ 时，无论三维和二维扰动的最大增长率均出现在 $\mathbf{R}=\infty$ 的情形. 假定失稳基本上是无摩擦性质的,在第二个 Mach 数范围内，与第二模式相关的不稳定频率带首先出现在 $\mathbf{R}=2.25\times10^6$ 时. 在第三个区域($\mathbf{M}_\infty>5$)，扰动增长率随着 δ_1 增加而持续减小,如图 17.24 所示.

对于气体的低速流动，我们已经讨论了加热壁的不稳定作用和冷却壁的稳定作用. L. Lees[124] 计算了空气可压缩边界层中类似的作用. 除此之外，他还估算了通过冷却使超声速边界层完全稳定的可能性. 虽然 M. Bloom[11] 和 E. R. van Driest[50] 对完全稳定边界层要求的冷却量所作的估算以及其他有关的计算是以二维扰动的渐近理论为基础的,而且没有涉及更高阶的模式,但是最近的计算机计算结果已经证实,在一个很宽的 Mach 数范围内,充分冷却的确可以完全地或几乎完全地使二维和三维扰动的第一

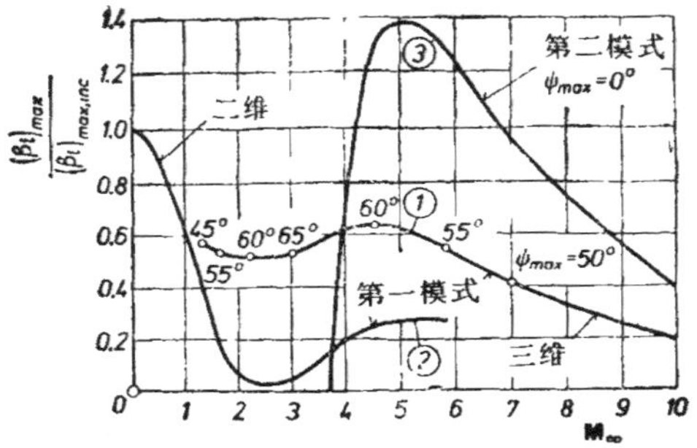

图 17.26 Mach 数对扰动第一、第二模式最大增长率的影响，由绝热平板边界层的粘性理论给出的结果，根据 L. M. Mack[193]
$\mathbf{R}=U_\infty x/\nu_\infty=2.25\times10^6$；$\tilde{\psi}_{max}$ = 最不稳定扰动波的角度，每隔5°标值

模式稳定．图 17.27 给出了由无摩擦理论得到的$(\beta_i)_{max}$与绝热壁$(\beta_i)_{max,ad}$的比值随 T_w/T_{ad} 的变化，其中 T_w/T_{ad} 是壁温和绝热壁温的比值．由图可见，冷却对三维扰动第一模式的稳定作用是非常明显的．随着 Mach 数增加，对同样的壁温与绝热壁温的比值，稳定作用减弱．与此相反，冷却作用不能够稳定扰动的第二模式，却使它变得不稳定．呈现这种不同特性的原因仍然在于：受冷却强烈影响的广义拐点对不稳定的高阶模式是不重要的．冷却几乎不能影响超声速相对流动区域的范围这个重要的物理量．

从粘性理论也可以得到类似于图 17.27 所示的结果，只不过当 $\mathbf{M}_\infty>3$ 时，对于任意有限的 Reynolds 数，稳定性所要求的冷却量小于无摩擦理论给出的值． 关于这方面可参阅 E. Reshotko[194b] 的论文．

实验结果： J. Laufer 和 T Vrebalovich[139] 进行的实验第一个表明了在超声速流动中存在着层流不稳定波． J. M. Kendall[114] 后来的实验进一步提供了 $\mathbf{M}_\infty=4.5$ 时验证超声速流动稳定性理论的定量结果．J. M. Kendall 实验成功的原因之一是由于他的风洞运行时四壁都是层流边界层，消除了来源于超声速湍流边界层很大的声波扰动，有可能提高测量人工扰动增长率的精度（人工扰动是由镶嵌在平板表面上的电极间的辉光放电产生的，

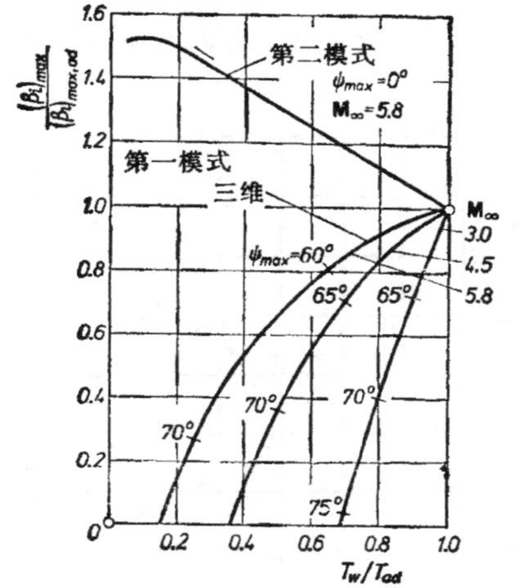

图 17.27 壁面冷却对扰动第一、第二模式最大增长率的影响,由平板边界层无摩擦理论给出的结果

T_w = 壁温

T_{ad} = 绝热壁温

$\tilde{\psi}_{max}$ = 最不稳定的扰动波的角度,每隔 5° 标值

电极与 z 方向偏斜成 $\tilde{\psi}$ 角). 理论和实验的扰动增长率之间的比较见图 17.28,其中纵坐标是无量纲扰动空间增长率 $-\alpha_i\delta_1$. 通过下式

$$\frac{1}{A}\frac{dA}{dx}=-\alpha_i, \qquad (17.18a)$$

将任意脉动的流动变量的均方根振幅 A 与扰动的空间增长率联系在一起. 如果用一个热线风速计向下游跟踪扰动的均方根振幅的峰值,那么 $-\alpha_i$ 可以理解为信号振幅的对数导数. 正如 H. Schlichting 最早做的那样(见第十六章文献[76],还可见 M. Gaster 的文献[78]),α_i的理论值可以由 $\alpha_i=\beta_i/(\partial\beta_r/\partial\alpha)$从 β_i 得到,其中$(\partial\beta r/\partial\alpha)$是群速度. 更方便的计算 α_i 的方法是直接设式(17.18)中的波数 α 和 γ 为复数,而频率 β 为实数.

图 17.28 说明 $\tilde{\psi}=55°$ 时扰动的第一模式和二维扰动第二

模式的测量值与理论值符合得很好，只是第二模式最大增长率有一些偏差，但对应最大增长率的扰动波频率的理论值与实验吻合得很好。

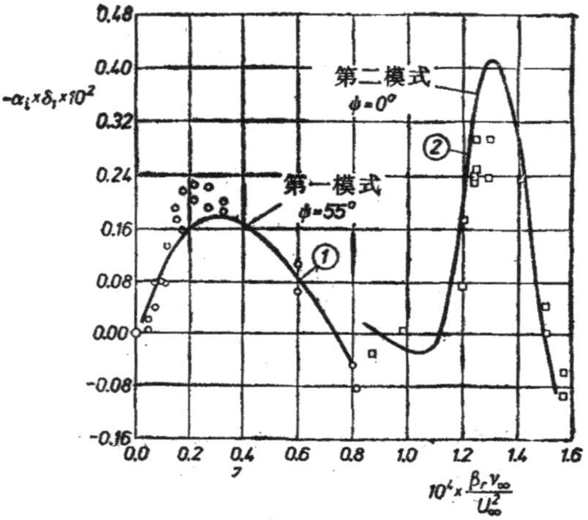

图 17.28 绝热平板边界层扰动空间增长率的实验值与理论值的比较，$\mathbf{M}_\infty=4.5$，$U_\infty x/\nu_\infty=2.4\times10^6$. 实验数据是用热线风速计得到的，用辉光放电装置人为地产生扰动，该装置与理论的扰动波传播方向成 $\tilde{\psi}$ 角

○，□实验：J. M. Kendall[114]； ——理论： L. M. Mack[153]

以刚刚叙述的理论结果为基础，我们现在可以进而讨论 Mach 数和冷却对零压力梯度边界层转捩 Reynolds 数的影响. 应该牢记的很重要的一点是，尽管边界层本身具有确定的不稳定特性，它的转捩 Reynolds 数不仅取决于这些性质，还依赖于流动中出现的扰动的类型和强度. 对于研究绝热边界层来说，唯一方便的设备是超声速风洞，它具有自己特殊的扰动环境. 当 Mach 数小于 $\mathbf{M}_\infty=3$ 时，不同风洞测量的转捩 Reynolds 数差别很大. 当 $\mathbf{M}_\infty>3$ 时，J. Laufer[135] 以及 E.R.van Driest 和 J. C. Boison[34] 都指出，来自稳压段的湍流度不影响在实验段发生的转捩现象. 影响转捩的主要扰动源来自风洞壁面湍流边界层的声辐射. 除了扰动环境的差异对转捩测量的影响以外，还有一个用一致的方法定

义和测量转捩 Reynolds 数的问题. J. L. Potter 和 J. D. Whitfield[187] 曾对五种不同的转捩测量方法作了有益的比较. 小扰动方法只适用于计算起始转捩 Reynolds 数.

S. R. Pate 和 C. J. Schueler[183] 积累了大量的 $\mathbf{M}_\infty > 3$ 时平板的风洞转捩数据,S. R. Pate[181] 积累了圆锥的实验数据，在这些数据的基础上构成了仅基于声辐射参数的相关关系. 上述数据，加上 $\mathbf{M}_\infty < 3$ 时 J. Laufer 和 J. E. Marte[138] 对圆锥的测量结果,D. Coles[24] 对平板的测量结果,J. M. Kendall 在 $\mathbf{M}_\infty = 1.6$，$\mathbf{R} = 4.3 \times 10^5$ 时对平板层流边界层的测量(和 D. Coles 使用的是同一座风洞),以及 N. S. Dongherty 和 F. W. Seinle[49] 在跨声速风洞中对圆锥的测量结果，所有这些数据对一座性能良好的风洞中转捩 Reynolds 数随 Mach 数变化的规律提出了如下的看法：当 $\mathbf{M}_\infty > 1$ 时,转捩 Reynolds 数起初随 Mach 数的增加而增加,在 $\mathbf{M}_\infty = 1.5$ 至 2.0 之间，转捩 Reynolds 数曲线有一个可能相当宽的峰值，接着转捩 Reynolds 数随 Mach 数的增加而减小，然后从 $\mathbf{M}_\infty = 3$ 到 5 之间的某一 Mach 数开始，转捩 Reynolds 数曲线单调上升,至少延续到 $\mathbf{M}_\infty = 16$(根据在氦风洞中的测量结果[157]). 特别有趣的是，这三个 Mach 数范围大体上对应于在图 17.26 中所讨论的三个区域. L. M. Mack[154] 以单一频率、增长率最大的扰动的临界振幅 A 为基础(见式(17.18a))，进行了平板起始转捩 Reynolds 数的简化计算，建立了转捩和稳定性理论之间更直接的联系. 在图 17.29 中,和平板的一些实验数据[24,25]一起，画出了 L. M. Mack 的计算结果. A_0 是 A 在中性稳定点上的数值，上半支曲线是假设 A_0 与 Mach 数无关而得到的结果,下半支曲线是假设当 $\mathbf{M}_\infty > 1.3$ 时 $A_0 \propto \mathbf{M}_\infty^2$ 得到的结果. 正是下半支曲线对应着风洞中的转捩,J. Laufer[136] 已经确定,从 $\mathbf{M}_\infty = 1.6$ 至 5.0，来流均方根扰动振幅基本上随 $\mathbf{M}_\infty^2$ 而变化.这条曲线与测量结果比较,总的来说是相似的,充分地支持了这样一个观点：根据小扰动方法确定的一些特定的扰动增长导致超声速边界层转捩.

当我们进行实验来研究例如 Mach 数等流动参数对转捩的作用时，如图 17.30 给出的测量结果那样，必须保持单位 Reynolds 数

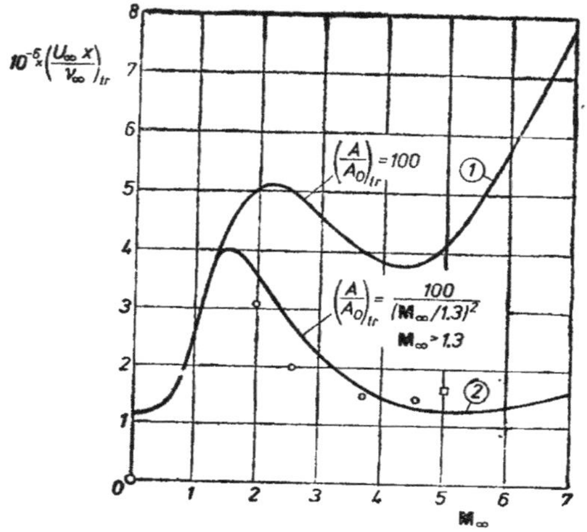

图 17.29 Mach 数对平板绝热边界层起始转捩 Reynolds 数的实验值的影响，以及实验值与基于两种不同振幅判据的计算结果之间的比较 (D. Coles[24], R. E. Deem 和 J. S. Murphy[45], L. M. Mack[154])

A_0 = 中性稳定点处的初始扰动振幅

$(A/A_0)_{tr}$ = 转捩时的振幅与 A_0 的比值，根据式 (17.18a)

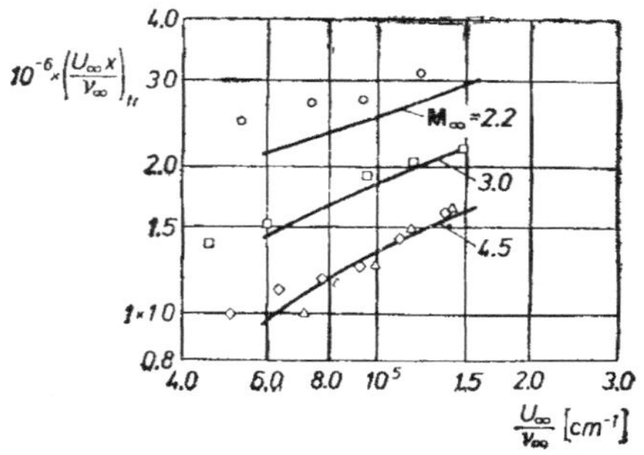

图 17.30 绝热平板边界层单位 Reynolds 数对起始转捩 Reynolds 数的影响，实验值与理论计算结果的比较. 理论计算以稳定性理论及测量的来流扰动的性质为基础. 测量: D. Coles[24]; 计算: L. M. Mack[155]

——计算值； 测量值 M_∞； ○1.97； □2.57； △3.70； ◇4.54

U_∞/ν_∞ 不变．几位研究者在不同类型的风洞[12,185,195,116]以及弹道靶中[184]已经注意到转捩 Reynolds 数与单位 Reynolds 数之间的关系．稳定性理论对这种关系进行了解释，但是尚未注意到某些重要的参数，例如粗糙度或前缘钝度对转捩的影响．正如 E. Reshotko[194] 解释的，当单位 Reynolds 数改变时，边界层的频率响应和流动中扰动的能谱发生相对移动．由于这一移动，边界层中扰动的每个频率的初始振幅必然变化，所以转捩 Reynolds 数也必然变化． L. M. Mack[155] 在三个 Mach 数下计算了单位 Reynolds 数对起始转捩Reynolds 数的影响，其结果与 D. Coles[24] 的测量值在图 17.30 中作了比较，表明上述解释对光滑平板是正确的．后来的计算结果要比图 17.30 的更可靠些，因为它们考虑了如 J. Laufer[137] 测量的来流扰动的能谱，此外还考虑了单位 Reynolds 数对束流扰动强度的影响．假设边界层中初始扰动是与来流扰动成正比的．

R. W. Higgins 和 C. C. Pappas[91] 在 $\mathbf{M}_\infty = 2.4$ 时对平板的实验，以及 K. R. Czarnecki 和 A. R. Sinclair[25] 在 $\mathbf{M}_\infty = 1.6$ 时对旋成体的实验都证实了加热对转捩的不稳定性作用．后一个实验还证实了所预期的进行冷却的稳定作用，正如 J. R. Jack 和 N. S. Diaconis[100] 在 $\mathbf{M}_\infty = 3.12$ 时对两个旋成体进行的实验所表明的那样．关于边界层冷却的大量飞行实验（此时在很高的长度 Reynolds 数下还可以观察到层流），我们可以引用 J. Sternberg[215] 在 $\mathbf{M}_e = 2.7$ 时对圆锥所做的实验，其中 $\mathbf{M}_e$ 是边界层外缘的 Mach 数．表面温度变化的过程明确地显示出在 $\mathbf{R} = 40 \times 10^6$ 及 $T_w/T_{ad} = 0.51$ 时存在着层流，与 $\mathbf{R} = 12 \times 10^6$ 时的风洞测量结果[51]进行比较，在同样的 Mach 数下，当 $T_w/T_{ad} = 0.65$ 时边界层已经转捩成湍流．

E. R. van Driest 和 J. C. Boison[34] 对圆锥在 $\mathbf{M}_e = 1.9$, 2.7 和 3.7 时的研究结果见图 17.31．转捩 Reynolds 数随着壁面冷却而增加是十分明显的，还可以看出，随 Mach 数增加，冷却的稳定作用降低，这种趋势一直持续到更高的 Mach 数时． A. M.

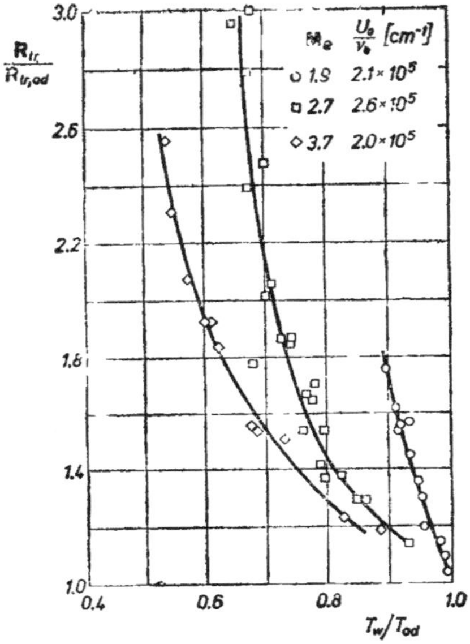

图 17.31 超声速风洞中，在三个 Mach 数下，零攻角 10°圆锥的边界层转捩实验数据. 这些数据显示出壁面冷却的稳定作用，根据 E. R. van Driest 和 J. C. Boison[34]

○ Coles

□ Deem 和 Murphy

$\}U_\infty/\nu_\infty = 1.2\times10^5\text{cm}^{-1}$

—— 计算值，Mack

Cary[21] 和 D. V. Maddalon[156] 分别进行了 $M_\infty = 6.0$ 和6.5的平板实验，他们发现冷却的稳定作用很小，从而证实了这一点. 壁面冷却的这些作用完全与图 17.27 所示的扰动第一模式的稳定性特性一致. 但是，N. S. Diaconis, J. R. Jack 和 R. J. Wisniewski[47,101] 所进行的 $M_\infty = 3.12$ 的两个实验中，在图 17.31 的稳定区域之外，冷却的作用不是增加而是降低了转捩 Reynolds 数. 该现象和预期的趋势相反，所以称为“转捩逆转”. B. E. Richards 和 J L. Stollery[195,196] 在激波风洞进行的 $M_\infty = 8.2$ 平板实验中、K. F. Stetson 和 G. H. Rushton[226] 进行的 $M_e = 5.5$ 圆锥实验中、N. W. Sheets[223] 在弹道靶进行的 $M_\infty = 3$ 至 9 高冷却圆锥实验中，以及 G. G. Mateer[159] 在常规风洞进行的 $M_e = 5.0$

和 6.6 圆锥实验中也都观察到这个现象. 迄今为止，尚未弄清这个现象的起因，不过在壁面上加些小的粗糙元多少可以产生一些类似的现象[34]. 这个现象的复杂性在于，在同样幅度的表面温度变化范围内,有许多实验并不出现转捩逆转现象[35,21,156].

在高超声速流动范围，$\mathbf{M}_\infty = 10$ 时的三个风洞实验[45,58,221] 显示出冷却几乎对转捩没有影响,其中第一个实验是对平板的,另外两个是对圆锥的. 当 Reynolds 数不变时，将式 (17.18a) 对所有不稳定扰动第二模式的频率进行积分，得到的扰动最大振幅比 $(A/A_0)_{max}$ 几乎与 T_w/T_{ad} 无关. 这个结果启发了我们，高超声速风洞中的转捩可能是不稳定扰动第二模式作用的结果，实验事实支持了这种观点. J. L. Potter 和 J. D. Whitfield[172] 最早观察到在高超声速边界层紧靠转捩点之前，有非常确定的绳索状的周期性扰动. 此后，M. C. Fisher 和 L. M. Weinstein[64,66]，A. Demetriades[46] 也观察到了类似的现象. 这些非线性扰动的许多特征，特别是它们的波长约为 2δ，明显地接近于不稳定扰动第二模式的理论特性. 后来,J. M Kendall[115]在 $\mathbf{M}_e = 7.7$ 时冷却圆锥($T_w/T_{ad}=0.6$)的边界层内,测量了远在转捩发生前自然产生的扰动的频率谱. 他发现,在等效的平板长度 Reynolds 数 (= 1/3 圆锥 Reynolds 数)下,存在着一个显著的最大扰动，它的频率与有最大增长率的扰动第二模式频率的理论值相差不足百分之七.

对于超声速和高超声速边界层转捩的其他方面，人们尚未应用小扰动方法进行研究,但是进行了大量的实验工作.M. V. Morkovin[160] 提供了关于这方面的内容丰富的评述. 关于影响转捩的一些特殊因素,读者可参阅下列几组参考文献: 有关前缘或头部钝头的影响的文献[13,186,226]; 有关攻角对旋成体转捩影响的文献[48,159,224,226];有关后掠角影响的文献[23, 45, 102, 182],以及有关烧蚀的影响的文献[48,65,158,253].

f. 边界层对三维扰动的稳定性

1. 两个同心旋转圆柱面之间的流动 在上述稳定性讨论的全

部例子中，所考虑的基本流动都是二维的，在研究它们的稳定性时，假设施加的扰动也是二维的，同时还假设扰动是平面波的形式，并沿主流方向传播．只要考虑的是沿平板的流动，这种作法会给出最低的稳定性界限，因为正如 H. B. Squire（第十六章 b3）所指出的那样，三维扰动总是导致更高的稳定性界限．

当研究沿曲壁的流动时，人们发现必须考虑另外一种类型的不稳定性．两个同心旋转圆柱面之间的流动，在内圆柱运动而外圆柱静止的情形下，提供了由离心力引起不稳定分层的一个例子．靠近内壁的流体质点承受着较高的离心力，呈现出被甩出去的趋势．Lord Rayleigh[191] 首先研究了这一类流动的稳定性．他假定**流体是无粘的**，并且发现：当周向速度 u 随半径 r 的增加而减小得比 $1/r$ 更快时，即当

$$u(r) = 常数/r^n, \quad n > 1 \quad （不稳定）, \tag{17.19}$$

则流动是不稳定的．

G. I. Taylor[149] 第一个利用稳定性的线性理论体系深入地研究了**粘性流体**的情形． 当 Reynolds 数超过一定数值以后，在流动中出现了现在被称为 Taylor 涡的旋涡，其涡轴沿着圆柱的周线，旋转方向是交错变化的． 图 17.32 画出了这种运动的示意图，其特征是在两个圆柱面之间的圆环内完全充满了这些环状旋涡．流动变成不稳定的条件可以用一个称为 **Taylor 数**的特征数 $\mathbf{T}_a$ 来表示，其形式为

$$\mathbf{T}_a = \frac{U_i d}{\nu}\sqrt{\frac{d}{R_i}} \geqslant 41.3 \quad （粘性失稳）, \tag{17.20}$$

式中 d 表示柱面的间隙，R_i 为内圆柱半径，U_i 为内圆柱的周向速度． G I. Taylor 稳定性准则与测量结果吻合得极好．由 F. Schultz-Grunow 和 H. Hein[204] 拍摄的 Taylor 涡照片可以非常清楚地看出这一点，其中的几幅照片复制在图 17.33 中． 在他们的实验装置中，圆柱面之间的间隙为 $d = 4\text{mm}$，内圆柱半径为 $R_i = 21\text{mm}$，旋涡出现时周向速度 U_i 相应于 Reynolds 数 $\mathbf{R} = U_i d/\nu = 94.5$，见图 17.33(a)．值得注意的是，在相当高的 Reynolds

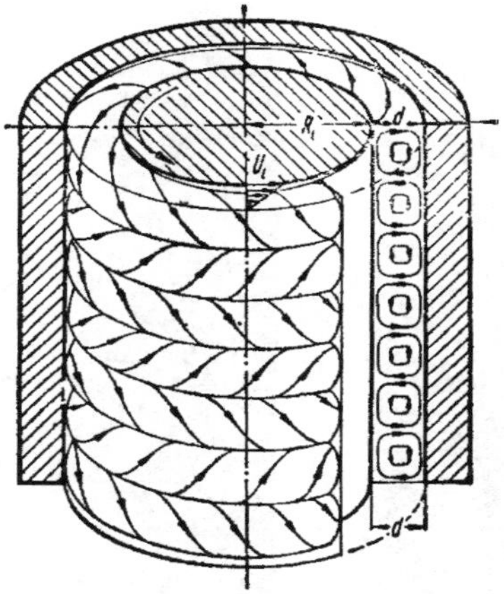

(a)

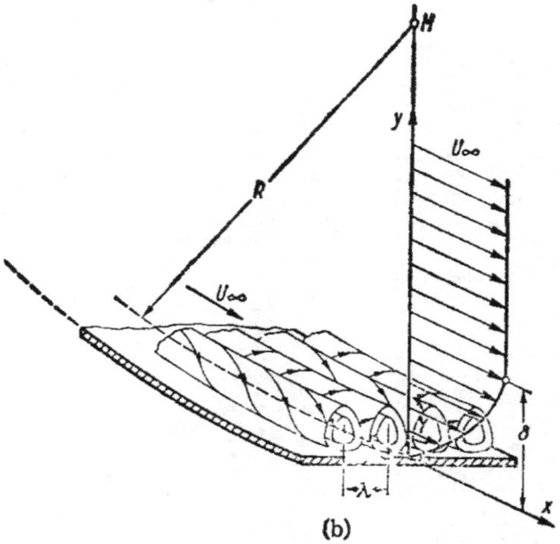

(b)

图 17.32 (a)两同心圆柱面间的 Taylor 涡. 内圆柱旋转,外圆柱静止
d——圆环间隙的宽度 h——圆柱的高度,式(17.21)
(b)凹壁边界层的 Goertler 涡
$U(y)$——基本流动 δ——边界层厚度 λ——扰动的波长

数 $\mathbf{R}=322(\mathbf{T}_a=141)$和 $\mathbf{R}=868(\mathbf{T}_a=387)$时,流动仍保持为层流,见图 17.33(b),(c). 直到 Reynolds 数达到 $\mathbf{R}=3960(\mathbf{T}_a=$

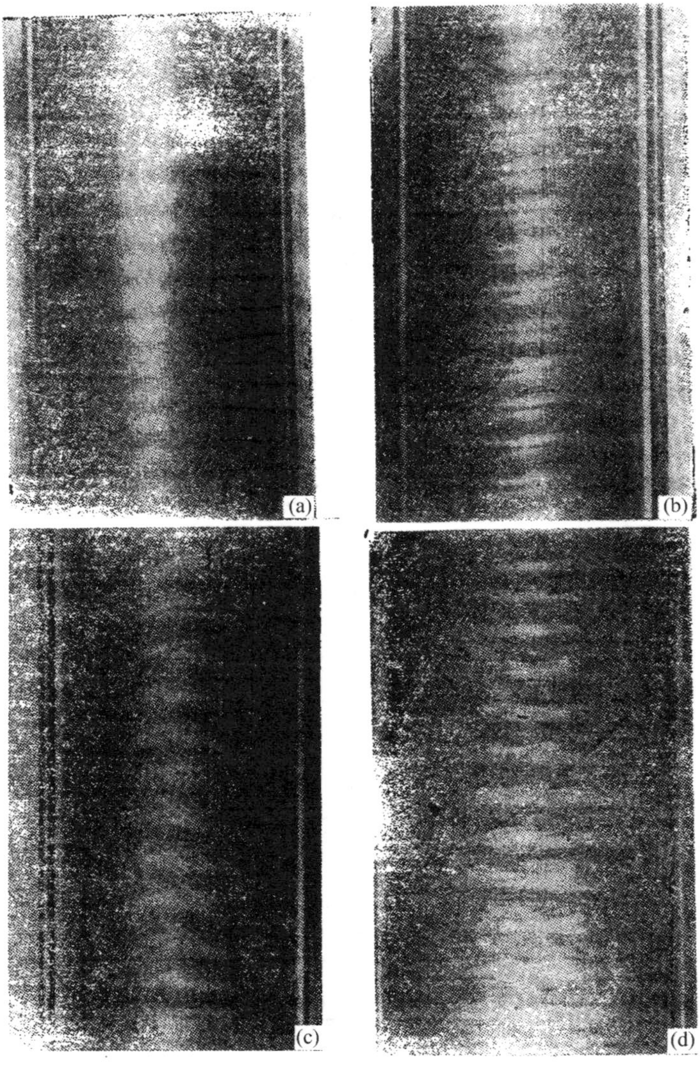

图 17.33 图 17.32(a)所示的同心旋转圆柱面间流动的 Taylor 涡照片，取自 F. Schultz-Grunow 和 H. Hein[204]

(a)$\mathbf{R}=94.5$，$\mathbf{T}_a=41.3$：层流，旋涡开始形成； (b)$\mathbf{R}=322$，$\mathbf{T}_a=141$：仍为层流；

(c)$\mathbf{R}=868$，$\mathbf{T}_a=387$：仍为层流； (d)$\mathbf{R}=3960$，$\mathbf{T}_a=1715$：湍流

1715)时，湍流才发展起来，见图 17.33(d)。应该着重强调指出，在式(17.20)确定的稳定性界限下首先出现的中性旋涡，以及这些不断增强的旋涡保持到更高的 Taylor 数，无论如何都不意味着流动已经变成湍流。相反，即使 Taylor 数已经超过了稳定性界限，流动仍是极为有序的层流，只有 Taylor 数，也就是 Reynolds 数大大超过了稳定性界限，湍流才发展起来。

J. T. Stuart[218] 在运动方程中保留了非线性项，成功地计算了有 Taylor 涡存在时不稳定层流的流动图象。他发现从基本流动向二次流动传递的能量与二次流动中粘性能量耗散相平衡。从基本流动向二次流动传递能量使得维持内圆柱旋转所必须的力矩

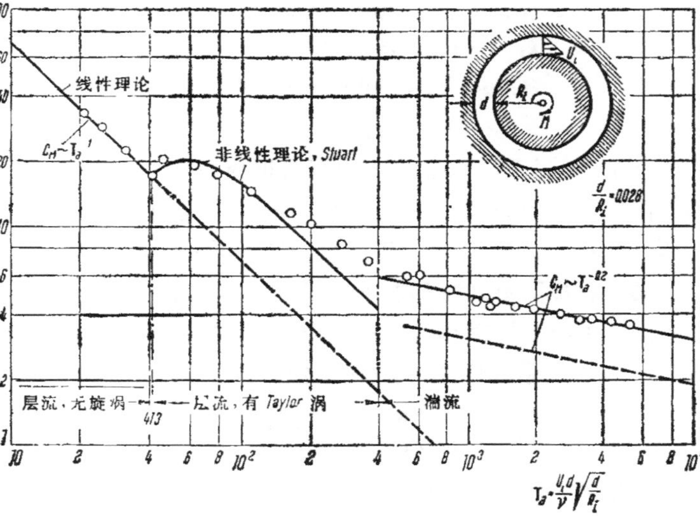

图 17.34 二同心圆柱面间的流动，用 Taylor 数 T_a 表示的内圆柱力矩系数
内圆柱旋转，外圆柱静止。圆柱之间间隙的相对尺寸 $d/R_i=0.028$
G. I. Taylor[241] 的测量结果
线性理论根据式(17.22)，非线性理论由 J. T. Stuart[218] 得出

大大增加。图 17.34 中的曲线给出了转动力矩系数 C_M 的理论值和实验测量值之间的比较。转动力矩系数定义为

$$C_M = \frac{M_i}{\frac{1}{2}\pi\rho U_i^2 R_i^2 h}, \tag{17.21}$$

其中 h 为圆柱的高度．线性理论，加上相对间隙 d/R_i 很小的假设，给出

$$C_M = A\left(\frac{U_i d}{\nu}\right)^{-1} = A\sqrt{\frac{d}{R_i}}\mathbf{T}_a^{-1}（线性理论）. \tag{17.22}$$

图 17.34 中画出了对应于线性理论的曲线；当 $d/R_i = 0.028$ 时，它给出转动力矩系数 $C_M = 0.67/\mathbf{T}_a$. 除此之外，该图还画出了 J. T. Stuart 提供的非线性理论的曲线以及由湍流理论给出的一条曲线，后者给出的公式为 $C_M \sim \mathbf{T}_a^{-0.2}$. 总的来说，我们可以区分出三种流态，由 Taylor 数划分如下：

$\mathbf{T}_a < 41.3$：层流 Couette 流动；

$41.3 < \mathbf{T}_a < 400$：带有 Taylor 涡的层流；

$\mathbf{T}_a > 400$：湍流。

在前两个区域，理论和实验之间符合得极好1).K. Kirchgaessner[106] 的工作推广了 Taylor 理论。 D. Coles[29] 在 1965 年深入地进行了 Couette 流动的实验研究，特别是在转捩方面。

轴向速度对稳定性的影响：H. Ludwieg[132,133] 将上述稳定性计算推广到两圆柱有相对轴向位移的情况中．设 $u(r)$ 表示周向速度，$w(r)$表示轴向速度，如果引入无量纲的速度梯度

$$\tilde{u} = \frac{r}{u}\frac{du}{dr} \quad 和 \quad \tilde{w} = \frac{r}{u}\frac{dw}{dr},$$

我们可以将无粘流体的稳定性准则写成下列形式：

$$(1-\tilde{u})(1-\tilde{u}^2) - (5/3-\tilde{u})\tilde{w}^2 > 0 \quad （稳定）. \tag{17.23}$$

---

1) 图 17.34 画出的实验结果进一步表明，增加 Taylor 数，即当 d/R_i 不变时增加 Reynolds 数，使旋涡状流动变成湍流．当流动是湍流时($\mathbf{T}_a > 400$)，我们有 $C_M \sim \mathbf{T}_a^{-0.2}$，因此当 d/R_i 不变时 $C_M \sim (U_i d/\nu)^{-0.2} = \mathbf{R}^{-0.2}$. H. Reichardt（第十九章文献[26]）研究两个平行平面壁面之间的线性 Couette 流动时，也发现了同样的结果． 值得注意的是，对一个在静止流体中旋转的圆盘，存在着同样的转动力矩随 Reynolds 数变化的规律，见式(21.36)。

式(17.19)的 Rayleigh 准则是上述不等式当假定 $w=0$ 时的一个特例，这时我们得到稳定性准则为 $1+\tilde{u}>0$. 稳定性计算归结为求

图 17.35 在有轴向运动的情形下，二同心旋转圆柱面间带有旋涡的不稳定流动. 实验取自 H. Ludwieg[134]

$\tilde{u}=37;\quad \tilde{w}=1.58$

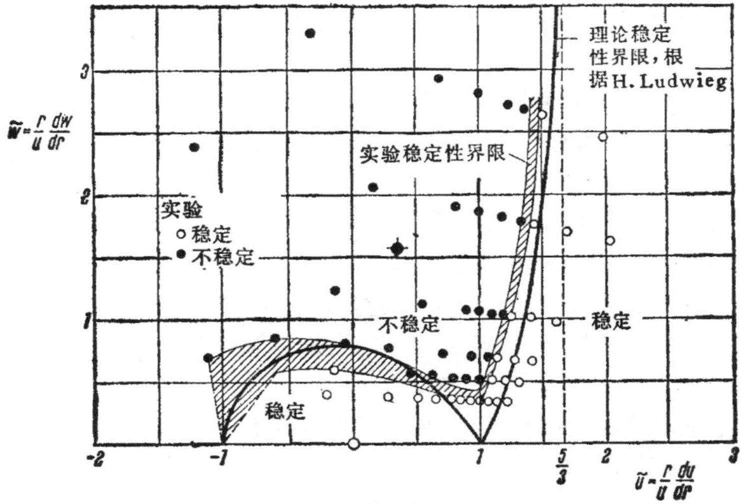

图 17.36 在有轴向运动的情形下，二同心旋转圆柱面间流动稳定性理论的实验验证，根据 H. Ludwieg[134]

$\mathbf{R}=(R_0-R_i)^2\omega_i/\nu=650$

实线：对应于式(17.23)的稳定性界限

阴影区：实验确定的稳定性界限

○稳定流动的测量点；●不稳定流动的测量点；✦图 17.35 中的不稳定流动

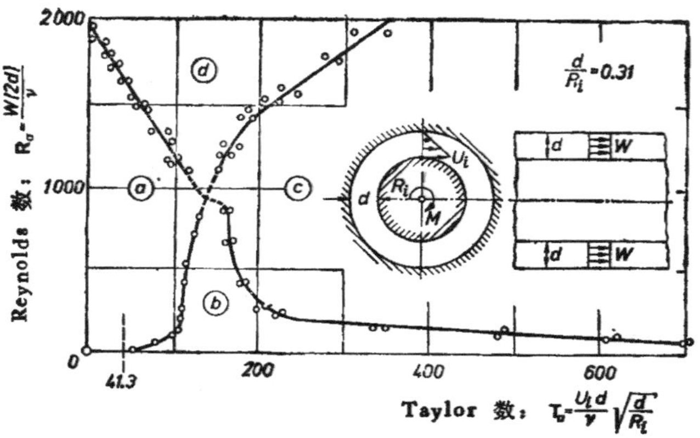

图 17.37 在内圆柱旋转，外圆柱静止，同时有轴向流动的情形下，二同心圆柱面间的环形腔中，层流和湍流相应的区域，相对于Taylor数 $\mathbf{T}_a$ 和 Reynolds 数 $\mathbf{R}_a$ 画出的曲线. 测量结果取自 J. Kaye 和 E. C. Elgar[119]. W = 轴向速度

(a)层流；(b)带有 Taylor 涡旋层流；(c)带有旋涡的湍流；(d)湍流

解不等式(17.23)，其中考虑了扰动并非都是轴对称的，而轴对称扰动是“最危险”的，并由此确定了由不等式(17.23) 表示的稳定性界限. 图 17.35 给出一个含有螺旋型旋涡的不稳定流动的例子. H. Ludwieg 理论与实验结果[134] 的比较见图 17.36. 在实验研究中出现的每一个基本流动在 $\tilde{u},\tilde{w}$ 平面中由一个点来表示，空心和实心圆点分别表示稳定和不稳定流动. 应该注意到在不稳定流动中可以观察到旋涡. 可以看出，实验结果充分地证实了 H. Ludwieg 的稳定性准则式(17.23).

在有轴向速度的情形下，两个同心圆柱面(内圆柱旋转，外圆柱静止)间的流动有很重要的实际意义. 在轴颈轴承的流体动力润滑过程以及发电机的空气冷却过程中都会出现这种流动图象. 为了计算轴承的转动力矩和发电机冷却效率必须了解这一流动图象. 在 J. Kaye 和 E. C. Elgar[119] 测量的基础上，图 17.37 中画出的曲线可以使我们在给定轴向流动的圆环中确定是层流还是湍流占据优势. 这是由两个特征常数决定的，即式(17.20) 定义的

Taylor 数 $\mathbf{T}_a$ 以及由轴向速度W和圆环宽度 d 定义的 Reynolds 数,也就是

$$\mathbf{R}_a = \frac{W(2d)}{\nu}. \tag{17.23a}$$

实验指出存在着四个区域:

(a) 低 Reynolds 数及 $\mathbf{T}_a < 41.3$ 时,流动是层流;

(b) 在低至中等 Reynolds 数 $\mathbf{R}_a$ 范围内,Taylor 数在 $41.3 < \mathbf{T}_a < 300$ 的范围,流动是有 Taylor 涡的层流;

(c) 当 Taylor 数 $\mathbf{T}_a > 150$ 时,流动是带有旋涡的"有序"湍流;

(d) 对于中等 Taylor 数 $\mathbf{T}_a < 150$,以及高 Reynolds 数 $\mathbf{R}_a > 100$ 时,流动是充分发展的"无序"湍流.

这四个区域之间的分界主要取决于参数 d/R_i,即圆环宽度和内圆柱半径之间的比值.

现在还不可能从理论上确定这些区域的分界线.

球: O. Sawatzki 和 J. Zierep[230] 进行了类似图 17.34 所描述的研究,他们使用间隙比 $d/R_i < 0.2$ 的两个同心球,外球静止而内球旋转. 在这样一个球环中间,流动的特征也是由式 (17.20) 的 Taylor 数以及 Reynolds 数决定的,其中 Reynolds 数是由球环宽度 d 和周向速度 U_i 定义的,即

$$\mathbf{R}_i = \frac{U_i d}{\nu}.$$

在线性理论适用的范围内, 即在图 17.32 所示的那种 Taylor 涡出现之前, 作用在内球上的转动力矩由如下的转动力矩系数给出:

$$C_m = \frac{16\pi/3}{\mathbf{R}_i},$$

其中

$$C_m = M_i \Big/ \frac{1}{2}\rho U_i^2 R_i^3,$$

式中 M_i 表示转动力矩, R_i 为内球半径.

在上述同心旋转圆柱面的情形下，根据 Taylor 数和 Reynolds 数的值，整个流场要么是层流，要么是湍流，但是在同心球的情形下，流动要更复杂一些，不同的流态可以同时并列地出现。随着 Reynolds 数增加，在球的赤道附近的平面首先出现 Taylor 涡及转捩状态，而靠近球的两极的流动仍为层流。还可以参阅文献[161,162,163]。

2. 凹壁上的边界层 在沿凹壁的流动中，会出现相类似的这种相对于三维扰动的不稳定现象。在凸壁上形成的边界层中，离心力起着稳定作用，虽然如在第十七章 d 中已经指出的，其稳定作用是很弱的。与此相反，凹壁上离心力的不稳定作用使流动出现一种不稳定性，类似于图 17.32(a) 所示的 Taylor 涡的图象。H. Goertler[74] 第一个证实了沿凹壁的离心力的不稳定作用。考虑沿 x 方向的基本流动 $U(y)$(y是离开壁面的距离，z 在壁面上与流动方向相垂直，见图 17.32b)，假定在其上叠加一个形式如下的三维扰动：

$$\left.\begin{aligned} u' &= u_1(y)\{\cos(\alpha z)\}e^{\beta t}, \\ v' &= v_1(y)\{\cos(\alpha z)\}e^{\beta t}, \\ w' &= w_1(y)\{\sin(\alpha z)\}e^{\beta t}, \end{aligned}\right\} \tag{17.24}$$

其中 β 为实数，是扰动增长率，$\lambda = 2\pi/\alpha$ 是与主流方向垂直的扰动的波长。旋涡的形状如图 17.32(b) 所示，它们的轴线平行于基本流动方向。现在要讨论的是一种驻波（蜂窝状旋涡），称之为 Taylor-Goertler 涡，它和图 17.32(a) 的 Taylor 涡是同一类型的。

以小扰动方法为基础，计算三维旋涡随时间的增长率，最终归结为一个特征值问题，这一点是和二维扰动稳定性分析（第十六章)相类似的。在有关的研究工作中已经考虑到粘性的影响。这个特征值问题是十分困难的，H. Goertler[72] 于 1940 年第一个发表了它的近似解。而后，1973 年 F. Schultz-Grunow[204a] 考虑了一阶小量的所有项，建立了更精确的理论。在图 17.38 中画出了他的数值结果。可以看出，当相对曲率 $\delta/R = 0.02$ 至 0.1 时，稳定

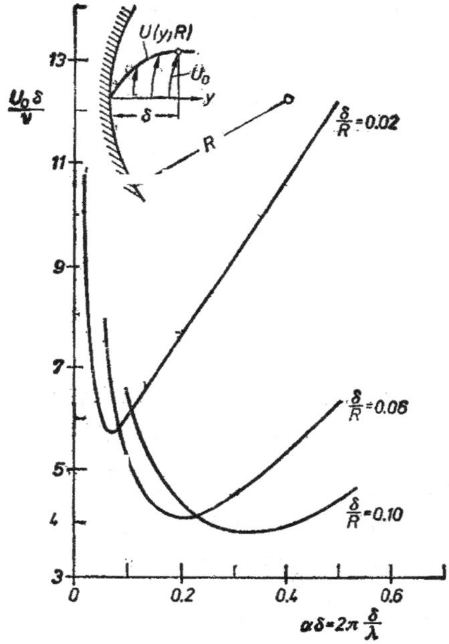

图 17.38 凹形壁面上边界层的稳定性界限 ($\beta = 0$)随边界层厚度与壁面曲率比值 δ/R 的变化,根据 F. Schultz-Grunow[206a] 边界层厚度 $\delta = (2\nu x/U_0)^{1/2}$. 壁面曲率半径 R

性界限的最小值出现在 $\mathbf{R}_\delta = U_0\delta/\nu = 4$ 至 6 之间.

表面即有凸壁也有凹壁的物体浸没在来流中,F. Clauser[17] 和 H. W. Liepmann[127,128] 对这种壁面上的边界层转捩现象进行了实验研究. 图 17.39 中画出了由 H. W. Liepmann 提供的若干实验结果. 图 17.39(a)的曲线证实了理论估算的结果,在凸壁的情形下,壁面曲率对临界 Reynolds 数的影响很小,凹壁的临界 Reynolds 数要小于凸壁时的值. 图 17.39(b) 画出了参数

$$\frac{U_\infty \delta_{2tr}}{\nu}\sqrt{\frac{\delta_{2tr}}{R}}$$

随 δ_{2tr}/R 变化的曲线. 这个参数描述了曲率对边界层转捩的影响,它相应于图 17.34 所描述的旋转圆柱面间流动的 Taylor 数(式

(17.20))。图 17.39(b)的曲线表明转捩发生于

$$\frac{U_\infty \delta_{2tr}}{\nu}\sqrt{\frac{\delta_{2tr}}{R}} > 7. \tag{17.25}$$

这个数值远远大于相应的稳定性界限(其值为 0.4,见图 17.38).此时应该注意到，在稳定性界限的定义中不是采用边界层厚度而是采用动量边界层厚度$\delta_2 = 0.047\delta$[1)].

按照 H. L. Dryden[38] 的看法,式(17.25)中右端的数值在 6 至 9 之间,取决于来流的湍流度,下限对应于来流湍流度 $\mathbf{T}=0.003$,上限对应于非常低湍流度的情形.

H. Bippes[16] 使用水槽拖曳模型,在最近完成了沿凹面曲壁边界层转捩的非常全面的实验研究。这些实验有助于理解出现类似于图 17.32(b)的纵涡的原因。关于这方面可见 F.X. Wortmann[256] 以及 H. Goertler 和 H. Hassler[83] 的文章.

后来 H. Goertler 注意到这样一个实验现象，即和上述凹壁属于同一类型的不稳定性可以发生在钝头体绕流的前驻点附近.在前驻点附近流线沿速度增加的方向向下凹，满足边界层不稳定的必要条件。 H. Goertler[74] 和 G. Haemmerlin[86]对图 5.9 所示的二维驻点流的稳定性进行了计算,结果表明存在着不稳定扰动,但是到目前为止还不能给出以 Reynolds 数表示的稳定性界限. N. A. V. Piercy 和 E. G. Richardson[170,171] 进行的实验证验在圆柱前驻点附近的流动的确变成不稳定的。 H. Goertler[74] 对稳定性理论中的三维效应作了评述。还可参阅 J. Kestin 等人[118]和 W. Sadeh 等人[232,233] 更近一些的论文.

---

1) 这里必须考虑到,转捩区的位置必定位于稳定性界限下游相当远的地方. 这是由于不稳定扰动,无论是伴随着 Tollmien-Schlichting 驻波或者伴随着 Tollmien-Schlichting 行波(第十六章 b),都必须经过一定的时间才能增长.换句话说,必须经过一定的时间,扰动增长率才能达到一定的大小. 另一方面,在内圆柱旋转、外圆柱静止的 Couette 流动时实验中(图 17.33),我们可以期望，在首次出现 Taylor 涡时,由实验观察到的临界 Reynolds 数应该非常接近于理论值. 这是由于当旋转速率不变时,扰动增长的过程发生在 Reynolds 数不变的条件下,因此,只要实验持续的时间足够长,扰动增长率总会达到适当的数值. 此处可参阅图 17.33.

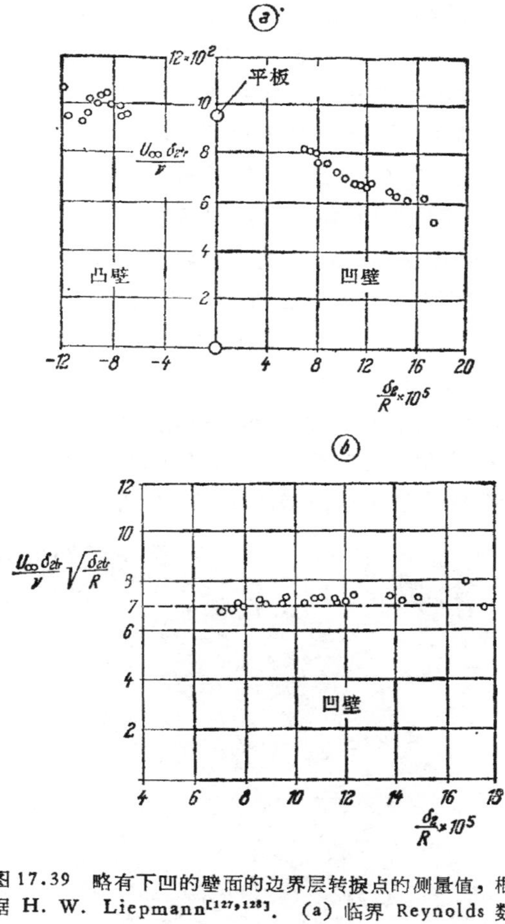

图 17.39 略有下凹的壁面的边界层转捩点的测量值，根据 H. W. Liepmann[127,128]. (a) 临界 Reynolds 数 $\frac{U_\infty \delta_{2tr}}{\nu}$ 随 δ_2/R 变化的曲线；(b) 特征量 $\frac{U_\infty \delta_{2tr}}{\nu}\sqrt{\frac{\delta_{2tr}}{R}}$ 随 δ_2/R 变化的曲线 δ_2 = 动量厚度 R = 壁面曲率半径

本节讨论的内容和第十六章及第十七章 a，b 两节综合在一起，使我们得出物体（例如翼型）边界层转捩的如下描述：在平的和凸的壁面上，转捩决定于二维 Tollmien-Schlichting 行波的不稳定性，而在凹壁上，则由 Taylor-Goertler 涡控制着转捩过程。

3. 三维边界层的稳定性 三维边界层转捩过程在细节上表现出和前面讨论的二维流动完全不同的特点．在静止流体中旋转的圆盘边界层转捩的过程就是一个三维边界层转捩的例子，从第五章 b 中已经知道这种流动的层流边界层的特征． N. Gregory, J. T. Stuart 和 W. S. Walker[77] 拍摄了描述旋转圆盘转捩过程的照片，复制在图 17.40 中． 照片显示出在一个环形区域内出现了呈对数螺旋线形状的驻涡．在这个环形区域的内半径处流动出现不稳定，转捩则发生在外半径处．内半径处对应着 Reynolds 数 $\mathbf{R}_i = R_i^2\omega/\nu = 1.9\times10^5$，在外半径处有 $\mathbf{R}_0 = R_0^2\omega/\nu = 2.8\times10^5$．结合有关的实验工作，J. T. Stuart 对这种运动的稳定性进行了理论研究．他假定存在着三维周期性扰动，其形状包括 Tollmien-Schlichting 行波和定常三维 Taylor-Goertler 旋涡两种特殊情形． 他的计算结果表明理论与图 17.40 的实验结果定性地吻合．

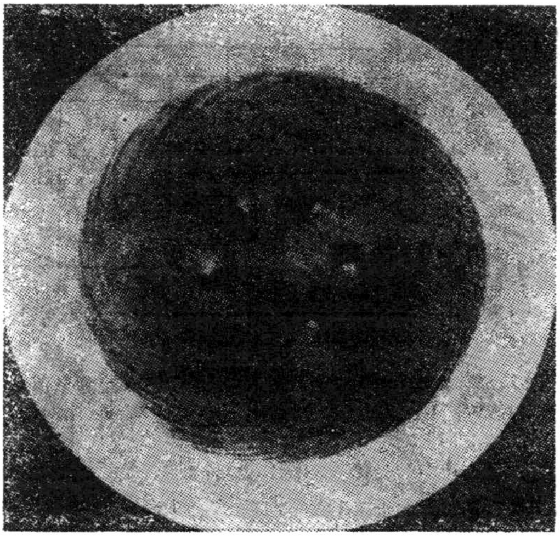

图 17.40 在静止流体中旋转的圆盘上边界层转捩的照片，根据 N. Gregory, J. T. Stuart 和 W. S. Walker[77]． 旋转方向是反时针的，旋转角速度 $n = 3200$rpm，圆盘半径$=15$cm．可以看到在内半径 $R_i = 8.7$cm 和外半径 $R_0 = 10.1$cm 之间的环形区域内形成驻涡．内半径对应着稳定性界限 $\mathbf{R}_i = R_i^2\omega/\nu = 1.9\times10^5$．转捩发生在外半径处，$\mathbf{R}_0 = R_0^2\omega/\nu = 2.8\times10^5$

超声速流动中的偏航平板，当其层流边界层变得不稳定时，它就成为上述这类不稳定性的另一个例子. 正如 J. J. Ginoux[84] 的实验所显示的，边界层发展成纵涡，导致边界层转捩.

g. 粗糙度对转捩的影响

1. 引言 在这一节我们将考察固体壁面粗糙度对转捩过程的影响，这是一个具有很大实际意义的问题. 特别是自从层流翼型在航空中得到应用以来，这个问题显得更重要了. 但是，迄今还不能对这个问题从理论上加以分析. 到目前为止，人们收集了非常广泛的实验资料，其中包括圆柱（二维粗糙元）和点状（三维单个粗糙元）粗糙度以及分布的粗糙度对转捩的影响. 许多研究还包括压力梯度、湍流度或者 Mach 数对转捩影响的实验数据.

一般来说，粗糙度的存在有利于转捩，当其他条件都相同时，在粗糙壁上发生转捩的 Reynolds 数要比光滑壁的低一些. 从稳定性理论来分析显然应该如此：粗糙元的存在形成了层流中的附加扰动，必须把它们加到由湍流度产生并且已经存在于边界层中的扰动上去. 如果由粗糙度产生的扰动大于由湍流度形成的扰动，我们必然会预计到更低的扰动增长率就足以使边界层转捩. 另一方面，如果粗糙元非常小，它产生的扰动将低于某一"阈值"，这个值是来流中湍流度产生的扰动的特征. 此时可以预计到粗糙度的存在对转捩没有影响. 上述分析与实验结果完全符合. 当粗糙元非常大时，转捩将发生在粗糙元所在的位置上，例如，图 2.25 所示的有绊线的圆球就是这种情形. 关于这方面，读者可以参考 J. Stueper[220] 的论文.

早期论述粗糙度对转捩影响的文章，例如 L. Schiller[202]，I. Tani, R. Hama 和 S. Mituisi[235]，S. Goldstein[67]，A. Fage 和 J. H. Preston[62] 等人发表的论文，假定当粗糙元很大时，转捩点位于粗糙元所在的位置上，或者当粗糙元很小时，它们的存在根本不影响转捩. 然而，A.Fage 指出，随着粗糙元高度的增加，转捩点不断地向上游移动，直到它达到粗糙元本身所在的位置. 因此，在讨论粗糙度对边界层转捩的影响时，必须回答下列三个问题：

1. 不影响转捩的粗糙元最大高度（层流中粗糙元的临界高度）是多少？

2. 转捩发生在粗糙元本身所在位置时，粗糙元的极限高度是多少？

3. 对于介于这两种极端情形之间的一般情形，怎样才能确定转捩点的位置？

2. 单个的圆柱状粗糙元 单个的圆柱状（或二维）粗糙元通常是一条金属丝，它紧贴在壁面上，与来流方向垂直，对这种形状的粗糙元，S.Goldstein 从已有的测量结果得出了它的**临界高度** k_{crit}，即不影响转捩的最大高度为

$$\frac{u_k^* k_{crit}}{\nu} = 7, \tag{17.26}$$

其中 $u_k^* = \sqrt{\tau_{0k}/\rho}$ 表示摩擦速度，τ_{0k} 是在粗糙元位置上层流边界层的壁面切应力．按照 I. Tani 和他的合作者[235]的意见，转捩发生在粗糙元本身所在位置时，粗糙元的最小高度可以由关系式 $u_k^* k_{crit}/\nu = 15$ 得到，而 A. Fage 和 J. H. Preston[62] 则选取公式

$$\frac{u_k^* k_{crit}}{\nu} = 20. \tag{17.27}$$

上述特征值适用于圆截面的金属丝．对方的和杯形截面或槽型截面的情形，这些特征值的值要大得多，然而对边缘尖锐的粗糙元，其值变小．

H. L. Dryden[39] 提出一种量纲分析的方法，由此得到一个经验公式，用粗糙元高度 k 及其位置 x_k 来确定转捩点位置 x_{tr}． Dryden 发现，在不可压缩流动中，当转捩不发生在粗糙元本身所在的位置时，即 $x_{tr} > x_k$ 时，所有转捩点的实验值都落在以 Reynolds 数 $\mathbf{R}_{tr} = U\delta_{1tr}/\nu$ 为纵轴，以比值 k/δ_{1k} 为横轴的**同一条**曲线上，其中 δ_{1tr} 是转捩点位置上的边界层位移厚度，δ_{1k} 表示粗糙元位置上的边界层位移厚度，见图 17.41．在图 17.41 中还标出了 $\mathbf{R}_{x,tr} =$

Ux_{tr}/ν 的尺度[1]。

随着高度 k 的增加，转捩点位置 x_{tr} 向着粗糙元移动，这意味着图 17.41 的曲线从左向右横移。只要转捩点一到达粗糙元本身所在的位置，即当 $x_{tr}=x_k$ 时，转捩点的实验值开始向上偏离这条曲线，然后它们落在以 x_k/k 为参数的一族直线上，这族直线的方程是

$$\frac{U\delta_{1tr}}{\nu}=3.0\frac{k}{\delta_{1k}}\frac{x_k}{k}, \qquad (17\ 28)$$

图 17.41 中也画出了这族直线。根据日本人的测量结果[237]，图 17.41 中曲线的双曲线状分支对各种湍流度和压力梯度较小的流动均适用。增加湍流度只引起曲线向左偏离的早一些，即临界 Reynolds 数趋近于光滑平板的临界 Reynolds 数$(\mathbf{R}_{x,tr})_{k=0}=\mathbf{R}_{x,tr0}$ ($\mathbf{R}_{x,tr0}$ 的值与湍流度有关)。K. Kraemer[109] 将其它的测量结果综合在一起进行分析得出结论，如果

$$\frac{Uk}{\nu}\geqslant 900, \qquad (17.29)$$

那么在任意位置上的金属丝都能充分有效地使流动在其所在的位置上发生转捩。在图 17.41 中也画出了这个公式的曲线，它与实验结果符合得很好。但是应该注意到，即使是在"充分有效"的绊线的情形，转捩点位置 x_{tr} 和绊线自身的位置 x_k 之间仍然保持一定的最小距离。根据 K. Kraemer，这个最小距离为

$$\frac{U(x_{tr}-x_k)}{\nu}=2\times 10^4, \qquad (17.30)$$

相应的曲线画在图 17.42 中。

根据 H. L. Dryden 文献[39,40]，将粗糙壁临界 Reynolds 数与光滑壁临界 Reynolds 数的比值，即$(\mathbf{R}_{\delta tr})_{粗糙}/(\mathbf{R}_{\delta tr})_{光滑}$随$k/\delta_{1k}$的变化画出来(见图 17.43)，就可以把湍流度的变化对转捩的影响

---

1) 这两个 Reynolds 数之间的关系式是

$$\mathbf{R}_{tr}=\frac{U\delta_{1tr}}{\nu}=1.72\sqrt{\frac{Ux_{tr}}{\nu}}=1.72\sqrt{\mathbf{R}_{x,tr}}.$$

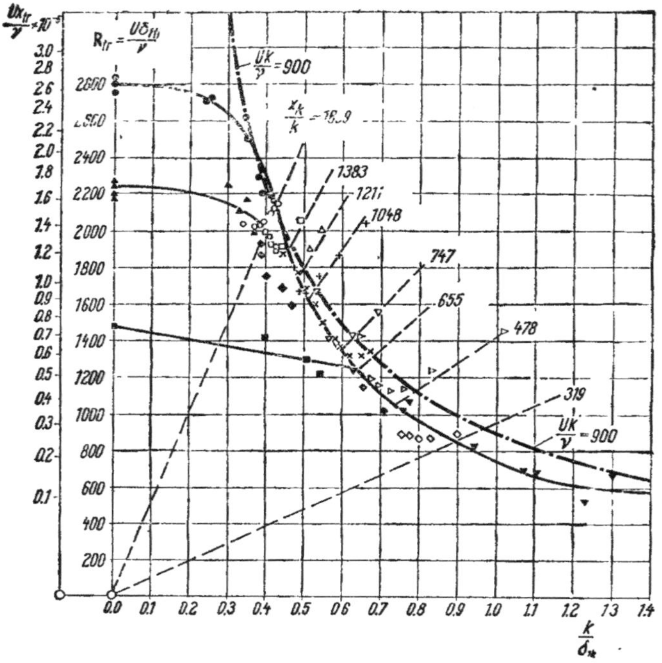

图 17.41　在不可压缩流动中，当存在着单个的二维粗糙元时，层流边界层的临界 Reynolds 数随粗糙元高度 k 与粗糙元位置上边界层位移厚度 δ_k 的比值变化的曲线

式(17.28)令人满意地拟合了实验测量结果. $\mathbf{R}_{tr0}=\frac{U\delta_{tr0}}{\nu}$和 $\mathbf{R}_{xtr0}=\frac{Ux_{tr}}{\nu}$表示光滑平板的临界 Reynolds 数

----根据式(17.28)的计算值；

○ □ ◇ △ ▽ ▷ × +　$x_{tr}>x_k$；$\mathbf{R}_{tr0}=1.7\times10^6$；$p=$常数，根据文献[63]；

▲$\mathbf{R}_{tr0}=1.7\times10^6$；$p=$常数，根据 I. Tani 等人[237]；

●$\mathbf{R}_{xtr0}=2.7\times10^6$；$p=$常数，根据 I. Tani等人[237]；

◀$\mathbf{R}_{xtr0}=2.7\times10^6$；顺压梯度$\frac{P_1-P_{tr}}{\frac{1}{2}\rho U_1^2}=0.2$至0.8，根据文献[237]；

▼$p=$常数，根据 G. B. Schubauer 和 H. K. Skramstad[203]；

■$\mathbf{R}_{xtr0}=6\times10^6$；$p=$常数，根据 I. Tani 等人[237]. 黑点表示 $x_{tr}>x_k$ 的实验结果

反映出来. 在用这种方法作图时，我们发现具有不同湍流度的测量结果落在一条曲线上，表明比值 $(\mathbf{R}_{xtr})_{粗糙}/(\mathbf{R}_{xtr})_{光滑}$是单参数

k/δ_{1k} 的函数. 借助于图 17.41,17.42,17.43 中的三组曲线,现在可以很容易地回答上节结尾时提出的三个问题.

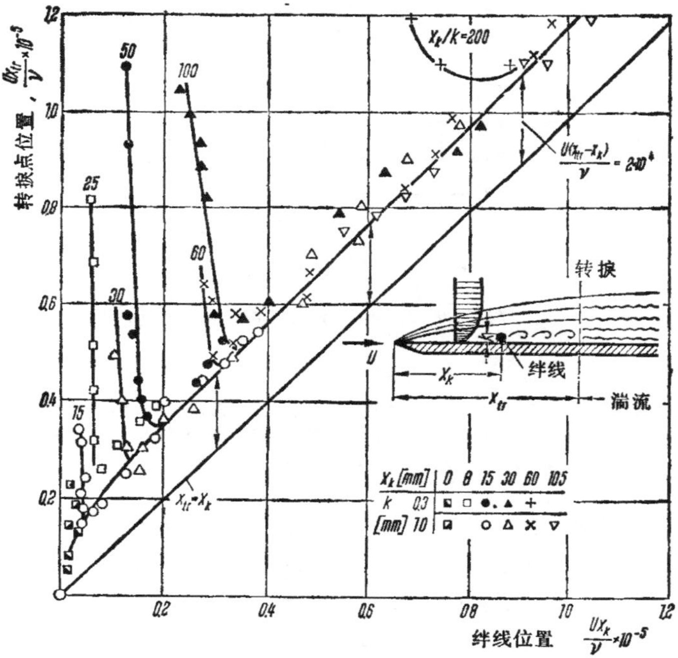

图 17.42 "充分有效"工作状态下的绊线位置 x_k 和转捩点 x_{tr} 之间的距离,曲线是根据式(17.30)画出的,引自K. Kraemer[109]

P. S. Klebanoff 和 K. D. Tidstrom[107a] 最近进行了关于二维、离散的粗糙元(金属丝)对转捩影响的非常细致的实验. 这些实验工作可以认为是早期工作[107b]的延续,特别是他们测量了紧靠粗糙元后面受扰动的边界层. 由上述测量结果可以得出结论,如果把粗糙度的作用想象为强烈的波状扰动,这种扰动使边界层变得极不稳定,因而和来流中湍流度增加有同样的效果,那么我们就可以极好地理解被粗糙度扰动的边界层的特性.

可压缩流动中粗糙度的影响远小于在不可压缩流动中的影响. 我们可以从图 17.44 中总结出这个事实,该图以 P. F. Brinich[12]

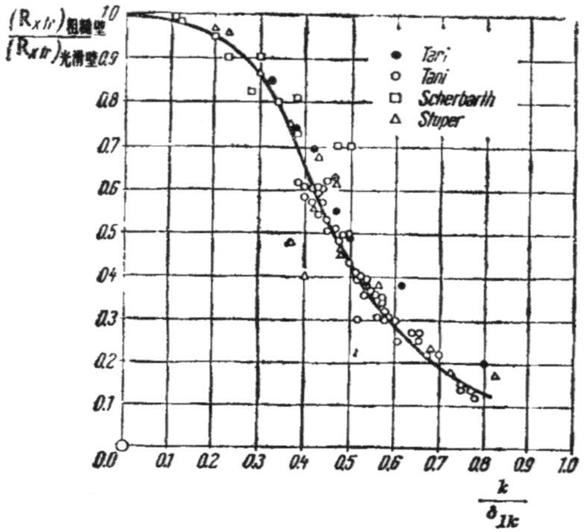

图 17.43 对于有单个粗糙元的零攻角平板，临界 Reynolds 数与光滑平板临界 Reynolds 数的比值，根据 Dryden[39] $\mathbf{R}_{xtr}=Ux_{tr}/\nu$
k——粗糙元高度，δ_{1k}——粗糙元所在处边界层位移厚度. Tani[235]的测量结果

的工作为基础，画出了可压缩流动中零攻角平板的测量结果．实验是利用圆柱状粗糙元在 $\mathbf{M}=3.1$ 时进行的． 当把测量结果画在图 17.44 的坐标系中时，它们位于图中阴影区的一族曲线上，但是仍然和粗糙元位置 x_k 有很大的关系 为了便于比较，在图 17.44 中也画出了不可压缩流动的曲线．实验结果表明在高 Mach 数时，边界层可以“容忍” 比不可压缩流动中大得多的粗糙元．根据图 17.44，可压缩流动中粗糙元的临界高度比不可压缩流动中的要大 3 倍至 7 倍．R. H. Korkegi[108] 在更高的 Mach 数 $\mathbf{M}=5.8$ 时进行的实验表明，在如此高的 Mach 数下，绊线根本不产生湍流．另一方面，为了促使边界层提前转捩，将空气吹入边界层的方法，即使在可压缩流动中也是有效的．

近来，E. R. van Driest 和 C. B. Blumer[37] 对轴线平行于来流的圆锥，在 $\mathbf{M}_\infty=2.7$ 下进行了一系列的测量，它是早期工作[36]的继续．除了改变圆形绊线的直径之外，实验还改变它在圆锥上的位置以及传热率．

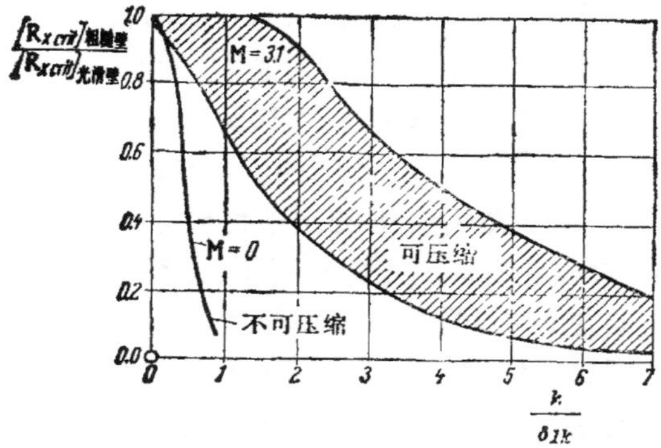

图 17.44 单个、二维粗糙元对可压缩流动中平板临界 Reynolds 数的影响，取自 P. F. Brinich[8] 的测量结果
k——单个粗糙元的高度；
δ_{1k}——粗糙元所在位置处边界层位移厚度

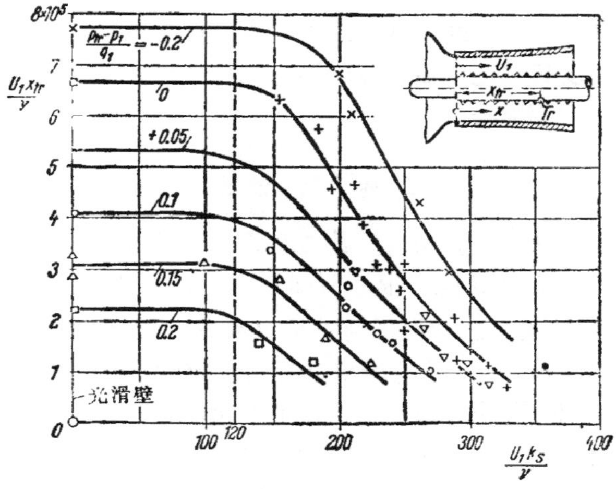

图 17.45 压力梯度和壁面敷有砂粒的粗糙度对不可压缩流动中转捩点位置的影响，根据 E. G. Feindt[63] 的测量结果
k_s——砂粒的大小．当 $U_1k_s/\nu<120$ 时，砂粒粗糙度对转捩没有影响

3. 分布的粗糙度 对于这方面，只有一些零散的关于在分布的粗糙度下转捩的测量结果[19]．E. G. Feindt 的一篇论文[63]简略地说明了在砂粒粗糙度的情形下，压力梯度和砂粒大小 k_s 对转捩

的影响．实验是在一个先收缩后扩张的圆截面管道中进行的，将一个敷上砂粒的圆柱面沿轴线放在管道内.管道的内壁是光滑的，壁面的斜率决定了管道中流动的压力梯度． 根据 E. G. Feindt 的测量结果，图 17.45 画出了在不同的压力梯度下，由转捩点位置定义的临界 Reynolds 数 U_1x_{tr}/ν 随由砂粒尺寸 k_s 定义的 Reynolds U_1k_s/ν 变化的曲线.在不同的压力梯度下，光滑壁面临界 Reynolds 数 U_1x_{tr}/ν 的值在 2×10^5 至 8×10^5 的范围内，上下限分别对应着顺压梯度的强稳定作用和逆压梯度的不稳定作用． 可以看出，实验测量给出的结论是： 当 U_1k_s/ν 增加时，临界 Reynolds 数起初是不变的，只有在超过

$$\frac{U_1k_s}{\nu}=120 \tag{17 31}$$

这个数值以后，临界 Reynolds 数才急骤下降．因此，这个数值确定了粗糙度的临界高度，从而回答了早先提出的第一个问题．当粗糙元的高度超过这个临界值以后，粗糙度产生的影响可以与压力梯度的作用相比较．

h. 轴对称流动

轴对称流动最重要的情形是在直管道中的流动，这种流动的速度剖面是抛物线型的． 很早以前，Th. Sexl[205] 就研究了这种流动的稳定性，他未能发现任何不稳定现象，但是他也没有能够证明对所有的 Reynolds 数这种流动都是稳定的．经过一段时间以后，J. Pretsch[177] 成功地证明了这种抛物线型速度剖面的稳定性可以归结为平面 Couette 流动(纯剪切流动)的稳定性．因为平面 Couette 流在所有的 Reynolds 数下都是稳定的，所以对圆管中速度剖面是抛物线型的流动，这个结论也是成立的． G. M. Corcos 和 J R. Sellars[18], C. L. Pekeris[169] 以及几位当前正在研究这个问题的人[54,66a,148,175] 都得到了同样的结论，最后 Th. Sexl 和K. Spielberg[206] 再次证实了这个结论．由于下列两个方面的原因，这个结论是十分令人吃惊的．第一、圆管中的流动的的确确发生转

捩. 事实上正如读者回忆起的，关于转捩的第一个实验就是 O. Reynolds 在圆管中进行的. 第二，同样是抛物线型速度剖面，小扰动可以使槽中的流动变得不稳定(第十六章 c)，但是却不能使圆管中的流动失稳，这一点是很难想象的. 由于这些原因，人们试图从理论和实验两方面进一步研究这个问题. 在这方面，可以注意到，直到 Reynolds 数高达 $\mathbf{R}=13000$, R. J. Leite[125] 还没有在圆管中观察到任何轴对称小扰动在向下游传播时是增长的. Th. Sexl 和 K. Spielberg[206] 证实了在轴对称流动中，第十六章 b3 中提到过的 Squire 定理不再成立. 因此，对于轴对称流动的稳定性来说，对称平面扰动波不再比三维扰动更危险.

按照流动稳定性的线性理论，充分发展的 Hagen-Poiseuille 流动对于轴对称和非轴对称扰动是完全稳定的，因此有必要研究圆管**进口段**流动(见第十一章)对于这些扰动的稳定性. T. Sarpkaya 作了这项工作，他进行了实验测量[197b] 并且写了关于这个问题的综述文章，在文章中还包括其他作者的理论结果. 理论计算的结果表明，稳定性界限的值比实验测量的临界 Reynolds 数高很多.

M. Lessen 和 P. J. Singh[126a] 首先研究了圆管中具有抛物线速度剖面的 Hagen-Poiseuille 流动对于无限小**三维扰动**的稳定性. 他们考虑周向波数为 1 的扰动，Reynolds 数范围直至 16000 时，还未发现扰动是不稳定的. H. Salwen 和 C. E. Grosch[197c] 用另外一种方法解特征值问题，对周向波数等于或大于 1 的扰动，直至 Reynolds 数高达 50000，都未发现不稳定的情形，证实了 Lessen 等人的结论.

机翼后缘旋涡的**螺旋型尾迹**模型假设流动的轴向速度分布是尾迹型的，周向速度分布是旋涡，且强度沿径向不断衰减. M. Lessen, P. J. Singh 和 F. L. Paillet[126b,126c] 研究了这种流动对于周期性扰动的稳定性，扰动的周向波数等于或大于 1. 计算结果发现，很小的周向速度就可以使最小临界 Reynolds 数减小百分之五十之多. 当周向速度较大时，周向波数较大的模式比周向波数小的更不稳定；当周向速度变得更大时，流动又稳定了.

早期的实验(第二十章文献[53]和[54])以及将稳定性理论应用于具有周向分量的轴向流动的近期结果[132,133]都证实了如下的事实:即使非常小的周向速度分量也明显地减小了 Hagen-Poiseuille 流动的稳定性。因此,为了模拟实际感兴趣的流动,P. A. Mackrodt[164,165] 研究了在层流圆管流动上叠加刚体旋转流动的稳定性.在这种情形下,扰动沿螺旋线向管的下游移动。计算结果见图 17.46。稳定性界限(中性扰动)表示在图中的 $\mathbf{R}_\phi, \mathbf{R}_x$ 平面上,其中 $\mathbf{R}_\phi = \omega R^2/\nu$ 是由周向速度 ωR 定义的 Reynolds 数,而 $\mathbf{R}_x = U_0 R/\nu$ 是以最大速度 U_0 为参考速度的 Reynolds数。

图 17.46 中的测量点表示观察到的位于衰减和增长分界上的中性扰动涡。理论和实验之间吻合得十分好。理论分析证实了这样一个猜想: 周向速度分量引起 Hagen-Poiseuille 流动变得不稳定。

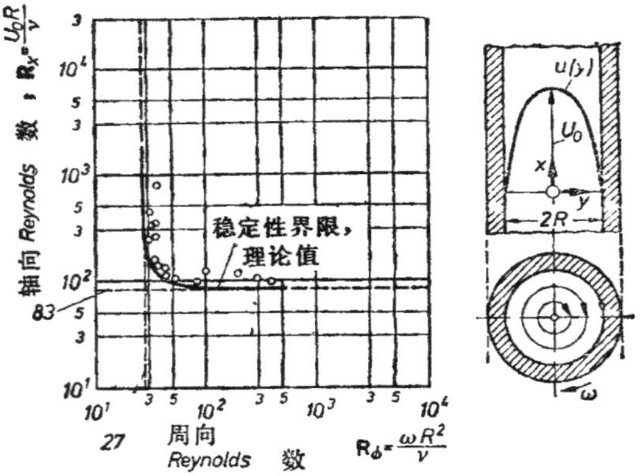

图 17.46 圆管 Hagen-Poiseuille 流动叠加刚体旋转后的稳定性界限,根据 P. A. Mackrodt[164,165] $\mathbf{R}_{x\,crit} = 83$,引自 T. J. Pedley[288] 观察到的不稳定流动

在第十六章 a 中曾详细地讨论过 J. Rotta 的工作,他测量了圆管进口段的大扰动向下游传播时的间歇因子.E. R. Lindgren[130] 进行了类似的实验,并且利用偏振光和双折射的膨润土稀溶液显示了扰动流场。E. R. Lindgren 证明了当基于圆管直径的流动

Reynolds 数很小时，即使是很强的初始扰动在入口段也是衰减的。当 Reynolds 数大于 $\mathbf{R} = 2600$ 以后，转捩过程开始了，其特征是初始扰动增长并且在壁面附近的流体层中出现了自持的湍流猝发。

圆管中层流的上述特性促使我们重新考虑小扰动理论和转捩之间的关系，特别是要提出这样一个问题：是否**总是**可以认为转捩是**小扰动**增长的结果。由于还没有对三维小扰动进行深入的研究，现在还不能给出关于这个问题的结论性意见。在这方面我们应该记得，**平面** Poiseuille 流动的临界 Reynolds 数 $\mathbf{R}_{crit} = 5314$（见第 557 页），大大超过了在槽内观察到的转捩 Reynolds 数。这是与理论结果不一致的，理论分析给出的稳定性界限总是低于转捩 Reynolds 数。但是，在认识的现阶段，考虑到人们现在对这个课题浓厚的兴趣，在没有得到进一步的研究结果之前，还不能轻易地下结论。

J.Pretsch[176] 还研究了旋成体上层流边界层的稳定性。关于这方面，可以参考 P. S. Granville[82] 的论文。在边界层厚度与表面曲率的比值远小于 1 的情形下，所得到的轴对称情形的稳定性方程和平面情形的相同。因此，平面情形得到的所有结果都可以无保留地推广应用于旋成体轴对称流动的情形。

第四部分　湍流边界层

第十八章　湍流基础

a. 引　　言

在实际应用中出现的大多数流动都是湍流. 湍流这个术语是指在主流上叠加一个无规则脉动(混合或涡运动)的流动. 为了说明这种流动的图像,图(a),(b),(c),(d)给出了几幅开口水槽中的湍流照片. 应用把粉末撒在自由面上的方法,可以显示出流动的图象. 在所有图片中,流动的速度都是相同的,而照相机则以不同的纵向速度沿着水槽的中心线运动. 由每幅照片很容易推断出,流体质点的速度是否小于或超过相机的速度,同时,这些图形对于湍流的复杂性也能使人获得深刻的印象.

叠加在主流上的脉动在细节上十分复杂,以致似乎不能进行数学处理,但是必须认识到,由此引起的混合运动对于流动过程和力的平衡是非常重要的. 混合运动带来的后果是,粘性系数好像增加了一百倍,一万倍,甚至更多. 在大 Reynolds 数时,存在从主流到大涡的连续的能量输运过程. 然而,能量主要是由小涡耗散的,如文献[25]详细说明的,这个过程发生在边界层中邻近壁面的薄层内.

管内湍流所受到的大的阻力,飞机和船舶所遇到的那种阻力,以及涡轮和涡轮压缩机中的损失都是由于混合造成的. 另一方面,湍流又能使我们在扩压器内或沿机翼和压缩机叶片获得较大的压力增加. 如果流动是层流而无湍流的话,这些装置就会出现分离,因此扩压器中的能量恢复就比较小,机翼和叶片就会在不利的条件下工作.

下一章我们将讨论**充分发展的湍流**问题. 在这方面,因为现

(a) 照相机速度 12.15cm/s

(b) 照相机速度 20cm/s

(c) 照相机速度 25cm/s

(d) 照相机速度 27.6cm/s

图 18.1(a),(b),(c),(d) 6 厘米宽的水槽内的湍流,用不同照相机速度拍摄的. Nikuradse[37] 摄制、Tollmien[57] 发表的照片

在已经证明，由于湍流脉动的复杂性，完全的理论表述是不可能的,我们不得不只限于讨论湍流运动的时间平均值.

按照这个途径,至少已经证明可以建立某些理论原则,使我们能根据实验资料来确定量级的尺度,而且在许多情形下还证明了,在某些合理的假设下可以估算出这些平均值,并且得到的结果与实验符合得很好.下面几章将叙述这种湍流的半经验理论[1)].

本章将集中研究脉动对平均流动的影响.下一章将讨论在湍流计算中用到的半经验假设,它们大多数都与 Prandtl **混合长度**的概念有关. 其余各章将在此基础上处理几组特殊的湍流运动,其中包括管道流动、沿平板流动、有压力梯度的湍流边界层流动以及自由湍流,即没有壁面限制的射流和尾迹中的流动.在会议录[3,17,17a,18]中,可以找到处理这些具体问题的论文.

b. 平均运动和脉动

根据周密的研究看来,湍流运动的最显著的特征是,在空间固定点上,速度和压力不是随时间恒定的,而是作非常不规则的高频脉动(图 16.17). 沿流动方向和垂直于流动方向作这种脉动的流体微团,不象气体分子运动论所假设的那样,它们不是由单个分子组成的,它们是各种小尺度的宏观流体球.可以通过例子指出,例如尽管水槽流动中的速度脉动不超过百分之几,但是它对整个流动过程却起着决定性的影响.由于认识到某些较大的流体团具有加在主流上的自己的固有运动,因而能观察到所讨论的这些脉动.在图 18.1(b),(c),(d)的照片中,这种**流体球**或**流体团**清晰可见.这些不断聚集和分解的流体球的大小决定着**湍流的尺度**,而流体球的大小又取决于流动的外部条件,例如气流通过的阻尼网或蜂窝器的网眼.第十八章 d 将给出几个关于这种脉动量的定量测量

---

1) 几位作者,特别是 J. M. Burgers, Th. von Kármán 和 G. I. Taylor 很早就提出了一种理论,这种理论超出了这些限制并建立在统计概念的基础上,但是,目前这种理论还不能解决前面提出的基本问题. 在本书下面各章中,我们不打算讨论这种湍流的统计理论,请读者参阅 G. K. Batchelor[1], A. A. Townsend[62], J. O. Hinze[20], S. Corrsin[7], C. C. Lin[35,36], J. C. Rotta[46,62], P. Bradshaw[2], D. C. Leslie[34], M. Rosenblatt 和 C. Van Atta[45], H. Tennekes 和 J. L. Lumley[56] 的综合评述.

结果.

在自然风中，这些脉动很清楚地表现为狂风的形式，并且脉动值常常达到平均风速的百分之五十. 大气中湍流元的尺度，例如，可以通过观察麦田的涡流来判断.

在第十六章已经指出，在用数学语言描述湍流时，将运动分解为**平均运动**和**脉动**（或**涡旋运动**）是方便的. 用$\bar{u}$表示速度分量u的时间平均值，用u'表示其脉动速度，如式(16.2)指出的那样，我们可以写出如下速度分量和压力的关系式:

$$u=\bar{u}+u'; \quad v=\bar{v}+v'; \quad w=\bar{w}+w'; \quad p=\bar{p}+p'. \tag{18.1a,b,c,d}$$

当湍流可压缩时(第二十三章)，还须引进密度ρ和温度T的脉动，令T和ρ为

$$\rho=\bar{\rho}+\rho'; \quad T=\bar{T}+T'. \tag{18.1e,f}$$

时间平均是在空间固定点上取平均，例如

$$\bar{u}=\frac{1}{t_1}\int_{t_0}^{t_0+t_1} u dt. \tag{18.2}$$

当然，这里的这些平均值是在足够长的时间间隔t_1内取得的，因而它们与时间完全无关. 所以根据定义，所有脉动量的时间平均值都等于零:

$$\overline{u'}=0; \quad \overline{v'}=0; \quad \overline{w'}=0; \quad \overline{p'}=0; \quad \overline{\rho'}=0; \quad \overline{T'}=0. \tag{18.3}$$

对于湍流运动过程具有基本重要性的特征是，脉动u', v', w'以这样一种方式影响平均运动$\bar{u}$, $\bar{v}$, $\bar{w}$，即后者对变形的阻力有明显的增加. 换句话说，脉动存在本身表现为主流的粘性有明显增加. 这种增大的平均运动的**表观粘性**是所有湍流理论研究的核心概念，所以，我们首先力图对这些关系得到比较深入的了解.

在这里列出几个时间平均的运算法则是有益的，因为将来会用到它们. 如果f和g是要计算时间平均值的因变量，s表示自变量x, y, z, t的任何一个量，则有下列法则:

$$\left.\begin{aligned}&\bar{\bar{f}}=\bar{f};\quad \overline{f+g}=\bar{f}+\bar{g},\\&\overline{\bar{f}\cdot g}=\bar{f}\cdot\bar{g},\\&\overline{\frac{\partial f}{\partial s}}=\frac{\partial\bar{f}}{\partial s};\quad \overline{\int f ds}=\int\bar{f}ds.\end{aligned}\right\}\tag{18.4}$$

c. 附加的“表观”湍流应力

在推导平均运动与由脉动引起的表观应力之间的关系之前，我们先给出关于表观应力的物理解释．这个论证基于动量定理．

现在让我们考察湍流中的一个面元 dA，湍流的速度分量为 u, v, w．设想这个面元的法线平行于 x 轴，而 y 和 z 轴的方向在 dA 平面内．在 dt 时间内通过这面积的流体质量用 $dA\cdot\rho u\cdot dt$ 给出，所以沿 x 方向的动量通量是 $dJ_x=dA\cdot\rho u^2\cdot dt$，相应的沿 y 和 z 方向的动量通量分别是 $dJ_y=dA\cdot\rho uv\cdot dt$ 和 $dJ_z=dA\cdot\rho uw\cdot dt$．考虑到密度不变，就可以计算出如下单位时间内动量通量的平均值：

$$\overline{dJ_x}=dA\cdot\rho\overline{u^2};\quad \overline{dJ_y}=dA\cdot\rho\overline{uv};\quad \overline{dJ_z}=dA\cdot\rho\overline{uw}.$$

利用式(18.1)可以得到

$$u^2=(\bar{u}+u')^2=\bar{u}^2+2\bar{u}u'+u'^2;$$

应用式(18.3)和(18.4)的法则，可以得到

$$\overline{u^2}=\bar{u}^2+\overline{u'^2};$$

类似地，还可以得到

$$\overline{u\cdot v}=\bar{u}\cdot\bar{v}+\overline{u'v'};\quad \overline{uw}=\bar{u}\cdot\bar{w}+\overline{u'w'}.$$

因此，单位时间内动量通量的表达式为

$$\overline{dJ_x}=dA\cdot\rho(\bar{u}^2+\overline{u'^2}),\quad \overline{dJ_y}=dA\cdot\rho(\bar{u}\cdot\bar{v}+\overline{u'v'}),$$
$$\overline{dJ_z}=dA\cdot\rho(\bar{u}\cdot\bar{w}+\overline{u'w'}).$$

这些表示动量变化速率的量，具有作用在面元 dA 上力的量纲，所以用 dA 相除就得到单位面积的力，即应力．由于单位时间内通过某一面积的动量通量总是等价于周围流体作用于该面积的一个大小相等方向相反的力，所以我们断定，在所讨论的这个垂直于 x 轴的面积上作用有这些应力：沿 x 方向有 $-\rho(\bar{u}^2+\overline{u'^2})$，沿 y 方

向有 $-\rho(\overline{u}\overline{v}+\overline{u'v'})$，沿 z 方向有 $=\rho(\overline{u}\overline{w}+\overline{u'w'})$. 其中第一个是法向应力，后面两个是切应力. 由此可见，这些脉动叠加在平均运动上，引起了作用于面元上的三个附加应力：

$$\sigma'_x=-\rho\overline{u'^2};\quad \tau'_{yx}=-\rho\overline{u'v'};\quad \tau'_{xz}=-\rho\overline{u'w'}. \tag{18.5}$$

它们称为湍流"表观"应力或 **Reynolds 应力**，而且必须加到由层流那样的定常流动引起的应力上. 相应的表达式也可以应用于面元垂直于 y 轴和 z 轴的情形. 它们在一起构成了完整的**湍流应力张量**. 式(18.5)首先是由 O. Reynolds[43] 根据流体动力学的运动方程推导出来的(还可见下一节).

容易想象，速度脉动量混合乘积的时间平均值(例如 $\overline{u'v'}$) 实际上不等于零. 应力分量 $\tau'_{xy}=\tau'_{yx}=-\rho\overline{u'v'}$ 可以解释为通过垂直于 y 轴平面的 x 方向动量的输运. 例如，考察由 $\bar{u}=\bar{u}(y)$，$\bar{v}=\bar{w}=0$ 和 $d\bar{u}/dy>0$ 给出的平均流动(图 18.2)，可以看出平均乘积 $\overline{u'v'}$ 不为零. 由于湍流脉动而向上移动的质点 ($v'>0$) 从平均速度 $\bar{u}$较小的区域到达 y 层，由于它们大体上保持原来的速度 $\bar{u}$，所以它们在 y 层引起负的分量 u'. 相反，从上层下来的质点($v'<0$)，在这层引起正的 u'. 因此，平均来说，正的 v' 基本上与负的 u' 相联系，而负的 v' 基本上与正的 u' 相联系. 这样我们可以期望，时间平均值 $\overline{u'v'}$ 不仅不为零，而且是负的. 在这种情形下，切应力 $\tau'_{xy}=-\rho\overline{u'v'}$ 是正的，而且和相应的层流切应力 $\tau=-\mu du/dy$ 的符号相同. 这个事实还可以这样表述：在给定点上存在着纵向和横向速度脉动之间的一种**相关性**.

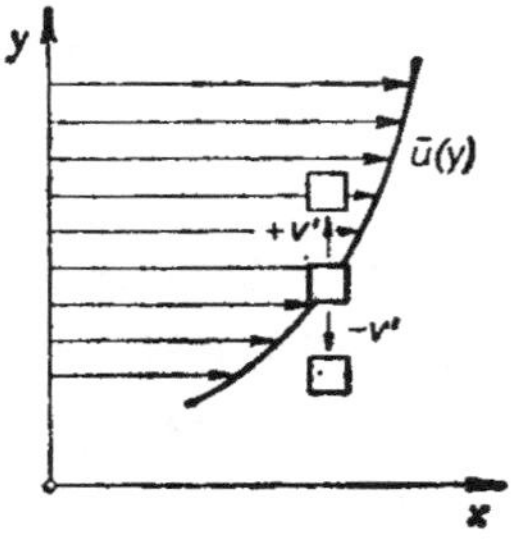

图 18.2 由于湍流速度脉动引起的动量输运

d. 由 Navier-Stokes 方程出发的表观湍流摩擦应力张量的推导

在从物理上解释了湍流脉动引起的附加力的起源之后，我们打算用更正规的方法直接从 Navier-Stokes 方程导出同样的表达式．下面讨论的目标是，导出速度分量和压力的时间平均值 $\bar{u}$, $\bar{v}$, $\bar{w}$ 和 $\bar{p}$ 所必须满足的运动方程．不可压缩流动的 Navier-Stokes 方程(3.32)可以改写成如下形式：

$$\rho\left\{\frac{\partial u}{\partial t}+\frac{\partial(u^2)}{\partial x}+\frac{\partial(uv)}{\partial y}+\frac{\partial(uw)}{\partial z}\right\}$$

$$=-\frac{\partial p}{\partial x}+\mu\nabla^2 u, \tag{18.6a}$$

$$\rho\left\{\frac{\partial v}{\partial t}+\frac{\partial(vu)}{\partial x}+\frac{\partial(v^2)}{\partial y}+\frac{\partial(vw)}{\partial z}\right\}$$

$$=-\frac{\partial p}{\partial y}+\mu\nabla^2 v, \tag{18.6b}$$

$$\rho\left\{\frac{\partial w}{\partial t}+\frac{\partial(wu)}{\partial x}+\frac{\partial(wv)}{\partial y}+\frac{\partial(w^2)}{\partial z}\right\}$$

$$=-\frac{\partial p}{\partial z}+\mu\nabla^2 w, \tag{18.6c}$$

$$\frac{\partial u}{\partial x}+\frac{\partial v}{\partial y}+\frac{\partial w}{\partial z}=0. \tag{18.6d}$$

其中∇^2表示 Laplace 算子．我们现在引用式(18.1)的假设，将速度分量和压力分解为时间平均量和脉动量，同时考虑到式(18.4)的法则，对所得到的方程逐项地取时间平均．由于 $\partial\overline{u'}/\partial x=0$ 等，连续方程变为

$$\frac{\partial\bar{u}}{\partial x}+\frac{\partial\bar{v}}{\partial y}+\frac{\partial\bar{w}}{\partial z}=0. \tag{18.7}$$

由式(18.7)和(18.6d)还可以得到

$$\frac{\partial u'}{\partial x}+\frac{\partial v'}{\partial y}+\frac{\partial w'}{\partial z}=0.$$

可见，时间平均的速度分量和脉动的分量都满足不可压缩的连续方程．

将式(18.1)的假设用到运动方程(18.6a,b,c)，可以得到类似于上节给出的表达式．在取平均和运用式(18.4)的法则时，应该

注意平均值的二次项保持不变，因为它们已经不随时间变化．脉动分量的线性项，例如 $\partial u'/\partial t$ 和 $\partial^2 u'/\partial x^2$，根据式(18.3)应该等于零．诸如 $\bar{u}\cdot u'$ 的混合项也是一样．但是脉动分量的二次项应保留在方程中，在取平均时它们记作 $\overline{u'^2}$，$\overline{u'v'}$ 等．因此，如果对式(18.6)进行平均，并利用连续方程(18.7)进行简化，就可以得到下述方程组：

$$\rho\left(\bar{u}\frac{\partial\bar{u}}{\partial x}+\bar{v}\frac{\partial\bar{u}}{\partial y}+\bar{w}\frac{\partial\bar{u}}{\partial z}\right)$$

$$=-\frac{\partial\bar{p}}{\partial x}+\mu\nabla^2\bar{u}-\rho\left[\frac{\partial\overline{u'^2}}{\partial x}+\frac{\partial\overline{u'v'}}{\partial y}+\frac{\partial\overline{u'w'}}{\partial z}\right],\quad(18.8a)$$

$$\rho\left(\bar{u}\frac{\partial\bar{v}}{\partial x}+\bar{v}\frac{\partial\bar{v}}{\partial y}+\bar{w}\frac{\partial\bar{v}}{\partial z}\right)$$

$$=-\frac{\partial\bar{p}}{\partial y}+\mu\nabla^2\bar{v}-\rho\left[\frac{\partial\overline{u'v'}}{\partial x}+\frac{\partial\overline{v'^2}}{\partial y}+\frac{\partial\overline{v'w'}}{\partial z}\right],\quad(18.8b)$$

$$\rho\left(\bar{u}\frac{\partial\bar{w}}{\partial x}+\bar{v}\frac{\partial\bar{w}}{\partial y}+\bar{w}\frac{\partial\bar{w}}{\partial z}\right)$$

$$=-\frac{\partial\bar{p}}{\partial z}+\mu\nabla^2\bar{w}-\rho\left[\frac{\partial\overline{u'w'}}{\partial x}+\frac{\partial\overline{v'w'}}{\partial y}+\frac{\partial\overline{w'^2}}{\partial z}\right].\quad(18.8c)$$

由于即将说明的理由，脉动速度分量的二次项都已经移到了方程的右边． 方程(18.8)和连续方程(18.7)确定了目前所讨论的问题．在形式上，方程(18.8)的左边和定常的 Navier-Stokes 方程(3.32)是一样的，只是将分量 u，v，w 换成了它们的平均值，方程右边的压力项和摩擦项也是这样．此外，这组方程还含有依赖于流动中湍流脉动的项．

比较方程(18.8)和方程(3.11)可以看出，方程(18.8)右边的各个附加项可以解释为应力张量分量．由式(3.10a)可见，由附加项引起的单位面积的表面合力为

$$\mathbf{P}=\boldsymbol{i}\left(\frac{\partial\sigma'_x}{\partial x}+\frac{\partial\tau'_{xy}}{\partial y}+\frac{\partial\tau'_{xz}}{\partial z}\right)+\boldsymbol{j}\left(\frac{\partial\tau'_{xy}}{\partial x}+\frac{\partial\sigma'_y}{\partial y}+\frac{\partial\tau'_{yz}}{\partial z}\right)$$

$$+ k\left(\frac{\partial \tau'_{xz}}{\partial x} + \frac{\partial \tau'_{yz}}{\partial y} + \frac{\partial \sigma'_z}{\partial z}\right).$$

进一步与式(3.11)进行类比，可以将式(18 8)改写为

$$\left.\begin{aligned}
&\rho\left(\bar{u}\frac{\partial \bar{u}}{\partial x} + \bar{v}\frac{\partial \bar{u}}{\partial y} + \bar{w}\frac{\partial \bar{u}}{\partial z}\right) \\
&\qquad = -\frac{\partial \bar{p}}{\partial x} + \mu\nabla^2\bar{u} + \left(\frac{\partial \sigma'_x}{\partial x} + \frac{\partial \tau'_{xy}}{\partial y} + \frac{\partial \tau'_{xz}}{\partial z}\right), \\
&\rho\left(\bar{u}\frac{\partial \bar{v}}{\partial x} + \bar{v}\frac{\partial \bar{v}}{\partial y} + \bar{w}\frac{\partial \bar{v}}{\partial z}\right) \\
&\qquad = -\frac{\partial \bar{p}}{\partial y} + \mu\nabla^2\bar{v} + \left(\frac{\partial \tau'_{xy}}{\partial x} + \frac{\partial \sigma'_y}{\partial y} + \frac{\partial \tau'_{yz}}{\partial z}\right), \\
&\rho\left(\bar{u}\frac{\partial \bar{w}}{\partial x} + \bar{v}\frac{\partial \bar{w}}{\partial y} + \bar{w}\frac{\partial \bar{w}}{\partial z}\right) \\
&\qquad = -\frac{\partial \bar{p}}{\partial z} + \mu\nabla^2\bar{w} + \left(\frac{\partial \tau'_{xz}}{\partial x} + \frac{\partial \tau'_{yz}}{\partial y} + \frac{\partial \sigma'_z}{\partial z}\right).
\end{aligned}\right\} \quad (18.9)$$

比较方程 (18.9) 和 (18.8) 可以看出，由流动的脉动速度分量引起的应力张量的诸分量是

$$\begin{pmatrix} \sigma'_x & \tau'_{xy} & \tau'_{xz} \\ \tau'_{xy} & \sigma'_y & \tau'_{yz} \\ \tau'_{xz} & \tau'_{yz} & \sigma'_z \end{pmatrix} = -\rho \begin{pmatrix} \overline{u'^2} & \overline{u'v'} & \overline{u'w'} \\ \overline{u'v'} & \overline{v'^2} & \overline{v'w'} \\ \overline{u'w'} & \overline{v'w'} & \overline{w'^2} \end{pmatrix}. \quad (18.10)$$

这个应力张量和式 (18.5) 中借助于动量方程得到的应力张量一样.

根据以上的讨论可以得出结论：湍流平均速度分量满足和层流一样的方程，即式 (18.9)，只是层流应力必须增加应力张量 (18.10) 给出的附加应力. 这些附加应力称为**湍流表观应力或湍流有效应力**，或称 **Reynolds 应力**. 它们是由湍流脉动引起的，并由脉动分量二次项的时间平均值给出. 由于这些应力被加到通常的层流粘性项上，而且对流动过程有类似的影响，所以人们常说它们是由**湍流粘性**引起的. 总的应力是式 (3.25a, b) 的粘性应力和这些表观应力之和，例如

$$\left.\begin{aligned}\sigma_x &= -p + 2\mu \frac{\partial \bar{u}}{\partial x} - \rho \overline{u'^2},\\ \tau_{xy} &= \mu\left(\frac{\partial \bar{u}}{\partial y} + \frac{\partial \bar{v}}{\partial x}\right) - \rho \overline{u'v'}, \cdots\end{aligned}\right\} \tag{18.11}$$

一般说来，这些表观应力远远超过粘性应力，因此，在许多实际情形下，可以略去后者并有很好程度上的近似.

边界层方程：现在简要地概述一下湍流边界层方程的形式也许是有益的. 在**二维**流动 ($\bar{w} = 0$) 的情形下，用如第七章给出的边界层近似进行修正后，方程 (18.7) 和 (18.8a,b,c) 得出

$$\frac{\partial \bar{u}}{\partial x} + \frac{\partial \bar{v}}{\partial y} = 0, \tag{18.12}$$

$$\bar{u}\frac{\partial \bar{u}}{\partial x} + \bar{v}\frac{\partial \bar{u}}{\partial y} = -\frac{1}{\rho}\frac{\partial \bar{p}}{\partial x} + \frac{\partial}{\partial y}\left\{\nu \frac{\partial \bar{u}}{\partial y} - \overline{u'v'}\right\}. \tag{18.13}$$

(二维湍流边界层)

由于边界层简化，使法应力产生的项

$$+\frac{\partial}{\partial x}\left(\overline{v'^2 - u'^2}\right)$$

可以略去. 和层流边界层方程 (7.10) 和 (7.11) 相比，可以得出如下规律：

(a) 速度分量 u, v 和压力 p，应该用它们的时间平均值 $\bar{u}$, $\bar{v}$, $\bar{p}$ 来代替.

(b) 惯性项和压力项保持不变，而粘性项 $\nu\partial^2 u/\partial y^2$ 必须由下述项来代替：

$$\frac{\partial}{\partial y}\left(\nu \frac{\partial \bar{u}}{\partial y} + \overline{u'v'}\right).$$

这就等于说，单位体积的层流粘性力 $\partial\tau_l/\partial y$ 必须由

$$\frac{\partial}{\partial y}(\tau_l + \tau_t)$$

来代替. 其中 $\tau_l = \mu\partial u/\partial y$ 是根据 Newton 定律得到的层流切应力，而 $\tau_t = -\rho\overline{u'v'}$ 是根据 Reynolds 假设得到的表观湍流应力.

边界条件：方程 (18.9) 中的平均速度分量所满足的边界条

件，和通常的层流条件是一样的，即它们在固壁上都等于零(无滑移条件)．另外，所有脉动分量在固壁上也必须等于零，而且在直接靠近壁面的邻域内它们都非常小．由此得出，表观应力张量的所有分量在固壁上均等于零．邻近壁面唯一起作用的应力是层流粘性应力，因为一般来说它们在那里不等于零．此外还可以看到，在紧靠壁面的地方，表观应力小于粘性应力，所以在每种湍流中总存在一个紧靠壁面的很薄的薄层，这层的性质大体上和层流是一样的．这一层称为**层流次层***．这层的速度很小，以致粘性力超过惯性力，因此在这层内不可能存在湍流．层流次层连接一个过渡层，这层的速度脉动足够大，它们所引起的湍流切应力和粘性应力大小相当．在离壁面更远的地方，湍流应力十分明显地超过粘性应力，这是真正的湍流边界层．在大多数情形下，层流次层的厚度非常薄，所以在实验条件下不可能或者很难观察到这层．但是，它对目前讨论的流动有着决定性的作用，因为决定壁面切应力和粘性阻力的各种现象都出现在这个地方．在本书后面还要回过来讲这一点．

方程(18.9)和(18.10)是从数学上处理湍流问题的出发点，或者更确切地说，是计算描述湍流的各个量的时间平均值的出发点．由脉动速度分量组成的一些时间平均值，可以解释为应力张量的分量，但是必须记住，这样一种解释本身并没有带来很多好处．只要还不知道这些平均流动与湍流应力分量之间的关系，就不可能用方程(18.9)和(18.10)对平均流动进行合理的计算．这种关系只能由经验得到，并且构成下章将要讨论的所有湍流假设的基本内容．

e. 关于湍流脉动速度的一些测量

在湍流实验工作中，通常只测量压力和速度的平均值，因为它们是唯一能方便地测量的量．湍流脉动分量 u', v'··· 本身的测

---

* 这一层现在称为粘性次层．在本书译文中仍按原文译出．——中译者注

量，或者如 $\overline{u'^2}$，$\overline{u'v'}\cdots$ 这样一些平均量的测量都是相当困难的，而且需要精密的仪器．借助热线风速计已获得了脉动速度的可靠测量值．对于大多数实际应用来说，测量平均值就足够了，然而只有通过对脉动分量的实际测量，才能对湍流的机制有较深入的理解．为了对湍流现象给出更清晰的物理图象，并为前面的数学论证提供一些依据，我们现在打算就脉动速度分量测量的一些实验工作做一些简短说明．

H. Reichardt[41] 在风洞中进行了这种测量，风洞实验段宽 1m 高 22.4cm。图 18 3 画出了平均速度沿风洞高度的变化 $\bar{u}(y)$；测量是在风洞中心截面做出的．可以看出，它是典型的湍流速度剖面，在壁面附近速度急剧增加，在中心线附近速度十分均匀．最大速度是 $U = 100\text{cm/s}$． 在同一张图上还分别画出纵向和横向分量的均方根 $\sqrt{\overline{u'^2}}$ 和 $\sqrt{\overline{v'^2}}$ 的曲线．横向脉动沿风洞的高度变化不大，它的平均值约为 U 的百分之四，但是纵向湍流分量在很靠近壁面的地方呈现出大小为 $0.13U$ 的很陡的最大值．由图清楚可见，如早已指出的，这两种湍流分量在壁面上都减小为零．图 18.4 画出一条乘积平均值 $-\overline{u'v'}$ 的曲线，它再乘上一个因子 ρ 就等于湍流切应力．由于对称性，$-\overline{u'v'}$ 值在实验段中心降低为零，而它的最大值出现在壁面附近，这说明湍流摩擦力在那里有最大值．虚线 τ/ρ 表示切应力的变化，它是由测量的压力分布得出的，而与速度测量无关．这两条曲线在实验段高度的主要部分上几乎重合．这可以解释为是对测量的一种很好的检验，同时，这也说明几乎所有的切应力都是由湍流引起的．由于在壁面附近湍流脉动消失，曲线 $-\overline{u'v'}$ 减小为零，所以在壁面附近这两条曲线就分开了． 这两条曲线的差值给出层流摩擦力．最后，图 18.4 中还有纵向和横向脉动在同一点的**相关系数** ψ 值；它定义为

$$\psi = \frac{\overline{u'v'}}{\sqrt{\overline{u'^2}}\cdot\sqrt{\overline{v'^2}}}. \qquad (18.12a)$$

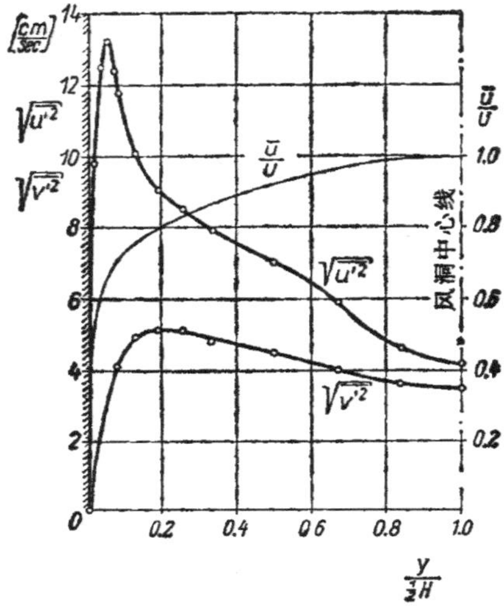

图 18.3 风洞中湍流脉动分量的测量，最大速度 $U=100$cm/s，根据 Reichardt[41] 纵向脉动均方根 $\sqrt{\overline{u'^2}}$，横向脉动 $\sqrt{\overline{v'^2}}$，平均速度 $\bar{u}$

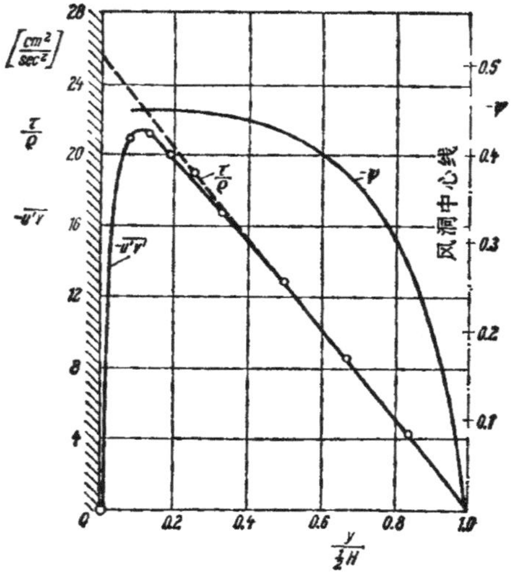

图 18.4 风洞中脉动分量的测量，根据 Reichardt[41] 乘积 $\overline{u'v'}$，切应力 τ/ρ 和相关系数 ψ

相关系数1)的数值分布在极值达 $\psi=-0.45$ 的范围内.

在零攻角平板边界层中,也对湍流脉动进行了较广泛的测量.图 18.5 画出了 P. S. Klebanoff[25] 在平板边界层内得到的一些结果,其中实验气流的湍流度很低,为 0.02%(参看第十六章 d 和第十八章 f),测量点的 Reynolds 数 $\mathbf{R}_x=U_\infty x/\nu=4.2\times10^6$. 速度的时间平均值 $\bar{u}$ 的剖面和风洞中的剖面十分相像(图 18.3). 纵向脉动 $\sqrt{\overline{u'^2}}$ 的变化紧靠壁面有明显的最大值,而垂直于壁面的横向脉

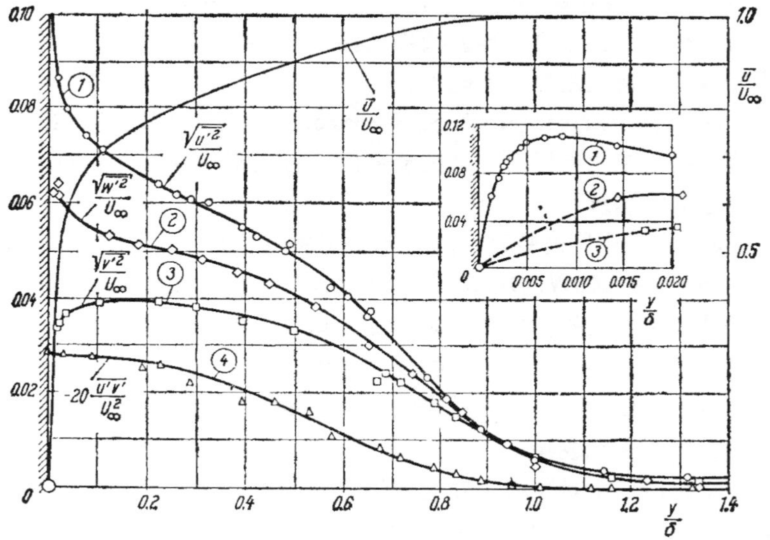

图 18.5 零攻角平板边界层中湍流脉动速度分量的变化,P. S. Klebanoff测量[25]

曲线(1),纵向脉动: $\sqrt{\overline{u'^2}}$;

曲线(2),平行于壁面的横向脉动: $\sqrt{\overline{w'^2}}$;

曲线(3),垂直于壁面的横向脉动: $\sqrt{\overline{v'^2}}$;

曲线(4),湍流切应力: $\overline{u'v'}=-\tau_t/\rho$.

$\bar{u}$ 表示平均速度

1) 这里顺便指出,存在速度脉动引起的表观应力,总是意味着存在两个不同方向的脉动速度分量的相关. 在层流稳定性理论中所研究的扰动情形也存在这种相关;参阅参考文献[58].

动 $\sqrt{\overline{v'^2}}$ 的曲线比较平缓，这两条曲线与在风洞中得到的结果也十分相像(图 18.3)．值得注意的是，在平板边界层内(图 18.5)，平行于壁面的横向脉动 $\sqrt{\overline{w'^2}}$ 也有很大的值，而且超过 $\sqrt{\overline{v'^2}}$ 所达到的值．靠近壁面测量的湍流切应力 $-\overline{u'v'}/U_\infty^2$ 与 $\tau/\rho U_\infty^2 \approx 0.0015$ 相吻合，后者是图 21.10 曲线中的局部表面摩擦力系数 $\frac{1}{2}c'_f$．把在风洞中得到的图 18.3 和图 18.4 与边界层中得到的图 18.5 相比较可以看出，在这两种情形下，湍流脉动是非常相似的．这就为用管道流动的湍流定律来描述边界层流动提供了一个依据．在第二十一章我们将利用这种可能性．

G. B. Schubauer 和 P. S. Klebanoff[50] 还在有**顺压**和**逆压**梯度的平面湍流边界层内，对湍流速度的脉动量和相关系数进行了非常仔细的测量．

J. Laufer[32] 对管流中的脉动分量进行了广泛的测量． P. S. Klebanoff 和 Z. W. Diehl[24] 早期对人工增厚的平板边界层所做的测量表明，它的性质和相应增加入口长度的通常边界层的性质基本上相同．在 J. Laufer 的文章中[30]，可以找到槽内湍流的详细结果．J. C. Laurence 后来的一篇文章[33]里有他对自由射流中湍流强度的研究成果．

文献[25]中对平板边界层内湍流脉动的研究还表明，边界层外缘的湍流是间歇的，这一点很象第十六章 a 及图 16.2 和图 16.3 所描述的圆管进口段的流动． 湍流脉动速度分量的波形图表明，边界层中的强湍流和几乎无脉动的外流之间有明显的边界，它的位置随时间强烈地变化． 图 18.6 画出了间歇因子沿边界层厚度的变化．$\gamma = 1$ 表示流动在所有时间内都是湍流，$\gamma = 0$ 相应于层流，因此，由图可以推断，边界层从 $y = 0.5\delta$ 到 $y = 1.2\delta$ 之间是间歇的．湍流射流和尾迹也表现出类似的特性(参看文献[25a, 26, 28, 63])．

为了描述湍流的特征，除了需要给出速度脉动分布之外，还

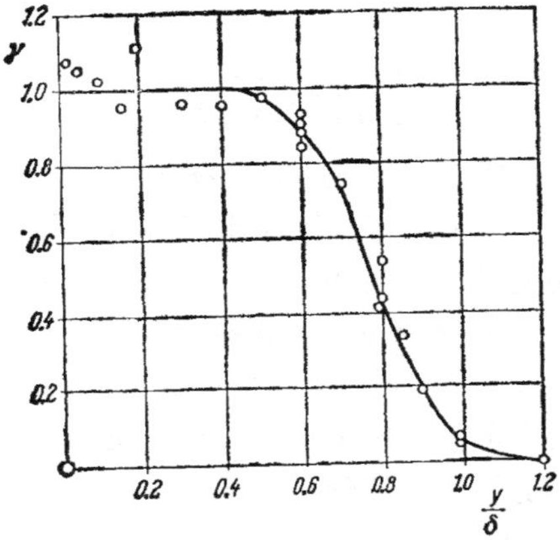

图 18.6 零攻角平板湍流边界层内间歇因子 γ 的变化，由 P S Klebanoff[25] 测量

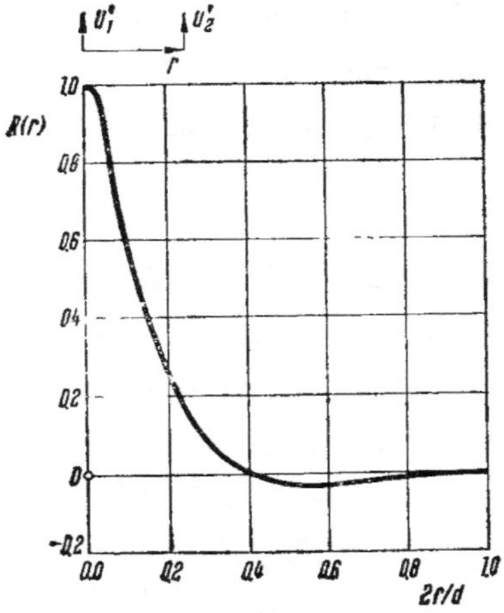

图18.7 纵向速度分量的湍流脉动 u_1' 和 u_2' 的相关函数，其中 u_1' 是在圆管中心测量的，u_2'是在距离 r 处测量的．由 G．I．Taylor[54] 报道的 F．G．Simmous 的测量结果

必须给出另外一些数据．通过同时观测流场中两个相邻点 1 和 2 的速度脉动，可以得到关于湍流空间结构的定量描述．这使我们

能确定出相关函数

$$R = \frac{\overline{u_1' u_2'}}{\sqrt{\overline{u_1'^2}} \cdot \sqrt{\overline{u_2'^2}}}. \tag{18.13a}$$

它是由 G. I. Taylor[52] 首先引进的. 图 18.7 的曲线引自 G. I. Taylor 的文章[54]. 它显示了在直径为 d 的圆管横截面内纵向脉动的一个典型的相关函数. 一支热线探头放在圆管中心，另一支放在另外的距离 r 上. 在 $r = 0$ 处，这两个脉动 u_1' 和 u_2' 是一样的，因此得出 $R(0) = 1$. 当 r 增加时，相关函数值迅速降低，在这个特例下，甚至在某个范围内出现小的负值. 这可以由连续性的要求得到解释，我们知道，通过任何横截面的流量都不随时间变化. 相关函数 R 的积分，即

$$L = \int_0^{1/2d} R(r)dr \tag{18.14}$$

得出一个流动中湍流结构的特征长度. 这个长度又称为**湍流尺度**，它确定了作为运动单元的质量的范围尺度，并且给出了湍流涡("湍流球")平均尺度的概念. 在所讨论的这个例子中，可以得到 $L \approx 0.14\left(\frac{1}{2}d\right)$.

如果式 (18.13) 中第二个速度 u_2' 是在同一位置但不同时刻测量的(在 t_1 时为 u_1'，在 $t_2 = t_1 + t$ 时为 u_2')，我们可以得到所谓的**自动相关函数**. 给出空间-时间相关函数，即给出两个在不同地点和不同时刻观察的速度分量，能使我们得到很多认识. 作为一个例子，在图18.8 中复制了这样一些空间-时间相关函数，它们是 A. J. Favre 和他的同事们[16]在平板湍流边界层中测得的. 每条曲线最大值的时间后移 t_m 是由湍流涡的行程引起的，这些涡以近似等于 $0.8U_\infty$的速度运动. 这些最大值的减小是由这样一种过程引起的，它可以想象如下：随着时间的推移，湍流涡经过和周围湍流流体相混合而失去自己的特性，与此同时，又不断地产生新的涡.

如果不用相关函数而是给出运动的**频率分析**，则可以得到另一种描述湍流结构的方法，这使我们得到**谱**的概念. 令 n 表示频

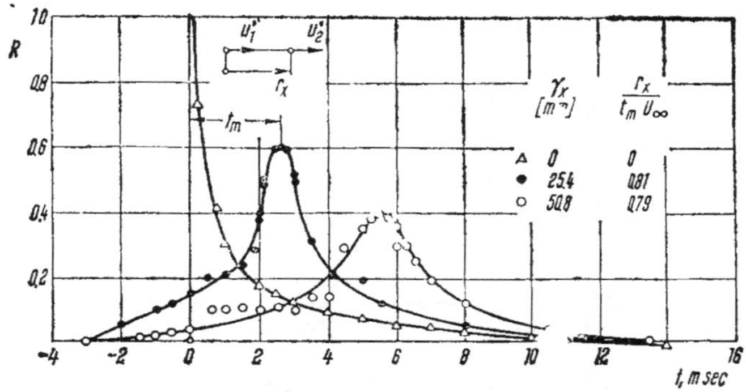

图 18.8 平板湍流边界层中速度脉动量的空间-时间相关函数，由 A. J. Favre, J. J. Gaviglio 和 R. J. Dumas[16] 测量离壁面的距离：$y/\delta = 0.24$，边界层厚度：$\delta = 16.8\text{mm}$

率，而 $F(n)dn$ 表示在频率从 n 到 $n+dn$ 范围内纵向脉动均方值 $\overline{u'^2}$ 的分数含量．函数 $F(n)$ 代表频率为 n 时 $\overline{u'^2}$ 的分布密度，它称作 $\overline{u'^2}$ 的**谱分布**．根据定义，一定有

$$\int_0^\infty F(n)dn = 1. \tag{18.15}$$

谱函数 $F(n)$ 可以解释为自动相关函数的 Fourier 变换[1)]．图 18.9 表示的谱是 P. S. Klebanoff[25] 在平板湍流边界层中得到的．除了在边界层外缘（$y/\delta = 1$）的测量外，$F(n)$ 的最高值总是出现在最低的测量频率上．当频率 n 增高时，函数 $F(n) \sim n^{-5/3}$，与 A. N. Kolmogorov，C. F. von Weizsaecker[64] 和 W. Heisenberg 提出的理论相符合． 当频率更高时，在运动粘性系数的作用下，$F(n)$ 减小得更快．按照 W. Heisenberg 的理论[19a]，在频率值非常高时，我们将看到 $F(n) \sim n^{-7}$．这两种理论定律在图 18.9 中用两条直线表示出来，它们分别标注为(1)和(2)．

J. Maréchal[36a] 对均匀湍流中的频谱进行过详细测量．特别是他研究了流动中二维强收缩的影响．

---

1) 这点是 G. I. Taylor[47] 首先认识到的．

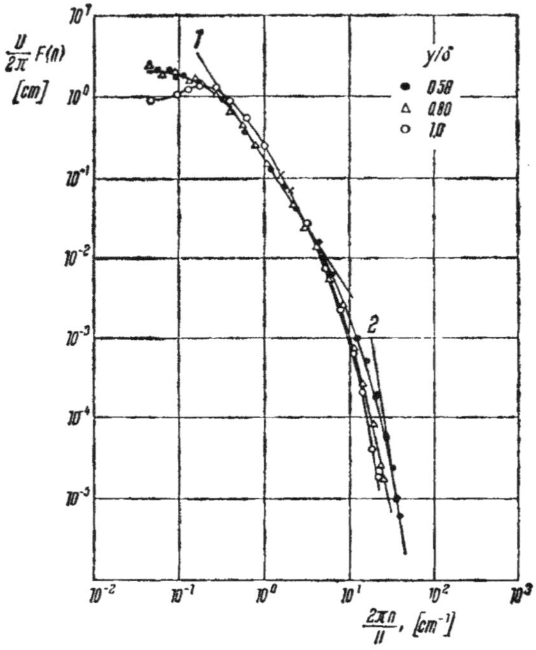

图 18.9 平板边界层内纵向脉动的频谱，由 P. S. Klebanoff[29] 测量 曲线 (1): $F\sim n^{-5/3}$; 曲线 (2): $F\sim n^{-7}$. 理论是 W. Heisenberg[19a] 提出的

脉动能量频谱分布的性质，使我们直接得到这种概念：湍流不是只有固定大小的涡，相反，它必定有许许多多不同尺度的涡．在很高 Reynolds 数时，这些涡的大小彼此能差几个量级．新近的一些文章涉及到湍流度对湍流边界层发展的影响[5,19,22]．R.Emmerling[15] 利用光学方法对湍流边界层的壁面压力进行了详细的研究．他发现，这种流动以无规则的时间间隔形成了一些高振幅的压力脉动区．在这些区域内，壁面压力脉动的极值以平均流动 40～80% 的瞬时速度沿平均流动方向移动．这种脉动的波形随时间缓慢地变化．还可参看 W. K. Blake[1a], M. K. Bull[3a], S. J. Kline 等[26]和 P. J. Mulhearn[38a] 的文章，以及 W. W. Willmarth[66,67] 的评述．

f. 湍流的能量分布

附加的脉动运动通过湍流应力不断地从平均主流中带走能量. 最后, 由于粘性作用, 这些能量又完全耗散为热量. 如果将式(18.1)的速度代入式(12.8)的耗散函数表达式, 我们就可以将只依赖于平均运动速度梯度的那些项分离出来. 这部分称为**直接耗散函数**. 其余部分对应于由于存在脉动而耗散的能量, 称为**湍流耗散函数**. 根据式(12.8), 湍流耗散函数由下述表达式给出:

$$\varepsilon = \nu\left[2\overline{\left(\frac{\partial u'}{\partial x}\right)^2} + 2\overline{\left(\frac{\partial v'}{\partial y}\right)^2} + 2\overline{\left(\frac{\partial w'}{\partial z}\right)^2} + \overline{\left(\frac{\partial u'}{\partial y} + \frac{\partial v'}{\partial x}\right)^2}\right.$$
$$\left. + \overline{\left(\frac{\partial u'}{\partial z} + \frac{\partial w'}{\partial x}\right)^2} + \overline{\left(\frac{\partial v'}{\partial z} + \frac{\partial w'}{\partial y}\right)^2}\right]. \tag{18.16}$$

直接耗散函数只在固壁附近才有不可忽略的贡献. 而在流场其他地方, 湍流耗散函数比前者重要得多.

当湍流为均匀各向同性时, 式(18.16)的表达式取很简单的形式. 湍流场的统计分布在空间各点上都相同时, 则称湍流场为均匀的; 当这种分布不随坐标轴的任意转动和反射而改变时, 则称为各向同性的. 考虑到对称的性质和连续性的要求, 可以将式(18.16)的右边化为一个单项的**倍数**, 例如 $\overline{(\partial u'/\partial x)^2}$ 的倍数. 这使 G. I. Taylor[33] 能够把式(18.16)化简为下面形式:

$$\varepsilon = 15\nu\overline{\left(\frac{\partial u'}{\partial x}\right)^2}. \tag{18.17}$$

严格地说, 在自然界中各向同性湍流是不存在的. 像在风洞中那样, 让平行气流通过一个丝网, 则可以得到一个湍流场, 它在结构上近似等于各向同性假设的情形. 在管流和边界层等流动中, 对各向同性的偏离是很大的. 但是, 如果不用速度本身而用速度差的分布函数, 那么各向同性湍流的概念可以得到更广泛的应用. 按照 A. N. Kolmogorov[1)] 的作法, 考察如下形式的相关函数:

$$B = \overline{(u_2' - u_1')^2},$$

(参看式(18.13)和图 18.7), 当该相关函数在某一限定区域内, 即在点 1 和点 2 之间距离为 r 的有限范围内, 不随坐标系转动和反射而改变时, 则称这种湍流为"局部各向同性的".

如果湍流 Reynolds 数

$$\mathbf{R} = \frac{\sqrt{\overline{u'^2}}L}{\nu}$$

足够大, 可以发现, 在足够小的区域 $r \ll L$ 内, 这种局部各向同性存在于任何湍流中, 其中 L 已用式(18.14)定义. 它甚至也存在于有较大切应力的剪切流动中, 例如管流和边界层流动等, 但是非常邻近壁面和边界的地方除外. 局部各向同性的湍流区, 正

1) A. N. Kolmogorov 的这些工作, 现在可以参阅德文和英文译文 [18a, 18b].

好在脉动梯度($\partial u'/\partial x$ 等)出现较大值的区域,因此,式(18.17)有非常广泛的适用性.由 A. N. Kolmogorov 首先提出的及后来由 C. F. Weizsaecker[64] 和 W Heisenberg[19a] 独立得出的量纲理论,可以确定关于小距离 r 的相关函数形式或高频频谱形式的更多细节. 但是,除了再请读者参看图 18.9 外,我们在这里必须避免继续讨论这个问题.

下面几点对于理解湍流是非常重要的:湍流应力主要是由大涡,即大小为 L 量级的那些涡引起的. 作为流动失稳的结果,出现了越来越小的涡,最后在最小的涡内,梯度 $\partial u'/\partial x$ 等变得很陡,结果在它们中间产生了由机械能向热能的转变. 由湍流应力引起的从平均运动传递给大涡的机械功率与粘性无关,这种功率逐级地传递给更小尺度的涡,直至耗尽为止. 这个机制导致这样的事实:尽管所有能量损失都是由粘性引起的,但是表面摩擦力以及平均速度分布却很少依赖于 Reynolds 数.

g. 风洞的湍流度

在风洞测量中,纵向和横向速度脉动的相对值是一个非常重要的变量,它决定了在模型上进行的测量在多大程度上可以应用于全尺寸结构,以及在不同风洞中所做的测量怎样进行比较. 特别是在第十六章 d 中已经提到的,从层流向湍流的转捩强烈地依赖于脉动速度分量的大小. 湍流边界层的整个发展过程、分离点的位置以及传热率都依赖于来流中的湍流度(参看第十二章 g). 在给定的风洞中,脉动量的大小由阻尼网和蜂窝器的网眼决定. 在离开阻尼网的一定距离上,存在各向同性的湍流,就是说平均的速度脉动在三个坐标方向上彼此相等:

$$\overline{u'^2} = \overline{v'^2} = \overline{w'^2}.$$

在这种情形下,**湍流度**(或**湍流强度**)可以用 $\sqrt{\overline{u'^2}}/U_\infty$ 来描述,它等同于

$$\sqrt{\frac{1}{3}(\overline{u'^2} + \overline{v'^2} + \overline{w'^2})}/U_\infty.$$

如果使用足够多的细网眼阻尼网或蜂窝器,则用 $\sqrt{\overline{u'^2}}/U_\infty$ 表示的

风洞湍流度可以降到百分之 0.1 左右(图 16.16)[1]。

圆球阻力系数急剧下降时的临界 Reynolds 数(图 1.5)，强烈地依赖于风洞的湍流度，这个被实验证实的事实有重要的实际意义。临界 Reynolde 数[2]的量级是 $(VD/\nu)crit = 1.5 \times 10^5$ 至 4×10^5，其数值随湍流度的增加而降低.这个事实的物理原因是明显的。由于来流中的高湍流度引起在较低 Reynolds 数下出现转捩，因此分离点后移，尾迹减小，这样就减小了阻力。另一方面，C. B. Millikan 和 A. L. Klein[37] 所做圆球自由飞行的测量，给出了意想不到的结果：在自由大气中，圆球的临界 Reynolds 数不依赖于随天气变化的湍流结构。自由飞行给出的临界 Reynolds 数是 $\mathbf{R}_{crit} = 3.85 \times 10^5$。虽然低湍流度风洞中的一些测量接近这个值，但它还是大于大多数风洞的测量值．在自由飞行中测量的临界 Reynolds 数不依赖于天气的事实可以这样解释：大气中的湍流涡很大，以致它们不可能影响圆球边界层中的现象。总之，这些测量结果所得出的结论是，如果要把模型测量结果用到全尺寸飞机的设计上去，就必须设计低湍流度的风洞。在做低阻力翼型的测量时，这是特别重要的，这种翼型的边界层在很大范围内都是层流的(层流翼型，参看第十七章b)。这种翼型的特性只有在低湍流度风洞中，即湍流度非常低的风洞中（$\mathbf{T} \approx 0.0005$，参看文献[14]），才能成功地进行测量。在文献[6]中有大量风洞的湍流度测量的一览表。

由于直接测量速度脉动 $\sqrt{\overline{u'^2}}/U_\infty$ 十分困难，所以曾试图把

1) H. L. Dryden 和 G. B. Schubauer[10] 对于在风洞中放置细网眼阻尼网对湍流度的影响进行了广泛的测量．增加单个阻尼网可以使湍流度按比率 $1/\sqrt{1+c}$ 降低，其中 c 是阻尼网的阻力系数，因此当使用 n 个阻尼网时，湍流度降低的比率是 $\{1/(1+c)\}^{n/2}$.这样，对于给定的压力损失，选用许多小阻力的阻尼网比用一个大阻力的阻尼网要好，这时湍流度降低得更大些．根据文献[10]，在风洞上增加一个收缩角，会使纵向脉动分量的绝对值明显降低．另一方面，横向分量或者保持不变，或者反而增加.

2) 圆球的临界 Reynolds 数定义为这样的值，在这个值下阻力系数取约定值 $c_D = 0.3$.

圆球临界 Reynolds 数看成是描述风洞湍流度的参数。圆球临界 Reynolds 数，或是通过测量阻力来确定，如 H. L. Dryden[8,9] 所建议的，或是通过测量圆球前驻点和后部一点的压力差来确定，如 S. Hoerner[21] 所建议的[1]。R. C. Platt[40] 广泛使用了后面这种方法。H. L. Dryden 和 A. M. Kuethe[8] 建立了圆球临界 Reynolds 数与平均纵向脉动的联系（图 8.10），并且发现这两个量满足单一的函数关系。在自由飞行中测量的圆球临界 Reynolds 数 $\mathbf{R}_{crit}=3.85\times10^5$，相应于趋于零的小湍流度，$\mathbf{T}\to0$。

除了圆球之外，其他形状的物体也显示了湍流度对阻力的影响。这已为垂直于来流的平板的测量结果所证实，G. B. Schubauer 和 H. L. Dryden[49] 完成了这些测量。

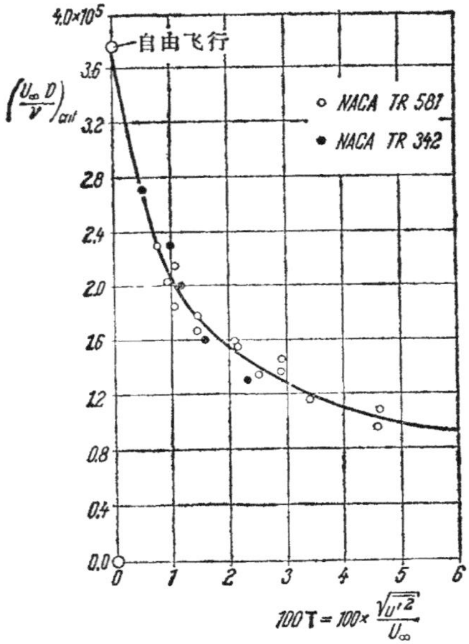

图 18.10 圆球临界 Reynolds 数与风洞湍流度的关系，根据 H. L. Dryden 和 A. M. Kuethe[8,10]

---

1) 圆球前驻点和后部一点的压力差 $\Delta p=1.22q$ 对应于约定值 $c_D=0.3$，其中 q 表示来流的动压。

G.I. Taylor[53]和H. L. Dryden[11] 所进行的详细研究得出如下结论：只确定速度分量的脉动值还不足以描述流动中的阻力，因为阻力还受湍流结构的影响．在 G. I. Taylor 发展的湍流理论的基础上，他提出圆球临界 Reynolds 数依赖于参数

$$\frac{\sqrt{\overline{u'^2}}}{U_\infty}\left(\frac{D}{L}\right)^{1/5},$$

其中 L 是湍流尺度，即式(18.14)定义的相关函数的积分，而 D 是圆球直径． H. U. Meier 等[36b]研究了在低湍流度下湍流尺度 L 对湍流边界层的影响．当湍流尺度达到边界层厚度的量级时，他们得到了最大的壁面切应力值．

风洞中的湍流尺度 L 是由阻尼网的网眼和导流片的间距决定的．由于小涡比大涡耗散能量快，所以离开阻尼网后，湍流尺度 L 的平均值是增加的．现在有许多关于阻尼网后面湍流发展的理论和实验研究，在这方面可以参阅 G. K. Batchelor[1], S. Corrsin[7], G. Charney[5], H. L. Dryden[11], G. D. Huffman[22] 和 J. E. Green[19], Th. von Kármán[23], C. C. Lin[35,36], G. I. Taylor[53], 以及 W. Tollmien[60,61] 的著作．

第十九章 湍流计算的理论假设

a. 基本方程

由于湍流性质极其复杂的，很难说将来的科学研究一定能对湍流的机制获得彻底的了解. 实际上感兴趣的主要变量是平均速度，但是目前还没有合理的理论，使我们能够通过计算来确定它们. 为此，曾做出许多努力，想借助于半经验假设来建立研究湍流运动的数学基础. 过去提出的那些经验假设，已经发展成比较完整的理论，但是其中没有一种能成功地、完整地分析过哪怕是一种情形的湍流. 因此，在原有假设的基础上，必须补充一些随情形而定的附加假设，另外还必须通过实验导出某些函数形式，至少是某些数值. 强调这种湍流经验理论的目的，在于根据实验测量结果归纳出至今还缺少的基本物理思想.

湍流混合运动不仅能引起动量交换，而且在温度和浓度分布不均匀的流场内还增加了传热和传质. 迄今提出的计算湍流速度、温度和浓度场的方法都是建立在经验假设基础上的，这些经验假设试图建立混合运动产生的 Reynolds 应力与速度分量平均值之间的关系，以及关于传热和传质的适当假设. 除非事先引进这一类假设，否则平均运动的动量方程(18.8)，以及温度的微分方程(在第十八章中未引用)，都不能得出适合积分的形式.

J. Boussinesq[7,8] 第一个研究了上面所叙述的问题. 类比于层流 Stokes 定律

$$\tau_l = \mu \frac{\partial u}{\partial y}$$

中的粘性系数，他通过设

$$\tau_t = -\rho\overline{u'v'} = A_\tau \frac{d\bar{u}}{dy}, \tag{19.1}$$

引进了湍流 Reynolds 应力的**混合系数** A_τ.

湍流混合系数 A_τ 对应于层流中的粘性系数 μ，所以常称为“表观”或“有效”粘性系数(或湍流粘性系数)。

式(19.1)的假设有很大的缺点，即 A_τ 和 μ 不同，湍流粘性系数 A_τ 不是流体的性质，而是依赖于平均速度 $\bar{u}$。如果注意到湍流中的粘性力近似地正比于平均速度的平方，而不像层流那样正比于平均速度的一次方，就可以认识这一点。根据式(19.1)，这意味着 A_τ 近似地正比于平均速度的一次方。

通常，人们使用类比于运动粘性系数 $\nu=\mu/\rho$ 的表观(有效或湍流)运动粘性系数 $\varepsilon_\tau=A_\tau/\rho$。如果这样做，则切应力的公式可以重新写为

$$\tau_l=\rho\cdot\nu\frac{du}{dy}$$

和 (19.2)

$$\tau_t=\rho\cdot\varepsilon_\tau\frac{d\bar{u}}{dy}.$$

现在可以把边界层简化引进平均流动的 Navier-Stokes 方程(18.9)。就速度边界层而言，这些简化类似于第七章 a 关于层流边界层所讨论的那些考虑。在二维、不可压、湍流情形下，考虑到式(19.1)，我们得到下述微分方程组：

$$\bar{u}\frac{\partial\bar{u}}{\partial x}+\bar{v}\frac{\partial\bar{u}}{\partial y}=-\frac{1}{\rho}\frac{\partial\bar{p}}{\partial x}+\frac{\partial}{\partial y}\left[(\nu+\varepsilon_\tau)\frac{\partial\bar{u}}{\partial y}\right], \tag{19.3a}$$

$$\frac{\partial\bar{u}}{\partial x}+\frac{\partial\bar{v}}{\partial y}=0, \tag{19.3b}$$

它们应该和式(18.12)和(18.13)相对应。上面这组方程和层流的式(7.10)及(7.11)相似，而且速度分量的边界条件也和层流情形的式(7.12)相同。

b. Prandtl 混合长度理论

如果对 A_τ 与速度的依赖关系一无所知，就不能利用式(19.1)和(19.2)的假设来计算实际例子。为了发展上面(Boussinesq 首先提出)的方法，必须找到湍流粘性系数与平均速度的经验关系.

本节我们只限于讨论不可压缩的速度场，因为它不依赖于温度场。在第二十三章将详细讨论可压缩流场和温度场的计算，特别是湍流传热率的计算。

1925 年 L. Prandtl[21] 沿着这个方向取得了重大的进展。在推导他的假设时，我们将借助于最简单的平行流动的情形，其中速度只随流线的不同而变化。设流场的主要方向平行于 x 轴，则有

$$\bar{u}=\bar{u}(y);\quad \bar{v}=0;\quad \bar{w}=0.$$

上面这种类型的流动可以在矩形管道内实现，图 18.3 和图 18.4 给出了其中脉动速度分量的测量结果。在目前情形下，只有切应力

$$\tau'_{xy}=\tau_t=-\rho\overline{u'v'}=A_\tau\frac{d\bar{u}}{dy} \tag{19.4}$$

不为零*。

按照 Prandtl 的思想，我们现在可以设想这种简化的流动机制如下：在湍流中当流体沿着壁面流动时，流体质点聚合成一些作整体运动的流体团，每个流体团在沿纵向和横向的某个给定的移动长度内粘合在一起，并保持其 x 方向的动量不变。现在假设，例如一个来自 (y_1-l) 层且速度为 $\bar{u}(y_1-l)$ 的流体团，沿横向移动一个距离 l（图 9.1）。这个距离 l 称作 **Prandtl 混合长度**1)。由于流体团保持其原有的动量，它在新的 y_1 层上的速度小于当地速度。其速度差是

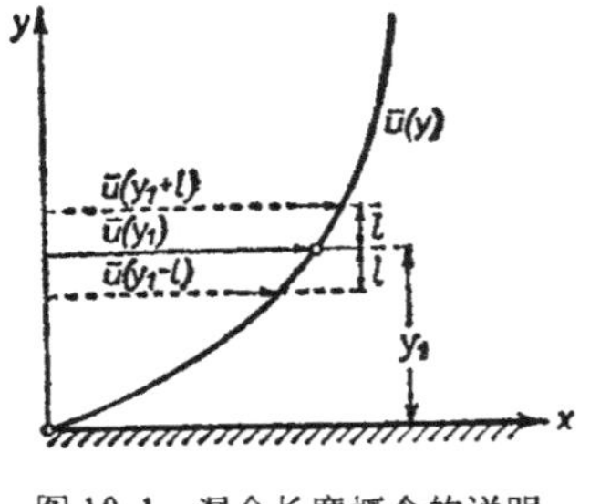

图 19.1 混合长度概念的说明

$$\Delta u_1=\bar{u}(y_1)-\bar{u}(y_1-l)\approx l\left(\frac{d\bar{u}}{dy}\right)_1.$$

最后这个表达式是通过将函数 $u(y_1-l)$ 展开成 Taylor 级数并略去所有高次项得到的。在这个横向运动中，我们有 $v'>0$。类

---

* 这句话应该写为，在 x 方向的运动方程中，只有切应力 τ'_{xy} 的贡献不为零。——中译者注

1) **混合长度**这个术语也已用过了。

似地，由 y_1+l 层到达 y_1 的流体团具有的速度超过周围流体的速度，其速度差是

$$\Delta u_2=\bar{u}(y_1+l)-\bar{u}(y_1)\approx l\left(\frac{d\bar{u}}{dy}\right)_1.$$

这里 $v'<0$. 横向运动引起的速度差可以看成是 y_1层的脉动速度分量. 所以我们可以计算出这个脉动绝对值的时间平均值，并且得到

$$\overline{|u'|}=\frac{1}{2}(|\Delta u_1|+|\Delta u_2|)=l\left|\left(\frac{d\bar{u}}{dy}\right)_1\right|. \tag{19.5}$$

式(19.5)可以得出关于混合长度的如下解释. 混合长度是这样一个距离：流体团带着原有的速度沿横向移动，并达到其速度与新层速度之差等于湍流中平均横向脉动值时所走过的横向距离. 至于流体团沿横向运动时，是保持其原来那层的速度呢？还是部分地取所穿过那层的速度并沿横向继续运动呢？这还是一个有待解决的问题. Prandtl 混合长度的概念在某种意义上与气体分子运动论中的平均自由程相类似，其主要差别在于，后者处理分子的微观运动，而现在这个概念处理由流体质点组成的大流体团的宏观运动[1].

可以想象横向速度脉动是这样引起的：考察两个在 y_1 层相遇的流体团，来自 (y_1-l) 层的较慢的流体团在前面，来自 (y_1+l) 层的在后面. 在这种情形下，两个流体团将以速度 $2u'$ 相碰撞，然后向两侧散开. 这等价于在垂直 y_1 层的两个方向上存在横向速度分量. 如果两个流体团以相反的次序出现，它们就以速度 $2u'$

---

1) 与式(19.5)相类比，对于纵向湍流分量 u' 随时间的变化，可以写成

$$u'=l'\frac{d\bar{u}}{dy}. \tag{19.5a}$$

这里 l' 表示长度，它随时间变化并且可以取正值或负值. 所以，由式(19.2)我们得到

$$\tau_t=-\rho\overline{v'l'}\frac{d\bar{u}}{dy}=\rho\varepsilon_\tau\frac{d\bar{u}}{dy}, \tag{19.5b}$$

而有效运动粘性系数变为

$$\varepsilon_\tau=-\overline{v'l'}. \tag{19.5c}$$

离开. 它们之间形成的真空将由周围的流体来补充，这就又在 y_1 层的两个方向上引起了横向速度分量. 以上的讨论意味着横向分量 v' 具有和 u' 同样的量级，并设

$$|v'| = 常数 \cdot |u'| = 常数 \cdot l\frac{d\bar{u}}{dy}. \tag{19.6}$$

为了求出式(19.1)的切应力表达式，必须更深入地研究平均值 $\overline{u'v'}$. 由上面的叙述可以得出，到达 y_1 层具有正 v' 值(图 19.1 中由下向上)的流体团"绝大多数"引起负的 u'，所以它们的乘积 $u'v'$ 是负的. 带有负 v' 值(图 19.1 中由上向下)的流体团"绝大多数"和正的 u' 相联系，而乘积 $u'v'$ 也是负的. 这里的定性词"绝大多数"，表示不排除会出现 u' 的符号和上述情形相反的流体团，但这是很少出现的. 因此，时间平均值 $\overline{u'v'}$ 不为零，而且是负值. 所以我们取

$$\overline{u'v'} = -c\,\overline{|u'|} \cdot \overline{|v'|}. \tag{19.6a}$$

其中 $0 < c < 1$ ($c \neq 0$). 对于数值系数 c 我们一无所知，但是大体看来，它和式(18.12)定义的相关系数是一样的. 图 18.4 画出的实验结果可以对其性质给出一些概念. 合并式(19.5)和(19.6)，我们可以得到

$$\overline{u'v'} = -常数 \cdot l^2\left(\frac{d\bar{u}}{dy}\right)^2.$$

应该注意，上式中的常数与式(19.6)中的不同，因为根据式(19.6a)，这里的常数还含有一个系数 c. 现在这个常数可以包含在未知的混合长度内，所以可以写出

$$\overline{u'v'} = -l^2\left(\frac{d\bar{u}}{dy}\right)^2. \tag{19.6b}$$

因此，式(19.1)表示的切应力可以写为

$$\tau_t = \rho l^2\left(\frac{d\bar{u}}{dy}\right)^2. \tag{19.6c}$$

考虑到 τ_t 的符号必须随 $d\bar{u}/dy$ 的符号而改变，所以更正确的写法是

$$\boxed{\tau_t = \rho l^2\left|\frac{d\bar{u}}{dy}\right|\frac{d\bar{u}}{dy}.} \tag{19.7}$$

这就是 **Prandtl 混合长度假设**. 后面将会看到，它在湍流计算中是非常有用的.

将式(19.7)与(19.1)的 Boussinesq 假设进行比较，可以得到下面关于有效粘性系数的表达式：

$$A_{\tau} = \rho l^2 \left| \frac{d\bar{u}}{dy} \right| \tag{19.8a}$$

和式(19.2)中的有效运动粘性系数的表达式：

$$\varepsilon_{\tau} = l^2 \left| \frac{d\bar{u}}{dy} \right|. \tag{19.8b}$$

由实验事实知道，湍流阻力大体上与速度的平方成正比，如果假设混合长度不依赖于速度值，由式(19.7)也可以得到这一结果. 和 Stokes 定律中的粘性系数不同，混合长度不是流体的性质，但是它起码是位置的函数.

在许多情形下，可以建立混合长度 l 与流动各自的特征长度之间的简单关系. 例如，在沿光滑壁面的流动中，由于壁面的存在而使横向流动受阻，所以在壁面上 l 必须等于零. 在沿粗糙壁面的流动中，接近壁面的混合长度的大小必须趋向和固体突起物同样的量级.

应用 Prandtl 公式(19.7)已经成功地研究了**壁面湍流**(管、槽、板、边界层)和所谓的**自由湍流**问题. 后面这个术语指的是没有固体壁面的流动，例如射流与周围静止空气的混合. 这种应用的例子将在第二十章、第二十一章和第二十四章中给出. R. A. M. Galbraith 等[13a]为混合长度概念的实用性提供了实验上的支持.

c. 关于湍流切应力的另外一些假设

Prandtl 的湍流切应力公式(19.7)仍不能令人满意，因为在 $d\bar{u}/dy$ 等于零的那些点上，即在速度有最大值和最小值的那些点上，式(19.8b)的表观运动粘性系数 ε 等于零. 当然情形不会是这样，因为在最大速度点上(管道的中心线)，湍流混合并未消失. 这个观点已为 Reichardt 的湍流脉动测量所证实(图 18.3)，这些测量表明在管道的中心线上纵向和横向脉动都不为零。

为了克服这些困难，L. Prandtl[23] 建立了一个相当简单的表观运动粘性系数公式。它只适用于自由湍流的情形，而且是根据 H. Reichardt[24] 对自由湍流的大量测量数据得出的。在建立这个新假设时，L. Prandtl 假设在湍流混合中沿横向运动的流体团的尺度和混合区的宽度具有相同量级。这使我们想到，以前的假设意味着，比起流动区域的横向尺度来流体团的尺度是小量。现在，表观运动粘性系数 ε，由时间平均速度的最大差值和正比于混合区宽度 b 的一个长度的乘积组成。因此

$$\varepsilon_\tau = \kappa_1 b(\bar{u}_{\max} - \bar{u}_{\min}). \qquad (19.9)^{1)}$$

这里 κ_1 表示由实验确定的无量纲常数。由式(19.9)可以得出，在每个横截面的整个宽度上，ε 都保持常数，而以前的假设(19.7b)意味着，即使假设混合长度不变，ε 也是变化的。由式(19.9)和(19.1)可以看出，湍流切应力由下式给出：

$$\tau_t = \rho\kappa_1 b(\bar{u}_{\max} - \bar{u}_{\min})\frac{d\bar{u}}{dy}. \qquad (19.10)$$

在第二十四章中也给出应用这个假设的例子。

根据 T. Cebeci 和 A. M. O. Smith[11a] 的分析，将式(19.7)的混合长度方法和式(19.10)的这种假设结合起来所得到的一种计算方法，已经受了时间的考验。边界层的内层部分 ($0 \leqslant y \leqslant y_k$) 用 van Driest[12] 的混合长度公式

$$l = \kappa y\left[1 - \exp\left(-\frac{y\sqrt{\tau_0/\rho}}{\nu A}\right)\right] \qquad (19.11)$$

描述(另外参看式(20.15b))。在 $0 \leqslant y \leqslant y_k$ 区域内使用式(19.8)，可以得到

$$\varepsilon_i = \left\{\kappa y\left[1 - \exp\left(-\frac{y\sqrt{\tau_0/\rho}}{\nu A}\right)\right]\right\}^2 \cdot \frac{d\bar{u}}{dy}. \qquad (19.12)$$

---

1) 将这个公式与式(19.5c)比较可以看出，根据现在这个假设，横向脉动 v' 正比于 $\bar{u}_{\max} - \bar{u}_{\min}$，而混合长度 l' 正比于宽度 b. H. Reichardt[24] 建立了与式(19.9)非常类似的另一种关于表观粘性系数的假设.

至于边界层外层，建议使用式(19.9)的假设．在这个区域内，假设

$$\varepsilon_a = \kappa_2 U \delta_1 \gamma, \tag{19.13}$$

其中本来是常数的 ε_a 现在乘上了间歇因子 γ．依照 P. Klebanoff 的测量结果(图 18.6)，间歇因子可以用下面的关系来近似：

$$\gamma = [1 + 5.5(y/\delta)^6]^{-1}. \tag{19.14}$$

这些常数由 $\kappa = 0.4$，$A = 26$ 和 $\kappa_2 = 0.017$ 给出．划分式(19.12)和式(19.13)有效范围的 y_k 值，是由在那里两个表观运动粘性系数值必须相等的要求得出的．于是我们设

$$\text{在 } y = y_k \text{ 处，} \quad \varepsilon_i = \varepsilon_a. \tag{19.15}$$

还可参阅文献[9b]．

G. I. Taylor[32] 基于他的涡量输运理论得到了一个类似于式(19.7)的结果．在 Prandtl 理论中，作了流体团在横向运动过程中平均速度 $\bar{u}$ 保持不变的假设；Taylor 理论则用旋度(即 $d\bar{u}/dy$)保持不变来代替这个假设．由此得到下面的公式：

$$\tau' = \frac{1}{2} \rho l_w^2 \left| \frac{d\bar{u}}{dy} \right| \frac{d\bar{u}}{dy}, \tag{19.15a}$$

它和式(19.7)只差一个系数 1/2．这就是说，G. I. Taylor 涡量输运理论的混合长度大于 L. Prandtl 动量输运理论的混合长度，它们相差一个因子 $\sqrt{2}$．因此 $l_w = \sqrt{2}\, l$．G. I. Taylor 在他研究的基础上断定，在圆柱棒后面的混合区内将按照同样的规律产生温度差扩散和涡量扩散．这个结论基本上与实验相符，这可以用下述事实来解释：在这里，涡的轴线主要是按垂直于主流并垂直于速度梯度的方向排列的．与此相反，在非常靠近壁面的流场内，则以轴线平行于流动方向的涡为主．由于这个原因，混合区内的温度场完全类似于速度场．

d. von kármán 相似性假设

若有一个能使我们确定混合长度对空间坐标依赖关系的法则，那是很方便的． Th. von Kármán[17] 曾试图建立这样一种法则，他假设湍流脉动在流场的所有点上都是相似的(相似律)，即

它们在各点上只是时间和长度的尺度因子不同．用湍流切应力可以构成一个表征湍流脉动运动的速度，借助于式(19.1)，该速度定义如下：

$$v_* = \sqrt{\frac{|\tau_t|}{\rho}} = \sqrt{|\overline{u'v'}|}. \tag{19.16}$$

v_* 称为**摩擦速度**，它是湍流涡流强度的度量，也是存在于 x 和 y 方向脉动分量之间的相关性的度量．对于目前讨论的相似律，我们设想一个沿 x 方向的二维平均流动，即 $\bar{u} = \bar{u}(y)$ 和 $\bar{v} = 0$（平行流），以及一个也是二维的附加运动．在这种情形下，可以证明，下面这个法则：

$$l \sim \frac{d\bar{u}/dy}{d^2\bar{u}/dy^2} \tag{19.17}$$

是保证该相似性假设和涡量输运方程(4.10)之间相容的必要条件．

引进一个经验的无量纲常数 κ，von Kármán 做了混合长度满足下式的假设：

$$l = \kappa \left| \frac{d\bar{u}/dy}{d^2\bar{u}/dy^2} \right|. \tag{19.18}$$

按照上面的假设，混合长度 l 与速度的大小无关，它只是速度分布的函数．如前面所要求的那样，混合长度仅仅是位置的函数，而式(19.18)中的常数只能由经验确定．只要满足前面的假设(平行流)，κ 就是一个普适无量纲常数，对所有湍流都有相同的值．

最后，将式(19.18)代入式(19.6c)，可以得到湍流切应力为

$$\tau_t = \rho\kappa^2 \frac{(d\bar{u}/dy)^4}{(d^2\bar{u}/dy^2)^2}. \tag{19.19}$$

A. Betz[4] 对式(19.18)给出了非常清晰的推导．后来，von Kármán 假设还被推广到可压缩流动[20a]，参阅 C. C. Lin(林家翘)等人的文章，以及 G. Hamel[9] 和 O. Bjorgum[6] 所做的观测报告．

e. 普适的速度分布律

无论是 von Kármán 湍流摩擦定律式(19.19)，还是 Prandtl

定律式(19.7)，都很容易用于求解矩形管道内速度分布的问题．由于这种普适的速度分布律对于以后各章的讨论具有基本的重要性，还由于它也可以用于圆形管道，所以我们要用一点篇幅进行推导．

假设管道的宽度为 $2h$，x 轴沿管道的中心线，y 坐标从中心线度量．我们假设沿轴线的压力梯度不变，设 $\partial\bar{p}/\partial x = C$[1)]．由于 $-\partial\bar{p}/\partial x + \partial\tau/\partial y = 0$，所以切应力是管道宽度的线性函数，即

$$\tau = \tau_0 \frac{y}{h}, \tag{19.20}$$

其中 τ_0 表示壁面上的切应力．

1. von Kármán 速度分布律　将 von Kármán 相似律式(19.19)代入式(19 20)，可以得到

$$\frac{\tau_0}{\rho}\frac{y}{h} = \kappa^2 \frac{(du/dy)^4}{(d^2u/dy^2)^2}.$$

积分两次，并利用 $y = 0$ 处 $u = u_{max}$ 的条件确定出积分常数，我们有

$$u = u_{max} + \frac{1}{\kappa}\sqrt{\frac{\tau_0}{\rho}}\left\{\ln\left[1-\sqrt{\frac{y}{h}}\right]+\sqrt{\frac{y}{h}}\right\}.$$

引进壁面上的摩擦速度 $v_{*0} = \sqrt{\tau_0/\rho}$，可以把上式写成无量纲形式：

$$\frac{u_{max}-u}{v_{*0}} = -\frac{1}{\kappa}\left\{\ln\left[1-\sqrt{\frac{y}{h}}\right]+\sqrt{\frac{y}{h}}\right\}, \tag{19.21}$$

(y = 离开中心线的距离)．这就是 von Kármán[17] 导出的普适速度分布律的形式．图 19.2 中曲线 (2) 画出了这个分布律．计算的速度分布曲线在管道中心线附近有扭曲，因为按照式(19.18)，在中心线上混合长度等于零，在这里不能满足相似性的要求．在 $y = h$ 的壁面上，式(19.21)得出的速度无限大，这是因

1) 从这以后，我们将略去符号上表示时间平均值的一杠，因为不再有可能和依赖于时间的量相混淆．

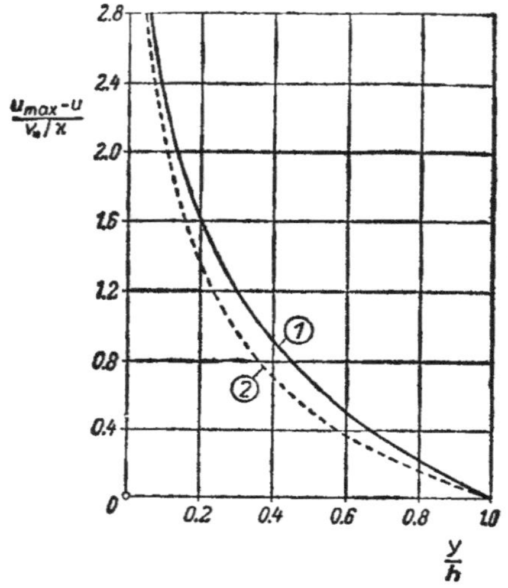

图 19.2 湍流管道内的普适速度分布律，根据 von Kármán 和 Prandtl[17,21]. 曲线(1)相应于式(19.28); 曲线(2)相应于式(19.21). y——离开壁面的距离

为和湍流摩擦力相比，我们已经略去了分子摩擦力. 这个假设在壁面附近失效，那里湍流边界层已过渡到层流次层，因此，我们在后面要给出另外一些考虑. 在下面的讨论中，我们将把中心线附近和壁面附近的小区域排除在外. 特别值得注意的是，式(19.21)给出的普适速度分布律，既不明显包含粗糙度，也不明显包含 Reynolds 数[1). 式(19.21)的速度分布律又称为**速度亏损律**，它可以用文字表述如下：如果将速度差 $u_{max}-u$ 用壁面摩擦速度 v_{*0} 无量纲化，并且通过 y/h 画出来，则可以使矩形管道的速度分布曲线相重合. 这个结果也适用于圆管，它将在第二十章 c 中与实验测量结果进行比较.

2. Prandtl 速度分布律 一个类似的速度分布律也可以由湍流切应力的 Prandtl 假设式(19.7)导出. 在推导有关表达式的

---

1) 当然，在壁面切应力 τ_0 中隐含着它们的影响.

过程中，我们将对在紧靠壁面的邻域内占优势并在前面的讨论中被排除的条件有更多的了解。我们将考察沿光滑平壁的湍流，并用符号 y 表示离开壁面的距离，用 $u(y)$ 表示速度。在壁面附近，假设混合长度和壁面距离成正比，因此

$$l=\kappa y. \tag{19.22}$$

这里 κ 表示必须根据实验导出的无量纲常数。这个假设是合理的，因为壁面上的湍流切应力由于脉动消失而等于零。因此，根据 Prandtl 假设，湍流切应力为

$$\tau=\rho\kappa^2y^2\left(\frac{du}{dy}\right)^2. \tag{19.23}$$

这时 Prandtl 引进了一个影响深远的附加假设，即切应力保持不变，就是说 $\tau=\tau_0$，其中 τ_0 表示壁面切应力。再次引入摩擦速度

$$v_{*0}=\sqrt{\frac{\tau_0}{\rho}}, \tag{19.24}$$

我们得到

$$v_{*0}^2=\kappa^2y^2\left(\frac{du}{dy}\right)^2 \tag{19.25}$$

或

$$\frac{du}{dy}=\frac{v_{*0}}{\kappa y}. \tag{19.26}$$

经过积分，我们有

$$u=\frac{v_{*0}}{\kappa}\ln y+C. \tag{19.27}$$

这里积分常数 C 必须由壁面条件来确定，并且用来使湍流速度分布街接到层流次层的速度分布。然而，即使不确定 C，也可以由式(19.27)导出类似于式(19.21)的定律。尽管假设了 $\tau=$ 常数，式(19.27)只在壁面附近有效，但我们还是试图把该式用到整个区域，即一直用到 $y=h$。由于在 $y=h$ 处 $u=u_{\max}$，所以得到

$$u_{\max}=\frac{v_{*0}}{\kappa}\ln h+C,$$

因此，构成速度差后，可以得到

$$\frac{u_{max}-u}{v_{*0}}=\frac{1}{\kappa}\ln\frac{h}{y}\quad(y=\text{离开壁面的距离}).\qquad(19.28)$$

Prandtl 的这个普适速度亏损律在图 19.2 中用曲线 (1) 画出. 在上面的讨论中，我们根据 Prandtl 摩擦定律成功地导出了一个普适的速度分布律，它完全类似于根据 Von Kármán 相似律得出的式(19.21) 的速度律. 它们唯一的区别，是分别出现在式 (19.21)和(19.28) 右边的 y/h 的函数形式不同. 如果仔细地考虑切应力假设方面的差别，这也是可以理解的. von Kármán 假设了一个线性的切应力分布，混合长度是 $l\sim u'/u''$. 另一方面，Prandtl 假设了一个不变的切应力和 $l\sim y$. 图 19.2 有这两个速度律之间的比较. 与实验结果进一步的比较将放在第二十章.

顺便值得指出的是，根据速度亏损律(19.27)，并用 von Kármán 混合长度公式，可以得出简单的结果，即 $l=\kappa y$. 读者很容易证明这一点. 最后应该指出，上面的讨论证明了式 (19.22) 和 (19.18) 中的系数 κ 是一样的.

现在我们返回到确定式 (19.27) 中积分常数 C 的问题. 如前所述，这个常数应该根据湍流速度分布在邻近壁面附近必须和层流速度分布相连接的条件来确定，那里层流切应力和湍流切应力有相同的量级. 我们根据离开壁面为 y_0 的距离上 $u=0$ 的条件来确定积分常数 C. 用这种方法得到

$$u=\frac{v_{*0}}{\kappa}(\ln y-\ln y_0).\qquad(19.29)$$

距离 y_0 具有层流次层厚度的量级. 利用量纲分析可以得出，这个距离 y_0 正比于运动粘性系数 ν 与摩擦速度 v_{*0} 之比 ν/v_{*0}, 因为它的量纲是长度的量纲. 于是可以设

$$y_0=\beta\frac{\nu}{v_{*0}}\qquad(19.30)$$

其中 β 表示一个无量纲常数. 把 β 代入式(19.29)，我们得到

$$\frac{u}{v_{*0}}=\frac{1}{\kappa}\left(\ln\frac{yv_{*0}}{\nu}-\ln\beta\right).\qquad(19.29a)$$

这是无量纲的对数普适速度分布律，而且可以断言：以摩擦速度 v_{*0} 为参考的无量纲速度，是无量纲壁面距离 yv_{*0}/ν 的函数。后者是一种根据壁面距离 y 和壁面摩擦速度组成的 Reynolds 数。式(19.29a)包含两个经验常数 κ 和 β。依照上述论证可以期望，常数 κ 不依赖于壁面的性质（不管光滑还是粗糙），而且它还是一个湍流的普适常数。下一章中将要详细讨论的实验结果给出 $\kappa=0.4$。第二个常数 β 依赖于壁表面的性质，有关的数值将在第二十章给出。

引进缩写符号

$$\frac{u}{v_{*0}}=\phi, \tag{19.31}$$

$$\frac{yv_{*0}}{\nu}=\eta, \tag{19.32}$$

可以把式(19.29a)缩写成

$$\phi(\eta)=A_1\ln\eta+D_1 \tag{19.33}$$

其中

$$A_1=\frac{1}{\kappa}=2.5;\quad D_1=-\frac{1}{\kappa}\ln\beta. \tag{19.34}$$

正如在下一章将会看到的，现在对平直壁面（矩形管道）导出的普适速度分布律，即式(19.33)对于通过圆管的流动也具有基本的重要性。现在我们预先说明，它与实验结果吻合得很好。

在结束本章讨论的时候，值得再次强调的是，用式(19.21)和(19.27)表示的两个普适速度分布律是在湍流情形下得出的，它们撇开壁面附近很薄的次层，仅考虑湍流切应力。同时应该了解，这样的假设只有在大 Reynolds 数下才能得到满足。因此，必须把这种速度分布律，特别是式(19.33)，看成是适用于很大 Reynolds 数的渐近的速度律。对于较小的 Reynolds 数，当在很薄的次层外面层流摩擦力产生一定影响时，实验得到如下的幂律形式：

$$\phi(\eta)=C\eta^{n} \tag{19.35}$$

或

$$\frac{u}{v_{*0}} = C\left(\frac{yv_{*0}}{\nu}\right)^n,$$

其中指数 n 近似等于 $\frac{1}{7}$，但是随 Reynolds 数稍有变化，这点在下一章还要继续讨论。

两个相对运动的平行平板之间的所谓 Couette 流动的情形(图 1.1)，是流动中切应力保持常数的一个非常简单的例子。其切应力在层流和湍流情形下都严格保持常数，且等于壁面切应力 τ_0。H. Reichardt[25,26] 对这种情形进行过广泛的研究。由图 19.3 可以推断出他的某些结果，该图画出了几个在 Couette 流动中观测到的速度剖面。只要 Reynolds 数 $\mathbf{R} < 1500$，流动就是层流，而且速度分布在很好的近似程度上是线性的。当 Reynolds 数 $\mathbf{R}$ 超过

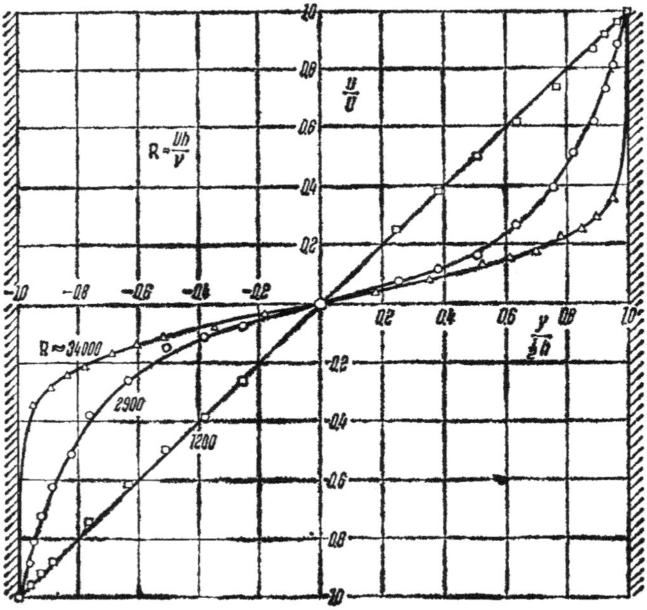

图19.3 反方向运动的两个平行平板之间平行 Couette 流动的速度剖面，根据 H. Reichardt[25,26] $\mathbf{R}=1200$ 时流动是层流；$\mathbf{R}=2900$ 和 3400 时流动是湍流

1500 时，流动是湍流．湍流速度剖面在中心线附近非常平坦，而在壁面附近非常陡．如果记得湍流中的切应力是由层流部分

$$\tau_l = \mu\left(\frac{du}{dy}\right)$$

和湍流混合引起的湍流部分

$$\tau_t = A_\tau\left(\frac{du}{dy}\right)$$

组成的，则这种速度剖面正是在湍流中所期望的．因此

$$\tau = \tau_0 = (\mu + A_\tau)\frac{du}{dy},$$

其中 A_τ 表示式(19.1)定义的混合系数．用这种方法证明了速度梯度与 $1/(\mu + A_\tau)$ 成正比．由于 A_τ 从壁面处的零值变到管道中心的最大值，所以如图 19.3 中的图线所证实的，速度剖面在壁面附近必然很陡，而在中心部分很平坦．湍流混合系数随着 Reynolds 数增加而增加，相应地速度剖面的曲率变得更明显．请比较 A. A. Szeri[31a] 的文章．

f. 理论假设的进一步发展

以前面讨论的和下面各章中具体应用的各种半经验假为基础的湍流计算还是不能令人满意的，因为还不能用同一湍流摩擦力假设来分析不同种类的湍流问题．例如，在细眼纱网后面的所谓各向同性湍流的情形下，由于主流的速度梯度处处为零，使得 Prandtl 的混合长度假设式(19.7)完全失效．L. Prandtl[22] 在试图推导普遍适用的方程组(壁面湍流、自由湍流、各向同性湍流)时，大大扩展了本章 b 和 c 讨论过的关于计算发展了的湍流的假设．

能量方程： L. Prandtl 将他的新发展建立在考虑湍流脉动动能$E = \frac{1}{2}\rho\left(\overline{u'^2} + \overline{v'^2} + \overline{w'^2}\right)$的基础上，并对于随着主流运动的质点，计算了附加运动动能随时间的变化 DE/Dt．它由三项组成：在流体团运动中由于内摩擦引起的能量减小；由主流向附加运动的能量输运(这项正比于 $(dU/dy)^2$)；最后，从较强湍流区向较弱湍流区的动能输运．这三项之间的能量平衡关系导出了湍流附加运动的能量微分方程，它必须加到平均运动的微分方程组中，其形式如下：

$$\frac{DE}{Dt} = \frac{\partial E}{\partial t} + \bar{u}\frac{\partial E}{\partial x} + \bar{v}\frac{\partial E}{\partial y}$$

$$= -c\frac{E^{3/2}}{L} + \frac{\tau_t}{\rho}\frac{\partial \bar{u}}{\partial y} + \frac{1}{y^j}\frac{\partial}{\partial y}\left(y^j k_q E^{1/2} L\frac{\partial E}{\partial y}\right). \qquad (19.36)$$

耗散　　生成　　　　扩散

其中，对于二维平均流动，$j=0$；对于轴对称流动，$j=1$（y 是离开轴线的径向距离）. L. Prandtl 把上面这个方程称为第一基本方程. 第二个方程把湍流切应力和平均流动的速度梯度联系起来，它类似于原来的混合公式(19.2)，但是也含有湍流附加运动的能量，即

$$\tau_t = \rho k E^{1/2} L \partial \bar{u}/\partial y. \tag{19.37}$$

式(19.36)和(19.37)这两个方程包含三个自由常数 c, k, k_q，它们必须借助实验结果才能确定. 长度尺度 L 本质上是相当于式(19.7)中混合长度的局部函数，但是，这个量的定义也可以建立在两点速度分量的相关函数的积分上(参阅 J. C. Rotta[29]，第 177 页 ff).

如果湍流结构沿流线不变，如壁面对数律的情形，而且假设没有湍流能量扩散，就能使式(19.36)右边的头两项相等，同时由于式(19.37)，还可以证明

$$E = \frac{k}{c} L^2 \left(\frac{\partial \bar{u}}{\partial y}\right)^2. \tag{19.38}$$

如果设 $\rho E = |\tau_t| k/c$，我们可以看出，式(19.38)可以化为混合长度公式(19.7). 其中 $l=L$. 最后，如果使式(19.37)和式(19.7)相等，可以导出

$$c = k^3. \tag{19.39}$$

上面的关系可以作为 k 的定义，于是只剩下了两个可以调节的常数，即 c 和 k_q. 各种研究表明，似乎 $c=0.165$ 和 $k_q=0.6$ 是合适的数值. 这样，方程(19.38)和(19.39)最后给出

$$\tau_t = c^{2/3} \rho E \approx 0.3 \rho E. \tag{19.40}$$

在均匀湍流情形下，例如纱网后面的湍流，上面三个湍流能量项中只出现第一项，因此纱网后面的湍流沿流动方向是衰减的. 在管道流动的情形下，所有这三项都会出现，但是第三项(从较强湍流区到较弱湍流区的动能输运)只在壁面附近才是重要的，在那里，由于壁面切应力作用，强烈地产生新的湍流，所以存在一个特别高的湍流区(参看图18.3)，而在中心附近不会产生湍流，所以那里流动的脉动很弱. G. S. Glushko[13] 推广了上面的方法，以便包括 Reynolds 数的影响，并对平板湍流边界层进行了计算. 这项计算包括连接粘性次层的从层流向湍流的过渡区. I. E. Beckwith 和 D. M. Bushnell[5] 重复了同样的计算，并把它们的适用范围推广到变压力梯度的边界层. 他们研究了这种修正对经验常数的影响.

Bradshaw 方法： 在 P. Bradshaw, D. H. Ferriss 和 N. P. Atwell[10] 提出的方法中(主要是为计算湍流边界层而设计的)，式(19.37)的湍流应力表达式换成了对湍流能量的线性依赖关系式

$$\tau_t = 2 a_1 \rho E, \tag{19.41}$$

这相应于式(19.40)，其中 $a_1 = 0.15$. 这样，能量方程(19.36)就已经转换为湍流切应力的微分方程. 在二维平均流动情形下，可以得到

$$\bar{u}\frac{\partial}{\partial x}\left(\frac{\tau_t}{2a_1\rho}\right) + \bar{v}\frac{\partial}{\partial y}\left(\frac{\tau_t}{2a_1\rho}\right) = -\frac{(\tau_t/\rho)^{2/3}}{L} + \frac{\tau_t}{\rho}\frac{\partial \bar{u}}{\partial y} - \left(\frac{\tau_{max}}{\rho}\right)^{1/2}\frac{\partial}{\partial y}\left(G\frac{\tau_t}{\rho}\right). \tag{19.42}$$

假设长度尺度 L 是 y/δ 的函数．这样，

$$L=\delta f_1(y/\delta). \tag{19.43}$$

和 Prandtl 把湍流能量扩散看作是能量从高值区向低值区的迁移不同，Bradshaw 及其合作者们假设，湍流能量的扩散通量正比于 $(\tau_{max})^{1/2}\tau_t$. 这里 τ_{max} 表示切应力在 $0.25\delta \leqslant y \leqslant \delta$ 范围内的最大值．式(19.42)中的函数 G 定义为

$$G=(\tau_{max}/\rho U^2)^{1/2}f_2(y/\delta), \tag{19.44}$$

其中 f_2 是 y/δ 的第二个函数．图 19.4 中画出了这两个函数．Bradshaw 的方法适合于光滑和粗糙表面的湍流边界层计算，它的适用性已经推广到可压缩流动以及有抽吸和吹除的情形．

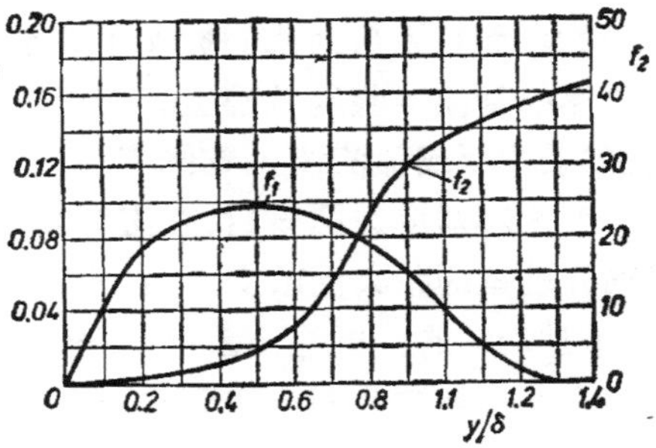

图 19.4 在 P. Bradshaw[10] 湍流边界层计算方法中出现的经验函数 f_1 和 f_2，参看式(19.42)到 (19.44)

关于长度尺度的微分方程： 只有用处理式(19.7)中混合长度的同样方法，对长度尺度 L 作出某种说明，才能用微分方程 (19.36) 和 (19.37) 对规定了初始条件和边界条件的流场进行计算．因此，J. C. Rotta[28,29] 对式(19.36) 和 (19.37)补充了第三个用于计算 L 的方程．数值计算[32a]表明，上述方程组不需要任何其他假设就可以得到与实验结果令人满意的一致．对于许多特殊的外形，包括槽流、管流、二维和轴对称射流，自由射流表面和二维尾迹等情形也是如此．最近时期，还提出了另外一些计算方法，它们大体上和这里所讨论的方法相类似．这个领域的新发展已经由 P. Bradshaw[9a], B. E. Launder 和 D. B. Spalding[20], J. C. Rotta[30], G. L. Mellor 和 H. J. Herring[20b] 以及 W. C. Reynolds[26a] 做出概述．

流线的曲率： 湍流中的流线曲率意外地引起了湍流结构方面的很大变化．在大多数情形下，这种变化比起垂直于边界层的压力梯度的影响重要得多．在通常的翼型的情形下，对动量输运和传热的影响是明显的，在涡轮机叶片和压缩机叶片情形下，其影响特别大．P. Bradshaw[11] 讨论了我们对曲率效应方面的理解和我们通过计算掌握这种效应的能力这两方面的现状．

第二十章 管道湍流

a. 光滑管道的实验结果

由于管道湍流问题具有很重要的实际意义，因此过去曾对它进行了极为充分的研究[24,31,48,49,59,61,62,71,72][1]. 由此得到的结果不仅对于管流是重要的，而且还帮助我们扩充了关于一般湍流的基础知识. 只有在详尽的管流实验的基础上，才能提出处理其他湍流问题的方法，例如沿平板或沿流线型物体流动.

当流体从一个大容器流进圆管时，在**进口段**的各个横截面上，速度分布随着离开进口的距离而改变. 在靠近进口的各个截面上，速度分布几乎是均匀的. 再往下游，速度分布由于摩擦力的影响而改变，直到在某个特定截面上达到充分形成的不再改变的速度剖面. 第十一章 b 中描述了层流圆管进口段内速度剖面的变化(图 11.8). 进口段的长度近似等于 $l_l = 0.03d \cdot \mathbf{R}$，所以当 $\mathbf{R} = 5000$ 到 10000 时，其长度在 150 到 300 倍圆管直径的范围内变化. 湍流的进口段要比层流进口段短得多，根据 H. Kirsten[33] 的测量，湍流进口段的长度为 50 到 100 倍直径，而 J. Nikuradse[45] 确定出，在 25 倍到 40 倍直径的进口段之后，就已经存在充分形成的速度剖面了，读者还可参阅文献[75].

下文中，我们主要讨论在圆截面直管中的**充分发展的**湍流问题. 向外离开轴线的径向坐标用 y' 表示. 我们将考察一个在充分发展的湍流中长度为 L、半径为 y' 的流体柱体. 这个流体柱体不受任何惯性力的作用，所以依照式(1.9)，可以写出作用在周面的切应力 τ 与作用在柱体端面的压力差 $p_1 - p_2$[2] 之间的平衡条件，

---

1) 以下的叙述主要以 J. Nikuradse[45,46] 报道的实验结果为基础.

2) 从这里开始，我们将略去表示时间平均的符号上的一杠，因为读者现在不会再和依赖于时间的量相混淆了(如在第 663 页已经声明的).

其形式为

$$\tau = \frac{p_1 - p_2}{L} \frac{y'}{2}, \tag{20.1}$$

这个关系对层流和湍流同样适用. 在目前的分析中, τ 表示层流和湍流切应力之和,所以横截面上的切应力分布是线性的,其最大值 τ_0 出现在壁面上,

$$\tau_0 = \frac{p_1 - p_2}{L} \frac{R}{2}. \tag{20.2}$$

可见,通过测量沿圆管的压力梯度,可以直接确定壁面上的切应力 τ_0。

在层流情形下,可以从理论上确定压力梯度与流量 $Q = \pi R^2 \bar{u}$ 之间的关系,其结果与实验测量相符合. 在湍流情形下,这种关系只能靠经验得出[1],因为到目前为止对湍流所进行的纯理论分析的尝试, 哪怕只对于一种特殊情形也是完全失败的. 这个关系通常是由所谓的**摩擦律**或**阻力定律**给出的. 现有的文章包含有大量的管道摩擦律的经验公式,另外,那些比较老的公式常常是以依赖于各自单位制的形式给出的, 而且不满足 Reynolds 相似律. 为了利用无量纲变量, 现在一般都使用无量纲阻力系数 λ, 并定义 λ 为(还可见式 (5.10))

$$\frac{p_1 - p_2}{L} = \frac{\lambda}{d} \frac{\rho}{2} \bar{u}^2, \tag{20.3}$$

其中 $d = 2R$ 表示横截面的直径. 比较式(20.2) 和 (20.3), 可以导出后面需要的如下关系:

$$\tau_0 = \frac{1}{8} \lambda \rho \bar{u}^2. \tag{20.4}$$

1911 年 H. Blasius[5] 对当时已有的众多实验结果进行了认真的调查,并用 Reynolds 相似律按无量纲形式对它们进行了整理. 最后,他建立了如下的经验公式:

---

1) 圆管流动的平均速度 $\bar{u}$ 将定义为 $\bar{u} = Q/\pi R^2$, 而 U 表示横截面上的最大速度.

$$\lambda = 0.3164\left(\frac{\bar{u}d}{\nu}\right)^{-\frac{1}{4}} = 0.3164/\mathbf{R}^{0.25}, \qquad (20.5)$$

它适用于圆截面**光滑管道**的摩擦阻力，并称为 **Blasius 阻力公式**．这里 $\bar{u}d/\nu=\mathbf{R}$ 表示用平均流速 $\bar{u}$ 和圆管直径计算的 Reynolds 数．根据这个结果，圆管无量纲阻力系数只是 Reynolds 数的函数．可以发现，Blasius 公式适用于 Reynolds 数 $\mathbf{R}=\bar{u}d/\nu \leqslant 100000$ 的范围．因此，在这个范围内湍流中的压力降正比于 $\bar{u}^{7/4}$．在 Blasius 建立式(20.5)的那个时候，还没有更高的 Reynolds 数的测量结果．在图 20.1 中可以看到 Blasius 公式(20.5)与实验结果的比较．直到 Reynolds 数高达 $\mathbf{R}=100000$ 时，该公式还很准确地再现实验结果，但是，从图 20.1 中 J. Nikuradse 报道的实验结果可以看出，$\mathbf{R}>100000$ 时得到的那些实验点明显偏高．

J. Nikuradse 在很宽的 Reynolds 数范围内，即 $4\times10^3 \leqslant \mathbf{R} \leqslant 3.2\times10^6$，对光滑圆管的摩擦律和速度剖面进行了很全面的实验研究．在图 20.2 中可以看到相应于几个 Reynolds 数的速度剖面．

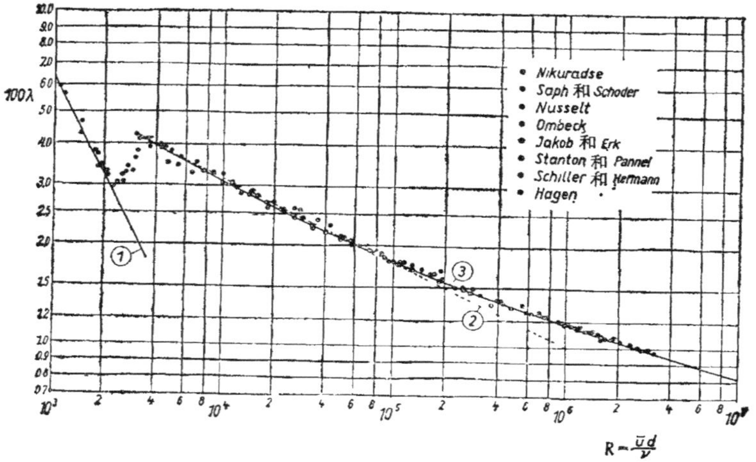

图 20.1　光滑圆管中的摩擦阻力．

曲线(1)由式(5.11)，根据 Hagen-Poiseuille，层流；曲线(2)由式(20.5)，根据 Blasius[5]，湍流；曲线(3)由式(20.30)，根据 Prandtl[52]，湍流

它们用无量纲形式给出，画出了 u/U 与 y/R 的关系. 可以注意到，当 Reynolds 数增高时，速度剖面更加饱满. 它可以用经验公式表示如下:

$$\frac{u}{U}=\left(\frac{y}{R}\right)^{\frac{1}{n}}, \tag{20.6}$$

其中指数 n 随 Reynolds 数稍有变化. 图 20.3 中的曲线表明: 简单的 $1/n$ 次幂律的假设与实验结果符合得很好，因为适当地选取 n 之后，$(u/U)^n$ 与 y/R 的关系的曲线都落在一些直线上. 这项研究中得到，在低 Reynolds 数 $\mathbf{R}=4\times10^3$ 时，指数 n 的值是 $n=6$; 在 $\mathbf{R}=100\times10^3$ 时，它增加到 $n=7$; 而在最高 Reynolds 数 $\mathbf{R}=3240\times10^3$ 时，它增加到 $n=10$.

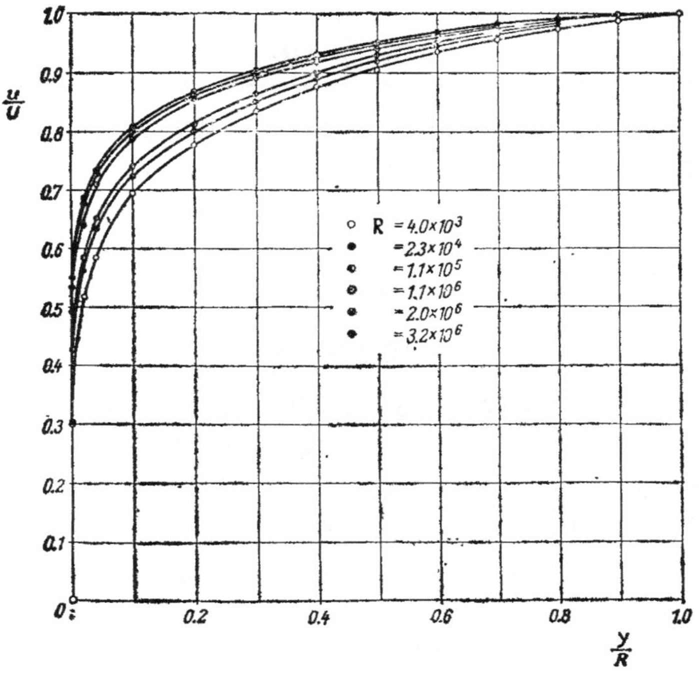

图 20.2 不同 Reynolds 数下光滑圆管中的速度分布，根据 Nikuradse[45]

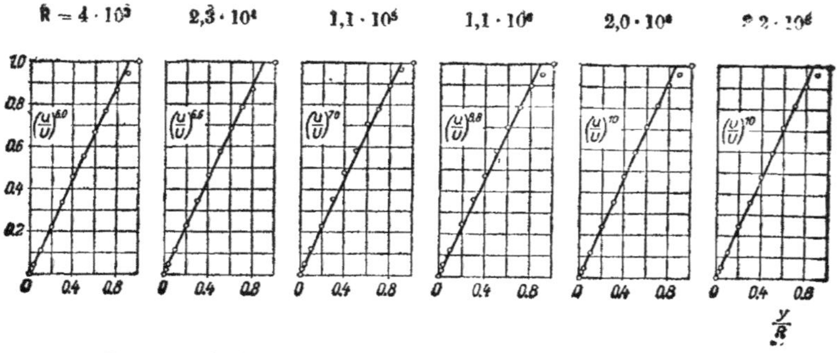

图 20.3 光滑圆管中的速度分布．式(20.6)中的假设的验证

表 20.1 圆管流动中平均速度对最大速度的比值与速度分布指数 n 的关系，根据式(20.7)

n	6	7	8	9	10
$\bar{u}/U$	0.791	0.817	0.837	0.852	0.865

这里，我们还要进一步指出平均速度与最大速度比值 $\bar{u}/U$ 的表达式，它很容易由式(20.6)推导出来．可以求出

$$\frac{\bar{u}}{U}=\frac{2n^2}{(n+1)(2n+1)}, \tag{20.7}$$

在表 20.1 中给出了各自的数值．

b. 摩擦律与速度分布的关系

速度分布公式(20.6)与式(20.5)表示的 Blasius 摩擦律有关，这个首先由 L. Prandtl[51] 发现的关系在湍流理论中具有十分重要的意义．它能使我们从圆管实验中得出适用于平板的结果[32]，在第二十一章将利用这些结果．

将式(20.5)的 λ 值代入式(20.4)，可以得到壁面切应力的下述表达式：

$$\tau_0=0.03955\rho\bar{u}^{7/4}\nu^{1/4}d^{-1/4}.$$

引进半径 R 代替直径 d，则必须用 $2^{1/4}=1.19$ 来除上面公式的数

值系数，于是，得到

$$\tau_0 = 0.03325\rho\bar{u}^{7/4}\nu^{1/4}R^{-1/4} = \rho v_*^2, \tag{20.8}$$

其中 $v_* = \sqrt{\tau_0/\rho}$ 表示第十九章中引用的摩擦速度．如果把 v_*^2 分成 $v_*^{7/4}$ 和 $v_*^{1/4}$，我们得到

$$\left(\frac{\bar{u}}{v_*}\right)^{\frac{7}{4}} = \frac{1}{0.03325}\left(\frac{v_* R}{\nu}\right)^{\frac{1}{4}}$$

或

$$\left(\frac{\bar{u}}{v_*}\right) = 6.99\left(\frac{v_* R}{\nu}\right)^{\frac{1}{7}},$$

如果用最大速度 U 消去平均速度 $\bar{u}$，即设 $\bar{u}/U = 0.8$（由表 20.1 看出，这近似对应于指数 $n = 7$，即 Reynolds 数 $\mathbf{R} = 10^5$），则有

$$\frac{U}{v_*} = 8.74\left(\frac{v_* R}{\nu}\right)^{\frac{1}{7}}. \tag{20.9}$$

现在很自然地假设，这个公式对于离开壁面的任意距离 y 都适用，而不只适用于管轴（壁面距离 $y = R$）．因此，由式(20.9)得到

$$\frac{u}{v_*} = 8.74\left(\frac{y v_*}{\nu}\right)^{\frac{1}{7}}. \tag{20.10}$$

上述讨论表明，$\frac{1}{7}$ **次幂速度分布律**可以由 Blasius 阻力公式导出．前面已经证明，这样的分布律在一定的 Reynolds 数范围内与实验相符，同时可以看出 Blasius 摩擦律与 n 次幂速度分布律之间存在一定的联系．引进式(19.31)和(19.32)中用过的缩写符号 $u/v_* = \phi$ 和 $yv_*/\nu = \eta$，我们可以将式(20.10)化为

$$\phi = 8.74\eta^{1/7}. \tag{20.11}$$ [1]

这就再次导出了式(19.35)，它最初是由考虑相似性得出的，差别

1) 推广到其他指数后，按照 K. Wieghardt[82a] 的方法；得到 $u/v_* = C(n) \times (yv_*/\nu)^{1/n}$ 和下面的数值：

n	7	8	9	10
$C(n)$	8.74	9.71	10.6	11.5

在于当时的待定常数 C 和 n 的数值，现在已由圆管摩擦律得出．在图 20.4 中，式(20.11)(曲线(4))与 J. Nikuradse 的实验结果进行了比较．可以看出，一直到 Reynolds 数高达约 $\mathbf{R}=100000$，$\frac{1}{7}$ 次幂律都与实验符合得很好．我们不能期望它们符合得更好，因为导出 $\frac{1}{7}$ 次幂律的 Blasius 公式(20.5)最多只能用到这个极限(图 20.1)．

为了达到更好的一致，必须在 Blasius 公式中引用较小的指数，比如说用 $\frac{1}{5}$ 或 $\frac{1}{6}$ 来代替 $\frac{1}{4}$．进行相应的计算可以发现，为了与测量值一致，速度分布律中的 $\frac{1}{7}$ 应分别用 $\frac{1}{8}$，$\frac{1}{9}$ 等来代替．图 20.4 中用曲线(5)画出了关系式 $\phi=C\times\eta^{1/10}$，可以看出，在较高 Reynolds 数时，它确实很好地再现了实验值，但是在较低 Reynolds 数时符合得不好．

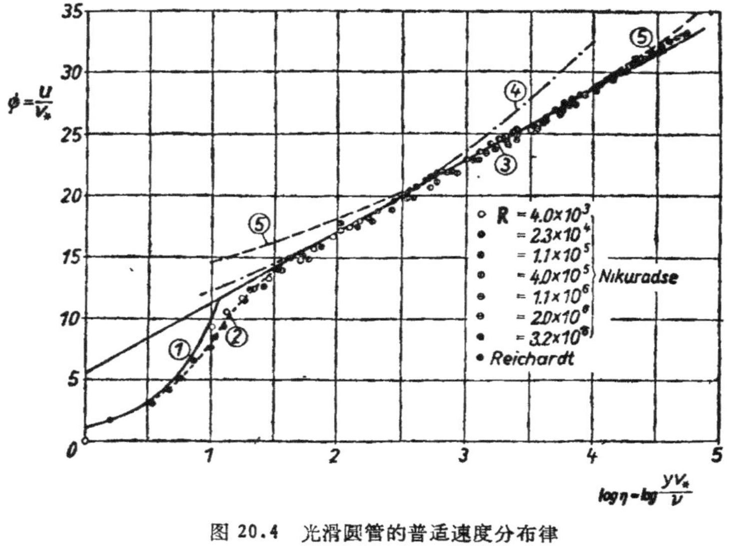

图 20.4 光滑圆管的普适速度分布律

(1) $\phi=\eta$，层流；(2) 由层流向湍流转换；根据 Reichardt[35]；(3) 式(20.14)，湍流，所有 Reynolds 数；(4) 式(20.11)，湍流，$\mathbf{R}<10^5$；(5) $\varphi=11.5\eta^{1/10}$

为了将来作为参考，现在我们打算根据式(20.10)写出摩擦速度 v_* 的表达式。可以得到

$$v_* = 0.150u^{\frac{7}{8}}\left(\frac{\nu}{y}\right)^{\frac{1}{8}}$$

和

$$\tau_0 = \rho v_*^2 = 0.0225\rho u^{\frac{7}{4}}\left(\frac{\nu}{y}\right)^{\frac{1}{4}} \tag{20.12}$$

或

$$\tau_0 = 0.0225\rho U^{\frac{7}{4}}\left(\frac{\nu}{R}\right)^{\frac{1}{4}}. \tag{20.12a}$$

这也可以用无量纲形式写为

$$c_f' = \frac{\tau_0}{\frac{1}{2}\rho U^2} = 0.045\left(\frac{UR}{\nu}\right)^{-1/4}, \tag{20.12b}$$

其中 c_f' 表示局部表面摩擦力系数。这个关系等价于式(20.5)，称为圆管流动的 Blasius 表面摩擦律。这个关系以后要用到。

c. 很大 Reynolds 数下的普适速度分布律

圆管阻力定律和速度分布表达式中的指数随着 Reynolds 数的增加而减小，这个事实表明，二者必然渐近地各自趋向某种适用于很高 Reynolds 数的表达式，而且式中必然包含自变量的对数，因为它是多项式在指数很小时的极限。详细研究很高 Reynolds 数下的实验结果，可以证明这样的对数律确实存在。从物理上讲，这种渐近律的特征是，与湍流摩擦力相比，层流摩擦力完全可以略去。与 $1/n$ 次幂律相比，这种对数律的很大优点在于，它们是很大 Reynolds 数下的渐近表达式，因此，它们可以外推到实验范围以外的任意大的 Reynolds 数值。相反，当使用 $1/n$ 次幂律时，指数 n 值将随 Reynolds 数范围的扩大而改变。

在沿平板流动的情形下，已经由式(19.33)给出了这样的渐近对数律。它是在混合长度正比于离开壁面的距离 ($l = ky$) 的假设下，根据 Prandtl 湍流切应力公式(19.7)推导出来的，并适用于

离壁面距离小的 y。这个公式的形式为

$$\phi = A_1 \ln \eta + D_1 \tag{20.13}$$[1]

其中 $A_1 = 1/\kappa$ 和 $D_1 = -(1/\kappa)\cdot\ln\beta$ 是自由常数。我们将这个公式原封不动地应用到圆管流动。将这个公式与 J. Nikuradse 的测量结果进行比较，如图 20.4 中曲线(3)所示，可以看出不仅在接近壁面的那些点，而且在直到管轴的整个区域都得到了极好的一致。所得到的常数值是

$$A_1 = 2.5;\quad D_1 = 5.5.$$

由此给出了如下的 κ 和 β 值：

$$\kappa = 0.4;\quad \beta = 0.111.$$

因此，在很高 Reynolds 数情形下，普适速度分布律具有这种形式[2]：

$$\left.\begin{aligned}&\phi = 2.5\ln\eta + 5.5\\ \text{或}\quad &\phi = 5.75\log\eta + 5.5.\end{aligned}\right\}\ (\text{光滑}) \tag{20.14}$$

利用类似于上节的推理，可以由上面的普适速度分布公式得到相应的普适渐近阻力公式。

作为湍流公式，式(20.14)只适用于那些与湍流切应力相比较可以略去层流切应力的区域。在紧靠壁面的地方，湍流切应力减小为零，而层流切应力占主要地位，这里必然会出现对这种速度分布律的偏离。在管道流动中，H. Reichardt[54,55] 将这种测量延伸到离壁面很小的距离内。图20.4中的曲线(2)表示由层流次层(参看第十八章c)到湍流边界层的过渡。在上述曲线图中，由(1)表示的曲线相应于 $\tau_0 = \mu u/y$ 的层流。由于 $\tau_0 = \rho v_*^2$，我们得到 $u/v_* = yv_*/\nu$，或

$$\phi = \eta\quad(\text{层流}). \tag{20.14a}$$

---

1) H. Reichardt[55] 指出了一种改进的速度分布表达式。它适用于从圆管壁面 $y=0$ 到中心线 $y=R$ 的整个范围，就是说它在层流次层内也能用，而式(20.13)不能用于这一层。它还适用于中心线附近，在那里测量的速度分布曲线对式(20.13)表现出系统的偏离。特别是，这个公式很好地再现了图 20.4 中曲线(2)所表示的过渡区。这个普适速度分布律，是通过理论估算和对式(19.1)定义的湍流混合系数 A 非常仔细的测量推导出来的。还请比较 W. Szablewski[74] 的文章。

2) 在以下公式中，ln 表示自然对数，而 log 表示以 10 为底的对数。

由此可见，当值 $yv_*/\nu < 5$ 时，湍流摩擦力的贡献和层流摩擦力相比可以略去．在 $5 < yv_*/\nu < 70$ 的范围内，两者的贡献具有相同的量级；而当 $yv_*/\nu > 70$ 时，与湍流摩擦力相比较，层流的贡献可以略去．于是

$$\left.\begin{array}{l} \dfrac{yv_*}{\nu} < 5\text{: 纯层流摩擦力,} \\ 5 < \dfrac{yv_*}{\nu} < 70\text{: 层流-湍流摩擦力,} \\ \dfrac{yv_*}{\nu} > 70\text{: 纯湍流摩擦力.} \end{array}\right\} \qquad (20.15)$$

所以可以看出，层流次层的厚度等于

$$\delta_l = 5\frac{\nu}{v_*}. \qquad (20.15a)$$

现在打算将管流速度分布测量的结果与第十九章中给出的另一种普适公式，即形式为 $(U-u)/v_* = f(y/R)$ 的公式进行比较．我们知道，它既可以由 von Kármán 的相似理论得到，又可以由 Prandtl 的切应力假设及混合长度关系 $l = \kappa y$ 得到．在第一种情形下得到式(19.21)，而在第二种情形下得到式(19.28)．

利用混合长度的一个适当选取的 y 函数，可以在整个区域内，即从壁面 $(y=0)$ 到充分发展的湍流区，计算出普适速度分布律．E. R. van Driest 基于在自身平面内作振动的平板 Stokes 解的讨论(第五章 7，Stokes 第二问题)，导出了这样一种关系，它的形式为

$$l = \kappa y[1 - \exp(-\eta/A)]. \qquad (20.15b)$$

其常数值为 $A = 26$．对于很大的 y 值，我们重新得到关系 $l = \kappa y$，但是在层流和湍流摩擦力之间的重叠区，l 值是比较小的．为了积分下述 τ_0 等于常数的方程：

$$\tau_0 = \tau_l + \tau_t = \rho\left(\nu + l^2\left|\frac{du}{dy}\right|\right)\frac{du}{dy},$$

我们首先求出 du/dy，并得到

$$u = 2v_* \int_0^\eta \frac{d\eta'}{1 + [1 + 4(v_* l/\nu)^2]^{1/2}}.$$

接着，引进式(20.15b)的 l 表达式，然后得到与图 20.4 所示的实验结果很符合的速度分布. E. R. van Driest 的表达式成功地应用于有抽吸和吹除的湍流边界层计算[58]，以及可压缩流动[1)].

壁面律：对于离开壁面足够大的距离（充分发展的湍流区），速度分布可以用式(20.14)的对数律来表示. 在邻近壁面的区域（层流次层）内，可以应用式(20.14a)的线性律. 在过渡区（层流-湍流的混合区），速度分布用 Reichardt 的分布律，即图 20.4 中的曲线(2)来表示. 这三个分布律合起来，现在称为"壁面律". van Driest 积分是壁面律的另一种形式，关于这个课题的一些重要考虑可以在 F. H. Clauser[5a] 的一篇综述文章中找到，还可参阅 D. B. Spalding[68a] 和 G. Kleinstein[33a] 的文章. 第二十一章的文献[5a]和第二十三章的文献[46,47]给出了进一步的讨论.

由于混合长度的简化假设 $l = \kappa y$ 并非对整个圆管直径都适合，所以最好直接根据实验导出混合长度与距离的依赖关系，然后应用 Prandtl 假设

$$\tau = \rho l^2 \left(\frac{du}{dy}\right)^2, \tag{20.16}$$

并根据线性切应力分布

$$\tau = \tau_0 \left(1 - \frac{y}{R}\right) \tag{20.17}$$

计算速度分布.

现在可以直接由式(20.16)和(20.17)以及测量的速度分布计算混合长度随 y/R 的变化. 这个计算已经由 J. Nikuradse[45] 作出，他得出了图20.5所表示的出色结果，这个结果表示在光滑圆管情形下混合长度沿圆管直径的变化. 可以看到，把 Reynolds 数

1) 在新近的刊物中，W. C. Reynolds (*Annual Reviews of Fluid Mechanics*, Vol. 8, p. 187) 曾报道，van Driest 常数值 $A = 26$ 只适用于零压力梯度的边界层和无渗透的壁面. 在出现吹除或抽吸，以及有压力梯度时，常数 A 可能取不同的值. 在顺压梯度和有吹除的情形下，这个值比 $A = 26$ 大很多.

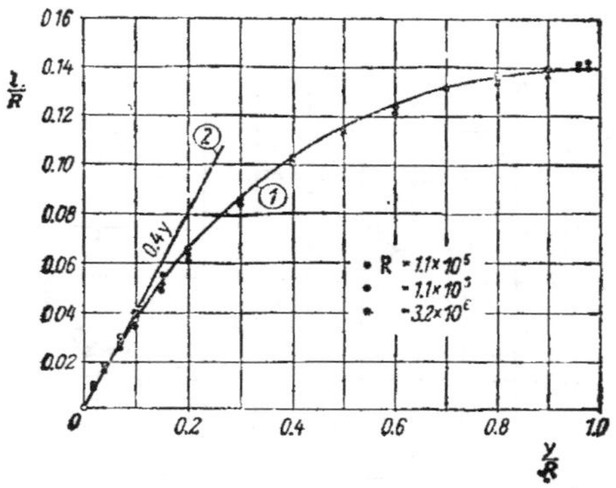

图 20.5 在不同 Reynolds 数下，混合长度沿光滑圆管直径的变化
曲线 (1) 由式 (20.18) 得出

低于 10^5 的那些值排除后，混合长度不依赖于 Reynolds 数。这个函数可以用经验关系表示如下：

$$\frac{l}{R} = 0.14 - 0.08\left(1 - \frac{y}{R}\right)^2 - 0.06\left(1 - \frac{y}{R}\right)^4. \quad (20.18)$$

在壁面附近，这个公式可以简化为

$$l = 0.4y - 0.44\frac{y^2}{R} + \cdots, \quad (20.18a)$$

这表明，在离开壁面的小距离内，Prandtl 假设 ($l = \kappa y$) 得到了证实，其中

$$\kappa = 0.4. \quad (20.19)$$

可以进一步证明，式(20.18)给出的混合长度随壁面距离的变化关系，不仅适用于光滑圆管，同时也适用于粗糙圆管。图20.6表示了 J. Nikuradse 对用不同大小砂粒人为粗糙的圆管所测量的结果，由此可见上述说法得到了证实。此外，还可以预料，由式 (20.18) 的混合长度计算的速度分布，对于光滑圆管和粗糙圆管都适用。

为了简单起见，可以将混合长度的表达式写成

$$l = \kappa y \cdot f\left(\frac{y}{R}\right), \quad (20.20)$$

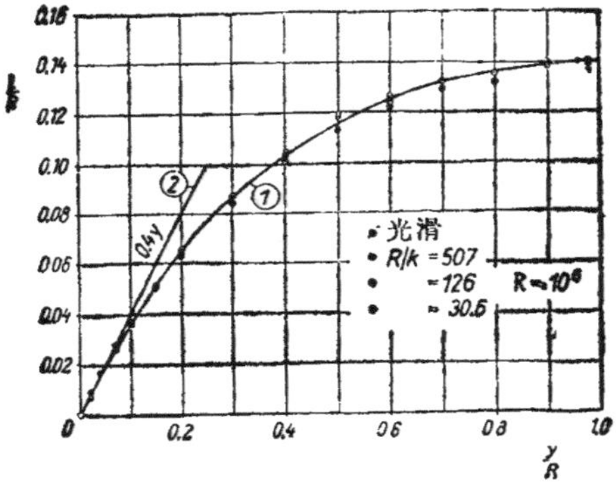

图 20.6 混合长度沿粗糙圆管直径的变化

曲线 (1) 由式 (20.18) 得出

其中当 $y/R\to 0$ 时，$f(y/R)\to 1$. 引进 $v_*=\sqrt{\tau_0/\rho}$，再将式(20.17)和(20.16)结合起来，可以得到速度分布的微分方程：

$$\frac{du}{dy}=\frac{1}{l}\sqrt{\frac{\tau}{\rho}}=\frac{v_*}{\kappa}\frac{\sqrt{1-\frac{y}{R}}}{yf\left(\frac{y}{R}\right)},$$

由此，经过积分得到

$$u=\frac{v_*}{\kappa}\int_{y_0/R}^{y/R}\frac{\sqrt{1-\frac{y}{R}}\,d\left(\frac{y}{R}\right)}{\frac{y}{R}f\left(\frac{y}{R}\right)}. \tag{20.21}$$

这里在速度等于零处的积分下限 y_0 具有层流次层厚度的量级，因此根据式(20.15a)，它正比于 ν/v_*. 于是 $y_0/R=F_1(v_*R/\nu)$. 圆管中心的最大速度 U 可以由式(20.21)导出为

$$U=\frac{v_*}{\kappa}\int_{y_0/R}^{1}\frac{\sqrt{1-\frac{y}{R}}\,d\left(\frac{y}{R}\right)}{\frac{y}{R}f\left(\frac{y}{R}\right)}. \tag{20.21a}$$

由于式(20.21)和(20.21a)，现在有

$$U-u=v_*F\left(\frac{y}{R}\right). \tag{20.22}$$

这就又得到了普适速度分布律式(19.21)和式(19.28). 现在得到的基本结论是，式(20.22)的普适分布律对于光滑圆管和粗糙圆管都是正确的，在这两种情形下，函数 $F(y/R)$ 是相同的. 式(20.22)说明，如果将 $(U-u)/v_*$ 通过 y/R 画出来，则在**所有** Reynolds 数和**所有**粗糙度下，沿圆管半径画出的速度分布曲线可以缩并为一条曲线(图 20.7). 可以指出，上述形式的速度分布律是 T. E. Stanton[72] 首先导出的. 通过积分式(20.21)，可以得出 $F(y/R)$ 的显式表达式，但是，利用已知的光滑圆管速度分布律(式(20.14))更简单些. 这样，用类似于导出式(20.9)和(20 10)的方法，我们

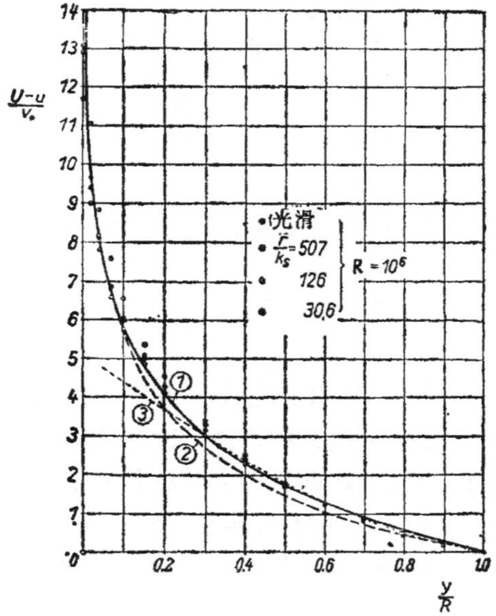

图 20.7 光滑和粗糙圆管的普适速度分布律. 曲线(1)由式(20.23), Prandtl; 曲线(2)由式(20.24), von Kármán; 曲线(3)由式(20.25), Darcy

有

$$U-u=2.5v_*\ln\frac{R}{y}=5.75v_*\log\frac{R}{y},$$

因此

$$\frac{U-u}{v_*}=5.75\log\frac{R}{y}. \tag{20.23}$$

图20.7中的曲线(1)是由该式画出的，并与光滑和粗糙圆管的实验结果进行了比较．该式含有经验常数 κ，其数值 $\kappa=0.4$ 已经在式(20.19)中给出．理论与实验符合得很好．

由 von Kármán 相似律式(19.21)也可以导出普适速度分布律．由此可以得到

$$\frac{U-u}{v_*}=-\frac{1}{\kappa}\left\{\ln\left[1-\sqrt{1-\frac{y}{R}}\right]+\sqrt{1-\frac{y}{R}}\right\}, \tag{20.24}$$

其中 y 表示离开壁面的距离．如果选取 $\kappa=0.36$，这个公式也与实验值符合得很好，如图 20.7 中曲线(2)所示．图 20.7 还有另外一条基于 H. Darcy[9] 经验公式的曲线(3)．1855 年 Darcy 根据他对速度分布非常仔细的测量得出了这条曲线，用现在的符号，它可以写成

$$\frac{U-u}{v_*}=5.08\left(1-\frac{y}{R}\right)^{\frac{3}{2}}. \tag{20.25}$$

除去靠近壁面 ($y/R<0.25$) 的区域外，Darcy 公式都给出了很好的结果．

这里值得指出的是，正如通过上一章论述所看到的那样，对于槽内的二维流动，已经得到了两种普适速度分布律，即式(20.23)和(20.24)．它们与轴对称管流的实验结果还是符合很好的，这个事实可以作为一个证据，证明二维速度分布与轴对称分布之间存在广泛的相似性．应该想到，在层流情形下，这两种情形的速度分布都是抛物线分布．

从 G. I. Taylor 的涡传递理论入手，也可以导出式(20.22)那种形式的普适速度分布律，但是其中的函数 $F(y/R)$ 显然与

Prandtl 或 von Kármán 计算中的不同. 在 S. Goldstein[20] 和 G.I. Taylor[76] 的文章中，有根据 G. I. Taylor 涡传递理论和根据 Prandtl 动量传递理论所得结果之间的比较，但是不能得出支持其中哪种理论的明确结论.

通过考察圆管截面上表观运动粘性系数 ε_τ 的变化，可以更好地理解管流的物理特性；根据 J. Nikuradse 的实验结果，在图 20.8 中画出了这种变化. 由式(19.2)的 $\tau = \rho\varepsilon_\tau(du/dy)$ 出发，代入式(20.17)的 τ 值，我们可以由测量的速度分布得到 ε_τ 的变化. 正如混合长度那样，表观运动粘性系数也不依赖于 Reynolds 数. 但是 ε_τ 的这种变化比 l（图 20.5）更加复杂. ε_τ 的最大值落在壁面到轴线的中间，而在轴线上 ε_τ 很小，但还没有减小为零. 鉴于图 20.8 中的曲线，必须承认，寻找描述 ε_τ 变化的合理假设要比混

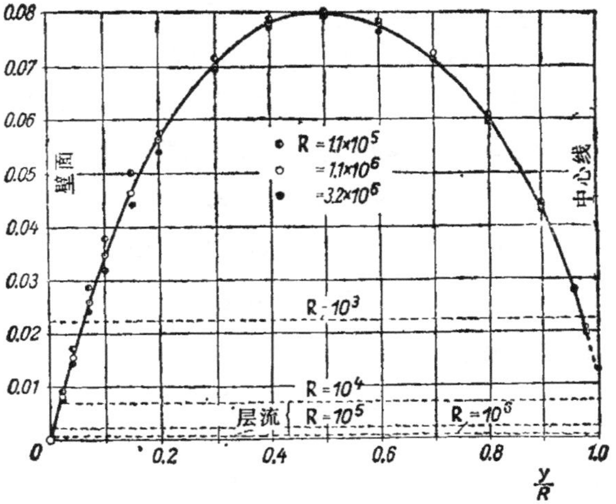

图 20.8　光滑圆管的无量纲有效运动粘性系数，根据 Nikuradse[45] 的实验结果画出

合长度的情形困难得多. 以前曾提过这种情况（第十九章 b），作为支持将混合长度而不是将表观粘性系数引用到方程的一个理由，现在可以看到这个观点得到了实验结果的证实. 为了比较层流和湍流摩擦力，图 20.8 包含了 Poiseuille 流动的相应的各自值.

当然后者和 ν 是一样的. 因为由式(20.4)可见, $v_* = \left(\sqrt{\frac{1}{8}\lambda}\right)\bar{u}$,
而对于层流,由式(5.11)可见, $\lambda = 64/\mathrm{R}$, 所以可以得到

$$\frac{\varepsilon_{lam}}{v_* R} = \frac{\nu}{v_* R} = \frac{1}{\sqrt{2\mathrm{R}}}.$$

这表明湍流摩擦力比层流摩擦力大得多,特别是在大 Reynolds 数时更是如此.

d. 很大 Reynolds 数下光滑圆管的普适阻力定律

回顾本章 b 关于从 Blasius 阻力公式到 $\frac{1}{7}$ 次幂速度分布律的论证步骤, 我们现在可以根据普适的对数速度分布律导出一个新的圆管阻力公式. 式(20.23)的对数速度分布律,是在层流摩擦力比起湍流摩擦力来可以略去的假设下导出的, 这就是说它可以外推到任意大的 Reynolds 数中去. 可以预料,对于将要推导的阻力定律也是如此. 以下论证将以 L. Prandtl 的文章[52]为基础.

在横截面上积分式(20.23),可以得到流动的平均速度

$$\bar{u} = U - 3.75 v_*. \tag{20.26}$$

Nikuradse 的实验表明,常数 3.75 必须稍微做些调整,所以

$$\bar{u} = U - 4.07 v_*. \tag{20.27}$$

由式(20.4)可以得到

$$\lambda = 8\left(\frac{v_*}{\bar{u}}\right)^2, \tag{20.28}$$

同时,由普适速度分布律式(20.14), 我们有

$$U = v_*\left\{2.5\ln\frac{R v_*}{\nu} + 5.5\right\},$$

将它代入式(20.26),给出

$$\bar{u} = v_*\left\{2.5\ln\frac{R v_*}{\nu} + 1.75\right\}. \tag{20.29}$$

我们可以引入 Reynolds 数

$$\frac{Rv_*}{\nu}=\frac{1}{2}\frac{\bar{u}d}{\nu}\frac{v_*}{\bar{u}}=\frac{\bar{u}d}{\nu}\frac{\sqrt{\lambda}}{4\sqrt{2}},$$

于是由式(20.28)和(20.29)得到

$$\lambda=\frac{8}{\left\{2.5\ln\left(\frac{\bar{u}d}{\nu}\sqrt{\lambda}\right)-2.5\ln 4\sqrt{2}+1.75\right\}^2}$$

$$=\frac{1}{\left\{2.035\log\left(\frac{\bar{u}d}{\nu}\sqrt{\lambda}\right)-0.91\right\}^2}$$

或

$$\frac{1}{\sqrt{\lambda}}=2.035\log\left(\frac{\bar{u}d}{\nu}\sqrt{\lambda}\right)-0.91.$$

根据这个结果，如果画出 $1/\sqrt{\lambda}$ 相对于 $\log(\mathbf{R}\sqrt{\lambda})$的关系，则这个普适圆管摩擦律将给出一条直线，如由图20.9所见，这条图线与实验吻合得极好，图中画出了许多作者的实验结果。经过这些实验点的平均曲线的数值系数，与上面导出的结果只有很小的差别。图 20.9 中经过实验点的曲线(1)可以用下述公式表示：

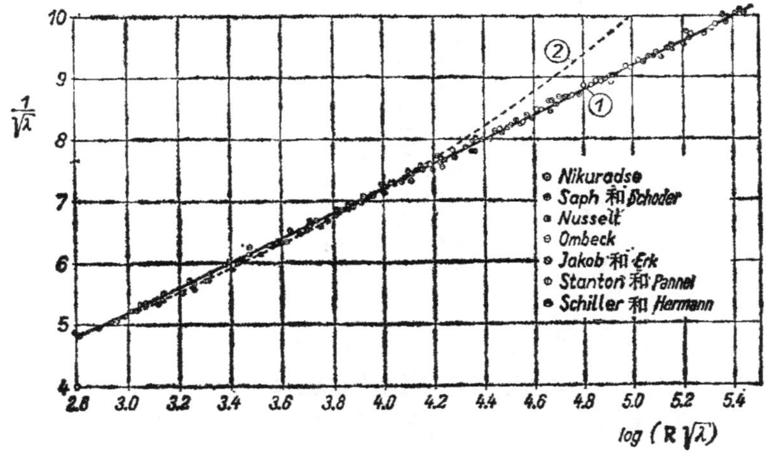

图 20.9 光滑圆管的普适摩擦律

曲线(1)由式(20.30)，Prandtl；曲线(2)由式(20.5)，Blasius

$$\boxed{\frac{1}{\sqrt{\lambda}} = 2.0\log\left(\frac{\bar{u}d}{\nu}\sqrt{\lambda}\right) - 0.8} \quad （光滑） \qquad (20.30)$$

这就是**光滑圆管的 Prandtl 普适摩擦律.** 直至 Reynolds 数为 3.4×10^6，它都为 J. Nikuradse[45] 的实验所证实，并且可以看到其符合程度非常好. 根据上述推导过程，显然它可以外推到任意大的 Reynolds 数，因此可以说更高 Reynolds 数下的测量是不必要的. 表 20.2 中给出了根据式(20.30)计算的数值. 在图 20.1 中用曲线 (3) 表示了这个普适摩擦律. 这个普适公式直至 $\mathbf{R} = 10^5$ 都与 Blasius 公式符合得很好，但在较高 Reynolds 数时，Blasius 公式对测量结果的偏离逐渐加大，而式(20.30)则一直保持很好的吻合.

表 20.2　光滑圆管的阻力系数与 Reynolds 数的关系，还可参看图 20.9

	Prandtl, 式 (20.30)	Blasius, 式 (20.5)
$\mathrm{R} = \frac{\bar{u}d}{\nu}$	λ	λ
10^3	(0·0622)	(0·0567)
$2 \cdot 10^3$	(0·0494)	(0·0473)
$5 \cdot 10^3$	0·0374	0·0376
10^4	0·0309	0·0316
$2 \cdot 10^4$	0·0259	0·0266
$5 \cdot 10^4$	0·0209	0·0212
10^5	0·0180	0·0178
$2 \cdot 10^5$	0·0156	0·0150
$5 \cdot 10^5$	0·0131	—
10^6	0·0116	(0·0100)
$2 \cdot 10^6$	0·0104	—
$5 \cdot 10^6$	0·0090	—
10^7	0·0081	(0·0056)

W. Froessel[18] 研究了一些以很高的速度通过光滑圆管的气体流动. 图 20.10 中画出了在不同质量流量下压力沿圆管的变化. 这些曲线上标注的数字是相对于以同样压力通过同样直径喷嘴的最大质量流量的分数值. 那些向右下降的曲线是指亚声速流动，而那些向右上升的曲线则适用于超声速流动. 后者曲线包括向激

波引起的高压及亚声速流动的突变．如由图 20.11 所看到的，其阻力系数与不可压缩流动没有明显的差别．作为比较，标注(1)的直线对应于式(20.30)．K. Oswatisch 和 M. Koppe[50] 给出了圆管可压缩流体流动的理论分析，他们的结果与 Froessel 的实验符合得很好．

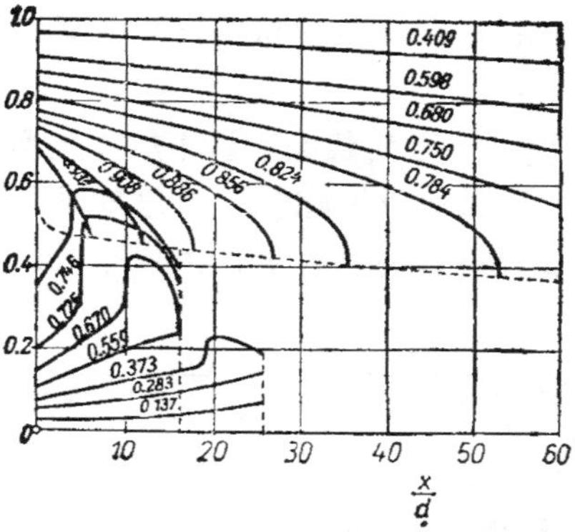

图 20.10 可压缩流动的沿圆管的压力分布，根据 Froessel[18]

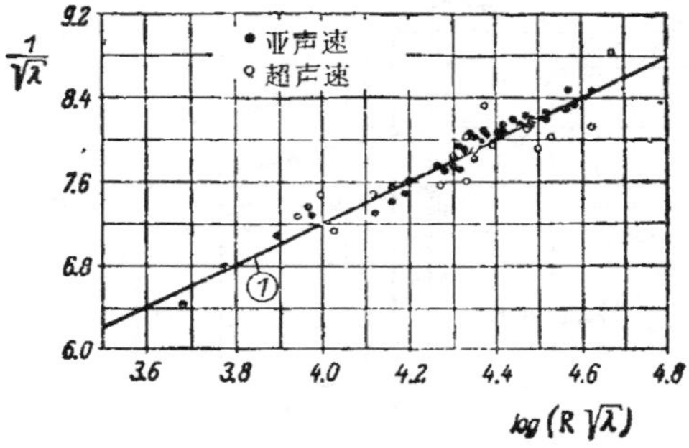

图 20.11 可压缩流动的光滑圆管阻力定律．
曲线 (1) 由式 (20.30) 得出

e．非圆截面管道

L. Schiller[60] 和 J. Nikuradse[44] 研究了非圆截面管道内的流动，他们确定了矩形、三角形、不规则四边形截面的管道及带凹槽圆管的摩擦律和速度分布．比较方便的办法是，将用**水力学直**

径 d_h 表示的阻力系数引入这类流动：

$$\frac{p_1-p_2}{L}=\frac{1}{2}\frac{\lambda}{d_h}\rho\bar{u}^2,$$

其中

$$d_h=\frac{4A}{C},$$

而 A 表示横截面积，C 表示浸湿的周长．在圆截面情形下，水力学直径等于圆的直径．

图 20.12 画出了一系列截面形状下的 λ 与 $\mathbf{R}$ 的关系曲线．在湍流情形下，这些结果可以用圆管阻力定律很好地表示出来(曲线 2)．但是在层流范围内，用水力学直径整理后，这些实验数据并不

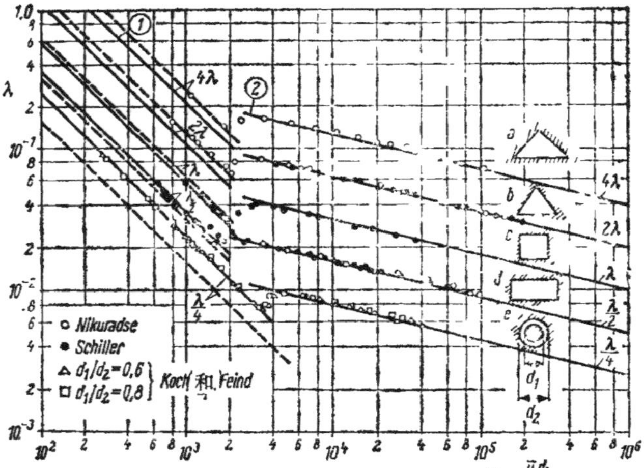

图 20.12 非圆截面光滑管道的阻力公式

(1)——层流：$\lambda=\frac{c}{\mathbf{R}}$．(2)——湍流：$\lambda=\frac{0.316}{\mathbf{R}^{1/4}}$ (Blasius)．

———层流，圆管，$c=64$(Hagen-Poiseuille)．(a) 直角等腰三角形，$c=52$； (b) 等边三角形，$c=53$； (c) 正方形，$c=57$； (d)矩形(3.5:1)，$c=71$； (e) 圆环 ($d_1/d_2\to1$)，$c=96$．○ 测量值，Nikuradse[44]； ● 测量值，Schiller[30]； △ $d_1/d_2=0.6$， □ $d_1/d_2=0.8$，测量值，Koch 和 Feind[35]

落在一条曲线上．其偏差程度取决于管道截面的形状．对于湍流，水力学直径概念的适用性直至 Mach 数 $\mathbf{M}=1$ 都在实验上得到了证明．这些管道内的速度分布特别值得注意．在图 20.13 和 20 14 中画出了 J. Nikuradse[43,44] 得到的矩形和三角形截面上的等速度线．在所有的情形下，拐角附近的速度都是比较大的，这是由于在所有非圆截面直管内都有二次流的缘故．这些二次流是这样的：流体沿角平分线流向拐角，然后向两边流开．二次流由管道中心向各个角不断地传递能量，所以在那里产生了较高的速度．图 20.15 画出了矩形和三角形管道内二次流的示意图．可以看到，矩形截面中的二次流在长边的端点附近和在短边的中间从壁面向内流动，它形成了一些低速区．在图 20.13 的等速度线图形中，它们表现得很清楚．如图 20.16 的等速度线图形所证明的，这种二次流在开口槽中也发生作用．其最大速度不是在自由表面附

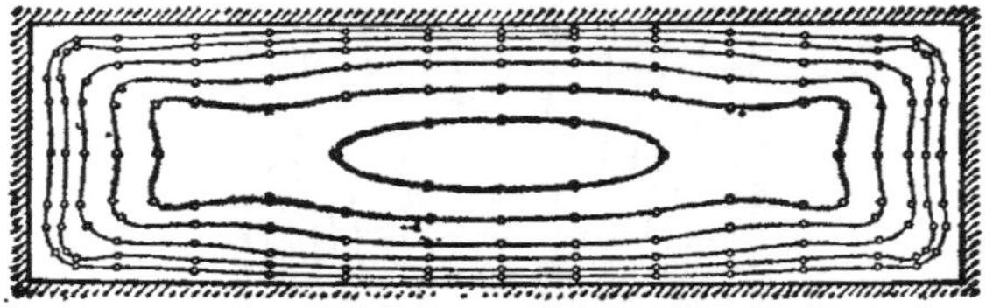

图 20.13　矩形截面管道的等速度线，根据 Nikuradse[43]

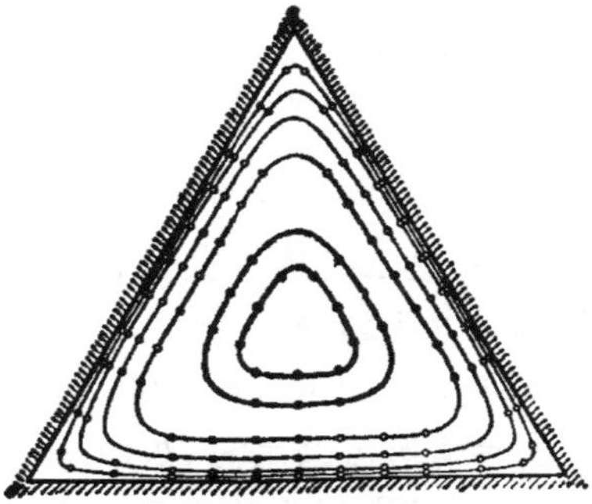

图 20.14　等腰三角形截面管道的等速度线，根据 Nikuradse[44]

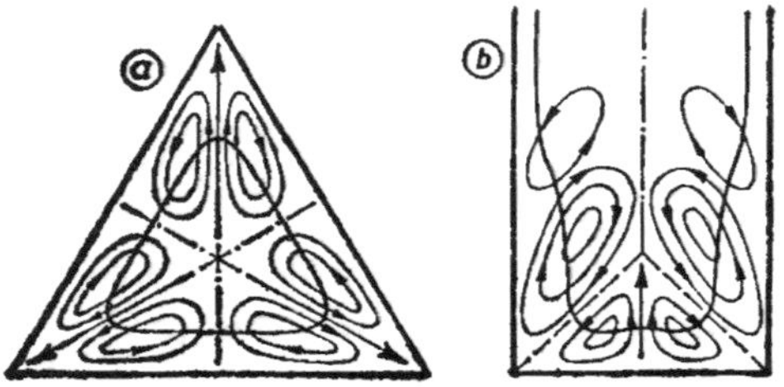

图 20.15 三角形和矩形截面管道内的二次流(示意图)

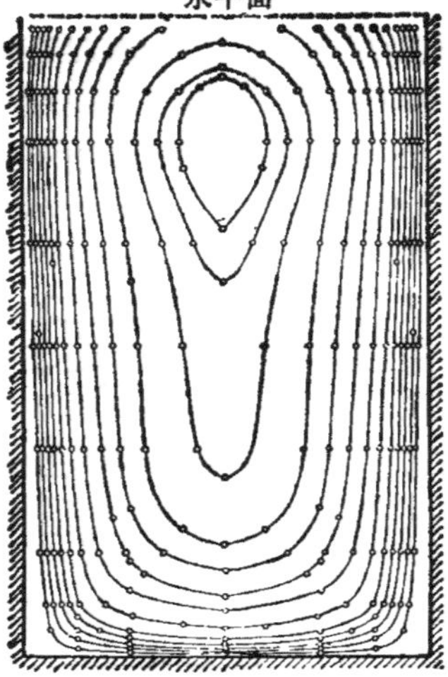

图 20.16 矩形开口槽的等速度线，根据 Nikuradse[43]

近，而是在向下约五分之一深度的地方，同时正如所预料的那样，自由表面内的流动根本不是二维的．在管道横截面有一个狭窄区时，整个流动并不是同时发生转捩．例如，在三角形的尖角区内，直至很高 Reynolds 数时，流动还是层流的，虽然大部分区域的流动早就是湍流了．这种情形可以用图 20.17 来说明，它是 E. R. G. Eckert 和 T. E. Irvine[13] 做出的测量结果．在 Reynolds 数 R = 1000 时，在三角形高度百分之四十的区域内流动都是层流，

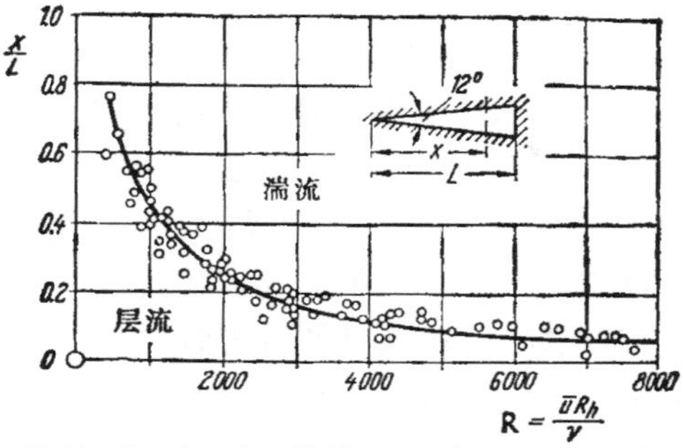

图 20.17 尖三角形管道内层流和湍流之间的界限，利用注入烟流直观测量的，根据 E. R. G. Eckert 和 T. E. Irvine[13]

R_h——水力学半径 $= d_h/2$

这种层流区随着 Reynolds 数的增加而减小。

E. Meyer[38] 研究了直管道流动的压力和速度分布，其中管道截面的形状是变化的，但其面积保持不变．他使用的管道由圆截面逐渐过渡到边长比为 1:2 的矩形截面．过渡是在两个不同长度范围内沿两个方向实现的，而且发现，在从圆形到矩形的过渡区域内的压力损失明显超过沿相反方向的损失．

f. 粗糙管道和等效砂粒粗糙度

工程设备中使用的大多数管道，至少在较高 Reynolds 数时不能看作是水力学光滑的．粗糙壁所造成的流动阻力大于上述光滑管道公式所给出的阻力．因此，粗糙管道的摩擦律具有很大的实际意义，关于这个问题的实验工作也开展得很早．但是由于几何形状多种多样，使描述粗糙度的参数数量非常大，这个基本困难使系统地探索粗糙管道摩擦律的希望落空．例如，如果我们考察有同样突起物的壁面，我们一定会得出这样的结论：阻力依赖于这种粗糙度的分布密度，即依赖于它们在单位面积上的数量及它们的形状和高度，最后还依赖于它们在表面上的分布方式．因此，经过很长的时间才建立起一些清晰而简单的描述粗糙管道中流动的定律，L. Hopf[25] 对大量的早期实验结果进行了综合评述，并发现了两种与粗糙管道和开口槽阻力公式有关的粗糙度．第一种粗糙度引起正比于速度平方的阻力，这就是说其阻力系数不依赖于 Reynolds 数，并对应于比较粗糙和分布紧密的粗糙元，例如粘敷在表面上的粗砂粒、水泥、或粗铸铁．在这些情形下，粗糙度的性质可以用一个粗糙度参数 k/R，即所谓的**相对粗糙度**来表示，其中 k 是突起物的高度，而 R 表示截面的半径或水力学半径．根据相似性考虑，我们可以断定，在这种情形下阻力系数只依赖于相对粗糙度．其实际关系可以通过对水力学半径不同而绝对粗糙度相同的管和槽进行测量来实验地确定．K. Fromm[17] 和 W. Fritsch[16] 进行了这种测量，他们发现对于几何相似的粗糙度，λ 正比于 $(k/R_h)^{0.314}$.

当突起物比较圆滑或者有少量突起物分布在较大面积上时，则出现第二种阻力公式，例如木制管或商用钢管中的突起物就是这种情形．这时，阻力系数既依赖于 Reynolds 数又依赖于相对粗糙度．

从物理观点来看，一定可以断定，突起物的高度与边界层厚度之比应该是决定性因素．特别是，可以预计这种现象依赖于层流次层的厚度 δ_l，所以必须把 k/δ_l 看作是表征这种粗糙度的一个重要的无量纲量．显然，假如突起物很小(或边界层很厚)，它们都埋在层流次层里，也就是说，如果 $k < \delta_l$，则粗糙度不会引起阻力增加，这时可以把壁面看成是水力学光滑的．这就像粗糙度对 Hagen-Poiseuille 流动的阻力没有影响一样． 回想在第十九章 e 中的一些考虑，可以得出层流次层厚度由 $\delta_l =$ 常数．ν/v_* 给出，而且无量纲粗糙度系数是

$$k/\delta_l \sim kv_*/\nu.$$

这是由粗糙元颗粒尺度和摩擦速度 v_* 组成的 Reynolds 数．

J. Nikuradse[46] 对粗糙圆管进行了非常系统、广泛和仔细的测量[1)]，他使用的圆管在其壁面上尽可能紧密地粘敷着某种规定尺

1) 在下文中，我们将用符号 k_S 表示 Nikuradse 砂粒粗糙度中的颗粒尺度，而用 k 表示其他种类的粗糙度．

度的砂粒. 通过选择不同直径的圆管和改变砂粒的尺度，他能从大约 1/500 到 1/15 的范围改变相对粗糙度 k_s/R. 在这些测量过程中发现的变化规律性，可以用一种简单的方法与光滑圆管联系起来.

我们将首先描述 Nikuradse 的测量，然后证明，早先在光滑圆管情形下发现的阻力公式与速度分布之间的关系，可以很自然地推广到粗糙圆管的情形.

阻力公式: 图 20.18 表示用砂粒粗糙了的圆管的摩擦律. 在层流区，所有粗糙圆管都有和光滑圆管同样的阻力. 临界 Reynolds 数同样不依赖于粗糙度；在湍流区，对于一个给定了粗糙度的圆管也存在这样一个 Reynolds 数范围，在这个范围内，它的性质和光滑圆管相同. 因此，在这个范围内也可以把粗糙圆管说成是水力学光滑的，同时 λ 只取决于 **R**. 从某个 Reynolds 数开始(它的大小随 k_s/R 减小而增加)，粗糙圆管的阻力曲线就偏离了光滑圆管的曲线，并且在某个更高的 Reynolds 数下达到了二次方阻力定律区，其中 λ 只取决于 k_s/R. 因此，必须考察下面**三种状态**:

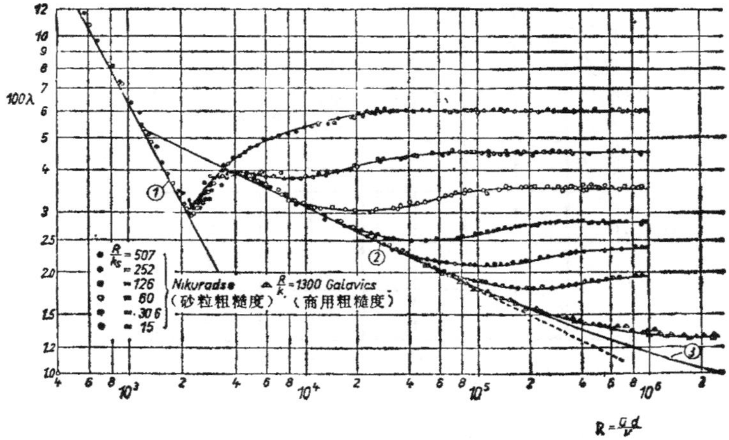

图 20.18 粗糙圆管的阻力公式

曲线(1)由式(5.11)，层流；曲线(2)由式(20.5)，湍流，光滑；曲线(3)由式(20.30)，湍流，光滑

1. 水力学光滑[1]状态:

$$0 \leqslant \frac{k_s v_*}{\nu} \leqslant 5: \quad \lambda = \lambda(\mathrm{R}).$$

这种粗糙度的尺度很小,所有突起物都埋在层流次层内.

2. 过渡状态:

$$5 \leqslant \frac{k_s v_*}{\nu} \leqslant 70: \quad \lambda = \lambda\left(\frac{k_s}{R}, \ \mathrm{R}\right).$$

突起物部分地伸出了层流次层,与光滑圆管相比,附加阻力主要是由突起物在边界层内所受到的形阻造成的.

3. 完全粗糙状态:

$$\frac{k_s v_*}{\nu} > 70: \quad \lambda = \lambda(k_s/R).$$

所有突起物都伸出了层流次层，绝大部分阻力是由作用于它们的

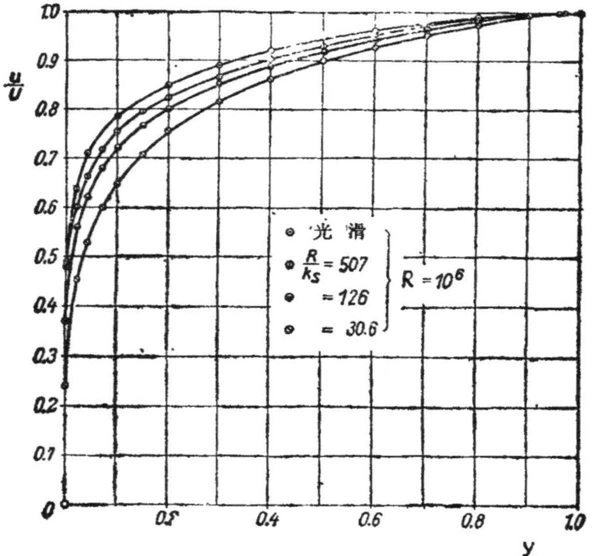

图 20.19 粗糙圆管的速度分布,根据 Nikuradse[46]

1) 这里引用的 $k_s v_*/\nu$ 的数值将在后面由速度分布律推导出来. 它们只适用于用砂粒得到的粗糙度.

形阻引起的，因此，阻力定律是二次方的.

速度分布： 图 20.19 画出了光滑圆管和几个粗糙圆管中速度比 u/U 与距离比 y/R 的关系曲线，它们都是在二次方阻力定律的适用范围内测定的，由图可见，粗糙壁面附近的速度梯度没有光滑壁面的那么陡. 用式(20.6)那种幂次公式重新表示速度函数，可以得到指数为 $\frac{1}{4}$ 到 $\frac{1}{5}$. 根据这些曲线计算的截面上混合长度的变化已经画在图 20.6 中，由图可见，这种变化对粗糙圆管和对光滑圆管完全一样. 它可以用经验公式(20.18)来表示. 特别是在壁面附近，我们有 $l = \kappa y = 0.4y$.

因此，速度分布的对数律式(19.29)，对于粗糙圆管也是适用的，只是积分常数 y_0 必须取不同的数值. 而且很自然的是，要使 y_0 正比于粗糙度高度 k_S，即设 $y_0 = \gamma k_S$，因此现在式(19.29)变为

$$\frac{u}{v_*} = \frac{1}{\kappa}\left(\ln\frac{y}{k_S} - \ln\gamma\right), \tag{20.31}$$

常数 γ 还要依赖于具体粗糙度的性质. 将这个公式与 J. Nikuradse 的测量结果进行比较，可以发现，这些结果实际上可以用下述形式的公式来表示：

$$\frac{u}{v_*} = 2.5\ln\frac{y}{k_S} + B, \tag{20.32}$$

其中常数 $2.5 = 1/\kappa = 1/0.4$，而 B 在前面讨论的三个粗糙度范围内各取不同的值. 在完全粗糙状态范围内，我们有 $B = 8.5$，所以在这个区域内

$$\frac{u}{v_*} = 5.75\log\frac{y}{k_S} + 8.5 \quad (\text{完全粗糙}). \tag{20.32a}$$

可以看到，相应的直线与测量结果符合得很好，图 20.20. 一般说来，B 是粗糙度 Reynolds 数 $v_* k_S/\nu$ 的函数. 根据式(20.32)和(20.14)，立即得到相应于水力学光滑流动的 B 值，它是

$$B = 5.5 + 2.5\ln\frac{v_* k_S}{\nu} \quad (\text{水力学光滑}). \tag{20.33}$$

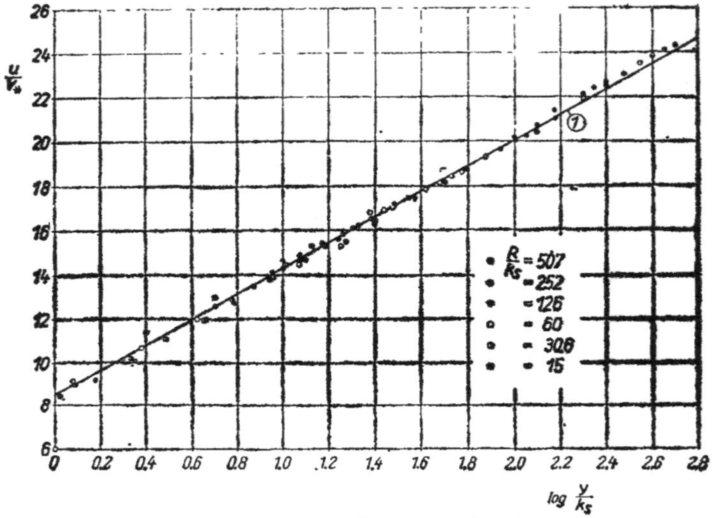

图 20.20 粗糙圆管的普适速度分布

曲线 (1) 由式 (20.32a) 得出

在从水力学光滑流动到完全粗糙流动的过渡区内，B 值相对于 $v_* k_s/\nu$ 的变化示于图 20.21 中，可以看出，这些点极好地落在一条曲线上.

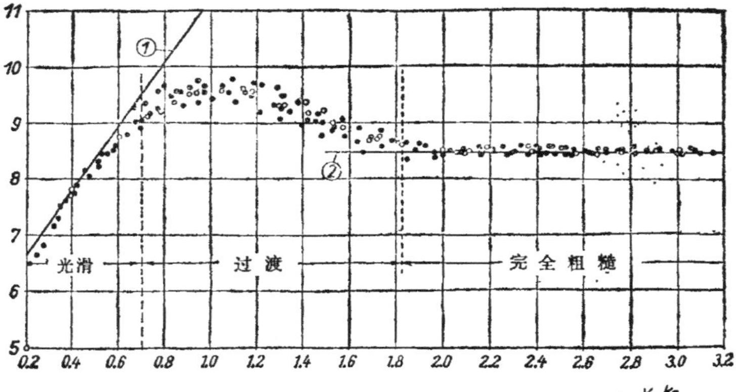

图 20.21 粗糙度函数 B 与 $v_* k_s/\nu$ 的关系，对于 Nikuradse 砂粒粗糙度

曲线 (1)：水力学光滑，式 (20.33)；曲线(2)：$B = 8.5$，完全粗糙

对于管轴 $y=R$, $u=U$, 写出式(20.32), 并构成速度差 $U-u$, 可以再次得到速度亏损公式(20.23):

$$\frac{U-u}{v_*}=2.5\ln\frac{R}{y}=5.75\log\frac{R}{y}. \qquad (20.23)$$

我们知道, 它适用于图 20.7 的光滑圆管. 为了更清楚地看出光滑与粗糙圆管速度分布之间的关系，最好是像光滑圆管的公式(20 13)和图 20.4 那样,用无量纲速度 $u/v_*=\varphi$ 与 Reynolds 数 $yv_*/\nu=\eta$ 的关系的形式,重新画出这些粗糙圆管的结果.将粗糙圆管的式 (20.32a)写成下面形式:

$$\frac{u}{v_*}=5.75\log\frac{yv_*}{\nu}+D_1 \quad (\text{完全粗糙}), \qquad (20\ 33a)$$

并与式(20.32a)进行比较,可以得出

$$D_1=8.5-5.75\log\frac{k_s v_*}{\nu} \quad (\text{完全粗糙}). \qquad (20.33b)$$

按照 N. Scholz[65] 的方法, 图 20.22 中画出了这个速度分布. 根据式(20.33a), 它既表示粗糙圆管的速度分布,也表示光滑圆管的速度分布. 这张曲线图由一族平行直线组成, 其中 v_*k_s/ν 起一

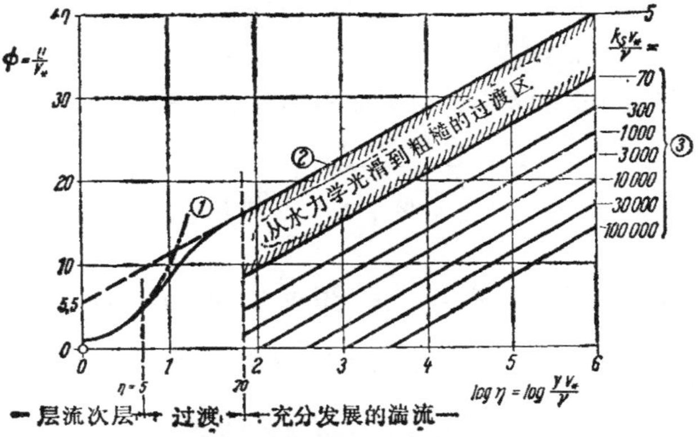

图 20.22 对光滑壁和粗糙壁都适用的圆管湍流普适速度剖面, 根据 N. Scholz[65]

(1) 光滑,层流次层, $\phi=\eta$; (2) 光滑,湍流, 式(20.14); (3) 粗糙,湍流,式(20.33a), 其中 D_1 由式(20.33b)得出

个参数的作用. 如前所述，$v_* k_S/\nu = 5$ 的值相应于水力学光滑壁面，$v_* k_S/\nu = 5$ 到70之间的范围，相应于从水力学光滑到完全粗糙的过渡状态，而当 $v_* k_S/\nu > 70$ 时，流动是完全粗糙的. 特别是，这张图清楚地表明，在水力学光滑圆管中厚度达 $y v_*/\nu = 5$ 的层流次层，对于完全粗糙的圆管是不重要的.

阻力公式与速度分布的关系: 这种关系对于粗糙圆管也是存在的，并且可以用本章 d 关于光滑圆管的同样方法推导出来. 对于完全粗糙状态，这个关系最简单. 我们首先用计算式(20.26)的同样方法，由式(20.23)计算出平均速度:

$$\bar{u} = U - 3.75 v_*. \tag{20.34}$$

将由式(20.32a)得到的 $U = v_*(2.5 \ln R/k_S + 8.5)$ 代入上式，我们有

$$\bar{u}/v_* = 2.5 \ln(R/k_S) + 4.75,$$

或

$$\lambda/8 = (v_*/\bar{u})^2 = [2.5 \ln(R/k_S) + 4.75]^{-2},$$

即

$$\lambda = [2 \log(R/k_S) + 1.68]^{-2},$$

这是完全粗糙流动的二次阻力公式. 它是 Th. von Kármán (第十九章[17])根据相似律首先推导出来的. 与 J. Nikuradse 的实验结果(图 20.23)所进行的比较表明，如果把常数 1.68 换成 1.74，可以得到更接近的吻合. 所以**完全粗糙状态的阻力公式**成为

$$\lambda = \frac{1}{\left(2 \log \frac{R}{k_S} + 1.74\right)^2}. \tag{20.35}$$ 1)

实验结果非常接近于用 $1/\sqrt{\lambda}$ 相对于 $\log(R/k_S)$ 画出的直线.

---

1) Colebrook 和 White[6] 建立了关联从水力学光滑到完全粗糙流动的整个过渡区的公式:

$$\frac{1}{\sqrt{\lambda}} = 1.74 - 2 \log\left(\frac{k_S}{R} + \frac{18.7}{\mathbf{R}\sqrt{\lambda}}\right). \tag{20.35a}$$

当 $k_S \to 0$ 时，这个公式变为适用于水力学光滑圆管的式(20.30). 当 $\mathbf{R} \to \infty$ 时，它变为完全粗糙状态的式(20.35). 在过渡区内，式(20.35a)画出的 λ 对于 $\mathbf{R}$ 的曲线，类似于图 20.18 和 20.25 中标有"商用粗糙"的曲线.

另外值得指出的是，如果用水力学半径 $R_h = 2A/C$ （A = 面积，C = 浸湿的周长）代替 R，则式 (20.35) 可以用于非圆截面的管道。

同样容易导出过渡区的阻力定律与速度分布的关系。由式 (20.32)，有

$$B = \frac{u}{v_*} - 2.5\ln\frac{y}{k_s} = \frac{U}{v_*} - 2.5\ln\frac{R}{k_s}.$$

另一方面，由式(20.34)可以得到

$$\frac{U}{v_*} = \frac{\bar{u}}{v_*} + 3.75 = \frac{2\sqrt{2}}{\sqrt{\lambda}} + 3.75,$$

上面这个公式给出

$$B\left(\frac{v_* k_s}{\nu}\right) = \frac{u}{v_*} - 2.5\ln\frac{y}{k_s}$$
$$= \frac{2\sqrt{2}}{\sqrt{\lambda}} + 3.75 - 2.5\ln\frac{R}{k_s}. \qquad (20.36)$$

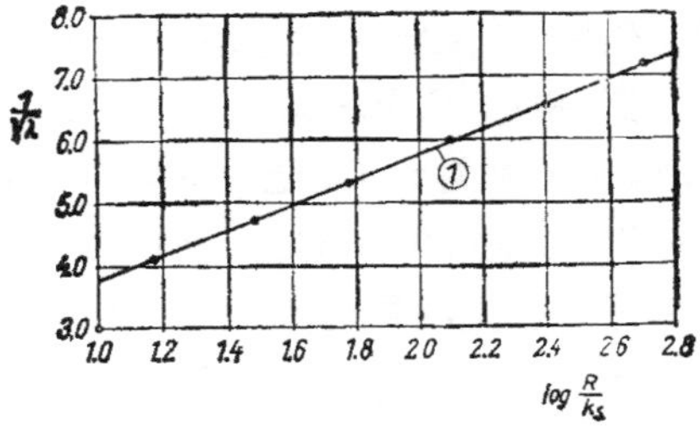

图 20.23 用砂粒粗糙的圆管在完全粗糙状态下的阻力公式

曲线 (1) 由式 (20.35) 得出

如果从速度分布得出常数 B，最后这个公式就可用来确定阻力系数 λ 值。另一方面，根据速度分布或根据阻力公式，可以用式 (20.36) 确定作为 $v_* k_s/\nu$ 函数的常数 B。图 20.21 中的图线与这两种方法的任何一种结果都符合得很好，这就证明了，对于粗糙圆管来说，根据阻力公式计算速度分布也是允许的。

这三种状态之间的界限，即前面已经给出的水力学光滑流动、过渡状态、和完全粗糙状态之间的界限，现在可以直接由图 20.21 得到。我们有

$$\left.\begin{aligned} &\text{水力学光滑:} && \frac{v_* k_s}{\nu} < 5, \\ &\text{过渡:} && 5 < \frac{v_* k_s}{\nu} < 70, \\ &\text{完全粗糙:} && \frac{v_* k_s}{\nu} > 70. \end{aligned}\right\} \tag{20.37}$$

这些界限与在紧靠光滑壁面的边界层内测量的速度分布完全一致。速度分布是 H. Reichardt 测量的，并画在图 20.4 中。水力学光滑状态的界限 $v_* k_s/\nu = 5$ 给出层流次层的厚度，并与Hagen-Poiseuille 纯层流速度分布律适用范围的极限相吻合。过渡状态的极限 $v_* k_s/\nu = 70$ 也与下述一点相吻合。在这点上测量的速度分布沿切向过渡到完全湍流摩擦的对数律分布，式 (20.14)。

S. Goldstein[19] 根据如下判据成功地导出了水力学光滑状态下 $v_* k_s/\nu = 5$ 的界限：在这一点上在单个突起物上刚要开始形成 von Kármán 涡街。根据 F. Homann 对圆柱进行的测量，这种情形将发生在 Reynolds 数等于 60 至 100 时，其中 Reynolds 数是由直径和来流速度定义的（图 1.6）。在新近的研究中，J. C. Rotta[58] 发现，粗糙壁的层流次层的厚度比光滑壁的小，对于光滑壁可以应用式 (20.15a)。

g. 其他类型的粗糙度

Nikuradse 用砂粒得到的粗糙度可以说具有最大的密度，因为这些砂粒是尽可能紧密地粘敷在壁面上的。在许多实际应用中，壁面粗糙度的密度要小得多，而且这种粗糙度不能只用突起物的高度 k，或其相对尺度 k/R 来描述。方便的作法是，按照**标准粗糙度**的某种尺度来布置这种粗糙度，并采用 Nikuradse 的砂粒粗糙度作为对比，因为后者已在很大的 R 和 k/R 值范围内进行

了研究。在完全粗糙状态下，这种对比关系最简单。如前所述，这时阻力系数由式 (20.35) 给出。将任意给定的粗糙度与**等效砂粒粗糙度**联系起来是方便的，并定义后者为这样的值：代入到式 (20.35) 后，它给出实际的阻力系数。

对于大量按规则方式布置的粗糙度，H. Schlichting[63] 从实验上测定了它们的等效砂粒粗糙度。为此目的而使用的特殊实验风洞，具有矩形的横截面，有三个光滑侧壁和一个可更换的长侧壁，为了适应这种实验，它的粗糙度可以改变。通过测量中心截面的速度分布，就能借助于对数公式确定粗糙壁面的切应力，因而也

No	项目	尺寸	D [cm]	d [cm]	k [cm]	k_s [cm]	照片
1	圆球	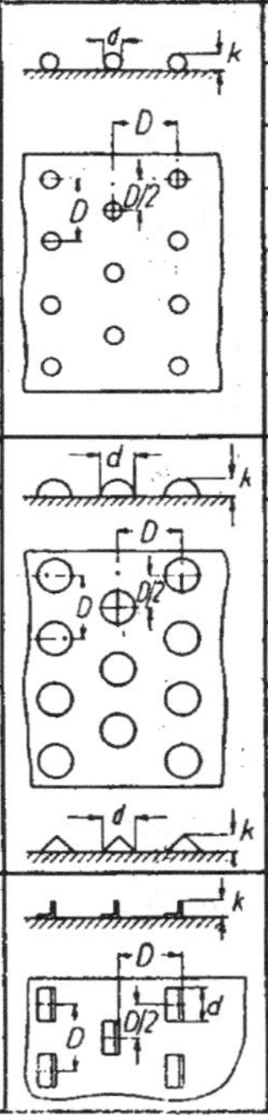	4	0.41	0.41	0.093	
2			2	0.41	0.41	0.344	
3			1	0.41	0.41	1.26	
4			0.6	0.41	0.41	1.56	
5			最密	0.41	0.41	0.257	
6			1	0.21	0.21	0.172	
7			0.5	0.21	0.21	0.759	
8	球帽		4	0.8	0.26	0.031	
9			3	0.8	0.26	0.049	
10			2	0.8	0.26	0.149	
11			最密	0.8	0.26	0.365	
12	圆锥		4	0.8	0.375	0.059	
13			3	0.8	0.375	0.164	
14			2	0.8	0.375	0.374	
15	"短"面		4	0.8	0.30	0.291	
16			3	0.8	0.30	0.618	
17			2	0.8	0.30	1.47	

图 20.24 规则粗糙度模型的测量结果，根据 H. Schlichting[63]

k——突起物的实际高度；k_s——等效砂粒粗糙度

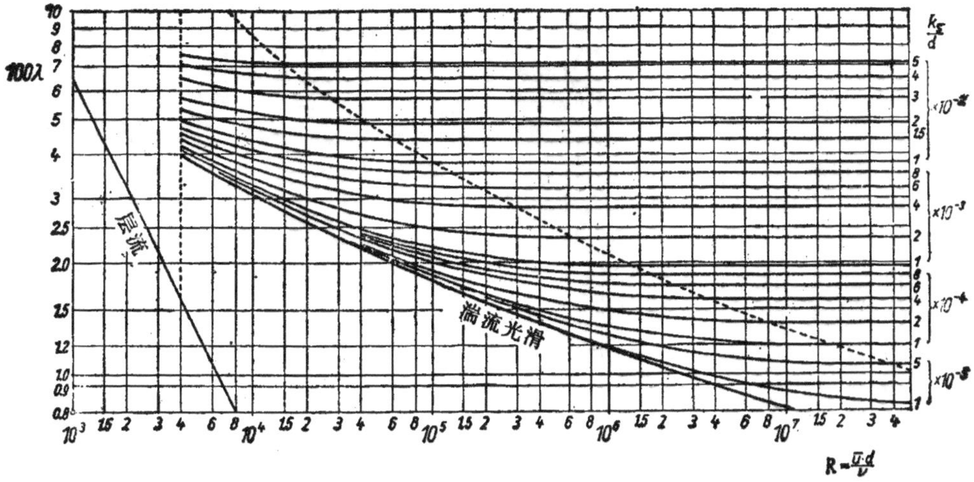

图 20.25 商用粗糙圆管的阻力，根据 L. F. Moody[40]

k_s——等效砂粒粗糙度，在一些具体情形下根据图 20.26 中的附图确定. 虚线表示可以应用二次方摩擦律的完全粗糙状态的界限

能确定等效砂粒粗糙度。为此,对于给定的 k 值,只需要确定普适公式 $u/v_* = 5.75\log(y/k) + B$ 中的常数 B。与式(20.32a)相比较,我们由下式得到等效砂粒粗糙度:

$$5.75\log k_S/k = 8.5 - B. \tag{20.38}$$

图 20.24 中概括了这种测量的一些结果. V. L. Streeter[73] 和 H. Moebius[39] 对管道进行了类似的测量,他们在管道内壁面刻上不同形状的条纹而使其人为地粗糙化.

一般来说,那些按工程**惯例**被看作是**光滑**的管道,并不能认为就是**水力学光滑的**. 图 20.18 中给出了这种差别的一个例子,其中可以看到,B. Bauer 和 F. Galavics[3] 对有热水流动的"商用光滑"钢管所做的测量结果和对于砂粒粗糙圆管的 Nikuradse 测量值画在一起.

将上述计算应用于实际情形的困难在于,对于给定的管道,其粗糙度值是不知道的,在 L. F. Moody 的一篇文章[40]中,有商用粗糙圆管阻力的非常广泛的实际结果. 图 20.25 表明,在不同的 k_S/d 值下 λ 相对于 $\mathbf{R}$ 的图线与图 20.18 中 J. Nikuradse 的图线大体相同. 等效相对砂粒粗糙度的各自值可以由图 20.26 中的辅助图线得出,我们看到,图中那些圆管是按 Nikuradse 等效砂粒粗糙度的尺度顺序排列的. 由这个事实可以得出,用 k_S/d 表示的 λ 值与图 20.18 中的 Nikuradse 值在完全粗糙状态下是一致的. 在这种商用圆管中,由小 Reynolds 数下水力学光滑状态向大 Reynolds 数下完全粗糙状态的过渡,要比在 Nikuradse 的人工粗糙化圆管中的过渡缓和得多.

有时不能使商用粗糙表面令人满意地符合砂粒粗糙度的尺度. 在 Ecker 谷地的输水管中发现了一种具有很大阻力系数的特殊类型的粗糙度[68,82]. 这根水管的直径是 500mm,经过长期使用后,发现其质量流量降低了百分之五十以上. 通过检查注意到,管壁布满了仅有 0.5mm 高的肋条样的沉淀物,这些肋条垂直于流动方向. 所以,这种几何形状的粗糙度值很小,$k/R=1/500$,然而根据阻力系数计算,其有效砂粒粗糙度的值为 $k_S/R=1/40$ 到 $1/20$,

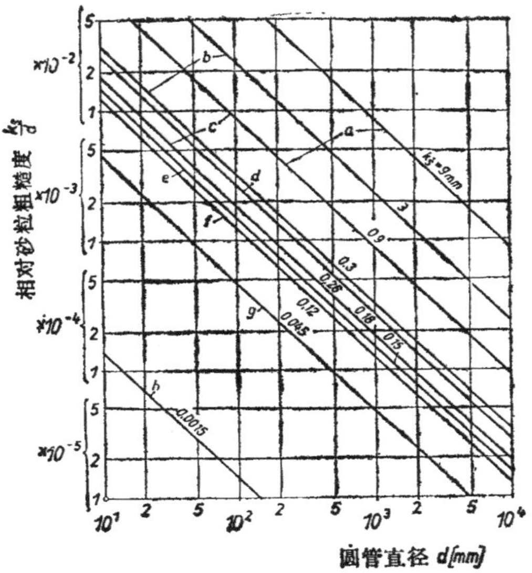

图 20.26　计算商用圆管等效相对砂粒粗糙度的辅助图线，根据 L. F. Moody[40]

(a) 铆接钢管；(b) 钢筋混凝土管；(c)木管；(d) 铸铁管；(e) 镀锌钢管；(f) 涂沥青的钢管；(g) 构造和锻造的钢管；(h) 轧制管

这里阻力系数也是借助于测量的质量流量确定的. 由此可以看出，肋样皱纹的阻力要比相同绝对尺度的砂粒粗糙度的阻力大得多. 在 E. Huebner 的一篇文章中[26]，可以找到大量关于商用管道中阻力增加的实验描述，例如矿井中的例子.

关于粗糙壁面对流动阻力影响的更多细节，特别是一些单个突起物引起的阻力，将在讨论平板阻力的第二十一章中给出.

h. 弯曲管道和扩压器中的流动

弯曲管道：以上关于管道流动的讨论只适用于直管道. 在弯曲管道内，由于轴线附近的高速质点比壁面附近的低速质点有更大的离心力，所以存在二次流. 这就出现了中心部分向外、壁面附近向内(即指向曲率中心)的二次流(图 20.27).

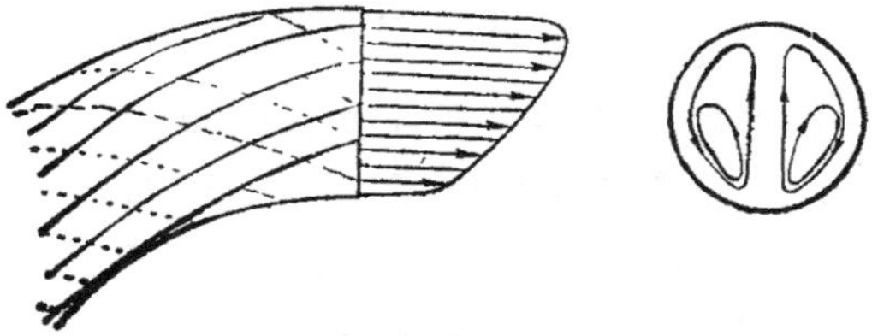

图 20.27　弯曲管道中的流动，根据 Prandtl[52]

曲率在层流中的影响比在湍流中的要强。C. M. White[80] 和 M. Adler[2] 进行了层流的实验研究。湍流情形由 H. Nippert[47] 和 H. Richter[56] 进行了实验研究。W. R. Dean[10] 和 M. Adler[2] 对层流情形进行了理论计算。在**层流情形**下，决定曲率影响的无量纲特征变量是 **Dean 数**：

$$\mathbf{D} = \frac{1}{2}\mathbf{R}\sqrt{\frac{R}{r}} = \frac{\bar{u}R}{\nu}\sqrt{\frac{R}{r}}, \tag{20.39}$$

其中 R 是截面半径，而 r 是曲率半径。

M. Adler 对于 $r/R = 50$，100 和 200 所做的测量说明，当 $\mathbf{R}\sqrt{R/r} > 10^{1/2}$ 时，由曲率引起的流动阻力明显增加。根据他的计算，弯曲管道的层流阻力系数 λ 由下式给出：

$$\frac{\lambda}{\lambda_0} = 0.1064\left[\mathbf{R}\sqrt{\frac{R}{r}}\right]^{1/2}, \tag{20.40}$$

其中 λ_0 表示直管的阻力系数，即式(20.30)。但是测量指出，上式只有渐近的适用性，它可以用于参数 $\sqrt{R/r}$ 超过约 $10^{2.8}$ 的那些值。测量的这些结果能以很高的精度用下述经验公式来近似：

$$\frac{\lambda}{\lambda_0} = 0.37\mathbf{D}^{0.36}, \tag{20.41}$$

该式是 L. Prandtl[53] 首先给出的。这个公式在以下范围内与实验结果很一致：

$$10^{1.6} < \mathbf{R}(R/r)^{1/2} < 10^{3.0}$$

C. M. White[81] 得出，弯曲管道的湍流阻力系数可以用下式表示：

$$\frac{\lambda}{\lambda_0} = 1 + 0.075\mathrm{R}^{1/4}\left(\frac{R}{r}\right)^{1/2}, \qquad (20.42)^{1)}$$

这种形式清楚地指出，Dean 数不能再作为适合的独立变量了. 后来，H. G. Cuming[8] 对弯曲管道中的二次流现象进行了研究。

在层流情形下，Ito[26a] 把式 (20.40) 的适用性推广到较低的 Dean 数。根据他的计算，给出阻力系数 λ 如下:

$$\lambda/\lambda_0 = 0.103K^{1/2}(1 + 3.945K^{-1/2} + 7.782K^{-1} + 9.097K^{-3/2} + \cdots),$$

其中 $K = 2\mathrm{D}$. 如果把括号外面的数值系数换成 0.101，这个公式在 $K > 30$ 的范围内与实验结果很符合.

在湍流情形下，Ito[27] 已经在理论上证明，阻力系数的比值 λ/λ_0 可以通过无量纲变量 $\mathrm{R}(R/r)^2$ 来表示. Ito[28] 的实验结果能够以足够的精度用脚注中提到的公式来表示.

在弯头和弯管流动中，不仅在弯头部分内有一些能量损失，而且在它后面的直管内也有部分由弯头引起的损失. H. Ito[29] 给出了光滑管弯头损失系数的广泛测量，并给出了这些结果的一个相互关系. W. M. Collins 等[5b] 报道了一些理论结果.

在径向旋转的直管内的流动中，由于 Coriolis 力的作用也产生了类似于弯管中出现的二次流，它引起了很大的阻力。关于这个课题，H. Ito 和 K. Nanbu[30] 进行了广泛的测量和理论计算.

R. W. Detra[11] 也进行了关于湍流摩擦损失的广泛测量和理论计算，在他的研究中还包括非圆截面的弯曲管道. 可以发现，当椭圆长轴位于曲率平面内时，椭圆管道给出的阻力大于长轴垂直于曲率平面时的阻力。

---

1) H. Ito[27] 给出:

$$\lambda\left(\frac{r}{R}\right)^{1/2} = 0.029 + 0.304\left[\mathrm{R}\left(\frac{R}{r}\right)^2\right]^{-0.25}; \quad 300 > \mathrm{R}(R/r)^2 > 0.034$$

和

$$\frac{\lambda}{\lambda_0} = \left[\mathrm{R}\left(\frac{R}{r}\right)^2\right]^{0.05}; \quad \mathrm{R}(R/r)^2 > 6.$$

这些公式与上述 C. M. White 公式稍有不同，但总的来说还是一致的.

E. Becker[4] 研究了固定曲率的矩形管道内的二次流，其中截面的径向宽度比其高度大得多. D. Haase[21] 研究了进口段急转成 90° 的矩形弯头内的死水区和分离的形成.

扩压器: J. Ackeret[1], H. Sprenger[69,70] 以及 S. J. Kline 和他的合作者们[15,34,41]对于直的和弯曲的扩压器的特性进行了大量的实验研究. 这些研究的最重要的成果之一，是进口的边界层厚度对压力恢复的效率有很大的影响. 压力恢复效率定义为

$$\eta_D = \frac{p_2 - p_1}{\frac{1}{2}\rho(\bar{u}_1^2 - \bar{u}_2^2)}. \tag{20.43}$$

这里 p 表示静压，$\bar{u}$ 是截面上的平均速度. 而下标 1 和 2 分别表示进口和出口的状态. 图 20.28 中的图线代表圆截面扩压器的效率随比值 $2\delta_{11}/D_1$ 的变化. 符号 δ_{11} 表示进口的位移厚度，D_1 是相应的扩压器直径. 对于直扩压器，当进口的位移厚度是半径 $\frac{1}{2}D_1$ 的 0.5% 时，$\eta_D = 0.9$，而当 δ_{11} 增加到 $\frac{1}{2}D_1$ 的5%时，降到 $\eta_D = 0.7$. 可以进一步看出，当偏转角增加时，其效率降低很快. 此外还可以确认，当扩压器弯曲时，进口的横截面形状将起重要的作用，例如，当进口截面为圆形而出口截面为椭圆时，如果椭圆长轴位于曲率平面内，则效率 η_D 要低得多. 如果长轴转为垂直于曲率平面，则效率 η_D 会增加. 在前者情形下，出现更加强烈的二次流，它使损失增加. J. Ackeret 成功地对圆截面直扩压器的效率进行了理论计算. 这是用第二十二章的湍流边界层公式做出的. 由图 20.28 可以看到，这个计算与测量结果符合得很好. H. Schlichting 和 K. Gersten[64] 也对直扩压器的边界层进行了系统的计算. 这些计算得出这样的结论：在相同的面积比（进口对出口）和相同的进口 Reynolds 数情形下，存在一个最佳的扩张夹角 2α. 这时效率 η_D 达到最大值. 最佳角度位于 $2\alpha = 3°$ 和 $8°$ 之间，并且随 Reynolds 数增加而减小.

在这方面应该注意F. A. L. Winternitz 和 W. J. Ramsay[83] 及 J. S. Sobey[68b] 所进行的扩压器的实验研究.

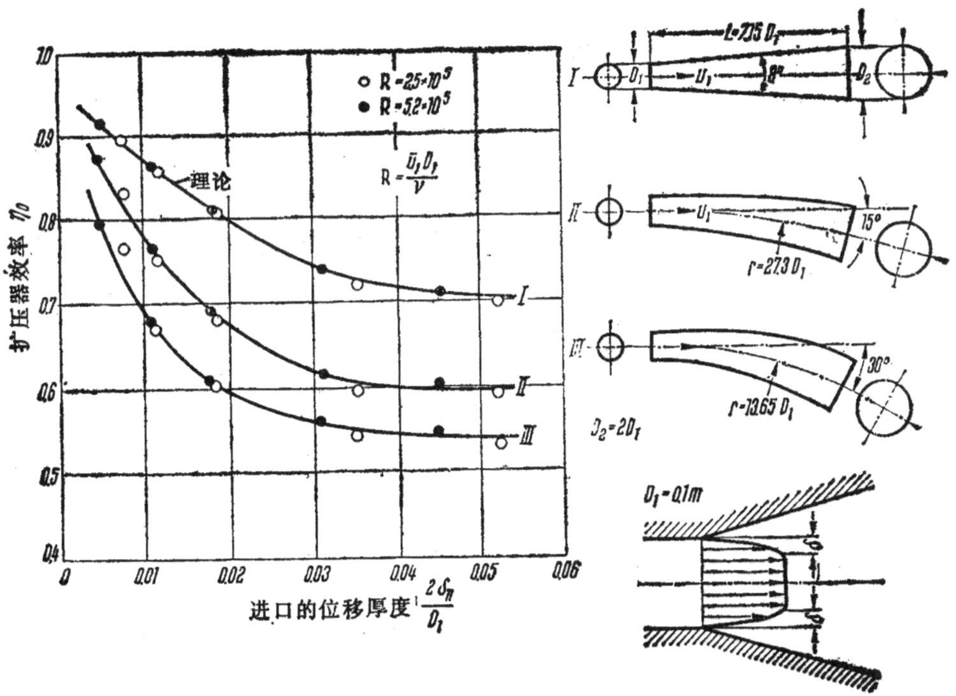

图 20.28 圆截面直的和弯曲的扩压器的扩压器效率. 效率按式(20.43)定义. 图线表示对进口边界层厚度与截面半径之比的依赖关系. 根据 J. Ackeret[1,1a] 和 H. Sprenger[70]

D. J. Cockerell 和 E. Markladd[7] 给出了扩压器中流动机制的综合评述。

i. 管道中的非定常流动

F. Schultz-Grunow[66] 研究了脉动流动的问题，即叠加有周期脉动的定常平均流动问题．实验装置由一个管子组成，管内通入固定水头的水，它的端面面积是间歇增加和减小的．管内的速度剖面在加速期间和减速期间彼此明显不同．在加速期间，它们非常类似于逐渐收缩管道内的定常流动剖面，而在减速期间，它们很像在第二十二章说明的扩张管道(扩压器)内的定常状态剖面，在那章详细地画出了这种速度剖面．在某些情形下，在减速期间可以出现逆流和壁面附近的分离．当脉动缓慢时，阻力系数的时间平均值与其定常值没有明显的区别． 在另一篇文章中，F. Schultz-Grunow[67] 描述了一种测量脉动流动排出率的实用方法。

j. 添加聚合物减阻

在湍流中，通过添加少量的聚合物粒子，可以使管中的压力降比较式(20.30)明显减小．在层流中，类似的添加剂使压力降实际上不改变．阻力降低的程度取决于聚合物的分子量及其浓度。图 20.29 的图线描述了不同溶液浓度 c 时的阻力系数 λ 与 Reynolds 数 $\mathbf{R}=\bar{u}d/\nu_p$ 的函数关系，其中 ν_p 是溶液的运动粘性系数。测量是 R. W. Paterson 和 F. H. Abernathy[50a] 做出的。当浓度增加时，减小的阻力系数趋于一条减小最大的曲线，即 P. S. Virk[77] 指出的曲线 (3)。 图 20.29 的图线画出了沿管道两个测量位置得到的一些实验点．这两个截面的阻力系数值的差别可以这样来解释：在湍流流动中聚合物分子被撕开，结果引起浓度沿流动方向的明显减小。 尽管对这种现象进行了充分的研究(参看 M. T. Landahl[36] 的文章)，但是对其发生原理至今还没有提出满意的解释。然而，实验明确无误地说明，阻力的减小与湍流结构的改变有关。借助于实验测量的速度分布律，可以得到对这个过程最恰当

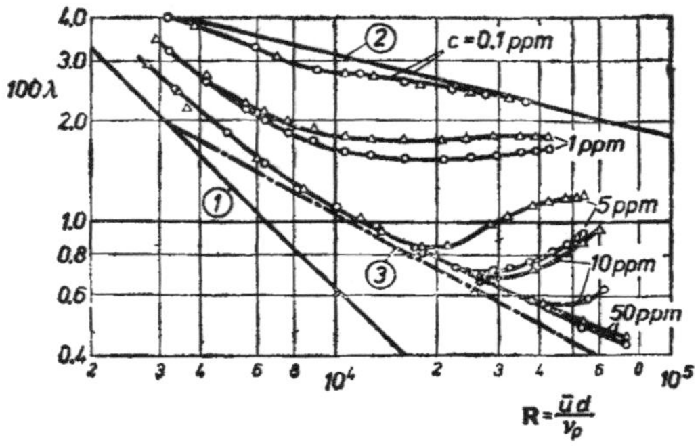

图 20.29 在聚合物溶液的湍流中，光滑圆管的阻力系数 λ 与 Reynolds 数的函数关系，R. W. Paterson 和 F. H. Abernathy[50] 测量．给定浓度 c 的聚乙烯氧化物溶液；1ppm 表示每 10^6 克水有 1 克聚合物

ν_p = 溶液的运动粘性系数；○ = 距进口 214d 的测量位置；△ = 距进口 1541d 的测量位置；(1) 层流，$\lambda = 64/R$； (2) 湍流，牛顿流体，式(20.5)；(3)最大阻力减小的渐近线，根据 P. S. Virk[77]，式(20.45)

的说明。

根据 P. S. Virk[78,79]，必须区分三个速度分布区：

(1) 层流次层 ($0 \leqslant \eta \leqslant 10$)，这对应于图 20.4 中的曲 线 (1)。

(2) 充分发展的湍流区． 这里的速度分布遵守式 (20.13) 的分布律，不管溶液的物理性质如何，$A_1 = 25$．常数 D_1 随浓度有很大变化。

(3) 称为“弹性”区域．这个区域位于层流次层和充分发展湍流区之间[77]。这里速度用对数律描述：

$$\varphi = 11.7 \ln \eta - 17. \tag{20.44}$$

对于足够高的浓度，这个分布律实际上可以用到管道中心．与式(20.30)相类似，我们可以通过积分该式来推导阻力公式：

$$\frac{1}{\sqrt{\lambda}} = 9.5 \log\left(\frac{\bar{u}d}{\nu_p}\right) - 19.3 \text{（高的聚合物浓度）}. \tag{20.45}$$

上面这个公式可以看作是能得到最大阻力减小的渐近律． P. S.

Virk[78] 的实验进一步证明，在聚合物溶液的流动中，表面粗糙度的影响在很大程度上受到了抑制．最近，在一个国际讨论会论文集[15a]中广泛地报道了这个领域的问题，还可以比较 N. B. Berman 的评述[4a]．

第二十一章　零压力梯度的湍流边界层；平板；旋转圆盘；粗糙度

人们可能推测，只要借助于第十九章讨论的假设之一，首先建立起粘性力大小的表达式，则根据式(19.3a)和(19.3b)，就能利用如层流边界层那样的一般方法，进行沿平板或沿任意物体的湍流边界层计算．但是，迄今这种方法尚未获得成功，因为这里存在着难以克服的困难：我们对于从湍流边界层到紧靠壁面的层流次层的过渡区一无所知，同时也不知道层流次层内的摩擦律．根据这个观点，就所谓**自由湍流**问题而言，其条件是比较有利的．自由湍流是不存在固体边界的湍流运动，例如当流体射流与周围静止大气混合时，或当物体后面的尾迹扩散到流动中时，就是这种流动．这些情形可以借助于微分方程和经验的湍流摩擦律来求解．至于其他湍流问题，尚未提出积分运动方程的成功方法．目前在数学上处理湍流边界层的唯一可利用的方法，是在层流边界层理论中使用过的那些近似方法．这些方法主要基于动量方程，这个方程已经在层流边界层研究中成功地得到了应用．

湍流边界层最简单的情形发生在零攻角平板上，而且这种情形有很重要的实际意义．例如，它出现在船舶、航空工程中的升力面和机身，以及涡轮机和旋转压缩机叶片等的表面摩擦阻力的计算中．零攻角平板讨论起来比较简单，因为沿壁面的压力梯度等于零，因而边界层外面的速度保持不变．在上述的一些例子中，其压力可能不等于零，但是，正如层流情形那样，只要没有发生分离，这些例子的表面摩擦力就和平板的摩擦力没有实质性的区别．所以研究平板问题是计算无明显分离的所有物体形状表面摩阻的基础．下一章包括把这种研究向有明显压力梯度的湍流边界层的推广．在许多实际情形下(船舶、飞机)，其 Reynolds 数 $\mathbf{R}=U_{\infty}l/\nu$

(U_∞——来流速度，l——板长)如此之大，以致不可能在实验室内进行测量. 此外，即使在中等 Reynolds 数下，在平板边界层内进行测量也比在管道内困难得多，因此，能够根据已有的大量管道数据，利用 L. Prandtl[40] 和 Th. von Kármán[30] 的方法来计算平板的表面摩擦力是非常有利的. 无论光滑壁面还是粗糙壁面，都可以利用这种方法计算表面摩擦力. F. R. Hama[23] 对这方面的工作给出了一个很好的总结.

a. 光滑平板

用于这个问题的近似方法，是以第八章式(8.32)给出的边界层理论的动量积分方程为基础的，其中沿边界层厚度的速度剖面用一个适当的经验公式来近似. 动量方程给出了边界层**特征参数**，即位移厚度、动量厚度及壁面切应力之间的关系.

在以下讨论中，我们首先假设边界层从前缘($x=0$)开始就是湍流的，并选取一个如图 21.1 所示的坐标系，b 表示平板的宽度. 边界层厚度 $\delta(x)$ 随 x 增加而增加. 在将圆管数据转换为平板数据时，我们注意到，前者的最大速度 U 相应于后者的来流速度 U_∞，圆管半径 R 相应于边界层的厚度 δ.

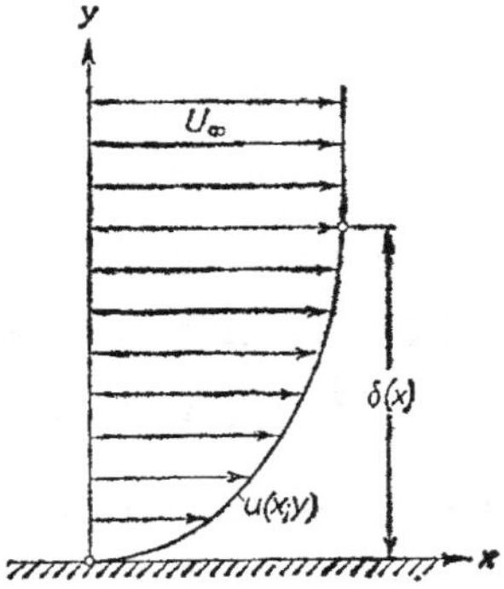

图 21.1　零攻角平板的湍流边界层

现在我们引用 L. Prandtl 的基本假设，即平板边界层内的速度分布与圆管内的速度分布相同. 当然，这个假设不可能是精确的，因为圆管内的速度分布是在有压力梯度的影响下形成的，而在平板上压力梯度等于零. 但是，由于阻力是由动量积分计算的，所以速度分布中的一些小差别不太重要. 此外，M. Hansen[23a] 和 J. M. Burgers[6] 得到的实验结果已经证明，至少在中等 Reynolds 数范围内($U_\infty l/\nu<10^6$)，这个假设可以得

到很好的满足．他们两人都发现，在圆管中得到的幂律形式的公式 (20.6)，可以相当好地描述平板边界层内的速度剖面．当讨论管道内和平板上的速度剖面在大 Reynolds 数下的系统偏差时，我们将再次回到这个问题(第 725 页)．

由第十章式 (10.1) 和 (10.2) 可以看出，长为 x 的平板一侧的摩擦阻力 $D(x)$ 满足下述关系：

$$D(x)=b\int_0^x \tau_0(x')dx'=b\rho\int_0^{\delta(x)} u(U_\infty-u)dy. \tag{21.1}$$

这里 τ_0 表示距离前缘为 x 处的切应力，而第二个积分是在 x 处对整个边界层厚度进行积分．引进式(8.31)中用 $\delta_2 U_\infty^2=\int_0^\delta u(U-u)dy$ 定义的动量厚度 δ_2，我们可以将式(21.1)改写如下：

$$D(x)=b\rho U_\infty^2\delta_2(x). \tag{21.2}$$

根据式 (21.1) 和 (21.2)，可以得到局部切应力：

$$\frac{1}{b}\frac{dD}{dx}=\tau_0(x)=\rho U_\infty^2\frac{d\delta_2}{dx}. \tag{21.3}$$

在均匀位势流动 $U(x)=U_\infty=$ 常数的情形下，式 (21.3) 和边界层理论的动量积分方程是一样的．

现在，我们要在适用于中等 Reynolds 数的速度剖面 $\frac{1}{7}$ 次幂律的假设下，对平板阻力进行计算．以后，我们只引用一些适合于任意大 Reynolds 数的对数律的结果 (图 20.4)，因为在这种情形下，完整的计算是相当冗长的．

1. 由 $\frac{1}{7}$ 次幂速度分布律导出的阻力公式　按照前面的讨论并根据式 (20.6)，可以看出圆管速度分布的 $\frac{1}{7}$ 次幂律导致平板边界层的如下速度分布：

$$\frac{u}{U_\infty}=\left(\frac{y}{\delta}\right)^{\frac{1}{7}}, \tag{21.4}$$

其中 $\delta=\delta(x)$ 表示边界层厚度，它是距离 x 的函数，并且要在计算过程中确定．式(21.4)的假设意味着沿平板的速度剖面是**相似**

的，即所有的速度剖面用 u/U 相对于 y/δ 画出来是同一条曲线.

壁面切应力公式也可以直接按圆管公式 (20.12a) 写出:

$$\frac{\tau_0}{\rho U_\infty^2} = 0.0225\left(\frac{\nu}{U_\infty \delta}\right)^{\frac{1}{4}}. \tag{21.5}$$

根据式 (8.30) 和 (8.31)，以及式(21.4)，我们可以算出位移厚度 δ_1 和动量厚度 δ_2:

$$\delta_1 = \frac{\delta}{8}; \quad \delta_2 = \frac{7}{72}\delta. \tag{21.6}$$[1)]

由式 (21.3) 和 (21.6)，我们有

$$\frac{\tau_0}{\rho U_\infty^2} = \frac{7}{72}\frac{d\delta}{dx}, \tag{21.7}$$

于是，比较式 (21.5) 和 (21.7)，可以得到

$$\frac{7}{72}\frac{d\delta}{dx} = 0.0225\left(\frac{\nu}{U_\infty \delta}\right)^{\frac{1}{4}},$$

这是关于 $\delta(x)$ 的微分方程. 由于 $x=0$ 处的起始值 $\delta=0$，积分给出

$$\delta(x) = 0.37x\left(\frac{U_\infty x}{\nu}\right)^{-\frac{1}{5}}, \tag{21.8}$$

所以

$$\delta_2(x) = 0.036x\left(\frac{U_\infty x}{\nu}\right)^{-\frac{1}{5}}. \tag{21.9}$$

可以看出，边界层厚度随着距离的 $x^{4/5}$ 而增加，而在层流情形下我们有 $\delta \sim x^{1/2}$. 在长为 l、宽为 b 一侧浸湿的平板上，总的表面摩擦阻力由式 (21.2) 给出

$$D = 0.036\rho U_\infty^2 bl(U_\infty l/\nu)^{-1/5}.$$

可以看出，湍流中平板阻力正比于 $U_\infty^{9/5}$ 和 $l^{4/5}$，而在层流情形下分别为 $U_\infty^{3/2}$ 和 $l^{1/2}$ (式 (7.33)). 引进局部的和总的无量纲表面摩擦力系数，即设

1) 在一般规律 $u/U=(y/\delta)^{1/n}$ 情形下，有

$$\frac{\delta_1}{\delta} = \frac{1}{1+n}, \quad \frac{\delta_2}{\delta} = \frac{n}{(1+n)(2+n)}.$$

$$c_f' = \frac{\tau_0}{\frac{1}{2}\rho U_\infty^2}, \quad 和 \quad c_f = \frac{D}{\frac{1}{2}\rho U_\infty^2 bl},$$

可以由式 (21.3) 和 (21.2) 得到

$$c_f' = 2\frac{d\delta_2}{dx}, \quad c_f = 2\frac{\delta_2(l)}{l}. \tag{21.10}$$

因此，由式 (21.9) 可以写出 $c_f' = 0.0576(U_\infty x/\nu)^{-1/5}$ 和 $c_f = 0.072(U_\infty l/\nu)^{-1/5}$. 如果将常数 0.072 换成 0.074，则对于从前缘起就是湍流边界层的平板来说，最后的公式与实验结果符合得很好．于是

$$c_f = 0.074(\mathbf{R}_l)^{-1/5}; \quad 5\times 10^5 < \mathbf{R}_l < 10^7. \tag{21.11}$$

图 21.2 中曲线(2)画出了阻力公式(21.11)．按照 Blasius 圆管阻

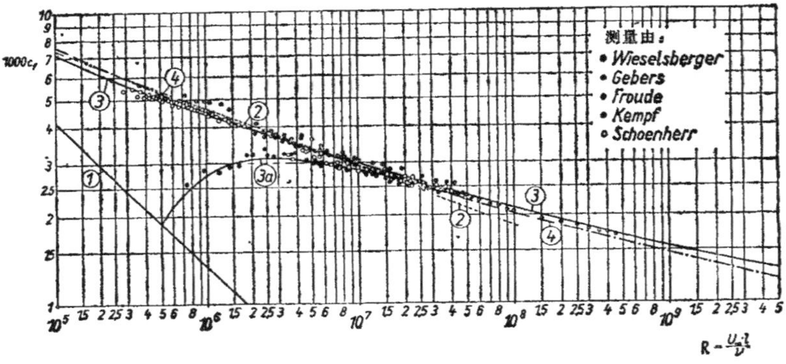

图 21.2 零攻角光滑平板的阻力公式；理论与实验之间的比较

理论曲线：曲线 (1) 根据式(7.34)，层流，Blasius；曲线 (2) 根据式 (21.11)，湍流，Prandtl；曲线 (3) 根据式(21.16)，湍流，Prandtl-Schlichting；曲线 (3a) 根据式 (21.16a)，层流向湍流转捩；曲线 (4) 根据式 (21.19b)，湍流，Schultz-Grunow

力公式的限制，这个公式的适用范围限制在 $U_\infty\delta/\nu < 10^5$. 根据式(21.8)，这相当于 $U_\infty l/\nu < 6\times 10^6$. 由于当 $\mathbf{R}_l < 5\times 10^5$ 时，平板边界层完全是层流的，所以可以规定出式 (21.11) 的适用范围：只取整数，则 $5\times 10^5 < \mathbf{R}_l < 10^7$. 引进数值系数的必要修正，可以得到局部表面摩擦力系数表达式：

$$\frac{\tau_0}{\rho U_\infty^2} = \frac{1}{2}c' = 0.0296(\mathbf{R}_x)^{-1/5}$$

$$= 0.0128\left(\frac{U_\infty \delta_2}{\nu}\right)^{-\frac{1}{4}}. \qquad (21.12)$$

正如前面已经说过的，式(21.11)是在边界层从前缘起就是湍流的假设下成立的．实际上，边界层是从层流开始的，然后在下游才变为湍流． 转捩点的位置将依赖于外流的湍流度，并且用临界 Reynolds 数来确定，其值在 $(U_\infty x/\nu) = \mathbf{R}_{crit} = 3\times10^5$ 到 3×10^6 的范围内变化（参看第十六章 a)．层流区的存在使阻力减小，而按照 L. Prandtl 的做法，如果假设在转捩点后面湍流边界层的特性与从前缘开始的一样，则这种减小是可以估算出来的．因此，需要从完全湍流边界层的阻力中，减去转捩点 x_{crit} 前这段长度的湍流阻力，然后再加上这段长度的层流阻力．这样，阻力的减小为 $\Delta D = -(\rho/2)U_\infty^2 b x_{crit}(c_{ft} - c_{fl})$，其中转捩发生在 $\mathbf{R}_{crit}$，而 c_{ft} 和 c_{fl} 分别为转捩前这段长度的湍流和层流的总表面摩擦力系数．于是，关于 c_f 的修正是

$$\Delta c_f = -(x_{crit}/l)[c_{ft} - c_{fl}]$$
$$= -(\mathbf{R}_{x,crit}/\mathbf{R}_l)[c_{ft} - c_{fl}].$$

设 $\Delta c_f = -A/\mathbf{R}_l$，我们得到由转捩点位置 $\mathbf{R}_{crit}$ 确定的常数值 A，即

$$A = \mathbf{R}_{x,crit}(c_{ft} - c_{fl}).$$

这样，包括层流起始段影响的总表面摩擦系数成为

$$c_f = \frac{0.074}{\sqrt[5]{\mathbf{R}_l}} - \frac{A}{\mathbf{R}_l}, \quad 5\times10^5 < \mathbf{R}_l < 10^7. \qquad (21\ 13)$$

根据式(21.11)，取 c_{ft}，根据 Blasius 公式(7.34)，取 $c_{fl} = 1.328\mathbf{R}_x^{-1/2}$，我们得到 A 值如下：

$\mathbf{R}_{x,crit}$	3×10^5	5×10^5	10^6	3×10^6
A	1050	1700	3300	8700

2. 根据对数速度分布律导出的阻力公式 在平板问题的实际应用中，其Reynolds 数大大超过式(21.13)的适用范围[1)]，因此有必要得出一个能适用于更高 Reynolds 数的阻力公式．原则上，只要用与圆管流动的式(20.13)和(20.14)相类似的普适对数速度剖面公式来代替 $\frac{1}{7}$ 次幂律，就可以用和以前一样的方法导出这种公式．由于正如以前证明的，普适对数公式在管流情形下能够外推到任意大的Reynolds数，所以对于平板，我们也可以期望得到一个能够外推到任意大 Reynolds 数的阻力公式．总之，这再次暗示我们，管流和平板边界层表现出同样的速度剖面(还可见第 725 页)．

在对数律情形下，其推导过程不象 $\frac{1}{7}$ 次幂公式那样简单，这主要是因为将对数律应用于平板时，不能再得到相似的速度剖面．因此，我们在这里将避免重复计算的细节，请读者参看 L. Prandtl 的原文[40]．

在式(20.14)中导出了管流的对数公式，其形式为

$$\varphi = A_1 \log \eta + D_1, \tag{21.14}$$

其中

$$\varphi = \frac{\bar{u}}{v_*} \quad 和 \quad \eta = \frac{y v_*}{\nu},$$

而

$$v_* = \sqrt{\tau_0/\rho}$$

表示用壁面切应力 τ_0 构成的特征速度．在第二十章中讨论的管流情形下，其数值为 $A_1 = 5.75$ 和 $D_1 = 5.5$．但是，大量的实验研究(参看图 21.3)表明，在目前讨论的这两种情形下，即在圆管内和平板上，其速度剖面稍有不同，所以有必要将这两个数值修改为

$$A_1 = 5.85; \quad D_1 = 5.56. \tag{21.15}$$

计算导出了一组关于局部和总表面摩擦力的方程，它们是用长度 Reynolds 数 $\mathbf{R}_l = U_\infty l/\nu$ 表示的方程，相当麻烦．在这个过程中，还

1) 在大型高速飞机情形下，机翼 Reynolds 数的量级是 $\mathbf{R}_l = 5 \times 10^7$；大型中等快速的轮船可达约 $\mathbf{R}_l = 5 \times 10^9$，还可见第 746 页的表 21.3.

得出了一个无量纲边界层厚度 $v_*\delta/\nu=\eta_\delta$ 的公式.表 21.1 中列出了数值结果,图 21.2 中用曲线(3)画出了 c_f **相对** $\mathbf{R}_l$ 的关系曲线.

表 21.1 根据式(21.14)和(21.15)的对数速度剖面计算的平板阻力公式;参看图 21.2 中的曲线(3)

$\left(\frac{v_*\delta}{\nu}\right)\cdot 10^{-3}=\eta_\delta\cdot 10^{-3}$	$\mathbf{R}_l\cdot 10^{-6}$	$c_f'\cdot 10^3$	$c_f\cdot 10^3$
0.200	0.107	5.51	7.03
0.353	0.225	4.54	6.04
0.500	0.355	4.38	5.48
0.707	0.548	4.03	5.05
1.000	0.864	3.74	4.59
1.30	1.20	3.53	4.33
2.00	2.07	3.22	3.92
3.00	3.43	2.97	3.57
5.00	6.43	2.69	3.23
7.07	9.70	2.53	3.02
12.0	18.7	2.30	2.71
20.0	34.3	2.11	2.48
28.3	51.8	2.00	2.34
50.0	102	1.83	2.12
100	229	1.65	1.90
170	425	1.53	1.75
283	768	1.42	1.63
500	1476	1.32	1.50

由于用来计算表 21.1 所示的阻力定律的精确公式非常麻烦,H Schlichting 根据表 21.1 将 c_f 与 $\mathbf{R}_l$ 之间的关系拟合了一个经验公式,其形式如下:

$$c_f=\frac{0.455}{(\log \mathbf{R}_l)^{2.58}} \tag{21.16}$$[1)]

为了对层流起始段进行修正,需要做象前面式(21.13)同样的推导. 这样

1) 表 21.1 中的局部表面摩擦力系数 c_f' 的结果也可以拟合成如下的经验公式:

$$c_f'=(2\log \mathbf{R}_x-0.65)^{-2.3}.$$

$$c_f = \frac{0.455}{(\log \mathbf{R}_l)^{2.58}} - \frac{A}{\mathbf{R}_l} \tag{21.16a}$$

其中常数值 A，如第 721 页表中所规定的，依赖于转捩点的位置．这就是**零攻角光滑平板的 Prandtl-Schlichting 表面摩擦力公式**．它在 Reynolds 数高达 $\mathbf{R}_l = 10^9$ 的整个范围内都是成立的，而且直到 $\mathbf{R}_l = 10^7$ 都与式 (21.13) 相符合．图 21.2 中用曲线 (3a) 画出了这个公式，其中选择 $A = 1700$，这相当于转捩发生在 $\mathbf{R}_x = 5 \times 10^5$ 的地方．作为比较，图中还画出了相应于 $c_f = 1.328\mathbf{R}_l^{-1/2}$ 的 Blasius 层流曲线，即曲线 (1)．

Th. von Kármán[29] 对平板表面摩擦力作出了非常相似的理论计算．K. E. Schoenherr[50] 利用了 von Kármán 方法，并由此导出表达式

$$\frac{1}{\sqrt{c_f}} = 4.13 \log (\mathbf{R}_l c_f). \tag{21.17}$$

在图 21.2 中可以看到，许多实验测量结果和这些理论曲线画在一起．C. Wieselsberger[67] 在用布覆盖的光滑平板上所做的测量结果，位于湍流曲线 (2) 的上面一点，这表明在他的测量中没有明显的层流段，同时粗糙度很小．F. Gebers[19] 在 $\mathbf{R}_l = 10^6$ 到 3×10^7 范围内所做的测量结果，在这个范围较低的一端落在式 (21.16a) 的转捩曲线 (3a) 上，在较高的 Reynolds 数下，其结果落在式 (21.16) 的曲线 (3) 上．K. E. Schoenherr[50] 报道的测量结果也与理论符合得很好．G. Kempf[31]1) 达到的 Reynolds 数最高，他得到的数值高达 $\mathbf{R}_l = 5 \times 10^8$．这些结果显示出与式 (21.16a) 的理论曲线极好的一致性．D. W. Smith 和 J. H. Walker[56] 描述了大量的实验，它们涉及到 $10^6 < \mathbf{R}_l < 4.5 \times 10^7$ 的范围，并与 Kempf[31] 和 F. Schultz-Grunow[53] 的结果符合得很好，但是它们

---

1) 他只测量了局部摩擦力系数．L. Prandtl 通过积分计算了相应的总摩擦力系数，见 Reports AVA Goettingen，第四部分．

略低于式(2.17)的曲线。值得注意的是，D. W. Smith 和 J. H. Walker 借助于安装在表面的 Pitot 管测量了表面摩擦力系数，而且近来许多研究者使用这种方法取得了很大的成功。在这方面可以参考 J. H. Preston[43]，R. A. Dutton[11]，G. E. Gadd[18]，P. Bradshaw 和 N. Gregory[5]，以及 J. F. Naleid 和 M. J. Thompson[37] 的工作。总之，上述结果已经为整个 Reynolds 数范围的测量结果所证实。

3. 进一步的改进 正如已经讲过的，前面的计算方法基于这样的假设：如果圆管的最大速度 U 和半径 R 用平板的来流速度和边界层厚度 δ 来代替的话，则平板边界层上和圆管内的速度剖面是一样的。F. Schultz-Grunow[53] 以平板边界层非常仔细的测量为基础，检验了这个假设。研究表明，平板边界层外层的速度剖面向上系统地偏离圆管的对数速度分布律。图 21.3 给出了他的平板测量结果。正如在圆管情形

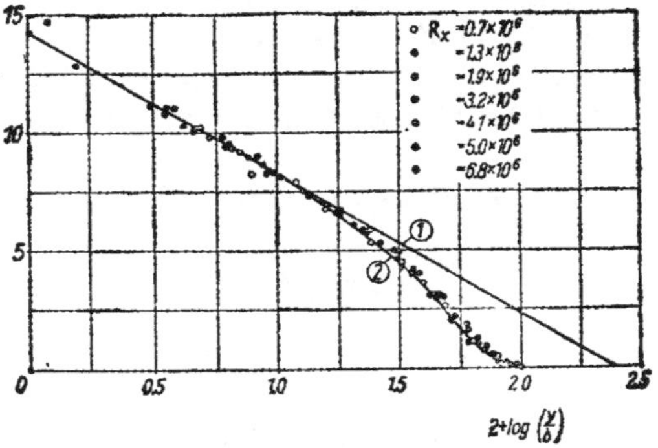

图 21.3 零攻角平板边界层内的速度分布，根据 Schultz-Grunow[53]

曲线(1)，管流对数律。可以看出平板速度分布的外层明显偏离圆管内的速度分布。曲线(2)被 Schultz-Grunow 用来作为平板边界层计算的基础，并且导出了式(21.19a)和(21.19b)

下所发现的那样(式(20.23))，它们可以用速度亏损律很好地表示出来：

$$\frac{U_\infty - u}{v_*} = f_1\left(\frac{y}{\delta}\right). \tag{21.18}$$

可以看出，平板的动量损失略小于圆管对数公式给出的损失，因此平板阻力必定小于直接应用圆管公式得出的阻力。用式(21.18)和图 21.3 表示的速度分布对于普适对

数速度分布（壁面律，式(21.14)）的偏离，已经由 F. Schultz-Grunow 根据实验确定出来¹⁾，它相当于 D. Coles[88] 引进的所谓尾迹律. 根据 F. Schultz-Grunow 的结果，尾迹律不依赖于 Reynolds 数，因此在某种程度上具有普适速度律的性质. 关于尾迹律的更多的细节，读者应该参阅 D. Coles 的原文[88].

F. Schultz-Grunow 根据前面的那组公式，并借助于他通过实验得到的函数 $f_1(y/\delta)$，重新推导了阻力公式. 其结果可以用下述插值公式来表示：

$$c_f' = 0.370(\log \mathbf{R}_x)^{-2.584}, \tag{21.19a}$$

$$c_f = 0.427(\log \mathbf{R}_l - 0.407)^{-2.64} \tag{21.19b}$$

图 21.2 中的曲线(4)画出了最后这个公式. 应该注意到，它对 Prandtl-Schlichting 曲线(3)的偏离是很小的.

L. Landweber[33] 严格地检验了计算湍流表面摩擦力的各种方法.

K. Wieghardt[65] 对圆管和平板速度分布之间的差别提出了一种解释，指出在这两种情形下，在边界层外缘处脉动的影响不同. 在平板情形下，外流的湍流度低，速度脉动在边界层外缘处实际上等于零，而在圆管中心，由于另一侧的影响，速度脉动会有明显的数值. 在平板上，外流的湍流度越低，对应着速度的增加越陡，因而边界层越薄. 他还能证明，如果外流是高湍流度的，则平板的速度剖面非常接近于管流的剖面.

J. Nikuradse[38] 也进行了一系列非常广泛的平板实验. 他发现在大 Reynolds 数 $\mathbf{R}_x = 1.7 \times 10^6$ 到 18×10^6 的范围内，如果画出 u/U 相对于 y/δ_1 的曲线，则这些速度剖面是相似的，其中 δ_1 表示位移厚度. 所以普适速度分布律 $u/U = f(y/\delta_1)$ 与 Reynolds 数无关. 借助于动量定理并根据测量的速度剖面，已经计算出局部和总表面摩擦力系数.

对于速度分布、位移厚度、动量厚度和表面摩擦力系数，分别得出了如下插值公式：

$$\frac{u}{U_\infty} = 0.737\left(\frac{y}{\delta_1}\right)^{0.1315},$$

$$\frac{U_\infty \delta_1}{\nu} = 0.01738\mathbf{R}_x^{0.861},$$

$$H_{12} = \frac{\delta_1}{\delta_2} = 1.30,$$

$$c_f' = 0.02296\mathbf{R}_x^{-0.139},$$

$$c_f = 0.02666\mathbf{R}_l^{-0.139}.$$

关于平板表面摩擦力的计算，还可以参看 V. M. Falkner[15] 的文章. 在 D. Coles 的一篇文章中[88]，速度剖面是用两个普适函数的线性组合表示的，其中一个称为尾迹律，另一个是已经提到过的壁面律.

H. Motzfeld[36] 进行的测量涉及波纹壁面上的湍流边界层. H. Schlichting[46]

1）应用圆管公式，我们有

$$f_1(y/\delta) = A\ln(\delta/y) = 2.5\ln(\delta/y),$$

它得到图 21.3 中的一条直线. 可以看出，接近壁面的那些点都落在这条直线上，而相应于边界层外层的曲线部分明显地向下偏离这条直线.

给出了一些有抽吸和吹除的湍流边界层的计算. 当应用均匀(即连续均匀分布)抽吸时,就象层流那样,渐近边界层的厚度为常数.但是,在湍流情形下,边界层对抽吸流量的改变比层流情形敏感得多. A. Favre, R. Dumas 和 E. Verollet[16] 对多孔平板湍流边界层所做的非常广泛的测量表明,应用抽吸对湍流运动有强烈的影响.

4.有限尺度效应;拐角内的边界层 对于零攻角有限展长的平板,可以发现,侧缘附近的边界层不再是像沿平板中心线那样的二维边界层. J. W. Elder[13] 所进行的实验表明,侧缘附近出现了类似于在非圆截面管道内所看到的二次流(参看第二十章e). 这使得沿侧缘的局部表面摩擦力系数有很大的增加. 附加的阻力总是沿展向求平均. 根据 Elder 的测量,这种附加阻力与长度 Reynolds 数 $\mathbf{R}_l$ 或平板宽度无关,这是非常明显的. 但是,在非常接近平板前缘的区域却是例外,这里的局部表面摩擦力系数沿流动方向和垂直于沿流动方向的变化都是无规则的. 同样根据 Elder 的测量,给出阻力增加如下:

$$\Delta c_f = 3.62 \times 10^{-4} - \frac{30}{\mathbf{R}_l}. \tag{21.20}$$

这个公式的第二项说明前缘效应的迅速衰减(关于这方面的细节,读者还可以参看 A. A. Townsend[64] 的文章).

当两个与流动方向平行的平板构成凹角时,也会出现类似的效应. K. Gersten[20] 研究了成直角情形的两个边界层之间的相互作用. 他指出存在如下的附加阻力值:

$$\Delta D = \frac{1}{2}\rho U_\infty^2 l^2 \Delta c_f, \tag{21.21}$$

其中,根据 K. Gersten 的分析,相互作用的贡献是

$$\left.\begin{aligned} \Delta c_f &= -\frac{5.76}{\mathbf{R}_l} \quad \text{层流}, \\ \text{和} \qquad \Delta c_f &= -\frac{0.0052}{\mathbf{R}_l^{2/5}} \quad \text{湍流}. \end{aligned}\right\} \tag{21.21a}$$

附加阻力是负的,这意味着对连接成直角的两块平板,当只有内侧浸湿时,其阻力小于总面积相同的平板上的阻力.

E. Eichelbrenner[12] 研究了成任意角度的拐角情形.

5.具有抽吸和吹除的边界层 测量: 在这一节中,我们将对有抽吸和吹除的平板边界层给出简要评述,它可以作为第十四章关于有抽吸的层流边界层讨论的扩展. 早在1942年,H. Schlichting[46,47] 就对这个课题进行了最初的理论研究. 后来 J. C. Rotta[44] 进行了实验及理论研究.

在图21.4中用图线表示了 Rotta 的一些实验结果. 这表示动量厚度 δ_2 沿有均匀抽吸或吹除的多孔平板的变化曲线,在壁面上有不同的抽吸速度 v_w 值. 外流速度是 $U_\infty = 20$ 至 30m/s, 而壁面法向速度在 $v_w = -0.10$m/s (抽吸) 至 0.13m/s (吹除)范围内变化. 体积系数在 $c_Q = v_w/U_\infty = -0.005$ 至 $+0.005$ 之间变化,因此是非常小的1). 这些测量证实了一个众所周知的事实: 边界层厚度沿流动方向的增长

1) 抽吸和吹除是在离开前缘一小段距离后开始的,而不是从前缘开始的.

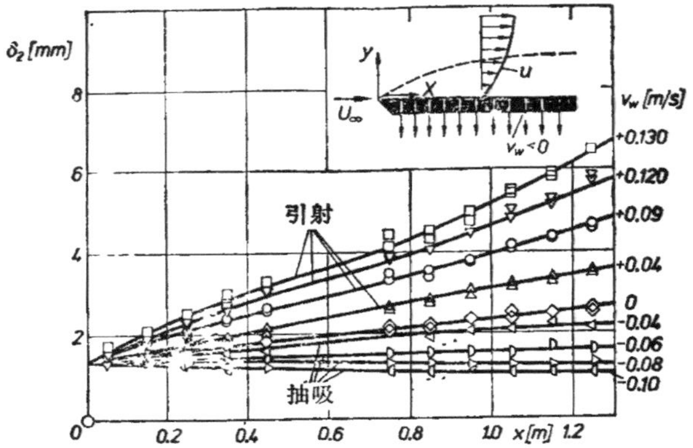

图 21.4 有均匀抽吸和引射的平板湍流边界层：沿平板的动量厚度 δ_2，依照式(7.38)，J. C. Rotta[44] 测量

率，随着吹除率的增加而增加．当 $c_Q = -0.005$ 时，边界层厚度在下游达到一个常值，并且是第十四章 b 意义上的渐近边界层．

研究有抽吸的湍流边界层有许多用途．在此可以提到，通过多孔壁面或缝隙向边界层注入外来气体，是一种非常有效的薄膜冷却法或发汗冷却法．象燃气轮机叶片那样，这将降低从热气流向固体的传热率．类似地，在以高超声速飞行的物体上，当边界层由于气动加热而变得很热时，这也是降低从边界层向物体的热流率的一种途径．吹除还可以导致阻力的显著减小．L. O. F. Jeromin[28] 发表了一篇关于这些应用的很好的评述．

理论：为了计算有均匀抽吸的渐近湍流平板边界层，从方程(18.12)我们注意到，在边界层的整个厚度上法向速度 $v = v_w$ 等于常数．所以，我们可以沿法线方向积分 x 方向的运动方程，而且得到

$$v_w u = \nu \frac{\partial u}{\partial y} - \frac{\tau_w}{\rho} - \overline{u'v'}. \tag{21.22}$$

引进摩擦速度 $v_* = (\tau_w/\rho)^{1/2}$，并且考虑到在离壁面较远处(即层流次层以外)，比起湍流应力 $-\overline{u'v'}$ 来，可以略去粘性切应力 $\nu(\partial u/\partial y)$，就能由式(21.22)得出

$$v_w u + v_*^2 = -\overline{u'v'}. \tag{21.23}$$

利用式(19.6b)的 Prandtl 混合长度假设

$$-\overline{u'v'} = l^2\left(\frac{du}{dy}\right)^2,$$

并设 $l = \kappa y$，就可以由式(21.23)导出

$$(\kappa y)^2\left(\frac{du}{dy}\right)^2 = v_w u + v_*^2. \tag{21.24}$$

这里 $\kappa = 0.4$ 表示 von Kármán 常数. 上式直接证明，速度分布可以给出如下的无量纲形式:

$$\frac{u}{v_*} = f\left(\eta, \frac{v_w}{v_*}\right). \tag{21.25}$$

按照式(19.32)，这里 $\eta = yv_*/\nu$ 是离开壁面的无量纲距离. 对式(21.24)进行积分给出

$$\frac{u}{v_*} = \frac{1}{\kappa}\ln\eta + C + \frac{1}{4}\frac{v_w}{v_*}\left(\frac{1}{\kappa}\ln\eta + C\right)^2. \tag{21.26}$$

式(21.26)可以当成是不可渗透湍流边界层的普适速度分布律(式(19.33))向有抽吸或吹除的可渗透壁面情形的推广. 为了在我们的讨论中考虑到层流次层，最好引进 E. R. van Driest[10] 的衰减项，即式(19.11). 图 21.5 画出了这种计算的结果.

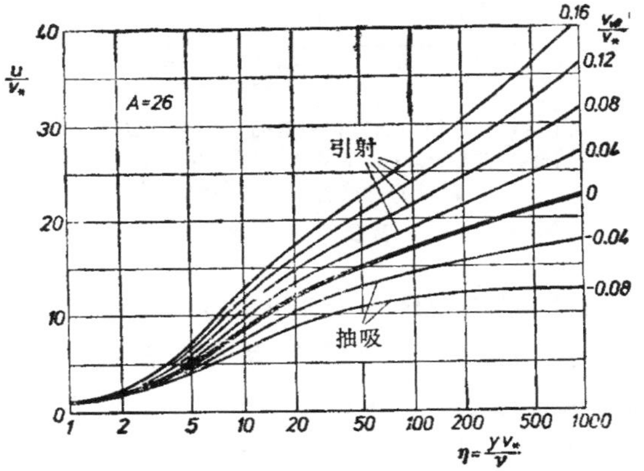

图 21.5 有均匀抽吸和引射的平板湍流边界层: 理论速度分布，依照式(21.26)，根据 J. C. Rotta[44]
$A = 26$，van Driest 常数，式(19.11)

图 21.6 给出了与 J. C. Rotta 实验结果的比较. 如果选出可调常数 C 的适当值，则它们的符合程度是令人满意的.

L. C. Squire[39] 对有引射的湍流边界层进行了实验研究，将同质或异质气体通过多孔壁面注射到 Mach 数 $\mathrm{M} = 3.6$ 的可压缩气体中. 计算表明，Prandtl 混合长度假设在这里也得出了满意的结果.

b. 旋转圆盘

1. "自由"圆盘 旋转圆盘附近的流动具有很重要的实际意义.特别是它与旋转机械密切相关. 像平板流动情形一样，这种流

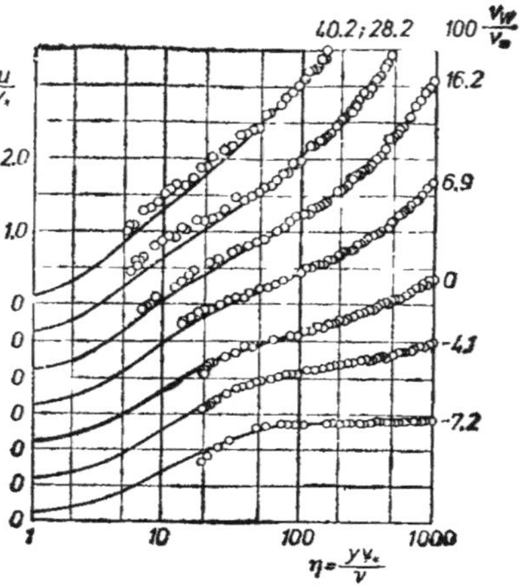

图 21.6 有均匀抽吸和引射的平板湍流边界层不同抽吸参数 v_w/v_* 下的边界层速度分布，依照式(21.26)，根据 J. C. Rotta[44]

○ 测量； - 计算

动在大 Reynolds 数下 ($\mathbf{R}=UR/\nu>3\times10^5$) 也将变为湍流．这里 R 表示半径，而 $U=\omega R$ 是圆盘边缘速度．在第五章 11 中描述了这种流动的性质，其中给出了圆盘在无限大流体中旋转时("自由"圆盘)的层流精确解．由于摩擦作用，紧靠圆盘的流体被带动起来，然后在离心加速度的作用下被迫向外流开．边界层内的速度有径向分量和切向分量，同时由于离心力的驱使而向外流动的流体质量要由轴向流动来补偿．在层流中对粘性力和离心力的平衡做一简单估算，就可以证明边界层厚度 δ 正比于 $\sqrt{\nu/\omega}$，因而与半径无关，同时，正比于 $\mu R^3U/\delta$ 的力矩必然由 $M\sim\rho U^2R^3(UR/\nu)^{-1/2}$ 这种形式的表达式给出．层流情形的精确解进一步表明：对于双面浸湿的圆盘，定义为

$$C_M=\frac{2M}{\frac{1}{2}\rho\omega^2R^5} \tag{21.27}$$

的无量纲力矩系数由式(5.56)给出，并且等于

$$C_M = 3.87\mathbf{R}^{-1/2} \quad (\text{层流}), \tag{21.28}$$

其中 $\mathbf{R} = R^2\omega/\nu$ 是 Reynolds 数(图 5.14)。

现在打算以平板情形下使用过的湍流阻力公式为基础，在最简单的情形下，即以速度分布的 $\frac{1}{7}$ 次幂律为基础，对湍流情形做同样的估算。在离轴线距离为 r 且在边界层内旋转的流体质点上，作用有大小为 $\rho r\omega^2$ 的单位体积离心力。在面积为 $dr \times ds$ 和高为 δ 的体积上作用的离心力为 $\rho r\omega^2\delta dr \times ds$。切应力 τ_0 与切向成 θ 角，其径向分量必须与离心力相平衡。所以我们有

$$\tau_0 \sin\theta dr \times ds = \rho r\omega^2\delta dr \times ds,$$

或

$$\tau_0 \sin\theta = \rho r\omega^2\delta.$$

另一方面，切应力的切向分量可以用在平板情形下使用的式(21.5)来表示，同时用切向速度 $r\omega$ 来代替 U_∞。这样

$$\tau_0 \cos\theta \sim \rho(\omega r)^{7/4}(\nu/\delta)^{1/4}.$$

使这两个表达式中的 τ_0 相等，可以发现

$$\delta \sim r^{3/5}(\nu/\omega)^{1/5}.$$

可以看出，在湍流情形下，边界层厚度按 $r^{3/5}$ 的比例向外增加，而不再象层流那样保持常数。另外，力矩为 $M \sim \tau_0 R^3 \sim \rho R\omega^2(\nu/\omega)^{1/5}R^{3/5}R^3$，所以

$$M \sim \rho U^2R^3\left(\frac{\nu}{UR}\right)^{1/5}.$$

Th. von Kármán[30] 通过动量方程和类似于上节在平板研究中使用的近似方法，研究了旋转圆盘上的湍流边界层。假设横跨边界层的切向速度分量的变化遵守 $\frac{1}{7}$ 次幂律，这样，对于双侧浸湿的圆盘，可以证明其粘性力矩等于

$$2M = 0.073\rho\omega^2R^5(\nu/\omega R^2)^{1/5}, \tag{21.29}$$

而用式(21.27)定义的力矩系数为

$$C_M = 0.146\mathbf{R}^{-1/5} \quad (\text{湍流}). \tag{21.30}$$

在图 5.14 中已用曲线(2)画出了这个公式。当 $\mathbf{R} > 3 \times 10^5$ 时，

它显示出与 W. Schmidt 和 G. Kempf[1] 的实验结果很好的一致性。在边界层厚度公式中尚未确定的数值系数为 0.526，于是

$$\delta = 0.526 r (\nu / r^2 \omega)^{1/5}, \tag{21.31}$$

对应于层流中的式(5.57)，这里给出沿轴向的体积流量为

$$Q = 0.219 R^3 \omega \mathbf{R}^{-1/5}. \tag{21.32}$$

S. Goldstein[21] 基于对数速度分布律 $u/v_* = A_1 \ln (y v_* / \nu) + D_1$ 进行了近似计算，他得到了下述力矩公式：

$$\frac{1}{\sqrt{C_M}} = 1.97 \log (\mathbf{R} \sqrt{C_M}) + 0.03 \quad (\text{湍流}) \tag{21.33}$$

值得注意的是，这个公式具有与普适圆管阻力公式(20.30)同样的形式。为了得到与实验结果尽可能好的一致 ，其数值系数已做了调整。图5.14中用曲线(3)画出了这个公式。关于这个课题，还可参看 P. S. Granville[22] 的文章。

2. 外壳内的圆盘 涡轮机和旋转压缩机内的圆盘基本上是在很紧的外壳内运行的，其中与圆盘半径 R 相比，间隙的宽度是较小的(图 21.7)，因此，有必要研究外壳内的旋转圆盘问题。

层流。当流动是层流，$\mathbf{R} < 10^5$，且间隙很小时，流动关系特别简单。如果间隙 s 小于边界层厚度，则切向速度横跨间隙的变化就像 Couette 流动那样是线性的。所以，离开转轴距离为 r 处的切应力等于 $\tau = r\omega\mu/s$，圆盘一侧的粘性力矩等于

$$M = 2\pi \int_0^R \tau r^2 dr = \frac{\pi}{2} \frac{\omega \mu R^4}{s}.$$

这样，对于圆盘的两侧，我们有

$$2M = \pi \omega R^4 \mu / s,$$

而式 (21.27) 的力矩系数为

$$C_M = 2\pi \frac{R}{s} \frac{1}{\mathbf{R}} \quad (\text{层流}). \tag{21.34}$$

当 $s/R = 0.02$ 时，图 21.8 中用曲线 (1) 画出了这个公式，它与

---

1) 参看第五章中的文献 [16] 和 [31]。

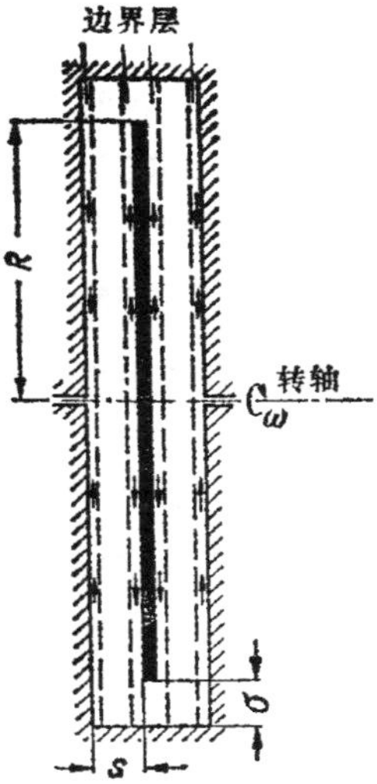

图 21.7 外壳内旋转圆盘问题的符号说明

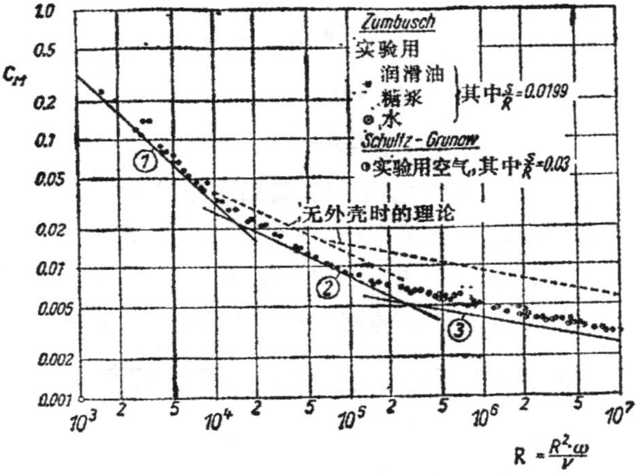

图 21.8 外壳内旋转圆盘的粘性阻力
曲线(1)，根据式(21.34)，层流；曲线(2)，根据式(21.35)，层流；曲线(3)，根据式(21.36)，湍流；无外壳(自由圆盘)的理论，参看图 5.14

O. Zumbusch 的实验值(参看文献[54])符合得很好.

C. Schmieden[49] 在很小的 Reynolds 数(蠕动流)假设下，研究了在圆柱形外壳内圆盘边缘间隔宽度 σ(图 21.7)的影响. 由于 Reynolds 数很小，所以 Navier-Stokes 方程可以得到简化(参看第四章 d)，而且力矩系数的解以 $C_M = K/\mathbf{R}$ 的形式出现，它类似于式(21.34). 常数 K 依赖于两个无量纲的比值 s/R 和 σ/R. 在 σ/R 值很小 $\left(\frac{\sigma}{R}<0.1\right)$ 的情形下，C_M 值明显大于式(21.34)的值，而对于较大的 σ/R 值，式(21.34)仍然成立 $(K=2\pi R/s)$.

在大间隙情形下，流动图象明显地不同于上述的简单图象. F. Schultz-Grunow[54] 从理论上和实验上研究了这种情形. 如果间隙是边界层厚度的几倍，则在外壳上将形成另外一个边界层(图 21.7). 旋转圆盘边界层中的流体离心向外流动，同时这将由静止外壳边界层中向内的流动来补偿．在流体旋转角速度约为圆盘角速度一半的中间层内，没有明显的径向分量．F. Schultz-Grunow 研究了这种流动的层流和湍流情形．力矩表达式的形式和自由圆盘的式 (5.56) 一样，只是数值系数不同．在层流和两侧浸湿的圆盘上，摩擦力矩为 $2M = 1.334\mu R^4\omega\sqrt{\omega/\nu}$，因此力矩系数为

$$C_M = 2.67\mathbf{R}^{-1/2} \quad \text{（层流）}. \tag{21.35}$$

在图 21.8 中用曲线 (2) 画出了这个公式．直到约 $\mathbf{R} = 2\times 10^5$，它都与测量值相符合，并且与式(21.34)连接得相当好．

湍流．当 Reynolds 数 $\mathbf{R} > 3\times 10^5$ 时，外壳内旋转圆盘周围的流动通常是湍流．F. Schultz-Grunow 基于图 21.7 的示意图用近似方法解决了这个问题．假设切向速度遵守 $\frac{1}{7}$ 次幂律，并且证明在这种情形下核心区的角速度也大约等于圆盘角速度的一半．力矩系数等于

$$C_M = 0.0622(\mathbf{R})^{-1/5} \quad \text{（湍流）}. \tag{21.36}$$

图 21.8 中用曲线 (3) 画出了这个公式．与测量结果相比较，这个公式得到的值约小百分之十七；这显然是由于在计算中使用的粗糙假设造成的．

特别值得注意的是，除了间隙非常小的情形外(式 (21.34))，从式 (21.35) 和 (21.36) 可以看出，粘性力矩完全不依赖于间隙的宽度．将“自由”圆盘与外壳内旋转圆盘的摩擦力矩相比，即将式 (21.35) 和 (21.36) 与式 (21.28) 和 (21.30) 相比，可以看出，自由圆盘上的力矩大于外壳内旋转圆盘上的力矩(图 21.8)．这个事实可以用存在核心区来解释．核心区的旋转角速度为圆盘角速度的一半，这就使切向速度的横向梯度大约减小到自由圆盘的一半，因此，阻力也小于“自由”圆盘的阻力．

后来 J. Dailey 和 R. Nece[8b] 从实验上研究了图 21.7 所描绘的流动过程：旋转圆盘上的边界层向外流动，而外壳上的边界层向内流动．它们的测量涉及的范围很宽，间隙宽度 $s/R = 0.01$ 到 0.20，Reynolds 数 $\mathbf{R} = R^2\omega/\nu = 10^3$ 到 10^7，并包括层流和湍

流两种情形． 图 21.8 中所示的关于力矩的结果已经基本上得到证实．

传热：在燃气轮机设计中，从受热的旋转圆盘到较冷的静止外壳的传热率是重要的．在圆盘和外壳之间的间隙内形成的温度场，强烈地受到间隙内复杂流动图象的影响，而这又对从圆盘到外壳的热流有很大的影响．一些年前 K. Millsaps 和 K. Pohlhausen[34a] 研究了较简单的“自由”旋转圆盘的情形，还可见第二十章 d 和图 5.11．在 R. Caly[6a] 发表在 Aachen 大学的论文中，可以找到在层流和湍流情形下关于外壳内圆盘的理论和实验的资料．Caly 既对速度边界层也对温度边界层进行了测量，并包括了具有**单个**边界层的窄间隙情形和**两个**边界层分开的宽间隙情形，其中一个在内壁上，一个在外壁上．在大多数情形下，得到了理论与热流测量之间很好的一致性．

c. 粗 糙 平 板

1. 均匀粗糙平板的阻力公式 在与平板有关的大多数实际应用中(例如，船舶、飞机的升力面、涡轮机叶片等)，不能认为壁面是水力学光滑的．因此，就象粗糙圆管流动那样，沿粗糙平板的流动具有很大的实际意义．

圆管的相对粗糙度 k/R 现在用 k/δ 来代替，其中 δ 表示边界层厚度．粗糙管流和沿粗糙平板流动之间的本质差别在于，由于 δ 沿顺流方向增加，所以当 k 保持不变时，相对粗糙度沿平板减小，而在圆管内 k/R 保持常数．就粗糙度对阻力的影响而言，这种情形使平板前后两部分表现出不同的特性．为了简单起见，假设边界层从前缘开始就是湍流的．我们发现，前面部分是完全粗糙平板的流动，接着是过渡状态，最后，如果平板足够长，它可以是水力学光滑的． 这三个区域的界限用无量纲粗糙度参数 $v_* k_s/\nu$ 确定，和砂粒粗糙度给出的式 (20.37) 一样．

与本章 a 给出的详细叙述完全相似，用和光滑平板完全相同的方法，可以把圆管的计算结果转换到粗糙平板的情形．L. Prandtl 和 H. Schlichting[41] 利用 Nikuradse 的砂粒粗糙圆管的结果(第二十章 f)进行了这种计算．计算基于式(20.32)那种形式的粗糙圆管的对数速度分布律，由此 $u/v_* = 2.5\ln(y/k_s) + B$．图 20.21 中的图线给出了粗糙度函数 B 对粗糙度参数 v_*k_s/ν 的依赖关系．这种计算基本上和本章 a 是一样的，但对于过渡状态和完全粗糙状态必须分别进行计算．关于这个方法的细节，需要参考原文．

可以用两张曲线图，即图 21.9 和图 21.10 来表示这个结果．图中画出了总摩擦阻力系数 c_f 和局部摩擦阻力系数 c_f' 相对 Reynolds 数 $\mathbf{R} = U_\infty l/\nu$ 的关系，其中使用相对粗糙度作为参数．在局部系数情形下，使用了 $U_\infty x/\nu$ 和 x/k_s．另外，这两张图还有 $U_\infty k/\nu$ = 常数的曲线，它们可以根据前面的曲线立即计算出来．这两族曲线的意义如下：如果改变给定平板上的速度，而 l/k_s 保持不变，则表面摩擦力系数沿 l/k_s = 常数的曲线变化；另一方面，

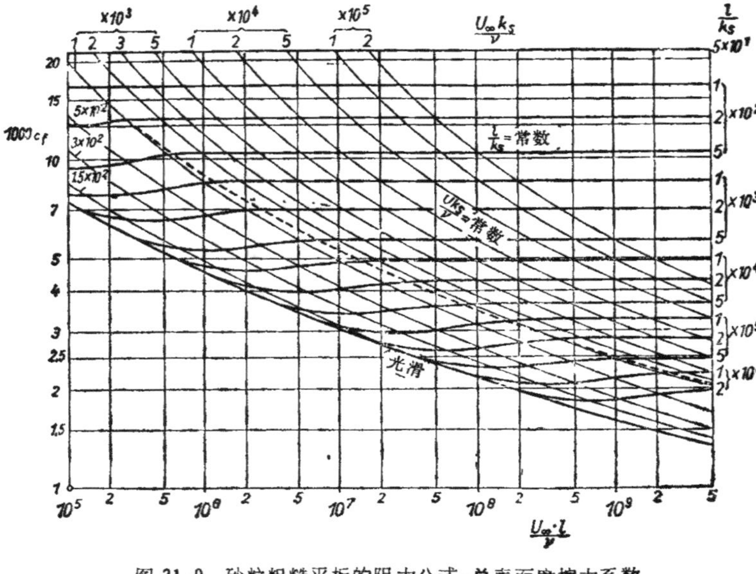

图 21.9　砂粒粗糙平板的阻力公式，总表面摩擦力系数

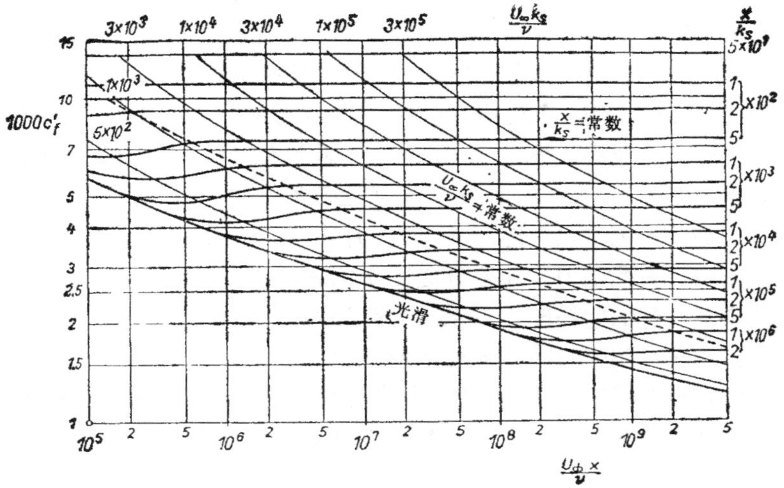

图 21.10　砂粒粗糙平板的阻力公式，局部表面摩擦力系数

如果改变板长，而 $U_\infty k_s/\nu$ 保持不变，则表面摩擦力系数沿 $U_\infty k_s/\nu$ = 常数的曲线变化．这两张图是在湍流边界层刚好从前缘开始的假设下计算出来的．图中的虚线表示完全粗糙度的界限．可以指出，与管流完全相似，只有当 Reynolds 数超过某个值时，一个给定的相对粗糙度才会引起表面摩擦力系数的增加（参看本章 d）．

在完全粗糙状态下，可以使用下述用相对粗糙度表示的表面摩擦力系数的插值公式：

$$c_f' = \left(2.87 + 1.58 \log \frac{x}{k_s}\right)^{-2.5}, \qquad (21.37)$$

$$c_f = \left(1.89 + 1.62 \log \frac{l}{k_s}\right)^{-2.5}, \qquad (21.38)$$

它在 $10^2 < l/k_s < 10^6$ 的范围内成立．

为了能对不是砂粒的粗糙度使用这些曲线图，必须象第二十章 g 说明的那样确定出等效砂粒粗糙度．

在船舶阻力计算中，重要的是要考虑粗糙度很小的板（涂漆的金属板)以及覆盖一些单个突起物(例如铆钉头、焊缝、接头等)的光滑板. F. Schultz-Grunow[52] 在第二十章 g 提到的 Goettingen 研究所的开口水槽中,对这些表面做了大量的测量. 在 G. Kempf[32] 的几篇文章中,也可以找到关于在造船业中出现的粗糙度的另外一些综合数据. 根据这些测量,对新下水的船,可以使用等效砂粒粗糙度的平均值 $k_s = 0.3\mathrm{mm}$ (近似等于 0.12in). 在船舶所遇到的高 Reynolds 数情形下,与水力学光滑壁面相比,由于粗糙度的影响,将使阻力增加百分之三十四到四十五. 由于附着在船身的杂草引起的粗糙度,对于阻力有特别不利的影响. 在这种情形下,与正常条件相比,很可能使阻力增加百分之五十. 在涡轮机、涡轮压缩机及类似的发动机中,表面粗糙度也是重要的. 通常制造的叶片的表面光滑度,不足以保证水力学光滑条件[17a,57],还可见第 744 页.

如 A. D. Young[69] 进行的研究所证明的,飞机表面使用的伪装油漆可以很好地折合成等效砂粒粗糙度,在研究中已经测量出等效砂粒粗糙度为 $k_s = 0.003$ 到 0.2mm(近似为 0.0001 到 0.1in),它约等于平均几何突起物尺寸的 1.6 倍,即 $k_s = 1.6k$. 在这方面值得指出的是,在亚音速流动范围内,由粗糙度引起的阻力增加不依赖于 Mach 数.

W. Paeschke[39] 证明,在这些实验研究中产生的沿粗糙壁面流动的摩擦定律,可以应用到地球表面上自然风的运动. 覆盖有各种植被的有效表面粗糙度,可以通过测量靠近地球表面的风速分布来确定. 由管流结果导出的表示粗糙表面上方速度剖面的式(20.32)($u/v_* = 2.5\ln(y/k) + B$)在这里得到确认,当把植被的物理高度作为粗糙度参数 k 时,得到 $B = 5$. 依照式(20.38),这相当于取等效砂粒粗糙度 $k_s = 4k$.

2. 单个粗糙元的测量 K. Weighardt[66] 在 Goettingen 的一个专用风洞中对粗糙度进行了大量的测量. 这个靠空气运行的风洞,壁面光滑,长 6m (约 20ft),有 $140 \times 40\mathrm{cm}$ (约 $4.5 \times 1.3\mathrm{ft}$) 的矩形截面的实验段. 阻力是用连接到一块矩形试验平板 ($50 \times 30\mathrm{cm}$, 或约 $1.65 \times 1.00\mathrm{ft}$) 的天平测量的. 这块试验平板放进风洞下壁 ($1.4 \times 6\mathrm{m}$ 或约 4.5×20 ft) 的一个凹槽内,它可以在一个小距离内自由运动. 有粗糙元和没有粗糙元的试验平板的阻力之差，给出了由于粗糙度引起的阻力增加 ΔD. 一般来说，这种增加由两项组成. 第一项是粗糙度本身的形阻，第二项归因于粗糙元的存在改变了它附近的速度剖面，因而改变了例如凸起后面倒流区的壁面切应力. 粗糙元高度与边界层厚度之比 k/δ，是把这种结果应用到实际的船体和飞机上去的一个重要参数. 当把同样的粗糙元放到风洞壁面的不同位置时，这个比值是不同的. 从实际应用的观点出发，用附加阻力定义一个适当的无量纲系数也是重要的. K. Wieghardt 使用了如下定义的无量纲系数:

$$C_D = \frac{\Delta D}{\bar{q} A}, \tag{21.39}$$

其中 ΔD 表示测量的附加阻力，A 是垂直于流动方向的粗糙元的最大迎风面积，而 $\bar{q}$ 是沿粗糙元高度平均的动压，即

$$\bar{q} = \frac{1}{k}\int_0^k \frac{1}{2}\rho u^2(y)dy = \frac{1}{k}\frac{1}{2}\rho U^2 \int_0^k \left(\frac{y}{\delta}\right)^{\frac{2}{7}} dy.$$

这里 $u(y)$ 表示光滑壁面的速度分布，例如 $u/U = (y/\delta)^{1/7}$. 对许多种粗糙元进行了试验，其中包括与流动成直角或锐角安放的矩形肋，三角形和圆形截面的凸起，金属板

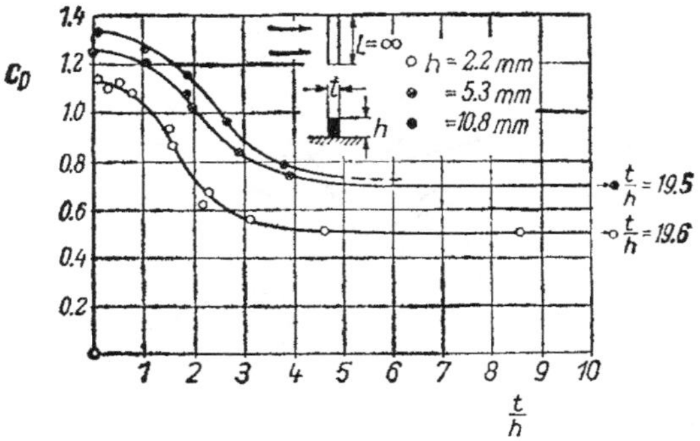

图 21.11 矩形肋的阻力系数，Wieghardt[66] 测量

的接头，单个铆钉头或成排的铆钉，壁面上的空穴以及其他等等. 图 21.11 中画出了与流动成直角的矩形肋的某些测量结果. 系数 c_D 值随着 t/h (t——宽度，h——高度) 的增加而减小. 由于外流引起空穴内的流体参与运动，所以壁面上的孔和空穴引起阻力系数值增加.

图 21.12 表示圆形凹坑引起的阻力增加，这些凹坑由略图示出(直径为 d，深度为 h). 因为在这种情形下，前面采用的 $\bar{q}$ 的定义失去意义了，所以要用边界层外面的动压对阻力无量纲化，$\Delta c_D = \Delta D / \frac{1}{4} q\pi d^2$. 当凹坑深度 h 对边界层厚度 δ 的比值较小时，阻力的增加是比较小的. 值得注意的是，所有曲线在 $h/d \approx -0.5$ 处都有一个最大值. 另外在 $-h/d \approx 0.1$ 和 1.0 处出现较小的局部最大值. 在它们之间的最小值出现在 $-h/d \approx 0.2$, 0.8 和 1.35 处. 根据凹坑深度的不同，有时碰巧在凹坑内形成

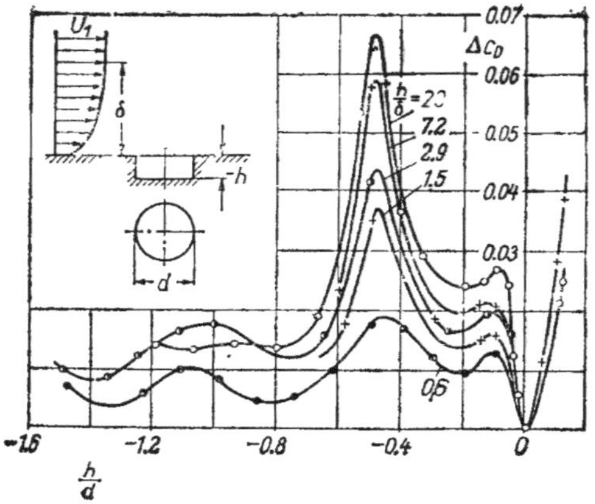

图 21.12 平直壁面上不同深度圆形凹坑的阻力系数，Wieghardt[66] 测量

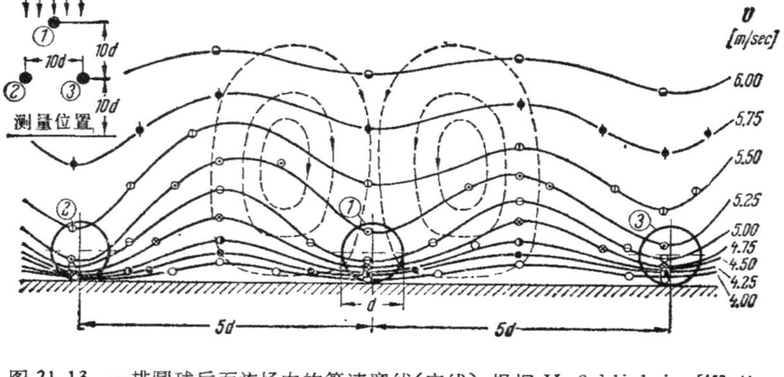

图 21.13 一排圆球后面流场内的等速度线(实线)，根据 H. Schlichting[45] 的测量；圆球后面边界层内的伴随二次流(虚线)，根据 F. Schultz-Grunow[55a] 的计算．在壁面附近，圆球后面的速度大于间隔内的速度．圆球产生“负尾迹效应”，这可以用存在二次流来解释

圆球直径 $d = 4\text{mm}$

了规则的旋涡结构，因而导致不同的阻力值．如从曲线相对于 $h/d = 0$ 的对称性可以看出的那样，一直到 $-h/d = 0.1$，浅坑都和相应的小突起有同样的阻力增加．

在平板上垂直于流动方向刻出的凹槽或凸脊形的粗糙度，是 A. E. Perry 等人[39a]近来研究的主题．

壁面边界层内障碍物后面的流动图象，明显地区别于自由来流中障碍物后面的流动图象．这种情形清楚地出现在 H. Schlichting[45] 的实验中，并示于图 21.13 中．这个实验是测量光滑板面上一排圆球后面的速度场．等速度线的图形清楚地显示出一种**负尾迹效应**．最小速度是在自由间隔内测量到的，在那里沿整个平板长度都没有圆球分布；另一方面，最大速度是在这排圆球后面测量到的，那里本来应该期望有较小的速度．W. Jacobs[26] 对这种特殊效应进行了较详细的研究．依照 F. Schultz-Grunow[55] 所做的解释，这种性质似乎与类似于升力物体那样的二次流有关．在图 12.13 中用简图画出了这种二次流的流线．D. H. Williams 和 A. F. Brown[68] 在装有一排排铆钉的翼型上进行了测量，他们证实了这种效应．

现在有非常广泛的关于翼型粗糙度的文献[9, 24, 25]．

3．从光滑表面到粗糙表面的过渡 W. Jacobs[27] 研究了壁面附近的流动图象，壁面是由一个光滑段后接一个粗糙段组成的，或者反过来接．这个问题在气象学上有一定意义，并且出现在风从海洋吹向陆地或从陆地吹向海洋的时候，这时流动经过了粗糙度彼此明显不同的表面．应该注意，只是在这两段交界线后面的一定距离上才形成相应于下游壁面的速度剖面．根据测量的速度剖面，在图 21.14 和 21.15 中画出了借助于 Prandtl 假设 $\tau=\rho l^2(du/dy)^2$ 计算的切应力变化．这些图线显示出一个值得注意的性质，就是在这两段的交界线后面，壁面切应力马上就达到相应的充分发展流动的新值．例如，要计算由光滑段和粗糙段组成的平板的阻力时，这个结果很重要．在过渡区内，切应力 $\tau(y)$ 沿垂直于壁面方向的变化介于两个线性函数之间，这两个函数分别代表粗糙壁面和光滑壁面上充分发展的流动．借助于经验关系

$$\tau(x,y)=\left\{\tau_s-(\tau_s-\tau_r)e^{-11.6\frac{y}{x}}\right\}\frac{h-y}{h}\quad(\text{光滑}\rightarrow\text{粗糙}),\qquad(21.40)$$

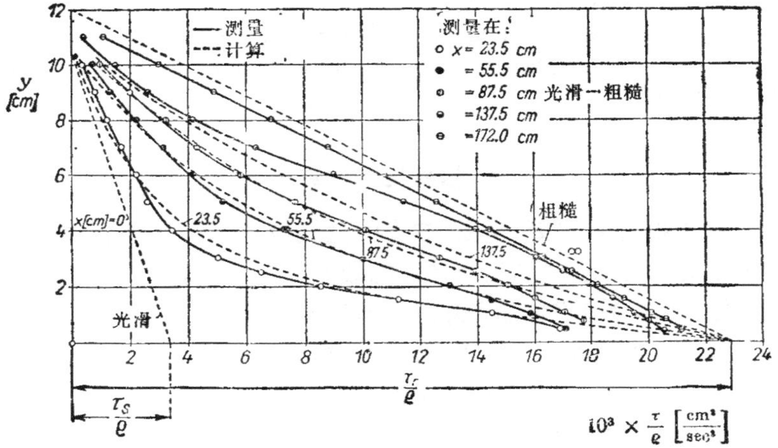

图 21.14 从壁面光滑部分向粗糙部分过渡时，边界层内切应力的变化，W. Jacobs[27] 测量

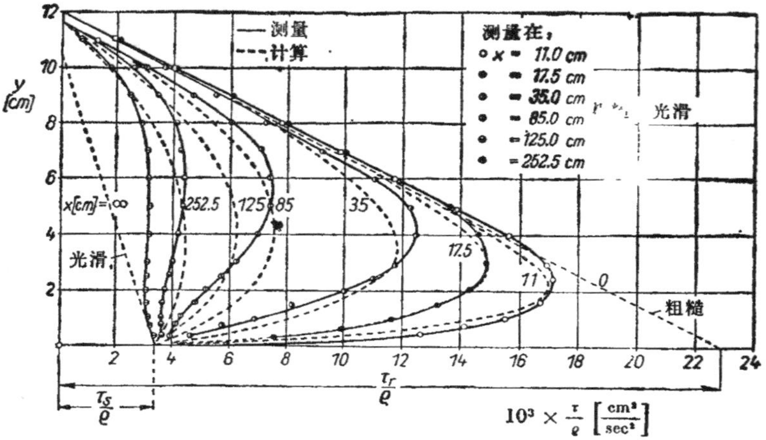

图 21.15　从壁面**粗糙**部分向**光滑**部分过渡时，边界层内切应力的变化，W. Jacobs[27] 测量

可以插值得出测量的切应力函数 $\tau(y)$. 在图 21.14 和21.15中，虚线代表式(21.40). 这里 τ_r 和 τ_s 分别表示粗糙壁面和光滑壁面上充分发展流动的切应力，x 是从平板上交界线开始计算的沿壁面的距离，y 是离开壁面的距离，而 h 表示风洞的高度. 对于相反次序的过渡(粗糙 → 光滑)，可以利用同样的公式，只是 τ_r 和 τ_s 必须互换.

W. H. Schofield[51] 和 R. A. Antonia[1a] 研究了压力梯度从光滑壁面到粗糙壁面过渡的影响. 在这样一种突然改变的下游，P. J. Mulheam[36a] 观察到了局部压力的剧烈脉动.

d. 粗糙度的容许值

在工程应用中被认为是“容许的”粗糙度值是，和光滑壁面相比不引起阻力增加的各自粗糙元的最大高度. 对于一些给定的情形，确定粗糙度容许值的实际意义是很大的，因为它决定了加工一个给定表面所需要花费的工作量. 根据所考虑的流动是层流还是湍流，这个问题的答案实际上是不同的.

在**湍流边界层**情形下，如果所有突起物都埋在层流次层内，则粗糙度不产生影响，壁面是水力学光滑的. 如前面讲过的，层流次层的厚度只是边界层的一小部分. 对于管流，可以发现式 (20.37)

给出了壁面为水力学光滑的条件，就是说无量纲粗糙度 Reynolds 数[1)]

$$\frac{v_* k}{\nu} < 5 \quad (\text{水力学光滑}), \tag{21.41}$$

其中 $v_* = \sqrt{\tau_0/\rho}$ 表示摩擦速度．对于零攻角平板来说，这个结果也可以认为是成立的．但是从实用观点出发，规定一个相对粗糙度 k/l 值似乎更方便．借助于图 21.9 中所表示的平板阻力公式的曲线，从一条 $l/k=$ 常数的曲线偏离光滑壁面曲线的那个点，我们可以得到 k/l 的容许值．可以看出，k/l 的容许值随着 Reynolds 数 $U_\infty l/\nu$ 的增加而减小．表 21.2 列出了根据图 21.9 得出的已经化为整数的数值．它们可以概括为如下的简单公式：

$$\frac{U_\infty k_{adm}}{\nu} = 100, \tag{21.42}$$

从图 21.9 可以直接推断这个公式是近似成立的．

表 21.2 容许的突起物高度与 Reynolds 数的关系

$\mathbf{R}_l = \frac{U_\infty l}{\nu}$	10^5	10^6	10^7	10^8	10^9
$\left(\frac{k}{l}\right)_{adm}$	10^{-3}	10^{-4}	10^{-5}	10^{-6}	10^{-7}

这个公式对于整个平板长度只给出了一个 k_{adm} 值．但是，由于前缘附近的边界层厚度比较小，所以上游的 k 的容许值要比远在下游的值小．当引进 $v_*^2/U_\infty^2 = \tau_0/\rho U_\infty^2 = \frac{1}{2} c_f'$ 时，可以得到一个计及这种情形的公式，其中 c_f' 表示如表 21.1 所给出的局部表面摩擦力系数．这样我们得到

$$\frac{U_\infty k_{adm}}{\nu} < \frac{7}{\sqrt{c_f'}}. \tag{21.43}$$

对于 $\mathbf{R}_x < 10^6$ 的小 Reynolds 数，式 (21.42) 和 (21.43) 实际上

1) 这节所做的估计没有区分等效砂粒粗糙度 k_S 与实际突起物高度 k 的差别．

给出了同样的结果，而在大 Reynolds 数时，式(21.43)给出的值稍微大些．因此，我们有理由保留这个比较简单的公式(21.42)，因为它没有把 k_{adm} 定得太大的危险．式(21.42)说明，**粗糙元的容许高度不依赖于平板的长度**，它只根据速度和运动粘性系数按照下述条件确定：

$$\boxed{k_{adm} \leqslant 100 \frac{\nu}{U_\infty}.} \tag{21.44}$$

由此得出，对于模型及其原形来说，如果这两种情形的速度和运动粘性系都一样，则它们的容许粗糙度的绝对值也是相等的．对于一些长物体来说，比起它们的线性尺度来，其容许粗糙度是非常小

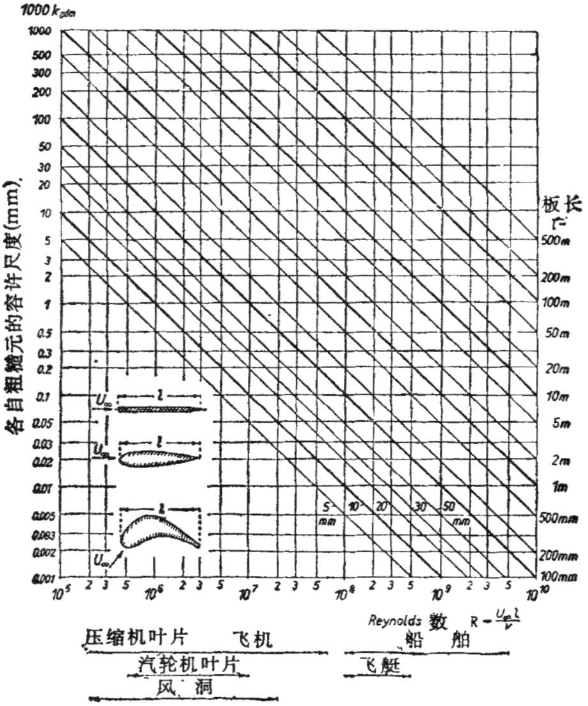

图 21.16 零攻角粗糙平板和机翼的容许粗糙度 k_{adm}，根据式(21.44)

的，参看表 21.3.

对于实际应用来说，更为方便的是：把粗糙度的容许值直接与板长 l 联系起来，或者更一般地说，与所考虑的物体长度(例如船身、翼弦的长度，涡轮机或旋转压缩机叶片弦向长度)联系起来，因为这可以对所要求的表面平滑度得出一个更直观的度量方法. 为了实现这一点，可以将式(21.44)改写为

$$k_{adm} \leqslant l \times \frac{100}{\mathbf{R}_l}, \tag{21.45}$$

其中 $\mathbf{R}_l = U_\infty l/\nu$. 图 21.16 中的图线可以用来减轻对式(21.45)的计算. 这张图含有突起物的容许尺度相对于 Reynolds 数的图线，其中用特征长度作为参数. 为了便于使用，这张图的底部给出了在各种工程应用(船舶、飞艇、飞机、压缩机叶片、汽轮机叶片)中遇到的 Reynolds 数范围. 另外，表 21.3 给出了借用图 21.16 计算的几个例子的一览表. 在**船体**情形下，容许粗糙度的量级是百分之几毫米(万分之几到千分之几英寸)，实际上要得到这样小的值是不可能的，因此总要考虑到由于粗糙而引起的很大的阻力增加. 对于**飞艇**也是一样. 关于**飞机表面**，可以看到容许粗糙尺度在 0.01 到 0.1mm (0.0004 到 0.004in) 之间. 经过非常仔细的表面加工，有可能符合这些要求. 在**模型飞机**和**压缩机叶片**情形下，它们要求同样量级的平滑度，即0.01到0.1mm(0.0004 到 0.004in)，因此不难得到水力学光滑表面. 在**汽轮机**中所遇到的 Reynolds 数是比较大的，因为尽管线性尺度小，但是压力比较高[1)]，因此容许粗糙度非常小. 所要求的值介于 0.0002 到 0.002mm (10^{-5} 到 10^{-4}in) 之间，这在新加工的叶片上是很难达到的. 经过一段运行之后，由于侵蚀和剥落，当然会超过这些值. 现在需要说明，以上

---

1) 关于过热蒸汽的运动粘性系数，参看 Escher Wyss Reports, vol. X, No. 1, p. 3 (1937)，或 NBS-NACA Tables of Thermodynamic Properties of Gases, Washington, 1954. 还可见 J. Kestin 和 J. Whitelaw, Trans. ASMA (A), J. Basic Engineering, 88(1966) 82—104. 大多数的新近值可以取自 Mechanical Engineering, 88, 79 (1976).

表 21.3 关于容许粗糙度的计算例子，根据图 21.16

项目	说明	长度 l	速度 w			运动粘性系数 $10^6 \times \nu$		$R=\frac{wl}{\nu}$	容许粗糙度 k_{adm}	
		m(ft)	km/h	m/s	ft/s	m²/s	ft²/s		mm	in
船身	大型、高速	250 (820)	56 30节	15	49	1.0	10	4×10^9	0.007	0.00028
	小型、低速	50 (165)	18 10节	5	165	1.0	10	3×10^8	0.02	0.0008
飞艇	——	250 (820)	120	33	1100	15	150	5×10^8	0.05	0.002
飞机(机翼)	大型、高速	4[1] (13)	600	166	545	15	150	5×10^7	0.01	0.0004
	小型、低速	2 (6.5)	200	55	180	15	150	8×10^6	0.025	0.001
压缩机叶片	低速	0.1 (0.33)	—	150	490	15	150	1×10^6	0.01	0.0004
模型机翼	小型	0.2 (0.65)	144	40	130	15	150	5×10^5	0.05	0.002
汽轮机叶片	高压 $t=300$C(～550F)	10mm (0.4in)	—	200	650	0.4	4	5×10^6	0.0002	0.000008
	高压 $t=500$C(～950F)	10mm (0.4in)	—	200	650	0.8	8	2.5×10^6	0.0005	0.00002
	低压	100mm	—	400	1300	8	80	5×10^6	0.002	0.00008

1) 弦长

的考虑只适用于相当于砂粒粗糙度的紧密排列的突起物．在障碍物宽间隔分布的情形下，或在壁面呈波纹形的情形下，其容许值稍微大些．

粗糙度对于在汽轮机一级内损失的影响，在很大程度上取决于通过它的压力降，即这级的反力度．从图 21.17 可以清楚地看出这点，这张图表示 L. Speidel[58] 对带有不同砂粒粗糙度的涡轮叶栅所进行的测量结果．这张图含有损失系数 $\zeta_t=\Delta g\Big/\frac{1}{2}\rho w_2^2$

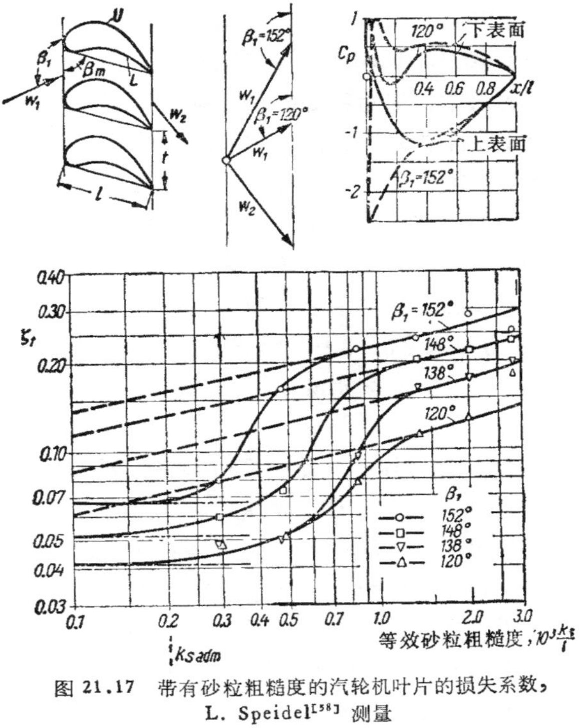

图 21.17　带有砂粒粗糙度的汽轮机叶片的损失系数，L. Speidel[58] 测量

$\zeta_t=\Delta g\Big/\frac{1}{2}\rho w_2^2$；$\Delta g$——动压头损失．实线 $t/l=0.67$；平均叶片安装角 $\beta_m=72°$；Reynolds 数 $\mathbf{R}=w_2 l/\nu=5\times10^5$；$C_p=(p-p_2)\Big/\frac{1}{2}\rho w_2^2$

的曲线，其中 Δg 表示沿栅距进行平均的动压头损失的平均值，它已经用出口动压头（w_2 表示离开的速度）无量纲化了．损失系数 ζ_t 值随 β_1 的增加而增加，因为参照速度三角形可以证明，w_1 随 β_1 的增加而增加．在边界层沿整个叶片都是湍流的假设下，ζ_t 的增加率用图 21.17 中的直虚线表示．对于较低的粗糙度，测量点明显地落在这些直线的下方．在研究中已经查明，这个特性是由于存在着一个长的层流边界层区引起的．当粗糙度增加时，层流边界层区的长度减小．用式（21.45）对粗糙度容许值的估计可以得到，当 $\mathbf{R}=w_2l/\nu=5\times10^5$ 时，$k_S/l=0.2\times10^{-3}$．在图 21.17 中已经标出了这个极限，并且可以看到它与实验结果符合得很好．还可参考 K. Bammert 和 K. Fiedler[2,3] 的文章．

在层流边界层中，引起转捩的突起物的高度将称为**临界高度**或**临界粗糙度**（参看第十七章 g）．粗糙度通过将转捩点沿逆流方向移动来影响壁面的阻力．其阻力可能增加也可能减小，这取决于物体的形状．当物体的阻力主要来源于表面摩擦力时（例如翼型），转捩点的这种移动使阻力**增加**．当物体的阻力主要来源于型阻时（例如圆柱），在某种情形下阻力是可以减小的．依照几位日本学者的测量[62]，可以给出如下的临界粗糙度：

$$\frac{v_* k_{\text{crit}}}{\nu}=15. \tag{21.46}$$

对于长为 2m 的机翼以速度 $U_\infty=83\text{m/s}=300\ \text{km/h}$（约 185 mile/h）在空气（$\nu=14\times10^{-6}\text{m}^2/\text{s}$）中飞行的情形，我们计算 k_{crit} 值．我们有 $\mathbf{R}_l=U_\infty l/\nu\approx10^7$．考察机翼上 $x=0.1l$ 的点，即 $\mathbf{R}_x=U_\infty x/\nu\approx10^6$ 的那点．由于存在负的压力梯度，直到这一点边界层都可以是层流的．对于层流边界层，壁面切应力由式（7.32）给出，并且等于 $\tau_0/\rho=0.332U_\infty^2\sqrt{\nu/U_\infty x}=0.332\times6900\times10^{-3}\text{m}^2/\text{s}^2=2.29\text{m}^2/\text{s}^2$．因此 $v_*=\sqrt{\tau_0/\rho}=1.52\text{m/s}$．代入到式（21.46），我们有

$$k_{\text{crit}}=15\frac{\nu}{v_*}=\frac{15}{1.52}\times0.14\times10^{-4}\text{m}$$

$$= 0.14\text{mm}\ (\text{约}\ 0.0056\text{in}).$$

这表明，和已掌握的湍流边界层的粗糙度容许值相比，引起转捩的突起物临界尺度要大十倍左右，如表 21.3 所计算的，小型飞机湍流边界层的粗糙度容许值约为0.02mm(0.0008in)。和湍流边界层相比，层流边界层“可以经受”大得多的粗糙度. K. Scherbarth[48] 对于在壁面装有单一障碍物(铆钉头)时层流边界层的性质进行了实验研究. 已经查明，在障碍物后面形成一个楔形湍流扰动区，它的夹角约为 14° 到 18°.

如在第十七章 g 讲过的，E. G. Feindt[17] 进行的非常广泛的测量，改进了式(21.46)中给出的临界高度的判据.

粗糙度对于型阻的影响可以归纳如下：有尖缘的物体，例如垂直于气流的平板，对表面粗糙度很不敏感，因为转捩点就是由这些边缘确定的. 另一方面，比如圆柱体等钝体的阻力，对于粗糙度是非常敏感的. 阻力表现出突然下降(图 1.4)的临界 Reynolds 数，在很大程度上依赖于表面粗糙度. 根据图 21.18 所示的测量[1,14]结果，临界 Reynolds 数将随相对粗糙度 k/R 的增加而降低 ($d = 2R$ = 圆柱直径). 边界层好像被粗糙度扰动到这样程度，以致在比光滑柱体情形低得多的 Reynolds 下就出现了转捩.

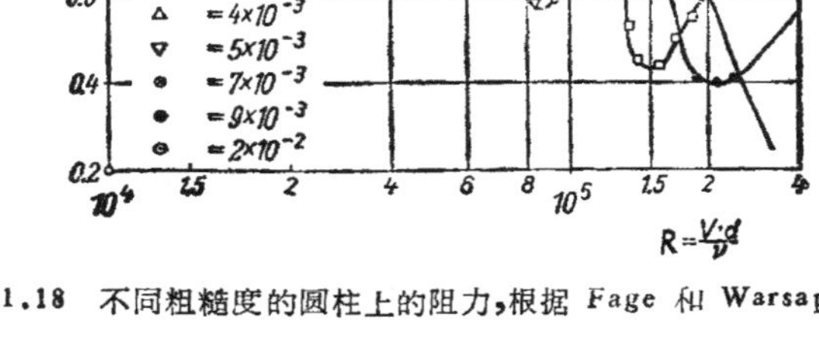

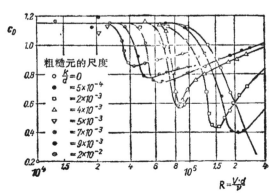

图 21.18 不同粗糙度的圆柱上的阻力，根据 Fage 和 Warsap[14]

因此，粗糙度和 Prandtl 绊线(图 2.25)有同样的作用，即它在 Reynolds 数的某个范围内确实能降低阻力．无论如何，在超临界 Reynolds 数范围内，粗糙柱体的阻力总要比光滑柱体的阻力大些，请参阅文献[60].

第二十二章　有压力梯度的不可压缩湍流边界层[1)]

上一章考虑了无压力梯度平板上的湍流边界层，作为该主题的延伸，本章将讨论壁面上有正压梯度或负压梯度时湍流边界层的特性。对于飞机机翼或涡轮叶片阻力的计算，以及对于发生在扩压器中的过程的了解，目前这种情形都是特别重要的。除了表面摩擦力之外，我们所关心的是：在给定的条件下，边界层是否会分离，如果分离，我们希望能确定出分离点。和层流边界层中的情形一样，负压梯度的存在，特别是正压梯度的存在，对湍流边界层的结构有着强烈的影响。直至今日，这些极为复杂的现象还远未完全了解，但是存在着若干半经验的计算方法，可以用来得出比较满意的结果。

1962 年，J. C. Rotta[85] 对这个广阔的学术领域作了全面而细致的评论。为了提出有压力梯度的不可压缩湍流边界层的计算方法，我们必须从圆管和零攻角平板以外的实验关系着手，为此，我们先来给出若干实验结果的简要说明。

a. 若干实验结果

F. Doench[28]，J. Nikuradse[71]，H. Hochschild[45]，R. Kroener[57] 以及 J. Polzin[76] 在平直壁面的收缩管和扩张管中，对有压力降和压力升的二维流动进行了早期的系统的实验。F. A. L. Winternitz 和 W. J. Ramsay 的文章[123]叙述了在圆形扩张管中的测量，特别是对其中能量转换过程效率的测量。这些实验表明：速度剖面的形状非常强烈地依赖于压力梯度。图 22.1 画出了 J.

---

1) E. Truckenbrodt 教授撰写了本章的新版本，对于他的合作，特此致谢。

Nikuradse 在略微收缩和略微扩张的管中测得的速度剖面. 管道的半夹角 α 分别为 $\alpha=-8°,-4°,-2°,0°,1°,2°,3°,4°$. 收缩管的边界层厚度远小于压力梯度为零的直管情形，而扩张管中边界层厚度非常厚，并一直延伸到管的中心线处. 当扩张管的半夹角达到4°时，速度剖面在整个管道宽度上完全对称，没有显示出与分离有关的特性. 一旦半夹角增加到超过 4°时，则速度剖面发生了根本的改变. 对于半夹角为 5°，6°，8°的扩张管，图 22.2 和图 22.3 分别画出了对应的速度剖面，这些速度剖面不再是对称的了. 当半扩张角为 5°时(图 22.2). 还不能识别出回流，但是分离正在管的一个扩张壁上开始. 除此之外，流动变得不稳定，因此，

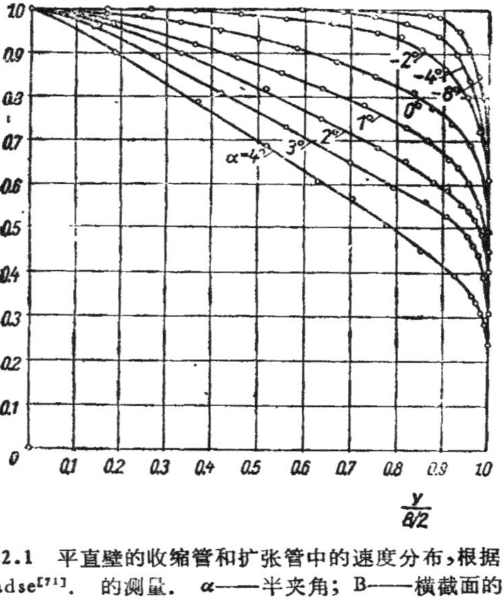

图 22.1 平直壁的收缩管和扩张管中的速度分布，根据 J. Nikuradse[71]. 的测量. α——半夹角；B——横截面的宽度

若受到不规则的扰动，流动将交替地附着在这个或另一个扩张壁上. 这种不稳定性是初期分离的特征. J. Nikuradse 观测到最初出现分离的角度在 $\alpha=4.8°$ 至 5.1° 之间. 在角度 $\alpha=6°$ 时(图 22.2)，速度剖面的不对称性更为显著. 流动中的回流说明分离的开始. 当 $\alpha=8°$ 时，回流区的宽度远大于 $\alpha=6°$ 的情形，

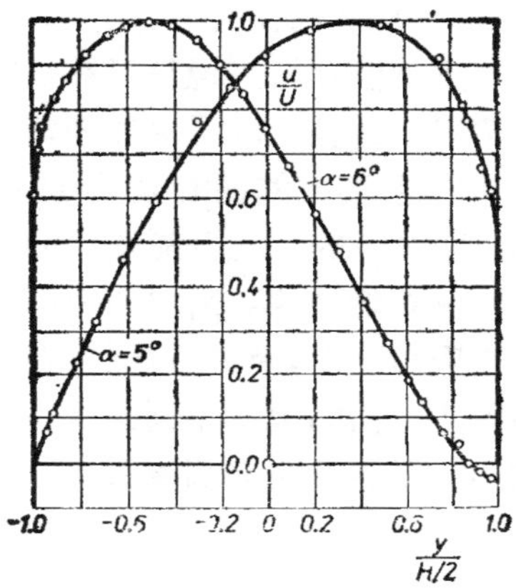

图 22.2 在半夹角 $\alpha = 5^\circ$ 和 $\alpha = 6^\circ$ 的扩张管中的速度分布，根据 J. Nikuradse[71] 的测量. 速度分布失去对称性意味着初期分离

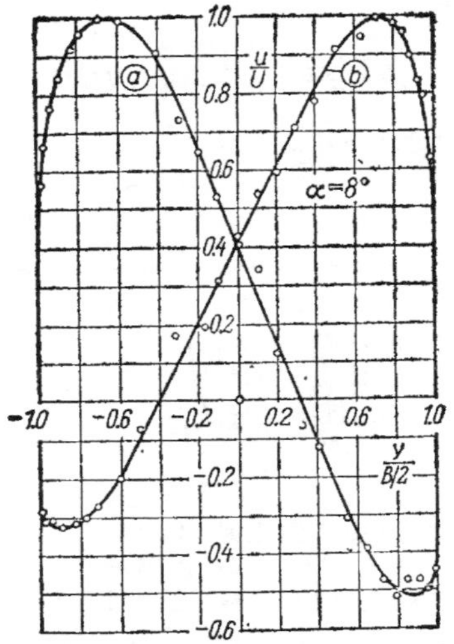

图 22.3 在半夹角 $\alpha = 8^\circ$ 的扩张管中的速度分布，根据 J. Nikuradse[71] 的测量. 回流充分发展，流动以较长的时间间隔在图象(a)和(b)之间摆动

并且观测到流动从一个扩张壁到另一个扩张壁频繁地来回摆动.这种现象在 $\alpha=5^\circ$ 和 6° 时是没有的. 但是, 每一个特定流动形态的持续时间, 对于得到一组读数来说是足够长的. 当扩张角继续增加时,回流区变得更宽,并且摆动得更加频繁.

图 22.4 画出了翼型上所形成的湍流边界层的例子, 是 J. Stueper[105] 在自由飞行中测量的. 在目前这种情形下, 因为压力面的压力在整个翼型上都是增加的, 所以压力面的边界层从前缘开始就是湍流状态. 在吸力面上, 转捩点位置在紧靠最小压力点的后面, 与第十七章 b 中给出的说明相同. 从边界层本身厚度的突然增加就可以推断出边界层已变成湍流状态.

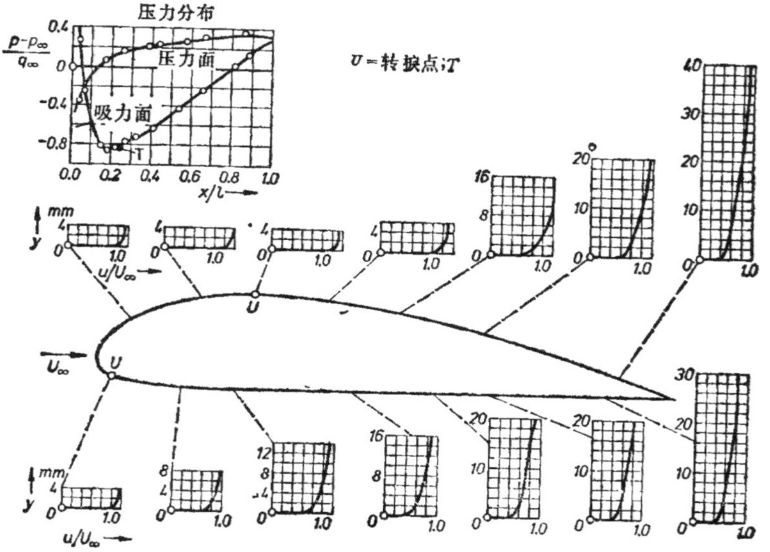

图 22.4 机翼翼型上的边界层,根据 Stueper[105] 的测量; 飞行实测. 升力系数 $c_L=0.4$; Reynolds 数 $\mathbf{R}=4\times10^6$; 弦长 $l=1800$mm. 由于逆压梯度,边界层在整个压力面是湍流的; 在吸力面,最小压力点的上游是层流的,其下游是湍流的

近来, G B. Schubauer 和 P. S. Klebanoff[97], J. Laufer[58] 和 F. H. Clauser[21] 已对有压力梯度的湍流边界层的特性进行了

非常全面的实验研究．特别是，上面的前两篇文章包括湍流脉动以及第十八章中定义的相关系数的测量结果，而最后一篇文章中包括切应力的广泛的测量结果．下面几节所要阐明的计算方法，显然只能应用于完全附着在壁面上的流动，即只适用于类似于图 22.1 和图 22.4 所示的流动．

b. 二维湍流边界层的计算

1. 概述 迄今为止，所有计算湍流边界层的方法都是近似的，都不能在纯理论的意义上计算由湍流脉动所引起的速度和切应力分量，以及由此产生的能量损失[1]．另外，这些方法中仍需引入一些经验关系，如 1925 年由 Prandtl 所创立的著名的混合长度公式．因为湍流的统计理论至今还没有产生出取代它的方法．令人惊讶的是在 Prandtl 假设提出后的半个世纪中，它在有关湍流边界层计算的文献中仍起着非常重要的作用．大多数现代的计算方法都是近似的，它们利用了速度边界层（以区别于本节不讨论的热边界层）的动量方程和能量方程，以及由它们得出的某些关系式．在第十章和第十一章中，已导出了层流边界层中与它们相应的关系式．

我们可以把目前有用的湍流边界层计算方法分成两类：以基本方程的积分形式为基础的方法和以微分方程为基础的方法．前者可以追溯到 Th. von Kármán 在 1921 年所做的工作．在这种方法中，首先将偏微分方程沿横向解析地积分，由此化为常微分方程组，参阅第八章和第十三章．而在另一类方法中，是应用数值方法直接积分偏微分方程组，例如在第九章 i 所描述的有限差分法，或者用有限元法．显然，用微分方程方法所需的工作量大大超过用积分方法的情形．前者需要使用配备有大存储器的大型数字计算机，而后者在小的计算器上甚至用计算尺就能够完成计算．

在下面的几节中，我们只限于介绍这样的方法，即能够计算出

1）英文原版中此句缺字，今参照原书的前几个版本以及上下行文加上的，并非原文，希读者注意．——中译者注

诸如速度、局部切应力以及分离区等湍流变量的时间平均值方法。因为我们预计到工程人员只对这种平均值才有真正的兴趣，所以我们不去计算所有由脉动产生的量，例如相关系数、湍流度和湍流尺度。读者对这方面有兴趣的话，可以参阅更专门的著作[10,81]。

到1968年由 S. J. Kline 组织的 Stanford 大学讨论会时，湍流边界层的研究已经取得了很大的进展。S. J. Kline, M. V. Morkovin, G. Sovran, D. J. Cockrell, D. E. Coles 和 E. A. Hirst[54] 将当时获得的成果编辑成两大卷出版。在增补的由 W. C. Reynolds[78] 撰写的“分类评述”中，读者可以找到关于 20 种积分方法和 8 种微分方法的介绍，并按各自的物理基础叙述了它们的特征(到 1967 年为止的情况)。原则上，这些方法的差别在于：为了使方程组可解而引进的经验封闭函数不同。此外，在会议中还提供了33组实验数据，作为计算方法的验证材料。大约十年后，W. C. Reynolds[81] 再次对数量很多的计算方案作了简要的评论，该文登载在1976年的**流体力学年鉴**上(参阅同一作者在 1974 年发表在**化学工程进展**上的文章[80])。1974年出版了 F. M. White 的书[119]。其中介绍了20种积分方法和 11 种微分方法。从迄今已有的如此大量的方法中要选出“最佳方法”是困难的，我们也不打算这样做。

再早一些时候，A. Walz[116] 和 J. C. Rotta[85,87]发表关于许多这类方法的综述，主要是**积分方法**. P. Bradshaw 的文章[9,12,13,14]有**微分方法**的评述。此外，T. Cebeci 和 A. M. O. Smith 的书[20]以及这两位作者较早的两篇论文[18,19]中，对许多计算方法有很好的评论。L. S. G. Kovasznay[56] 和 F. H.Clauser[21a] 的两篇早期评论也有参考价值。

我们也不打算详细地叙述若干个这类的数值方法，而是将注意力集中在这许多方法中的一个上，使读者可以直接用它来开展工作。为此目的，我们选择了由 E. Truckenbrodt[111] 所发展起来的积分方法。这个方法的第一个文本公布于1952年。现在，已从目前对这个方法的物理理解上加以更新[114]。该方法便于讨论，并且从精度的观点来看，也是最佳的积分方法之一.

2. Truckenbrodt 积分方法 在详细介绍 E. Truckenbrodt[114] 方法之前，我们简要地作一个历史回顾，这样有助于我们对它的理解.正如前面已经指出的那样，湍流边界层的所有计算方法都依赖于一定的经验关系. 随着时间的推移，特别是从三十年代中期开始，经验算法的基础以及半经验的和理论的计算方法都经历了不断改进的过程.

1931 年，E. Gruschwitz[41] 建立了计算有压力梯度湍流边界层的第一个方法. 后来，A. Kehl[53] 改进了该方法所依据的实验数据. 几乎同时，A. Buri[15] 公布了一个类似的方法. H. C. Garner[35] 在 A. E. von Doenhoff 和 N. Tetervin[27] 工作的基础上提出了一个方法，从数值计算的方便与否来看，证明它比上述第一种方法要优越. 1952 年，E. Truckenbrodt[111] 基于 K. Wieghardt[120]，H. Ludwing 和 W. Tillmann[60] 以及 J. C. Rotta[82,83] 等人的实验结果，建立了一个简单的求积分的方法. 这个方法不但适用于二维流动，也适用于轴对称流动. 1974 年，在当时认识的基础上改进了这个方法[114]. 这就是目前我们要较为详细地讨论的内容.

特征数： 为了给速度边界层基本特性的描写创造条件，必须知道它的厚度，并给出边界层中速度分布的性态. 由于**边界层厚度** $\delta(x)$ 代表着这样的一种边界，耗散层在这里与无摩擦的外流 $U(x)$ 汇合，即 $u(x,y=\delta)=U(x)$，所以没有一个确切的定义. 因此，最好是去计算以前在式(8.30)，(8.31)和(8.34)所定义的那些厚度. 这些包含着下述的量

$$\delta_1(x)=\int_0^\delta(1-u/U)dy \quad (位移厚度), \tag{22.1a}$$

$$\delta_2(x)=\int_0^\delta(1-u/U)(u/U)dy \quad (动量厚度), \tag{22.1b}$$

$$\delta_3(x)=\int_0^\delta[1-(u/U)^2](u/U)dy \quad (能量厚度), \tag{22.1c}$$

通过引进适当的由外流速度构成的 **Reynolds 数**，可以将这

些量无量纲化．因此，我们可以使用

$$\mathbf{R}_2 = \delta_2 U/\nu;\ \mathbf{R}_3 = \delta_3 U/\nu\ 等等. \qquad (22.2a,b)$$

速度剖面强烈地依赖于外流的压力梯度（压力梯度可以通过 dU/dx 来表示），并由一些**形状因子**来表征．首先将这些参数无量纲化，并可以根据式(22.1)将它们定义成厚度比的形式．习惯上采用下列缩写符号

$$H_{12} = \delta_1/\delta_2; H_{23} = \delta_2/\delta_3; H_{32} = \delta_3/\delta_2\ 等等. \qquad (22.3a,b,c)$$

在这里，我们不再介绍 E. Gruschwitz[41] 和 A. Buri[15] 所采用的形状因子．长期以来，大家都知道对于描写速度剖面来说，由式(22.3)所定义的形状因子是十分有用的参量，这已被 Stanford 会议上发表的许多总结性文章所确认．除此之外，测量表明湍流速度剖面可以用**单参数曲线族**来描写．正如由图 22.5中曲线所证

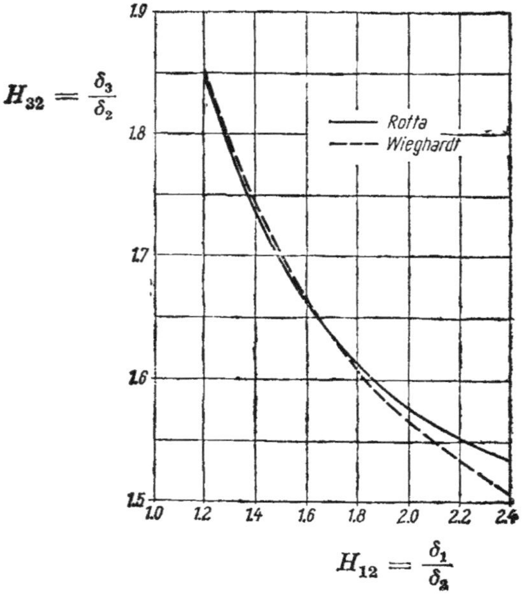

图 22.5　边界层厚度比 $H_{32} = \delta_3/\delta_2$ 对 $H_{12} = \delta_1/\delta_2$ 的曲线，根据 J. C. Rotta[84] 和 K. Wieghardt[120]，也可参阅 H. Fernholz[39]

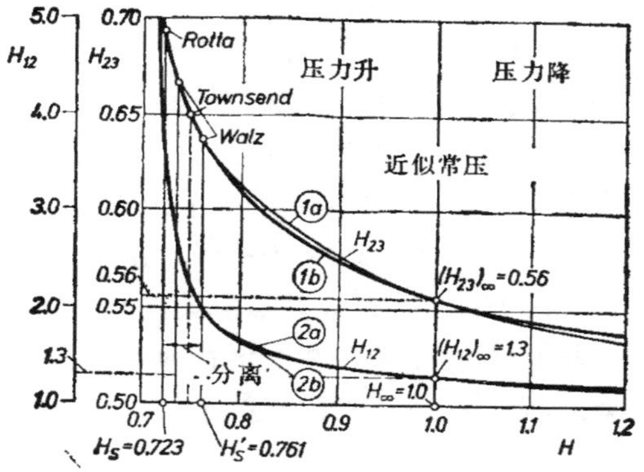

图 22.6 湍流边界层的形状因子

H = 式(22.4)的修正的形状因子

H_∞ = 参考状态;近似的常压流动

H_S = 分离的边界层

$H_S \leqslant H \leqslant H'_S$ = 容易分离的边界层

(1) = H_{23}对H的曲线

(1a)由式(22.4a)数值计算的结果

根据参考文献[23a,46a]

$$H_{12} = 1 + 1.48(2 - H_{32}) + 104(2 - H_{32})^{6.7}$$

(1b)用式(22.5)计算的结果

(2) = H_{12}对H的曲线

(2a)和(2b)类似于(1a)和(1b)

实的那样，这意味着形状因子 H_{12} 和 $H_{32} = 1/H_{23}$ 相互间存在着单值关系. 如果忽略不计一些对 Reynolds 数轻微的依赖关系，这一事实可以由关系式 $H_{12} = f(H_{32})$ 来表示. 以上述分析为指导，E. Truckenbrodt [114]引入[1)]**修正的形状因子**

$$H = \exp\left\{\int_{(H_{32})_\infty}^{H_{32}} \frac{dH_{32}}{(H_{21} - 1)H_{32}}\right\} = \exp\left\{-\int_{(H_{23})_\infty}^{H_{23}} \frac{dH_{23}}{(H_{12} - 1)H_{23}}\right\}. \tag{22.4a,b}$$

因为参考值 $(H_{23})_\infty = (H_{32})_\infty$ 相当于无压力梯度流动的平均值，所以将它们选为积分的下限. 在湍流边界层的情形下，我们选取

1) 参考文献[111]采用修正的形状因子 $L = \ln H$.

$(H_{12})_\infty = 1.3$. 在 H. Fernholz[33] 所指出的关系式的基础上，就可以对关系式(22.4)进行数值计算.图 22.6中画出了其计算结果.

在无压力梯度流动的情形下,我们根据定义(湍流情形下是平均值),求出 $H = H_\infty = 1$. 有逆压梯度流动（压力沿下游方向增加)的特征为$H_S \leqslant H < 1$,而在加速流动的情形下(压力沿下游方向减少),我们求出 $1 < H \leqslant H_0$,其中 H_S 表示出现初期分离时速度剖面的形状因子,而 H_0 表示二维驻点流速度剖面的形状因子.按照 K. Wieghardt 的实验结果，在所谓幂律速度剖面假设的基础上,形状因子 H_{12} 和 H_{32} 相互间满足关系式

$$H_{12} = H_{32}/(3H_{32} - 4).$$

将这个表达式代入式 (22.4a)，并对 H_{32} 积分，我们可以导出湍流边界层中修正的形状因子的下述表达式

$$H = \frac{(H_{32})_\infty}{H_{32}}\left(\frac{2-(H_{32})_\infty}{2-H_{32}}\right)^{1/2} = 0.5442H_{23} \times\left(\frac{H_{23}}{H_{23}-0.5049}\right)^{1/2}. \quad (22.5\text{a,b})^{1)}$$

对于可能出现**分离**的湍流边界层，文献中给出的数值变化很大. J. C. Rotta[86] 推荐 $4.05 > (H_{12})_S > 4.0$ 或 $H_S \approx 0.723$，而 A. Walz[116] 则建议 $1.50 < (H_{32})_S < 1.75$ 或 $0.736 < H_S < 0.761$. 按照 A. A. Townsend[110a] 的看法（参阅 Stratford[104]），在 $U(x) \sim x^p$ 而 $p = -0.234$ 的外流所产生的速度剖面的情形下,零切应力发生在 $(H_{12})_S = 2.274$ 或 $H_S = 0.784$ 处. 图 22.6 中画出了有关初期分离的各种形状因子. 修正的形状因子 H_S 值的起伏要比 $(H_{12})_S$ 和 $(H_{23})_S$ 的起伏小得多. 参考文献 [114]指出：**分离**可能发生在

$$H_S \leqslant 0.723 \text{（分离）}. \quad (22.6)$$

$H_S = 0.723 \leqslant H \leqslant 0.761 = H'_S$ 的范围描述了易于分离的速度剖面.

---

1) 为了描述目前已有的实验结果,已将式 (22.5b) 中的数值常数作了调整.

3. 基本方程 为了计算边界层厚度和形状因子(后者刻划了速度剖面)，需要有两个方程，它们是：动量积分方程(8.32)和能量积分方程(8.35)。在第二个方程中，必须在其右边引入一个尚未确定的由湍流切应力所引起的耗散功的表达式。

作为**动量厚度** $\delta_2(x)$ 和**能量厚度** $\delta_3(x)$ 的基本方程组，我们分别得到[1]

$$\frac{d\delta_2}{dx} + (2 + H_{12})\frac{\delta_2}{U}\frac{dU}{dx} = c_T, \tag{22.7a}$$

$$\frac{d\delta_3}{dx} + 3\frac{\delta_3}{U}\frac{dU}{dx} = 2c_D, \tag{22.7b}$$

其中 c_T 为表面摩擦力系数，c_D 为耗散系数。这两个与切应力有关的系数强烈地依赖于式(22.2)中的 Reynolds 数 R 和式(22.4)中的形状因子 H。它们的下述幂律关系已经经受到长时间的检验，即

$$c_T = \frac{\tau_0}{\rho U^2} = \frac{\alpha(H)}{\mathbf{R}_2^a};\ c_D = -\int_0^\delta \frac{u}{U}\frac{\partial}{\partial y}\left(\frac{\tau}{\rho U^2}\right)dy = \frac{\beta(H)}{\mathbf{R}_3^b}. \tag{22.8a,b}$$

这些表达式包含着因子 $\alpha(H)$ 和 $\beta(H)$，它们是形状因子和当地 Reynolds 数 $\mathbf{R}_2$ 或 $\mathbf{R}_3$ 某个幂次方的单值函数。图 22.7(a) 和 (b)画出了 a 和 b 的数值以及 $\alpha' = \alpha/\alpha_\infty$ 和 $\beta' = \beta/\beta_\infty$ 作为H函数的曲线，同时标出了 α_∞ 和 β_∞ (表示零压力梯度流动的值)。该图的说明中也援引了它们相应的公式。可以看出，β' 随H的变化较为平缓，而 α' 选取分离时的值 $\alpha'(H = H_S) = 0$，然后当H增加时迅速地增加。

现在将式(22.8a,b)代入方程 (22.7a,b)，我们分别导出相应于 $\delta_2(x)$ 和 $\delta_3(x)$ 的动量方程和能量方程的修正形式。

为了完成计算，还必 知道形状因子函数 $H(x)$。参考文献

---

1) 上述方程组中略去了式(18.10)中 Reynolds 应力张量法向分量 $\rho\overline{u'^2}$ 和$\rho\overline{v'^2}$ 的影响，在参考文献[85，87]中，说明了在这简化不容许时如何来修改这些方程。

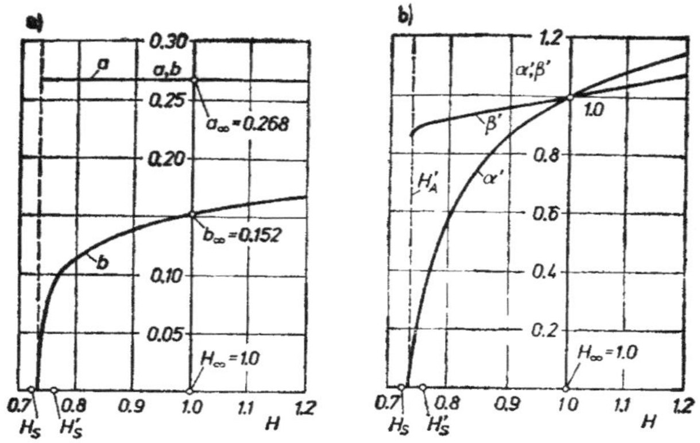

图 22.7 湍流边界层中的切应力，对应于式(22.8)，根据参考文献[33]和[120]. (a)指数 a 和 b 随 H 的变化；(b)因子 α 和 β 随 H 的变化

$\alpha' = \alpha/\alpha_\infty$，其中 $\alpha_\infty = 0.0157$

$\beta' = \beta/\beta_\infty$，其中 $\beta_\infty = 0.0053$

[113] 的第 487 页中说明，为了计算 $H_{32}(x)$ 和 $H_{23}(x)$，将方程 (22.7a,b) 化为便于计算的形式

$$\delta_2 \frac{dH_{32}}{dx} - (H_{12}-1)H_{32}\frac{\delta_2}{U}\frac{dU}{dx} = 2c_D - H_{32}c_T, \quad (22.9a)$$

$$\delta_3 \frac{dH_{23}}{dx} + (H_{12}-1)H_{23}\frac{\delta_3}{U}\frac{dU}{dx} = c_T - 2H_{23}c_D. \quad (22.9b)$$

现在可以用一对耦合的方程来计算形状因子，即方程 (22.7a) 和 (22.9a) 或方程 (22.7b) 和 (22.9b). 为了区分这两种可能的方法，我们称第一种情形为**动量法**，称第二种情形为**能量法**. 在大多数计算中采用动量法，而 E. Truckenbrodt[111,114] 采用的是能量法. 采用能量法有两个理由：(a) 和方程 (22.7a) 不同，方程 (22.7b) 的左边不明显地依赖于形状因子. 因此，我们还可以将方程(22.7b)改写为

$$\frac{1}{U^3}\frac{d}{dx}(U^3\delta_3) = 2c_D. \quad (22.10)$$

(b) 方程 (22.7b) 右边的耗散系数 c_D 必须通过式 (22.8b) 在

整个边界层厚度($0 \leqslant y \leqslant \delta(x)$)上的积分来计算，而方程(22.7a)右边的表面摩擦力系数c_T只取决于壁面上的局部切应力(式(22.8a)). 这就表明，形状因子对耗散功的影响比壁面上局部切应力对耗散功的影响要小得多. 这从图22.7b 中 $\alpha'(H)$ 和 $\beta'(H)$ 的曲线已得到证实. 因此，在能量法中，确定边界层厚度的方程(能量方程)和确定形状因子的方程之间的耦合关系比动量法中的耦合关系要弱得多.

参考文献 [114] 说明了如何才能将边界层厚度的基本方程(22.7a,b) 转变成确定局部 Reynolds 数(由式(22.2) 所定义)的方程. 类似地，这篇参考文献中也说明了如何才能将形状因子的基本方程 (22.9a,b) 转变成修正的形状因子(由式(22.4)所定义)的方程. 用这一方法，我们得到

$$\frac{d\mathbf{R}}{dx} + m\frac{\mathbf{R}}{U}\frac{dU}{dx} = U(x)\Phi(\mathbf{R}, H), \tag{22.11a}$$

$$\frac{d}{dx}\left(\frac{H}{U}\right) = \frac{\psi(\mathbf{R}, H)}{R(x)}. \tag{22.11b}$$

表22.1中列出了缩写符号 m, Φ 和 ψ 的表达式. 对于动量法，$\mathbf{R}, m, \Phi$ 和 ψ 标以下标 2，而对于能量法，则标以下标3.

4. 关于计算平板湍流边界层的积分 在一定的简化假设下，还可以进一步简化方程组 (22.11a,b). 按照这种方法，对于任何一个(零压力梯度、逆压梯度或顺压梯度)的外流速度分布 $U(x)$,

表22.1 计算无量纲动量厚度 $\mathbf{R}_2$，无量纲能量厚度 $\mathbf{R}_3$ 以及形状因子等方程中各种量的一览表，见方程(22.11a,b)

	动量法(下标 2)	能量法(下标 3)
$\mathbf{R}$	$\mathbf{R}_2 = U\delta_2/\nu$	$\mathbf{R}_3 = U\delta_3/\nu$
m	$m_2 = H_{12} + 1 = m_2(H)$	$m_3 = 2 =$ 常数
$\Phi(\mathrm{R}, H)$	$\Phi_2 = c_T/\nu = \alpha(H)/\nu\mathbf{R}_2^a$	$\Phi_3 = 2c_D/\nu = 2\beta(H)/\nu\mathbf{R}_3^b$
$\psi(\mathrm{R}, H)$	$\psi_2 = -\frac{H}{\nu}\frac{c_T - 2H_{23}c_D}{H_{12} - 1}$ $= -\frac{H}{\nu}\frac{\alpha - 2\beta H_{23}^{1+b}\mathbf{R}_2^{a-b}}{(H_{12} - 1)\mathbf{R}_2^a}$	$\psi_3 = \frac{H}{\nu}\frac{2c_D - H_{32}c_T}{H_{12} - 1}$ $= \frac{H}{\nu}\frac{2\beta - \alpha H_{32}^{1+a}\mathrm{R}_3^{b-a}}{(H_{12} - 1)\mathrm{R}_3^b}$

我们可以通过积分导出 $\mathbf{R}(x)$ 和 $H(x)$ 的显式表达式。 现在就着手来导出这种近似的显式公式，同时说明如何适当地选取近似步骤才能得到逐步地改进。

层流边界层比拟(动量法)：在某种意义上，类似于第十章所阐明的层流边界层中的 K. Pohlhausen 近似方法，A. Buri[15] 假设：在湍流边界层的情形下，厚度比 $H_{12}=\delta_1/\delta_2$ 和表面摩擦力系数 $c_T=\tau_0/\rho U^2$ 仍然是某一个形状参数的函数[1)]

$$\Gamma=\frac{\delta_2}{U}\frac{dU}{dx}\mathbf{R}_2^a(a=1/4)。\tag{22.12}$$

他引入下列函数，参看式 (22.8a)：

$$H_{12}=\frac{\delta_1}{\delta_2}=f_1(\Gamma),\quad c_T=\frac{\tau_0}{\rho U^2}=\frac{f_2(\Gamma)}{\mathbf{R}_2^a}。\tag{22.13a,b}$$

现在将这些关系式代入动量方程 (22.7a)，得出

$$\frac{d}{dx}(\delta_2\mathbf{R}_2^a)=F(\Gamma),\tag{22.14}$$

其中 $F(\Gamma)$ 是由

$$F(\Gamma)=(1+a)f_2(\Gamma)-[2+a+(1+a)f_1(\Gamma)]\Gamma$$

给出的普适函数。A. Buri 利用他自己的和 J. Nikuradse[71] 的实验结果，证实了可以将 $F(\Gamma)$ 表示成有很好近似程度的线性关系

$$F(\Gamma)=\Gamma_\infty-n\Gamma=\Gamma_\infty-n\frac{\delta_2}{U}\frac{dU}{dx}\mathbf{R}_2^a。\tag{22.15}$$

对于加速流动或减速流动，当 $a=0.25$ 时，他求出 $0.01475\leqslant\Gamma_\infty\leqslant0.0175$ 和 $3.94\leqslant n\leqslant4.15$。 如果现在将式 (22.15) 代入式 (22.14)，我们就可以将方程单独地对 x 积分。 用以动量厚度为参考长度的 Reynolds 数来表示，其结果为

$$[\mathbf{R}_2(x)]^{1+a}=\frac{1}{\nu'}\frac{E_2(x)}{[U(x)]^c},\tag{22.16}$$

---

1) 根据式(10.27)，在层流边界层中与形状参数 Γ 相对应的是

$$K=\frac{\delta_2^2}{\nu}\frac{dU}{dx}=\frac{\delta_2}{U}\frac{dU}{dx}\mathbf{R}_2.$$

其中 $\nu' = \nu/\Gamma_\infty$，

$$E_2(x) = E_2(x_1) + \int_x^{x_2} U^n dx. \tag{22.16a}$$

表 22.2 中列出了指数 $a, e\ , n$ 以及修正的运动粘性系数 ν' 的数值。积分常数为

$$E_2(x_1) = \nu'[U(x)]^e[\mathbf{R}_2(x_1)]^{1+a}.$$

表 22.2 计算动量厚度和能量厚度的显式方程中数值常数的一览表，见式(22.16)，(22.17)和(22.19)。其中 b 见图22.7(a)；β取自图22.7(b)

比拟	动量法		能量法	
	层流边界层	平板湍流边界层(下标∞)		自相似解
m	—	$H_{12}+1=2.30$	2	($H=$ 常数)
c	$a=0.25$	$a=0.268$	$b=0.152$	b 根据图22.7(a)
e	$2.94<e<3.15$	$m(1+a)=2.92$	$2(1+b)=2.30$	b 根据图22.7(a)
n	$3.94<n<4.15$	$1+m(1+a)$ $=3.92$	$3+2b=3.30$	b 根据图22.7(a)
ν'	$57\nu<\nu\ <68\nu$ $68\nu>\nu/\Gamma_\infty>57$	$\dfrac{\nu}{(1+a)\alpha}\approx 50\nu$	$\dfrac{\nu}{2(1+b)}\approx 78\nu$	β 根据图22.7(b)

平板湍流边界层比拟. 虽然沿着零攻角平板(常压流动)的外流速度保持不变 ($U(x)=U_\infty=$ 常数)，但是一般情形却以变化的外流速度($U(x)\neq$ 常数)为特征，即 $dU/dx\neq 0$。我们假定：当 $U(x)\neq$ 常数时，形状因子的值与假想的 $U_\infty=U(x)$ 问题中的值相同，这隐含着 $H(x)=H_\infty=1$[1)]。因此 $H_{12}=(H_{12})_\infty=1.3$，同时按照表 22.1，不论是动量法还是能量法，都必须取 $m=$ 常数．所以 $\alpha=\alpha_\infty, \beta=\beta_\infty$，$a=a_\infty$ 以及 $b=b_\infty$，见图 22.7．就外流而论，我们常常采用实际的速度分布 $U(x)$。因为已经取定形状因子的值为 $H(x)=1$，所以剩下的唯一要计算的量就是由方程(22.11a) 所确定的局部 Reynolds 数．又因为 $m=$ 常数，我

1) 严格地讲，对于平板来说，实际上是 $H(x)\approx 1.0$，这里不予计较.

们可以将其左边的两项合成一项，然后分别对 $\mathbf{R}_2(x)$ 和 $\mathbf{R}_3(x)$ 进行积分，求出问题的解．用缩写的形式，它们是

$$\{\mathbf{R}(x)\}^{1+e}=\frac{1}{\nu'}\frac{E(x)}{[U(x)]^e},\text{其中}E(x)=E(x_1)+\int_{x_1}^{x}U^n dx. \tag{22.17}$$

表 22.2中分别对动量法和能量法列出了指数 i,e,n，以及修正的运动粘性系数 ν' 所采用的关系式和数值．积分常数为

$$E(x_1)=\nu\{U(x_1)\}^e\{\mathbf{R}(x_1)\}^{1+i}.$$

将式(22.17)对 x 进行微分，并根据表 22.1和表 22.2中所定义的缩写符号，我们可以证明它与方程（22.11a）是一致的．在动量法的情形下，如果令 $i=a$，$\mathbf{R}=\mathbf{R}_2$ 和 $E=E_2$，式（22.17）就与（22.11a）相同．

比较表 22.2 中的数据，我们发现动量法和能量法给出的结果极为一致．尽管形状因子的假设和壁面上切应力的假设有很大的差别，我们发现关于计算动量厚度的两个显式是等价的．可以推荐下列的具体数值：

$$\mathbf{R}=\mathbf{R}_3:\ a=0.268,e=3,n=4,\nu'=50\nu. \tag{22.18}$$

下面将讨论能量法．

自相似解比拟(能量法)：在湍流中，人们将边界层理论中的自相似解称为**平衡流动**．自相似解的特征在于：对于一些外流的速度分布$U(x)$，解在不同 x 处的速度剖面 u/U 是相似的．这意味着形状因子 $H(x)$不随 x 变化，即 $dH/dx=0$．图22.7暗示这样一个事实，在这类平衡边界层中，所有依赖于 x 的变量都变成常量了．

现在将 c_D 的表达式（22.8b）代入方程(22.10)，可以指出，根据 $b=$ 常数和 $\beta'=$ 常数，所得的方程本身就可以对 x 积分．于是，给出以能量厚度为参考长度的 Reynolds 数为

$$\{\mathbf{R}_3(x)\}^{1+b}=\frac{1}{\nu'}\frac{E_3(x)}{[U(x)]^e},\text{其中}E_3(x)=E_3(x_1)+\beta'\int_{x_1}^{x}U^n dx. \tag{22.19}$$

关于 b,e,n 和 ν' 的数值，将根据表 22.2 和图 22.7a 中的关系式

来选取.例如，在 $H_S \leqslant H \leqslant H'_S$ 有分离倾向流动的特殊情形下，我们求出 $1 + b'_S = 1.094$ 和 $1 + b_\infty = 1.152$. 这两个值相差约为5%. 从这类近方法固有的误差来看，这种差异是允许的. 换句话说，我们采用基于平板比拟的数值来进行计算是可行的. 形状因子对出现在式(22.19)中的 $\beta' = \beta/\beta_\infty$ 也只有轻微的影响. 作为近似方法，我们令 $\beta' = 1$，因此，用式(22.19)来计算能量厚度可以基于下列的数值：

$$\mathbf{R} = \mathbf{R}_3:\ b = 0.152;\ e = 2.3;\ n = 3.3;\ \nu' = 78\nu;\ \beta' = 1. \tag{22.20}$$

正如所期望的那样，利用这些假设，并考虑到 $i = b$，$\mathbf{R} = \mathbf{R}_3$ 和 $E = E_3$，式(22.19)就能转化为式(22.17).

参考文献[114]证明：当采用能量法时，方程(22.11a)本身就足以解决问题. 对比之下，当采用动量法时，方程(22.11a)和方程(22.11b)之间的耦合是不容忽视的[1)]. 后者只给出一个平凡的结果，因为从定义 $H_{23} = \delta_2/\delta_3$ 来看，必然得出 $\mathbf{R}_2 = H_{23}\mathbf{R}_3$. 在迄今所考虑的近似程度上，可以证明动量法和能量法是一致的.但是，两种方法本质上的差别在于：动量法使用了两个基本方程(22.11a)和(22.11b)，而能量法只用了一个方程(22.11a).就以简单的积分形式来发展另外的近似方法而论，我们已经详细地讨论了动量法潜在的固有性质. 在能量法中，如上所述，我们用方程(22.11b)自身封闭的积分导出了形状因子的公式，现在就来指出这一点.

E. Truckenbrodt的积分方法： E. Truckenbrodt[111,114]发展了湍流边界层方程组显式积分的近似方法，用以得出边界层厚度(能量厚度)和(修正的)形状因子. 对于工程应用中的计算来说，已证明该方法的第一个文本[111]是切实可行的. 因此，按照新近的发现来修正它是有价值的. 采用上面引入的分类方法，我们称它为**能量法**. 可以将这个方法用于二维的或轴对称的流动，参阅第

---

1) 作为引伸，我们可以指出：当 a = 常数和 b = 常数时，参考文献[114]中表6所导出的结果同样有效.

二十四章 c1。

这个方法基于方程（22.11a），是用于计算以能量厚度为参考长度的 Reynolds 数的方程. 在这里，依照表22.1，设 $\mathbf{R}=\mathbf{R}_3$，$m=2$ 和 $\Phi=\Phi_3=(2/\nu)\beta\mathbf{R}_3^{-b}$. 如果我们假设 $b=$ 常数和 $\beta(x)$ 是已知的，就可以将方程（22.11a）对 x 积分，并得到

$$\{\mathbf{R}_3(x)\}^{1+b}=\frac{1}{\nu'}\frac{E_3(x)}{[U(x)]^c},\text{其中}E_3(x)=E_3(x_1)+\int_{x_1}^{x}\beta' U^n dx. \tag{22.21}$$

式(22.20)中的数值对 $\beta'(x)=\beta(x)/\beta_\infty$ 同样有效. 然而，从图(22.7b)中可以查明 β' 对1.0的偏离不大. 在这种情形下，式(22,21)转变成式(22.19). 因此，如果对 Reynolds 数数值的精度要求不高的话，就得出

$$\mathbf{R}_3(x)=\left(\frac{1}{\nu'}\frac{E_3(x_1)+\int_{x_1}^{x}U^{3+2b}dx}{\{U(x)\}^{2(1+b)}}\right)^{1/(1+b)}. \tag{22.22a}$$

这里已采用了下列的数值(参看表22.2——能量法):

$$b=0.152;\nu'=80\nu;\text{其中}E_3(x_1)=\nu'\{[U(x_1)]^2\mathbf{R}_3(x_1)\}^{1+b}. \tag{22.22b}$$

这个显式公式中只包含外部自由流速度 $U(x)$，而 $U(x)$ 可以由位势理论或由实验测量获得. 式中 $x=x_1$ 是计算的起点。

除了速度 $U(x_1)$ 之外，积分常数 $E_3(x_1)$ 中还包含能量厚度 $\delta_3(x_1)$. 如果点 x_1 与转捩点重合，则在整个 $0<x<x_1$ 的层流边界层区域内，可以计算出能量厚度. 这里 $x=0$ 表示边界层的起始位置，例如平板的前缘或钝头体的驻点. 参考文献[114]表明，式（22.22a）对层流边界层亦成立，此时取 $b=1$，$\nu_l'=\nu/4\beta_\infty=0.917\nu$ 和 $E_3(x_1=0)=0$. 在这种情形下，用层流的起始长度来表示，积分常数为

$$E_3(x_1)=\left[\frac{1}{\nu'}\frac{\int_0^x U^5 dx}{\{U(x)\}^4}\right]^{1/2}\text{（转捩点）}. \tag{22.23}$$

如果边界层在 $x=x_1$ 处已是湍流，则必须用当地 Reynolds 数

$\mathbf{R}_3(x_1) = \delta_3(x_1)U(x_1)/\nu$ 代入关于 $E_3(x_1)$ 的式(22.22).

在许多实际应用中,只知道边界层厚度的特性(在这里是能量厚度 $\delta_3(x)$)是不够的,分离初发时期或分离后的边界层就是这种情形.例如,如果需要对分离的可能性作出说明,那么就必须知道沿壁面的速度参数.本章 b1 中所指出的所有方法,除了给出边界层厚度(例如这里所讨论的动量厚度)的计算方法之外,还给出某些形状因子的计算方法.形状因子在不同的方法中有不同的定义,从而规定了计算它们的不同的微分方程. J. C. Rotta[85] 对这些方法作了评述和比较.

通过动量积分和能量积分 (22.7a,b) 的耦合,我们得出形状因子 $H_{32}(x)$ 和 $H_{23}(x)$ 的微分方程 (22.9a,b).如果假设了单参数速度剖面 $H_{12} = f(H_{32})$ 或 $H_{12} = f(H_{23})$,并根据式 (22.8a,b),将切应力系数 c_T 和 c_D 的近似表达式代入,上述微分方程就唯一地确定了形状因子.可以用 E. Truckenbrodt 建议的修正的形状因子 $H = f(H_{23})$ 来写出关于确定形状因子的方程 (22.11b).再加上方程(22.11a),这些关系式构成了关于 Reynolds 数 $\mathbf{R}_3(x)$ 和形状因子 $H(x)$ 的联立微分方程组,其中 $\mathbf{R}_3(x)$ 是以能量厚度为参考长度的 Reynolds 数.按照表 22.1,对于目前所讨论的能量法,必须设 $m = 2 =$ 常数.函数 $\Phi_3(\mathbf{R}_3, H)$ 和 $\phi_3(\mathbf{R}_3, H)$的形式取自同一个表 22.1.参考文献 [114] 将方程 (22.11a) 和 (22.11b)概括为

$$H(x) = \frac{U(x)G'(x)}{E'(x)} \quad , \tag{22.24}$$

其中

$$E'(x) = E(x_1) + \int_{x_1}^{x} \beta' U^n dx,$$

以及

$$G'(x) = G(x_1) + \int_{x_1}^{x} \nu' U^n dx.$$

表 22.2 (能量法)中有 e, n 和 ν'.借助于 $a(H)$, $b(H)$, $\alpha(H)$, $\beta(H)$, $H_{12}(x)$, $H_{32}(x)$以及 $\mathbf{R}_3$ 和 $H(x)$,可以计算修正函数 $\nu'(x)$

$= \nu(\mathbf{R}_\delta, H)$。

在湍流的情形下，修正函数 ν' 或多或少地偏离于 1.0，不能足够可靠地加以确定．作为近似，我们假定 $\nu'(x) =$ 常数 $= 1.0$，为了进一步简化解析解，引入一个新的量 $c =$ 常数 $= 4.0$．为了使现有的测量结果和理论结果间达到最佳的一致，由此确定出上述的 c 值，这一点也可以参阅参考文献[114]．由下述式子得出修正的形状因子

$$H(x) = U(x)G(x)[N(x)]^{-1/c}, \qquad (22.25)$$

这是一些代数变换的结果，在此不再重复．这里，外部速度的**影响函数**定义为

$$\left.\begin{aligned} G(x) &= G(x_1) + \int_{x_1}^{x} U^{2(1+b)} dx; \\ N(x) &= N(x_1) + c\int_{x}^{x} U^{2(1+b)+c} G^{c-1} dx. \end{aligned}\right\} \qquad (22.26)$$

初值(即积分常数)为

$$\left.\begin{aligned} G(x_1) &= \nu'[H(x_1)]\{U(x_1)\}^{1+2b}\{\mathbf{R}_2(x_1)\}^{1+b}; \\ N(x\ ) &= [U(x_1)G(x_1)/H(x_1)]^c. \end{aligned}\right\} \qquad (22.26a)$$

我们取数值常数为

$$b = 0.152; c = 4.0; \nu' = 78\nu. \qquad (22.26b)$$

计算形状因子的积分表达式（22.25）只包含外流速度分布 $U(x)$，这和计算 Reynolds 数相应的积分表达式（22.22）的情形相同．确定影响函数 $N(x)$ 则需对 x 积分两次．位置 $x = x_1$ 仍代表积分的起点。

积分常数 $G(x_1)$ 和 $N(x_1)$ 除了包含有速度 $U(x_1)$ 和 Reynolds 数 $\mathbf{R}_2(x)$ 之外，还包含着形状因子 $H(x_1)$。如果点 $x = x_1$ 与转捩点重合，则根据式(22.23)，必须要求层流边界层的能量厚度与湍流边界层的能量厚度一定相等．另一方面，形状因子在转捩点可以改变本身的值．形状因子的数值在 $1.0 \geqslant H \geqslant H_S = 0.723$ 的范围内．

第十七章中所介绍的湍流起因的理论得出与实验测量一致的结论：边界层从层流到湍流的转捩发生在外流速度最大那点下游

的不远处．因此，作为近似，在计算中可以将外流的零压力梯度点取作转捩点．依照式(22.4)中H的定义，零压力梯度点对于层流边界层和湍流边界层是相同的，即

$$H(x_1)=1\ (\text{转捩}). \tag{22.27}$$

如果边界层在 $x=x_1$ 处已是湍流，则必须采用相应的局部值 $G(x_1)$ 和 $N(x_1)$．

5. 方法的应用 上节叙述的近似方法只需要简单的积分，所以便于应用．对于参考文献[54]所收集的所有的实验数据（33组），都已用它们作了详细的计算，特别是应用公式(22.22)计算出了以能量厚度为参考长度的 Reynolds 数变量 $\mathbf{R}_3(x)$，和根据式(22.25)[1]计算了相应的修正的形状因子变量 $H(x)$．这样，实际的计算包括了很不同的外流状态，因此包括了很广泛的应用范围．图22.8中以一个有逆压梯度的机翼翼型为例，给出了理论和实验之间的比较．在图 22.9(a)，(b) 中[2]，则对另外一些测量数据作了类似的比较，图中比较了 Reynolds 数的理论计算值和实验测量值，以及位于尽可能下游的形状因子的理论计算值和实验测量值．对直线的偏离大小构成了近似方法好坏的程度． 图 22.9(a) 中对 $\log \mathbf{R}_3$ 的比较是令人满意的，特别是当我们考虑到这样的事实，在对 Reynolds 数计算数值的精度要求过高而没有多大实际意义时，更是如此．

按照理论分析，在图 22.9(b) 中画出六组测量数据，当 $H<H_S$ 时，呈现出初期分离现象．实验测量证实了这个事实，参考文献 [114] 对这一情形作了更详细的讨论． 标有 Ident 1500 和 Ident 2600 的测量数组显示出理论和实验测量之间特别大的偏差．Ident 1500 的情形意味着物体上突出部分后面边界层的再附．在这种情形下，就 Reynolds 数和有关的形状因子计算而言，上述方法不能令人十分满意是可以理解的．Ident 2600 的情形是外流

---

1) 为了把流线可能收敛或发散的情形考虑在内， 我们已引入对三维效应的修正．修正是基于 J. C. Rotta[86] 的方法．参阅第 761 页的脚注．

2) 这些图包括本章d1中所讨论的轴对称的情形．

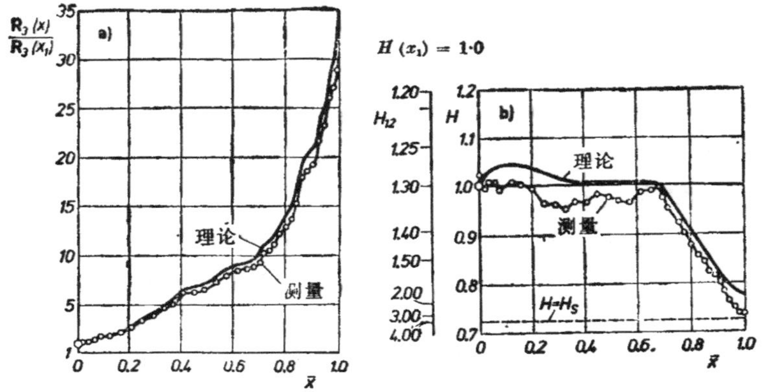

图 22.8 在逆压梯度下机翼翼型上的湍流边界层[54]. 情形 Ident 2100: $\bar{x} = (x - x_1)/(x - x_N)$, 其中 x_1 = 初始测量位置 (测量的起点), x_N = 终止的测量位置(测量的终点). 测量点引自 G. B. Schubauer 和 P. S. Klebanoff. 理论曲线 (实线) 根据公式(22.22) 和 (22.25). (a) Reynolds 数; (b) 形状因子 H_{12} 和 H

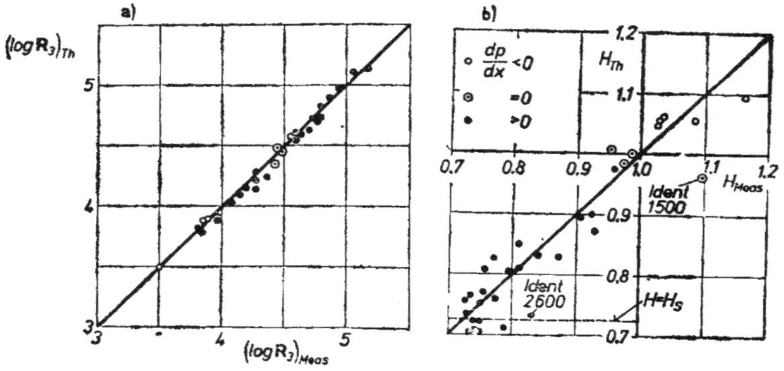

图22.9 取自33组测量的湍流边界层数据，其中束流具有不同的速度分布，所画出的点是测量终点x_N处的测量值. 测量数据(记以下标 Meas)，根据参考文献[54]. 理论计算(记以下标 Th)，根据公式(22.22)和(22.25). (a) Reynolds 数 R_3; (b)形状因子H

速度 $U(x) \sim x^{0.255}$ 的所谓平衡边界层. A. A. Townsend 研究了类似的边界层,其中 $U(x) \sim x^{0.234}$.他得出形状因子 $H=0.748$,这与测量值 $H=0.823$ 有相当大的差异.近似方法则得出 $H=0.731$. 目前还不能解释这种差别的原因. 最后,我们希望引起读者注意:关于方程 (22.8b)中耗散功系数 c_D 的简单假设只是在一定条件下成立,因为它只描写了耗散功随局部 Reynolds 数和形状因子的变化. 更精确的计算必须包括上游边界层对 c_D 的影响(这方面的研究可参阅参考文献[86]).

在外流速度可以假设成正比于 x 的幂次方的情形下,例如 $U(x) \sim x^p$, 其中 $p=$ 常数,应用我们的方法变得非常简单. 假设没有层流起始段,湍流边界层开始于 $x=0$, 则方程(22.22a)和方程(22.26)中的积分常数为零. 我们可以将所求的积分写成封闭形式. 按照参考文献[114],得到

$$\mathbf{R}_3(x) = \left(\frac{\beta}{r}\frac{Ux}{\nu}\right)^{1/(1+b)}, \tag{22.28a}$$

和

$$H(x) = (s/r)^{1/c}, \tag{22.28b}$$

其中 $b=0.152, \bar{\beta}=2(1+b)\beta_\infty=0.0127$, $c=4.0$, $r=1+(3+2b)p$ 和 $s=1+2(1+b)p$. 当给定 p 的值时, 形状因子为 $H(x)=$ 常数. 这就是说, 当 $U(x) \sim x^p$时, 我们遇到的是一个自相似解(平衡边界层). $p=0$ 是零攻角平板的情形, 其中 $U(x)=U_\infty=$ 常数.

6. 关于有压力梯度的湍流边界层特性的评述 将本章 b4 所描述的方法用于湍流边界层,我们就可以计算出以能量厚度 $\delta_3(x)$ 为参考长度的 Reynolds 数 $\mathbf{R}_3(x)$ 和修正的形状因子 $H(x)$ 沿流动方向的变化. 有关边界层的其他物理量可由图22.6和22.7中列出的附加关系式求出.

当压力梯度很大时,在较短的湍流边界层内, Reynolds 应力沿流线的变化不大. R. G. Deissler[25] 证明了下述事实,即切应力为常数的假设可以得出计算与实验测量之间符合得很好的结论. 他用同样的方法,在计算湍流边界层的传热系数中也获得了成功.

边界层厚度: 当 $H(x)$的值已知时,图22.6中的曲线给出 $H_{12}(x)=H_{12}[H(x)]$

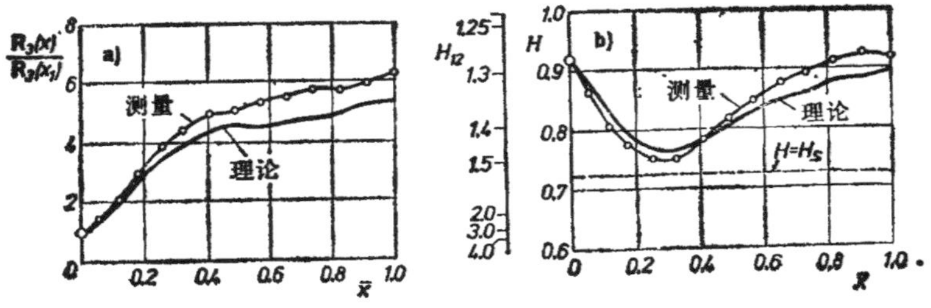

图 22.10 旋成体上的湍流边界层，其中起始段有很大的压力升，然后过渡到常压[34]. 情形 Ident4000: $\bar{x}=(x-x_1)/(x-x_N)$，这里 $x_1=$ 起始的测量位置(测量的起点)，$x_N=$ 终止的测量位置(测量的终点). 测量点引自 Moses (情形5). 理论曲线(实线)根据公式(22.1)和(22.2). (a) Reynolds 数 $\mathbf{R}_3$; (b) 形状因子 H_2

和 $H_{23}(x)=H_{23}[H(x)]$ 的关系. 依次使用式(22.3b,c)中给出的定义，我们可以计算出位移厚度和动量厚度分别为

$$\delta_1(x)=H_{12}(x)H_{23}(x)\delta_3(x), \tag{22.29a}$$

$$\delta_2(x)=H_{23}(x)\delta_3(x). \tag{22.29b}$$

对于平衡边界层，由于 $H_{12}(x)=$ 常数和 $H_{23}(x)=$ 常数，正如由式 (22.28a) 表明的那样，可得

$$\delta_1(x)\sim\delta_2(x)\sim\delta_3(x)\sim U^{(1-bp)/(1+b)}.$$

总阻力: 在流动中物体的型阻由表面摩擦力和压差阻力组成. 表面摩擦力是切应力沿整个物体表面的积分. 即使在没有分离的情形下，型阻也必须是表面摩擦力加压差阻力. 压差阻力的根源在于边界层对外流施加的位移作用. 边界层使位势流的流线由物体的表面向外移动，移动的距离等于边界层的位移厚度. 这一位移稍微改变了物体表面的压力分布. 与位势流(d'Alembert 佯谬)不同，由摩擦修正的压力分布的合力不再为零，从而产生压差阻力. 表面摩擦力必须加上压差阻力，由此给出型阻. 由尾缘处的动量厚度来确定型阻的计算，这将在第二十五章中详细讨论.

无分离的边界层: 只有当分离可以避免时，压差阻力才是很小的. 可以通过物体形状合理的设计来达到这个目的. 在第八章和第九章所讨论的层流自相似的流动中，给出了有逆压梯度而不导致分离的流动例子. 当外流遵循幂律的速度分布 $U(x)\sim x^p$ 时，层流中发生分离的 p 值为 $p_S\leqslant-0.09$. 将 $H=H_S\leqslant0.723$ 代入式 (22.28b)，就可以得到湍流中相应的值，由此给出 $p_S\leqslant-0.27$，而 A.A. Townsend 给出 $p_S\leqslant-0.234$. 这意味着湍流边界层要比层流边界层能够承受大得多的逆压梯度而不发生分离. 自相似解给我们一个启发，为了在不分离的条件下承受最大可能的逆压梯度，应如何来安排**压力分布**．逆压梯度在前缘很大而后逐渐减小的压力分布，将产生较薄的边界层，并能够承受比均匀压力梯度中更大的总压力升值． G. B. Schubauer 和 W. G. Spangenberg[97] 以及 B. S. Stratford[104] 已从实验上证实了这一点． 在参考文献[17]中，有对各种计算分离点位置方法的评述．

再附的边界层：当分离的剪切层本身再附于壁面并在下游进一步发展成边界层时，这是一个非常有意义的情形．在 P. Bradshaw 和 F. Y. F. Wong[14] 以及 P. Wauschkuhn 和 V. Vasanta Ram[117] 的文章中，有关于这方面最新成果的报道．这方面的讨论涉及到在后台阶分离出来的边界层．这种边界层与"正常"边界层(例如平板或翼型的边界层)的主要差别在于：前面的分离已强烈地扰乱了它的湍流结构．湍流结构中的这种扰动给计算方法的公式化带来了很大的困难． P. Wauschkuhn 和 V. Vasanta Ram[117]报道了在再附层中壁面切应力，平均速度分布和 Reynolds 应力的测量，并与几种计算方法作了比较．

7. 有抽吸和引射的湍流边界层 通过吹气和抽吸影响边界层中流动的可能性，特别是从增加翼型的最大升力来看，具有重要的实际意义． 在第十四章b中给出了有抽吸的层流边界层的计算方法；在第二十一章a中给出了湍流边界层中相应的计算方法．

H. Schlichting[90] 最早阐明零攻角平板上有均匀抽吸和吹气的湍流边界层的计算方法，在第二十一章a中讨论了实验研究以及实验与理论间的比较． W. Pechau[75] 和 R. Eppler[32] 将上述方法推广到包括具有任意抽吸速度分布 $-v_0(x)$ 的情形．参考文献[92,94]中讨论了这些方法所得到的结果，还包含有用这个方法计算的另一些结果，并阐明了抽吸区域的大小、位置对消除机翼上分离所需的最小吸流量的影响．结果表明：最佳的方案是将抽吸区域集中在翼型吸力面一个狭隘的范围内，并放在前缘后不远处．这是可以理解的，因为在大攻角时，最大的局部逆压梯度发生在该处 所需的最小抽吸率用抽吸系数 $c_{Q,\min}$ 来表示，其数量级为 0.002至0.004． A. Raspet[78]对具有前缘抽吸的机翼进行了飞行测量．

另一种**增加最大升力**的有效办法，特别是襟翼具有大偏转角的机翼，在靠近襟翼的头部引射高速的细射流，图22.11．这种装置给予湍流边界层可观的能量，使它附着在机翼表面上．通过比较有分离的襟翼和无分离的襟翼上的压力分布，可以来估计由这种方法所获得的升力增益．按照 J. Williams[122] 的分析，可以用无量纲的动量系数来评价射流的效率

$$c_\mu = \frac{\rho_j v_j^2 s}{\frac{1}{2}\rho U_\infty^2 l}, \tag{22.30}$$

其中 v_j 是射流的速度，s 是射流的宽度． F. Thomas[109,110]对增加襟翼升力的引射效率作了广泛的测量．由此他提出一种方法，使我们可以计算出避免分离所需引射的动量系数数值，即通过狭缝注入湍流边界层的动量系数数值．此外， F. Thomas[104] 在引射狭缝后的湍流边界层中进行了详细的测量． 类似地，在大的逆压梯度中， P. Carrière 和 E. A. Eichelbrenner[16] 研究了通过应用切向射流使已分离的边界层返回的问题．

关于通过适当地控制边界层来提高机翼最大升力方面的研究，H. Schlichting[91]

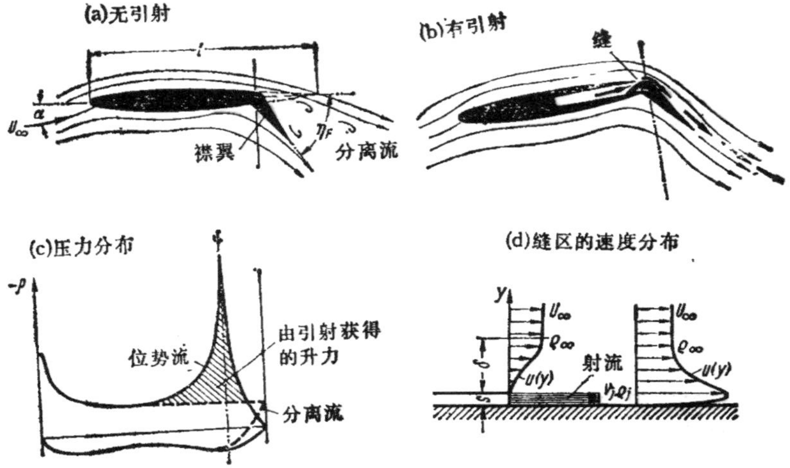

图 22.11 为了增加最大升力，通过襟翼头部狭缝引射的平直机翼：(a) 没有引射的分离流；(b) 有引射的附着流；(c) 压力分布；(d) 边界层中的速度分布

给出了简要的综述.

当不同的气体注入湍流边界层时，和层流的情形一样(见第八章 c)，我们又遇到了二组元层，其中注入气体的浓度在整个流场中是变化的. 为了能够分析引射进入湍流边界层的过程，已经提出了各种物理假设. D. L. Turcotte[115] 假设混合过程基本上是在层流次层中完成的，由此导出不可压缩流体情形下壁面切应力的近似公式. 该公式已推广到可压缩边界层的情形，其形式为

$$\frac{\tau_w}{\tau_{w0}}=\exp\left\{-6.94\left(\frac{\rho_w}{\rho_1}\frac{v_w}{u_1}\sqrt{\frac{2\rho_w}{\rho_1 c_{f0}}}\right)\left(1+\sqrt{\frac{\tau_{w0}}{\tau_w}}\right)\right\}.$$

在这个公式中，下标 w 指壁面，下标 0 指没有引射的情形，下标 1 指来流. 对于 Mach 数从 0 到4.3范围内的平板和锥，若干作者已通过实验证实了上述公式是有效的.

有关可压缩流中注入其他气体对锥上边界层中壁面切应力的影响，C.C. Pappas 和 A. F. Okuno[73] 已报道了广泛的实验测量.

M. W. Rubesin 和 C. C. Pappas[88] 提出了关于计算在湍流边界层中注入异性气体效应的混合长度理论. 这个方法用于计算壁面的传热率，图 22.12 中说明了氦和氢引射的相应结果，为了比较，计算结果已和实验结果一起画出. 实验结果显示出传热率比理论预言有较大的减小. 与此相反，在湍流边界层和层流边界层中，虽然对恢复因子有影响，但是引射较轻的气体时，其影响很小.

若将重气体(氟利昂)吹入空气的湍流边界层，由实验得出的速度剖面与用空气吹入的情形大致相同，尽管壁面处和边界层外缘处之间气体的密度比已高达 4. 除去逆压梯度或非常强力吹除的情形之外，借助于 Prandtl 混合长度理论都能很好的描述这种现象.

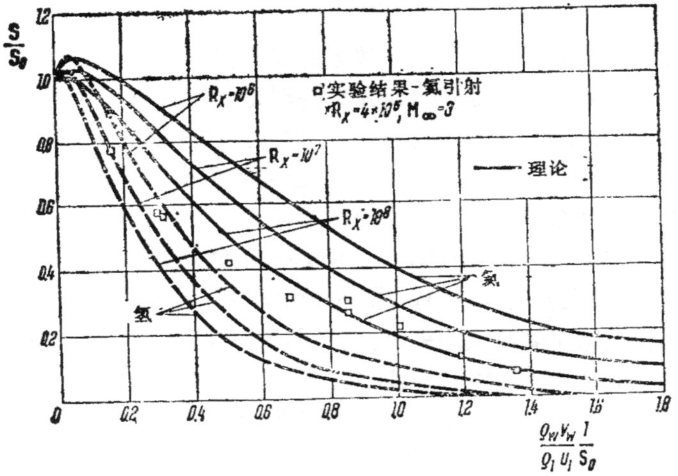

q = 热通量　T_a = 恢复系数　T_w = 壁温　S_0 = 无引射的 Stanton数

图22.12　零攻角平板上二组元边界层的传热率，以氢或氦注入空气的湍流边界层，根据 M. W. Rubesin 和 C. C. Pappas[88]. Stanton 数 $\mathbf{S} = q/\rho_1 u_1 c_{p1}(T_a - T_w)$ 的理论值和实验测量之间的比较

8. 曲壁上的边界层　H. Wileken[121] 已对曲壁上的二维边界层作了研究(也可参阅 A. Betz 的文章[4]). 如果壁面是**凹的**,较快速的质点由于离心力的作用将挤向壁面，而较慢速的质点将偏离壁面. 因此，加强了较快速和较慢速流体质点之间进行的湍流混合过程,增大了湍流强度. 对于**凸壁**的情形正好相反,在凸壁附近,较快速的质点被迫离开壁面，而较慢速的质点则挤向壁面,因此阻碍了湍流混合过程. 所以在相同的压力梯度下，与平板的湍流边界层相比,凹壁上湍流边界层的厚度要大,而凸壁上湍流边界层的厚度要小. H. Schmidbauer[96] 将 Gruschwitz 的方法推广到凸壁的情形. G. L. Mellor[101a,101b], R. N. Meroney 和 P.

Bradshaw[65a] 以及 B. R. Ramaprian 和 B. G.Shivaprasad[77a] 提供了进一步的结果.

c. 翼型上的湍流边界层：最大升力

A. M. O. Smith[101] 最近对翼型的高升力问题给出了非常全面的综述. 下面将讨论翼型最大升力的理论计算问题.

众所周知,翼型的最大升力与其吸力面的边界层分离有关.因此,要推测最大升力必须讨论翼型截面上有局部分离的压力分布,以及这个压力分布与边界层之间的相互作用. K. Jacob[47] 已着手研究这个问题,也可参阅 G. K. Korbacher[55] 的综述文章. 图 22.13 针对有较大攻角 $\alpha = 10.7°$ 的一个翼型给出其压力分布的某些理论上和实验测量的结果. 在两个 Reynolds 数 $\mathbf{R} = 0.4 \times 10^5$ 和 $\mathbf{R} = 4.2 \times 10^5$ 时,对应的压力分布 (a) 和 (b) 有很大差别：对于低 Reynolds 数，翼型吸力面上的流动几乎完全分离;而在较高的 Reynolds 数时，翼型吸力面上的流动只是部分地分离，其中 S 是分离点. 翼型吸力面上有较长的近似于等压的区域表征了这两个分离区压力分布的特性. 按照位势流理论，吸力面上的分离区假设为“死水区”，其边界上的压力分布近似地取作常数值,以此来计算翼型上的压力分布. 利用表面奇点法,这样的区域可以用翼型吸力面尾部的某种点源分布所产生的外流来模拟. 作了这种假设之后，现在的主要问题是要确定 Reynolds 数如何影响分离. 借助于边界层理论，用下述方法就可以解决这个问题，即在位势流的计算中，将分离点的位置当作待定参数来处理. 将有分离位势流压力分布的计算和由这个压力分布生成的层流或湍流边界层的计算结合起来，就可以确定出这个参数. 一个“合理的流动”要求：边界层的分离点必须与有死水区的位势流的分离点重合,并通过迭代得出所需的结果,用这种方法，可以确定出分离点. 由于湍流边界层分离点的位置依赖于 Reynolds 数,因此计算将给出 Reynolds 数的影响. 图 22.13 说明：对于翼型 Gö801 的压力分布,实验与上述理论之间吻合得相当好.

该理论已被推广到有分离的多段翼型系统[48]中。图 22.14 中给出了另外一些例子，特别是有关升力的结果. 图中曲线证明：对于带缝隙的翼型 NACA64-210，缝隙大大地改善了升力系数曲线 $c_L(\alpha)$，特别是大大地改善了最大升力系数 $c_{L\max}$. 理论和实验之间的一致性也令人十分满意. 最后，图 22.15 给出翼型 NACA 64-210 的最大升力系数 $c_{L\max}$ 对 Reynolds 数 **R** 的依赖关系.理论上很好地证实了实验中观测到的事实，即最大升力系数随 Reynolds 数的增加而增加.

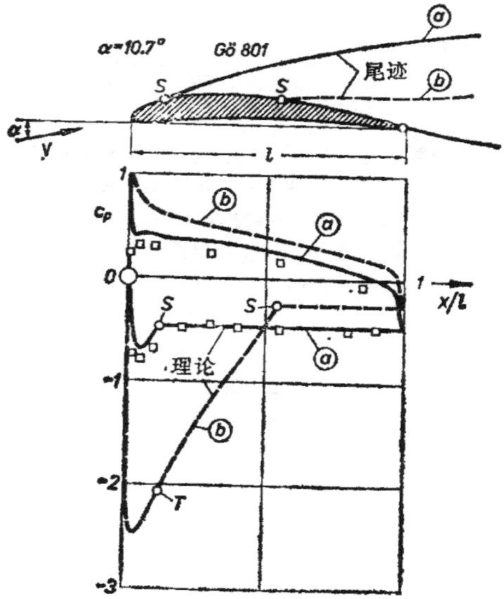

图 22.13 翼型上分离流中的压力分布，根据 K. Jacob[47]. 对应于两个不同的 Reynolds 数 $\mathbf{R}=Vl/\nu$

(a) $\mathbf{R}=0.4\times10^5$, $\begin{cases}\alpha=10.7^\circ\\ \alpha=8^\circ\end{cases}$

(b) $\mathbf{R}=4.2\times10^5$, $\alpha=10.7^\circ$

S = 分离

T = 转捩

G. H. Goradia 等人[37,38]已进行了层流中机翼最大升力的计算.

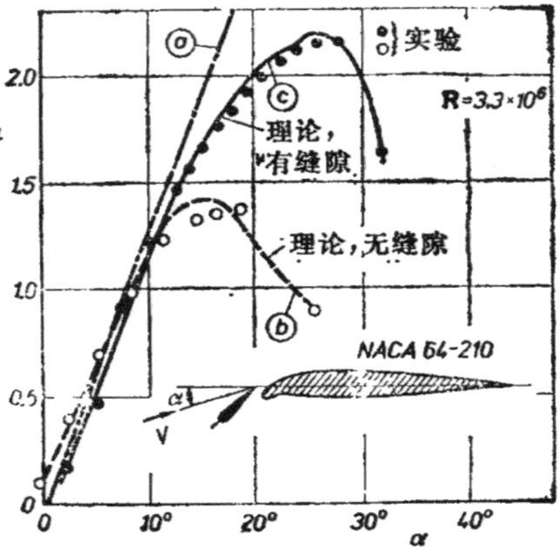

图 22.14 有缝隙的翼型上升力系数 c_L随攻角 α 的变化曲线. 理论曲线根据 K. Jacob 和 D. Steinbach[48], 测量数据取自 W. Baumert[3]

(a) 理论，有缝隙，假设无粘流

(b) 理论，无缝隙，假设粘性流

(c) 理论，有缝隙，假设粘性流

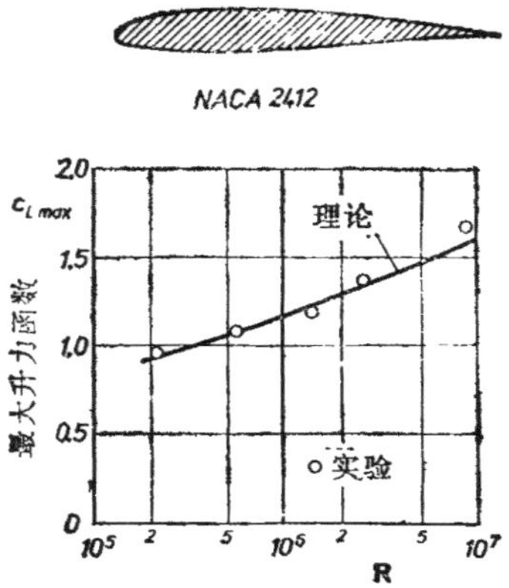

图22.15 翼型最大升力系数 $c_{L\max}$ 随 Reynolds 数的变化，根据 K. Jacob[47]

d. 三维边界层

概述：三维边界层最主要的物理特性是：边界层内的速度方向显著地偏离外流的速度方向。这是由于压力梯度与主流方向有一个偏角所造成的，其结果产生了强烈的二次流，参阅第十一章图11.1。R. C. Sachdeva 和 J. H. Preston[89] 在对船体上边界层所进行的测量中，给出了这种流动图案的典型例子。

J. C. Cooke 和 M. G. Hall 发表了有关三维不可压缩边界层计算的总结性文章[23]，其中着重处理了层流边界层。J. F. Nash 和 V. C. Patel 发表了关于三维湍流边界层的内容广泛的专著[70]。对于一般的情形，例如后掠翼或三角翼的边界层，虽然对这类问题的计算方法已提出大量建议，但是，其解析计算仍旧十分困难。这里可以举出一些作者的工作，例如 N. A. Cumpsty 和 M. R. Head[24]，J. C. Cooke[22]，P. Bradshaw[7]，L. F. East[29]，R Michel 等人[66]，A. Elsenaar 和 B. van den Berg[31] 以及 F. M White 等人[118a] 的工作。1975年在 Trondhein 举行的讨论会上，Fanneloep[30a] 评论了这一领域的研究现状。下面，我们将叙述三维湍流边界层中几个较简单的例子。然而，这方面的理论现状还不能算是令人满意的[1)]。

1. 旋成体上的边界层 C. B. Millikan[67] 第一个计算了旋成体上的湍流边界层，其方法基于动量积分方程。方程(11.39)给出了相应的动量方程。采用我们现在的符号，可以将方程(11.39)写成

$$\frac{d\delta_2}{dx}+\delta_2\left(\frac{2+H_{12}}{U}\frac{dU}{dx}+\frac{1}{R}\frac{dR}{dx}\right)=\frac{\tau_0}{\rho U^2} \qquad (22.31)$$

其中 $R(x)$ 代表旋成体当地横截面的半径。

在旋成体的尾部，两个导数 dU/dx 和 dR/dx 是负的。从上述方程可以看出，动量厚度将增加，并在尾部变得非常大。这就可

1）"令人奇怪和沮丧的是：理论越是完善，与实验越不相符。"（F. M. White 的专著[119]，p.549）

能引起边界层理论的主要假设(即 $\delta_2 \ll R$) 失效的情况，从而使得旋成体底部附近的计算是错误的，并且无法可靠地确定出分离区的位置. 按照 F. M. White[119] 的分析，当局部 Reynolds 数满足下述条件时，即

$$\frac{U(x)\mathbf{R}(x)}{\nu} > 1000,$$

方程(22.31)仍旧可用.

对于零攻角旋成体上的湍流边界层，P. S. Granville[39] 建立了一个多参数的计算方法. 该方法取决于动量厚度和形状因子的计算，并能够应用于物体的后部，这里的边界层厚度与物体当地半径有相同的量级.

有点类似于用来计算二维边界层的方法，Truckenbrodt[111,114] 的方法说明：利用能量积分的方程可以导出计算**能量厚度**的显式积分公式. 如果 x 表示沿子午面量度的流线弧长，$R(x)$ 是垂直于对称轴截面的半径，就可以把由能量厚度定义的 Reynolds 数的式子 (22.22a) 推广成

$$\mathbf{R}_3(x) = \left[\frac{1}{\nu'} \frac{E_3(x_1) + \int_{x_1}^{x} R^{1+b} U^{3+2b} dx}{\{R(x)\}^{1+b}\{U(x)\}^{2(1+b)}} \right]^{1/(1+b)} \tag{22.32}$$

上式中数值常数 b 和 ν' 应取自式 (22.22b)，积分常数为

$$E_3(x_1) = \nu'[R(x)\{U(x_1)\}^2\mathbf{R}_3(x)]^{1+b}.$$

在新近的公式[114]中，轴对称情形修正的形状因子的方程含有物体半径变化的函数. 这与较早的公式[111]完全不同，在那里对于各种旋成体和二维物体，其修正的形状因子都是相同的. 现在，公式(22.25)的广义形式为

$$H(x) = U(x)G(x)\{N(x)\}^{-1/c}, \tag{22.32a}$$

其中半径和外流速度分布的**影响函数**为

$$G(x) = G(x_1) + \int_{x_1}^{x} R^{1+b}U^{2(1+b)}dx;$$

$$N(x) = N(x_1) + c\int_{x_1}^{x} R^{1+b}U^{2(1+b)+c}G^{c-1}dx.$$

积分常数为

$$\left.\begin{aligned} G(x_1) &= \nu'[H(x_1)\{R(x_1)\}^{1+b}\{U(x_1)\}^{1+2b}\{\mathbf{R}_3(x_1)\}^{1+b}]; \\ N(x_1) &= [U(x_1)G(x_1)/H(x_1)]^c. \end{aligned}\right\} \tag{22.33}$$

数值常数由公式 (22.26b)得出。

图 22.10 中的图线给出关于旋成体绕流的理论与实验之间的比较，图中画出了以能量厚度为参考长度的 Reynolds 数和修正的形状因子的曲线。

为了计及流线可能的收缩和扩张所引起的三维修正，J. C. Rotta[86] 提出以有效半径 $R(x)$为基础的计算.对于参考文献[54]中列出的所有的测量结果，参考文献[86]总结了其 $R(x)$的数值，并比较了由 W.W. Willmarth 等人[122a] 和 A.M.O.Smith[104a] 测量的数据。

2. 旋转物体上的边界层　第十一章 b 中讨论了轴向流中旋转物体上层流边界层的计算. 该方法采用分别以子午线方向和周线方向列出的动量积分方程，E. Truckenbrodt[112] 已将其推广到湍流的情形. 此外，他还成功地给出计算边界层参数的方便的积分。O. Parr[74] 对旋转流线体上边界层进行了实验研究和进一步的理论研究. 在这种情形下，边界层随旋转参数 $\lambda=\omega R/U_m$ 迅速增长，其中 ω 是旋转角速度，R 是物体的最大半径，U_m 是轴向参考速度. 借助于方程组(11.45)至(11.48)，可以计算轴向流中旋成体旋转时的湍流边界层，但必须假设切应力随旋转参数是变化的。根据 O. Parr[74] 对有球状头部圆柱体研究的报道，图 22.16 中比较了其动量厚度 δ_{2x} 和δ_{2xx} 的计算值和测量值，它们吻合得很好。当旋转参数增加时，由层流向湍流转捩的区域向前移动，其位置与动量厚度突然增大的点相重合. 也可参阅第十一章 b2。

对于静止物体和旋转物体上的三维边界层，例如螺旋桨，旋转压缩机和涡轮机叶片，A.Mager[61] 指出了一种计算方法，参考文献[62] 中有相应的测量结果. H.Himmelskamp[44] 作出了旋转螺旋桨上边界层的测量，并由测得的压力分布确定出局部

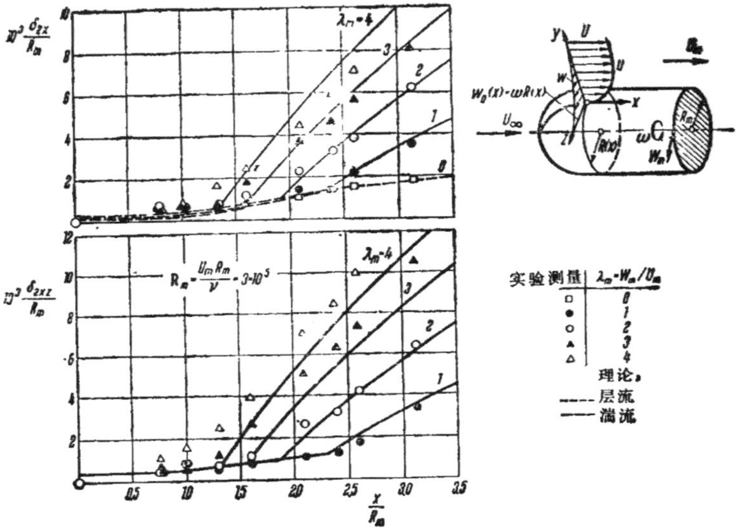

图 22.16 轴向流中旋成体上的动量厚度 δ_{2x} 和 δ_{2xz}，根据 O. Parr[74]. δ_{2x} 和 δ_{2xz} 根据公式(11.48)旋转参数 $\lambda_m = W_m/U_m$ Reynolds 数 $\mathbf{R} = U_m R_m/\nu = 3\times10^6$

升力系数．图 22.17 复制了他的部分结果，给出了各个径向截面上局部升力系数随攻角 α 变化的曲线．为了比较，图中还画出相应的风洞中静止叶片的测量结果． 图 22.17 显示出：在叶片中心附近得到显著增大了的升力系数，其原因可以归结为由于分离被推迟到了更大的攻角才发生，例如，与静止叶片上最接近中心处截面的最大升力系数 1.4相比，在转动叶片上则达到3.2．由 Coriolis 力产生的并作用在流动方向上的附加加速度，解释了分离推迟到更大攻角的原因，它具有与顺压梯度相同的作用．此外，就分离而言，离心力对边界层的作用也使叶片受到有利的影响，只是在程度上较小而已．离心力对边界层中流体质点的作用正比于半径．因此，从中心输送给每个叶片的流体要少于离开叶片而外流的流体，所以转动叶片上的边界层比绕同样形状的二维流动情形更薄．A. Betz[5] 对此给出了一些理论上的讨论。F. Gutsche[42] 通过螺

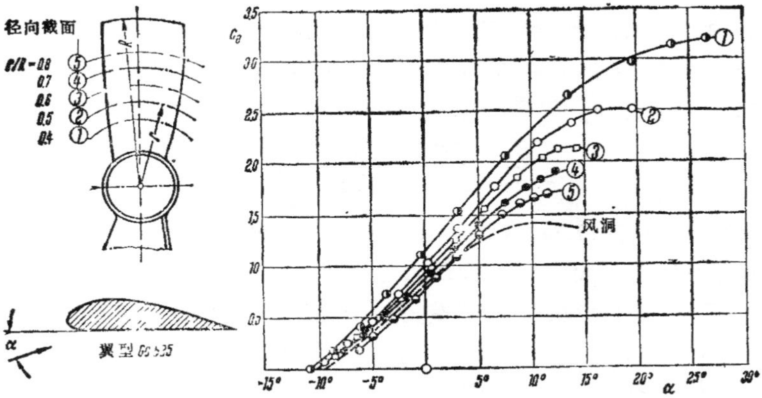

图 22.17 旋转螺旋桨各径向截面上的局部升力系数 c_a,根据 H. Himmelskamp[44] 所进行的测量

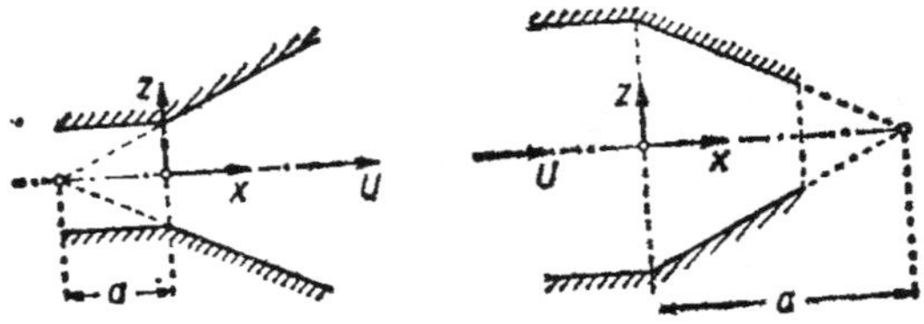

图 22.18 收缩段和扩张段的边界层;坐标系.
(a) 扩张段, $a+x>0$;
(b) 收缩段, $a+x<0$

旋桨叶片涂颜料的方法，用来显示流动. H. Muesmann[63] 在其论文中证明：在其他条件相同的前题下，旋转螺旋桨叶片上发生转捩的 Reynolds 远低于静止叶片时的情形.

3. 收缩段和扩张段的边界层 在本章 b 中叙述的湍流边界层计算方法,已由 A. Kehl[53] 推广应用到包括流线在侧向收缩或扩张的情形，图 22.18. 这种类型的边界层出现在扩压段或喷管中，还出现在旋成体的头部或尾部附近. 在这方面，Gruschwitz 已将实验测量范围扩展到 $\mathbf{R}=U\delta_2/\nu=3\times10^4$，他的计算方法也已推广到这种情形．假设坐标系如图22.18 所示，在壁平面上选取 x 轴和 z 轴，y 轴垂直于壁面．我们注意到：沿着与轴线重合的流线，即沿着 $w=0$ 的流线，其运动方程与二维情形的方程(8.29)完全相同．但是，连续方程变为

$$\frac{\partial u}{\partial x}+\frac{\partial v}{\partial y}+\frac{\partial w}{\partial z}=0.$$

动量积分方程(22.7a)增添了由流线的收缩或扩张所引起的附加项(根据具体情况而定)．回顾动量方程推导的过程，见第八章 e 中推导方程(8.29)的步骤，我们知道第一个运动方程中第二项的积分为

$$\int_0^h v\frac{\partial u}{\partial y}dy=-U\frac{\partial}{\partial x}\int_0^h u\,dy+u\int_0^h\frac{\partial u}{\partial x}dy-U\int_0^h\frac{\partial w}{\partial z}dy$$

$$+\int_0^h u\frac{\partial w}{\partial z}dy.$$

上式右边的最后两项是由流动沿 z 方向的扩张所引起的．考虑到流线的扩张，我们有

$$\frac{w}{u}=\frac{z}{x+a}\quad 和\quad \left(\frac{\partial w}{\partial z}\right)_{z=0}=\frac{u}{x+a}.$$

因此，这两个附加项变为

$$-\frac{1}{x+a}\int_0^h u(U-u)dy=-\frac{\delta_2}{x+a}U^2,$$

从而动量积分方程必须增加附加项 $\delta_2U^2/(x+a)$．所以，对称平面上动量积分方程现在为

$$\frac{d\delta_2}{dx}+\delta_2\left(\frac{1}{a+x}+\frac{H_{12}+2}{U}\frac{dU}{dx}\right)=\frac{\tau_0}{\rho U^2},\qquad(22.34)$$

而不再是方程(22.7a)．对于流线扩张的情形，我们有 $a+x>0$；对应于流线收缩的情形，我们有 $a+x<0$，图 22.18．于是由方程(22.34) 立即可以看出：两者的动量厚度增长速率相对于二维情形而言，在流线扩张的情形下要小，在流线收缩的情形下要大．从物理上考虑，上述结论也是预料之中的．

拐角中的边界层．K. Gersten[36] 从理论上和实验上研究了由

两平面壁构成直角拐角中的湍流边界层流动(参阅第二十一章a4).J. D. Johnston[49,50,51] 第一个考虑了圆柱体和平板接合处湍流边界层结构的有关问题,后来 H. G. Hornung 和 P. N Joubert[46] 作了更为完善的研究,也可参阅 S. G. Rubin[88a] 以及 M. Shafir 和 S. G Rubin[99a] 的文章。

第二十三章　可压缩湍流边界层[1)]

a. 总　论

在第十三章 a 中已经说明，高速边界层引起的温差很大，以致除了要考虑流体体积变化的影响之外，还必须考虑温度对流体性质的影响．另外，还可以发现，传热对可压缩边界层的特性也起着重要的作用，它将引起速度场和温度场之间强烈的相互作用[2)]．

1. 湍流传热　当温度不均匀的液体或气体发生湍动时，可以发现，该湍流混合运动除了引起熟悉的速度脉动之外，还将引起温度脉动．类似于速度脉动的式 (18.1)，我们可以将脉动温度写成

$$T = \overline{T} + T', \tag{23.1}$$

即写成对时间平均的温度 $\overline{T}$ 和纯脉动温度 T' 之和．这些脉动引起附加的热流量，类似于由速度脉动引起的动量流量．为了说得更清楚，像我们以前在第十八章 b 中做过的那样，假设在时间 dt 内，通过垂直于 x 轴的面元 dA 的流体质量为 $dA\rho u dt$，由于单位体积的焓为 $\rho c_p T$，所以沿 x 方向的对流热流量为 $d\theta_x = dA\rho u c_p T$．现在将 u 的表达式(18.1)和 T 的表达式(23.1)代入上式，并对热流量进行时间平均，则得

$$\overline{d\theta_x} = dA\rho c_p(\overline{u}\overline{T} + \overline{u'T'}).$$

可以看出，有了速度脉动和温度脉动之后，将产生沿 x 方向的附加热流量 $dA\rho c_p\overline{u'T'}$．同样可以得出 y 方向和 z 方向附加热流量的相应表达式．由此得出结论，附加热通量(单位时间通过单位面积的热量)的三个分量为

1) 感谢 J. C. Rotta 博士帮助作者改写了这一章．

2) 在 S. S. Kutateladze 和 A. I. Leont'ev 的书[50]中，对可压缩湍流边界层理论作了全面的综述．

$$q'_x = \rho c_p \overline{u'T'};\ q'_y = \rho c_p \overline{v'T'};\ q'_z = \rho c_p \overline{w'T'}. \tag{23.2}$$

这里已经假设存在着速度脉动和温度脉动之间的统计相关．用与以前证明存在相关量 $\overline{u'v'}$ 同样的方法，在有平均温度梯度 $d\overline{T}/dy$ 存在的情况下，可以证明这些相关量是存在的．在第十八章 b 的最后一段中，如果用 $\overline{T}$ 代替 $\bar{u}$，用 T' 代替 u'，则所作的论证仍然成立．在这种情形下，就会出现相关量 $\overline{v'T'}$．从这个论证还可以得出结论：如果同时存在梯度 $d\bar{u}/dy$ 和 $d\overline{T}/dy$，则必然存在 u' 和 T' 之间的强相关性．在加热壁[41,42]上形成的可压缩的[47]和不可压缩的边界层中，通过热线风速计的测量已证实了这个结论．根据 A. L. Kistler[47] 进行的测量，相关系数

$$\frac{\overline{u'T'}}{\sqrt{\overline{u'^2}} \times \sqrt{\overline{T'^2}}}$$

在可压缩边界层中的数值达到0.6至0.8．

2. 可压缩流动的基本方程 温度脉动和以前在第十八章 b 中提到的压力脉动一起，共同引起了密度脉动．由此，也假设密度为

$$\rho = \bar{\rho} + \rho', \tag{23.3}$$

它是时间平均密度 $\bar{\rho}$ 与密度脉动量 ρ' 之和．通过气体状态方程(12.20)，使温度、压力和密度的脉动量联系在一起．当气体作为完全气体来处理，以及脉动量很小时，作为首次近似，我们可以设

$$\frac{\rho'}{\bar{\rho}} \approx \frac{p'}{\bar{p}} - \frac{T'}{\overline{T}}. \tag{23.4}$$

除了湍流传热之外，密度脉动的出现是可压缩湍流中第二个重要的新现象．显然，在推导表观应力张量(见第十八章 c）的表达式时，这些脉动量的存在是不可以忽略的．因此，考虑到式(23.3)时，式(18.5)必须由下述湍流引起的附加项来代替，即

$$\left.\begin{aligned}
\sigma'_x &= -\bar{\rho}\overline{u'^2} - 2\bar{u}\overline{\rho'u'} - \overline{\rho'u'^2}, \\
\tau'_{xy} &= -\bar{\rho}\overline{u'v'} - \bar{u}\overline{\rho'v'} - \bar{v}\overline{\rho'u'} - \overline{\rho'u'v'}, \\
\tau'_{xz} &= -\bar{\rho}\overline{u'w'} - \bar{u}\overline{\rho'w'} - \bar{w}\overline{\rho'u'} - \overline{\rho'u'w'}.
\end{aligned}\right\} \tag{23.5}$$

其中 $\overline{\rho' u'}$，$\overline{\rho' v'}$ 和 $\overline{\rho' w'}$ 起着 x，y，z 三个方向上湍流质量通量分量的作用。对可压缩流动的连续方程(3.30)进行时间平均，导出

$$\frac{\partial(\bar{\rho}\bar{u})}{\partial x}+\frac{\partial(\bar{\rho}\bar{v})}{\partial y}+\frac{\partial(\bar{\rho}\bar{w})}{\partial z}+\frac{\partial\overline{\rho' u'}}{\partial x}+\frac{\partial\overline{\rho' v'}}{\partial y}+\frac{\partial\overline{\rho' w'}}{\partial z}=0. \tag{23.6}$$

关于密度脉动，首先可以指出，$\rho'/\bar{\rho}$ 几乎不可能超过 $u'/\bar{u}$。现在，由于 $u'/\bar{u}\ll 1$，因此在式 (23.5)中，各等式的最后一项相对于其第一项来说，显然是可以忽略不计的。当注意力集中在边界层时，由于边界层中有 $\bar{v}\ll\bar{u}$，还可以得到进一步的简化。J. C. Rotta[80] 阐明，在这种情形下，如果像习惯上那样忽略掉法向应力本身，则完全可以从边界层方程中消去密度的脉动。我们首先注意到，在式(23.5)的 τ_{xy} 中，因为有 $\bar{v}\overline{\rho' u'}\ll\bar{u}\overline{\rho' v'}$，所以只需保留两项。此外，对于二维边界层的情形，因为 $\partial\overline{\rho' u'}/\partial x\ll\partial\overline{\rho' v'}/\partial y$，所以时间平均的连续方程(23.6)变为

$$\frac{\partial(\bar{\rho}\bar{u})}{\partial x}+\frac{\partial(\bar{\rho}\bar{v})}{\partial y}+\frac{\partial(\overline{\rho' v'})}{\partial y}=0\ . \tag{23.6a}$$

将方程(12.50a)乘以 u 再与方程(12.50b) 相加，并将式(18.1)和(23.3)代入，然后根据关系式(18.4)进行平均，就可以导出边界层方程。当上述的那些项忽略不计时，我们得到边界层方程最终的形式如下：

$$\bar{\rho}\bar{u}\frac{\partial\bar{u}}{\partial x}+(\bar{\rho}\bar{v}+\overline{\rho' v'})\frac{\partial\bar{u}}{\partial y}=-\frac{d\bar{p}}{dx}+\frac{\partial}{\partial y}\left(\mu\frac{\partial\bar{u}}{\partial y}\right)-\frac{\partial(\bar{\rho}\overline{u' v'})}{\partial y}. \tag{23.7}$$

注意，在方程(23.6a)和(23.7)中，密度脉动只以 $\overline{\rho' v'}$ 的形式使 $\bar{\rho}\bar{v}$ 处增加一项。因此，重新采用 y 方向质量通量的原来的表达式 $\overline{\rho v}=\bar{\rho}\bar{v}+\overline{\rho' v'}$，而且把表观湍流应力定义为

$$\tau'_{xy}=-\bar{\rho}\overline{u' v'}$$

是方便的。在任何情况下，垂直于壁面的平均速度分量 $\bar{v}$ 确切的

值仍然是待定的，不过我们对它不感兴趣．能量方程(12.19)可以用同样的方法来处理．引入湍流热通量

$$\bar{q}_y = c_p\bar{\rho}\overline{v'T'},$$

我们得出描述可压缩湍流边界层过程的下述方程组：

$$\frac{\partial\bar{\rho}\bar{u}}{\partial x} + \frac{\partial\overline{\rho v}}{\partial y} = 0 \ , \tag{23.8a}$$

$$\bar{\rho}\bar{u}\frac{\partial\bar{u}}{\partial x} + \overline{\rho v}\frac{\partial\bar{u}}{\partial y} = -\frac{d\bar{p}}{dx} + \frac{\partial}{\partial y}\left(\mu\frac{\partial\bar{u}}{\partial y}\right) + \frac{\partial\tau'_{xy}}{\partial y}, \tag{23.8b}$$

$$c_p\left(\bar{\rho}\bar{u}\frac{\partial\bar{T}}{\partial x} + \overline{\rho v}\frac{\partial\bar{T}}{\partial y}\right) = \frac{\partial}{\partial y}\left(k\frac{\partial\bar{T}}{\partial y}\right) - \frac{\partial q'_y}{\partial y} + \overline{\mu\Phi} + \bar{u}\frac{d\bar{p}}{dx} \ . \tag{23.8c}$$

这里，项 $\overline{\mu\Phi}$ 代表耗散项的时间平均值，可采用下述近似式：

$$\overline{\mu\Phi} = \left(\mu\frac{\partial\bar{u}}{\partial y} + \tau'_{xy}\right)\frac{\partial\bar{u}}{\partial y} \ . \tag{23.8d}$$

方程组还须补充时间平均量的状态方程的近似式

$$\bar{p} = \bar{\rho}R\bar{T} \ . \tag{23.9}$$

上述可压缩湍流边界层方程组代替了相应的层流边界层的方程组(12.50a)至(12.50d)．边界条件仍旧不变(参阅第十二章)．

为了研究可压缩介质湍动的细节，必须利用热线风速计来进行实验测量．由于要从单个信号中区分出是温度脉动的影响还是速度脉动的影响，这就产生了困难．由此而出现的问题就分别成了 L. G. Kovasznay[41] 和 M. V. Morkovin[65] 文章的主题．除了出现密度脉动和温度脉动之外，可以发现，可压缩流体的流动与不可压缩流体的流动大致相同．但是，随着 Mach 数的增加，速度脉动的强度下降，这已被 A. L. Kistler[47] 的实验结果所证实，如图23.1所示．J. C. Rotta[80] 已研究了在方程(23.8a)至(23.8c)中未曾包含的那些密度脉动项的影响．

为了使方程组(23.8a)至(23.8d)更适合于实际计算，如第十九章中所做的那样，可以引入关于动量输运和热输运的经验假

设. 通常认为表观应力 $\tau_t = \tau'_{xy}$ 的式(19.1)是不变的. 就湍流热通量而论，习惯上给出的形式类似于导热的 Fourier 定律，式(12.2). 根据该式，我们有

$$q_l = -k\frac{\partial T}{\partial y} \text{ (层流)},$$

并假设

$$q_t = -c_p A_q \frac{\partial T}{\partial y} \quad \text{(湍流)}. \tag{23.10}$$

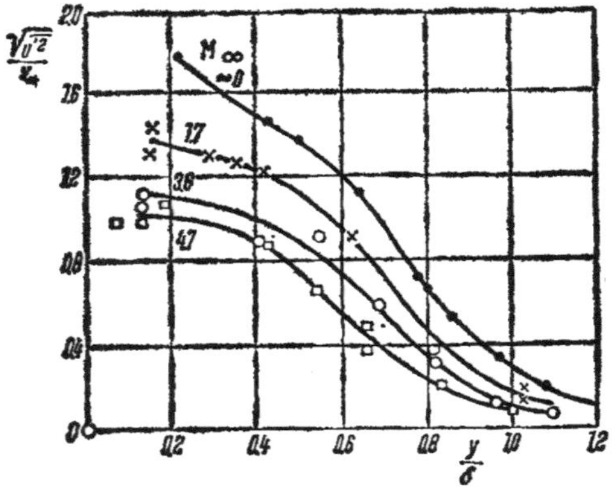

图23.1 在超声速气流中，零攻角平板边界层中湍流速度脉动的分布. 根据 A. L. Kistler[47] 和 P. S. Klebanoff[48] 的测量.

事实上，虽然动量交换和热交换的机制是相似的，但是并不完全相同. 因此，一般说来，动量交换系数 A_τ 和热交换系数 A_q 有不同的值. 考虑到方程(19.1)和(23.10)，以及(23.8d)，我们可以将方程(23.8a) 至(23.8d) 改写成如下形式:

$$\frac{\partial \bar{\rho}\bar{u}}{\partial x} + \frac{\partial \overline{\rho v}}{\partial y} = 0, \tag{23.11a}$$

$$\bar{\rho}\bar{u}\frac{\partial \bar{u}}{\partial x} + \overline{\rho v}\frac{\partial \bar{u}}{\partial y} = -\frac{d\bar{p}}{dx} + \frac{\partial}{\partial y}\left[(\mu + A_\tau)\frac{\partial \bar{u}}{\partial y}\right], \tag{23.11b}$$

$$c_p\left(\bar{\rho}\bar{u}\frac{\partial \bar{T}}{\partial x}+\overline{\rho v}\frac{\partial \bar{T}}{\partial y}\right)=\frac{\partial}{\partial y}\left[(k+c_pA_q)\frac{\partial \bar{T}}{\partial y}\right]$$

$$+(\mu+A_\tau)\left(\frac{\partial \bar{u}}{\partial y}\right)^2+\bar{u}\frac{d\bar{p}}{dx}. \qquad (23.11c)$$

3. 动量交换系数和热交换系数之间的关系 过去我们强调过，湍流中脉动的出现引起了不同速度的各层之间强烈的动量交换．当有温度梯度或浓度梯度时，它还将引起传热和传质的增加．由于这个缘故，总存在着传热和动量交换之间的一个直接关系．特别是，我们期望壁面上热通量和切应力之间存在某种关系．O. Reynolds[76] 第一个发现了传热和动量交换之间存在着这种比拟关系，因此，我们称其为 Reynolds 比拟（参阅第十二章 f3）．这个比拟使得我们能够用在湍流边界层中熟知的阻力定律对传热作出说明．动量交换系数 A_τ 和热交换系数 A_q 两者都具有粘性系数 μ 的量纲（在绝对单位制中为 kg/ms 或 lb/ms）．所以，为了方便起见，除了分子的 Prandtl 数 $\mathbf{P}=\mu c_p/k$ 之外，还引入一个相应的无量纲**湍流 Prandtl 数**

$$\mathbf{P}_t=\frac{A_\tau}{A_q}. \qquad (23.12)$$

由此，根据定义

$$\frac{q_t}{\tau_t}=-\frac{c_p}{\mathbf{P}_t}\frac{\partial \bar{T}/\partial y}{\partial \bar{u}/\partial y}. \qquad (23.13)$$

假设总的传热率为

$$q=-c_p\left(\frac{\mu}{\mathbf{P}}+\frac{A_\tau}{\mathbf{P}_t}\right)\frac{\partial \bar{T}}{\partial y}. \qquad (23.14)$$

只要同时确定出速度剖面和温度剖面，就可以定出湍流 Prandtl 数．不幸的是，由于一般流动中测量局部温度的困难，还由于梯度 $d\bar{u}/dy$ 和 $d\bar{T}/dy$ 值的不确定性，因此，这些测量结果的可靠性程度很低．结果是 $\mathbf{P}_t$ 随着离开壁面的距离而变化．在 H. Ludwieg[55] 所进行的研究中发现，如图23.2所示，比值 $A_q/A_t=1/\mathbf{P}_t$ 是变化的，从壁面($r/R=1$)上约为 1 变到管心($r/R=0$)约为 1.5.

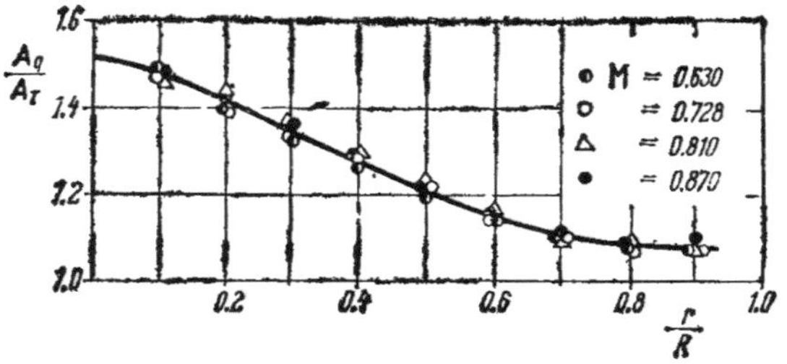

图 23.2 湍流管流中整个半径长度上的湍流交换系数比 A_q/A_τ，引自H. Ludwieg[55]．Reynolds 数 $\mathbf{R}=3.2\times10^5$至3.7×10^5

并与 Mach 数无关．D. S. Johnson[42] 对加热壁的边界层作了测量，也报导了类似的结果．根据这些测量，比值 A_q/A_τ 从壁面约为 1 增加到边界层边缘近似为2．A. Fage 和 V. M. Falkner(参阅文献[97])以及 H. Reichardt[72] 测得的值为2，前者是在圆柱体后面尾迹中测量的，后者是在自由射流中测量的，两者都是不可压缩气流．根据上述的测量，由于壁面对边界层的影响，比值 A_q/A_τ 在边界层中要比在自由射流中小．所以，可以合理地假设比值 A_q/A_τ 在壁面上为1(根据 Ludwieg，其值为1.08，给出 $\mathbf{P}_t\approx0.9$)，而在远离壁面处增加到 2($\mathbf{P}_t=0.5$)．在实际应用中，通常将 A_q/A_τ 取作常数，即 $A_q/A_\tau=1$($\mathbf{P}_t=1$)或 $A_q/A_\tau=1.3$(Reichardt 给出 $\mathbf{P}_t=0.769$)． 但是必须指出：湍流 Prandtl 数沿边界层厚度方向变化的方式尚未完全确定，而且存在着与上述测量相矛盾的实验结果，正如在 J. Kestin 和 P. D. Richardson[45,46] 的总结性文章中报道的那样．

H. Ludwieg[54] 利用了传热和表面摩擦力之间的关系，将小电阻元嵌入壁面，并加热到大于气流的温度，通过测量其传热量来测量壁面上的切应力．

在第二十四章 e 中，将讨论自由射流中传热和动量交换之间的比拟．

b. 速度分布与温度分布间的关系[1]

1. 平板上的传热 第十二章中已说明，在绕零攻角平板的层流中，如果摩擦热忽略不计，且 Prandtl 数等于 1，则速度剖面和温度剖面是相同的。就湍流而论，如果 $\mathbf{P}_t = 1$ 和 $\mathbf{P} = 1$，也可以断言这两个剖面是相同的。这在物理上意味着假设的引起动量交换和热交换的机制是相同的。因为速度剖面和温度剖面相同，所以可以写出

$$q(x) = \frac{k}{\mu} \frac{T_w - T_\infty}{U_\infty} \tau_0(x). \tag{23.15}$$

上述方程可以容易地重新组合成下述形式

$$\mathbf{N}_x = \frac{1}{2} \mathbf{R}_x c_f' (\text{Reynolds}, \ \mathbf{P} = \mathbf{P}_t = 1), \tag{23.16}$$

这就是早先所说的 Reynolds 比拟。由此看出，在第十二章中对零攻角平板层流所导出的 Nusselt 数和表面摩擦力系数之间的正比关系(参阅式 (12.56b)) 在湍流的情形下仍然成立。像在层流中的情形一样，只要现在用温度差 $T_w - T_a$ 来构成 Nusselt 数，比拟式(23.16)在出现可压缩性时仍成立[2]。

正如以前所指出的，研究湍流边界层和湍流传热的主要困难在于湍流系数或湍流交换系数 A_τ 和 A_q 与粘性系数 μ 和导热系数 k 不同，它们并不是流体本身的性质，而是取决于边界层内离开壁面的距离。在离开壁面足够远的地方，A_τ 和 A_q 的值要比分

---

1) 第二十一章 a5中已经指出了有关可压缩流中有抽吸和引射的湍流边界层的参考文献。

2) 在应用中，通常用称为 Stanton 数的

$$\mathbf{S} = \frac{\alpha}{\rho c_p U_\infty} = \frac{\mathbf{N}_x}{\mathbf{R}_x \mathbf{P}}$$

来代替 Nusselt 数。如果这样，则 Reynolds 比拟式(23.16)变为

$$\mathbf{S} = \frac{1}{2} c_f'$$

其余的关系式很容易变换到用 $\mathbf{S}$ 来代替 $\mathbf{N}$。

子系数 μ 和 k 的值大上许多倍，事实上它们的值是如此之大，以致在大多数情况下，后者相对于前者可以忽略不计．与此相反，在紧靠壁面的邻域中，即在层流次层中，因为不再可能有湍流脉动和由此引起的湍流混合，因此湍流系数为零．但是，气流和壁面之间的传热率恰恰依赖于层流次层的现象1)，也就是依赖于分子系数 μ 和 k．幸运的是，尽管存在层流次层，比拟式(23.16)在整个区域内仍然有效，因为正如第十二章 g 中所指出的，当 $\mathbf{P}=1$ 时，层流次层中的速度分布和温度分布仍旧相同．湍流边界层中 $\mathbf{P}_t=1$ 的假设通常导出了有用的结果，但是，层流次层中的 Prandtl 数可以相当大的偏离于 1，例如液体的情形就是这样(表12.1)．在这种情况下，比拟式 (23.16) 就不适用了．许多作者已系统地提出了将 Reynolds 比拟推广到 $\mathbf{P}\neq 1$ 时的形式，这些作者中有 L. Prandtl[70], G. I. Taylor[96], Th. von Kármán[44] 和 R G. Deissler[20,21,22,23].

L. Prandtl 假设 $\mathrm{P}_t=1$，并将边界层分成两个区域：湍流系数为零的层流次层和分子系数 μ 和 k 可以忽略的湍流外边界层．在上述假设下，公式(19.1)和(23.14)在层流次层中将给出

$$\frac{q}{\tau}=-\frac{k}{\mu}\frac{dT}{du},$$

而在湍流层中给出

$$\frac{q}{\tau}=-c_p\frac{dT}{du}.$$

请记住，在壁面上有 $u=0$，假设壁温为常数并等于 T_w，分别将层流次层外缘上的速度和温度记作 u_l 和 T_l，将来流中的速度和温度记作 U_∞ 和 T_∞．Prandtl 还引入下述的假定，即在整个边界层宽度上比值 q/τ 保持不变2)．于是，对整个层流次层厚度积分，得出

1) 关于层流次层，见第十八章 d 中脚注．——译者注

2) 这个条件严格地为等温平板所满足，因为如果 $\mathbf{P}=1$，则 $u/U_\infty=(T-T_w)/(T_\infty-T_w)$，见式(13.13).

$$\frac{q}{\tau}=-\frac{k}{\mu}\frac{T_l-T_w}{u_l}=-\frac{k}{\mu U_\infty}\frac{T_l-T_w}{(u_l/U_\infty)}. \quad (23.17)$$

类似地，对整个湍流层厚度积分，则得出

$$\frac{q}{\tau}=-c_p\frac{T_l-T_\infty}{u_l-U_\infty}.$$

令两式的右边相等，我们得到

$$\mathbf{P}(T_w-T_\infty)=-\frac{U_\infty}{u_l}\left[1+\frac{u_l}{U_\infty}(\mathbf{P}-1)\right](T_l-T_w).$$

因此，局部传热系数为

$$\alpha=\frac{q}{T_w-T_\infty}=-\frac{\mathbf{P}}{1+(u_l/U_\infty)(\mathbf{P}-1)}\cdot\frac{(u_l/U_\infty)q}{T_l-T_w}.$$

将式(23.17)代入上式，我们得到

$$\alpha=\frac{1}{1+(u_l/U_\infty)(\mathbf{P}-1)}\cdot\frac{c_p\tau}{T_l-T_w}.$$

我们将这个结果用 Nusselt 数来表示 由此导出 Reynolds 比拟的推广形式为

$$\mathbf{N}_x=\frac{\frac{1}{2}c_f'\mathbf{R}_x\mathbf{P}}{1+(u_l/U_\infty)(\mathbf{P}-1)} \quad (\text{Prandtl-Taylor}, \mathbf{P}_t=1), \quad (23.18)$$

L. Prandtl 和 G. I. Taylor 各自独立地导出了上式. 为了将上述推广的比拟式应用到特定的情形中去，还必须对层流次层外缘的平均速度与来流速度之比作合适的假设[1). 在 P = 1 的特殊情

1）在管道中湍流的情形下，根据第二十章中所指出的式 (20.15a)，给出层流次层外缘上的速度 u_l 与管轴上的速度 U 之比为

$$u_l/U=5\sqrt{\tau/\rho U^2}=5\sqrt{\frac{1}{2}c_f'}.$$

按照这种近似，Prandtl 比拟式变为

$$\mathbf{N}_x=\frac{\frac{1}{2}\mathbf{R}_x\mathbf{P}c_f'}{1+5\sqrt{\frac{1}{2}c_f'}(\mathbf{P}-1)}.$$

用 c_f' 来表示平均流速 $\bar{u}$，我们将有

$$\frac{u_l}{\bar{u}}=5\sqrt{\frac{1}{2}c_f'}.$$

形下，Prandtl-Taylor 比拟式 (23.18) 化为 Reynolds 比拟式 (23.16)。

在推导 Prandtl-Taylor 比拟式(23.18)中，我们假设了边界层可以明确地分成湍流层和层流次层．实际上，两者之间的连接是逐渐过渡的，从而可以识别出中间层或过渡层的存在，其中分子交换系数和湍流交换系数的大小是相当的． Th von Kármán[44] 将边界层细分为三个区域，对于传热系数和表面摩擦力系数之间的关系推导出一个类似的关系式，其形式为

$$\mathbf{N}_x=\frac{\frac{1}{2}\mathbf{R}_x\mathbf{P}c_f'}{1+5\sqrt{\frac{1}{2}c_f'}\left\{(\mathbf{P}-1)+\ln\left[1+\frac{5}{6}(\mathbf{P}-1)\right]\right\}}\quad(\text{von Kármán},\ \mathbf{P}_t=1).\tag{23.19}$$

在 $\mathbf{P}=1$ 的特殊情形下，von Kármán 比拟式(23.19) 也还原为 Reynolds 比拟式(23.16)．在平板的情形下，图 23.3 画出了三个 Prandtl 数($\mathbf{P}=10$, 1和 0.01)所对应的局部 Nusselt 数 $\mathbf{N}_x$ 与 Reynolds 数 $\mathbf{R}_x$ 之间的关系曲线．曲线(b)和(c)分别是根据比拟式(23.18)和(23.19)画出的，其中 $\mathbf{P}_t=1$。

湍流中传热率和表面摩擦力之间的比拟关系有着极其重要的实际意义，因为它们不仅可以用于绕平板的流动，而且可以用于任何湍流的情形，因此具有十分普遍的应用价值，这已为大量的实验测量所证实．

上述这些比拟关系式用于计算平行气流中细长体的传热时，即在物体外的压力梯度不太大的情况下，已被证明是有效的．还可以指出：虽然上述比拟都与 Mach 数无关，但是在可压缩流动中也有效．当把上述各种形式的 Reynolds 比拟式用于圆管中的内流时，它们仍旧近似地成立．但是，必须在 Nusselt 数和 Reynolds数的表示式中用圆管的直径 D 来取代沿流向的长度 x，并分别用圆管中流体的平均速度和平均温度来代替外流的速度和温

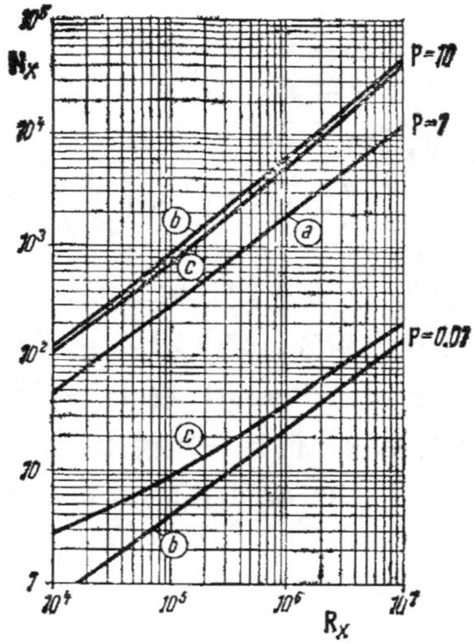

图23.3 在平板湍流传热的情形下，不同 Prandtl 数时 Nesselt 数随 Reynolds 数的变化 (Reynolds 比拟)
(a) Reynolds,比拟式(23.13);
(b) L. Prandtl 和 G. I. Taylor,比拟式(23.18);
(c) Th von Kármán,比拟式(23.19).
其中假定 $\mathbf{P}_t=1$,
$c_f'=0.0592\mathbf{R}_x^{-0.2}$, 公式(21.12)

$$u_t/U_\infty=5\sqrt{\frac{1}{2}c_f'}$$

度.

在前面所有的推导中，我们均作了湍流 Prandtl 数 $\mathbf{P}_t=1$ 的假设,换句话说,已经假设了湍流动量交换系数和湍流热能交换r系数相等. 但是从实验测量中知道,这个比值不为1. H. Reichadt[73] 广泛地研究了传热中 $\mathbf{P}_t\neq 1$ 的情形. 根据这一工作，Nusselt 数用下述关系式来表示,即

$$\mathbf{N}_x=\frac{\frac{1}{2}c_f'\mathbf{R}_x\mathbf{P}}{\mathbf{P}_t+\sqrt{\frac{1}{2}c_f'}\,\{(\mathbf{P}-\mathbf{P}_t)a+A\}}\text{(Reichardt)}.$$

(23.20)

上式中的常数 a 是修正通过层流次层的传热量的，取决于两个 Prandtl 数之比 $\mathbf{P}/\mathbf{P}_t$，其关系如下：

$$a=\frac{v_*}{\nu}\int_0^\infty\frac{dy}{\left(1+\frac{A_\tau}{\mu}\right)\left[1+\left(\frac{\mathbf{P}}{\mathbf{P}_t}\right)\left(\frac{A_\tau}{\mu}\right)\right]}. \tag{23.21}$$

H. Reichardt 在假设 A_τ 及速度从壁面到完全发展的湍流区光滑地变化下，计算了这个积分。表 23.1 列出了其数值结果。比拟式(23.20)中的量 A 是湍流 Prandtl 数 $\mathbf{P}_t$ 的函数，而且 $\sqrt{c_f'/2}$ 的变化对其只有轻微的影响。但是一般说来，比拟式(23.20)对 A 是不敏感的。根据 J. C. Rotta[81] 所进行的计算，A 可以近似地取为

$$A\approx4(1-\mathbf{P}_t).$$

表23.1 计算传热系数的比拟式(23.20)和计算恢复因子的式(23.27)中的常数 a 和 b，取自 H. Reichardt[73] 和 J. C. Rotta[81]

P/P_t	a	b
0.5	10.22	123.8
0.72	9.55	108.1
1.44	8.25	82.2
2.0	7.66	71.6
5.0	6.04	47.5
10	5.05	34.3
20	4.10	24.5
30	3.61	20.1
100	2.47	10.9
200	1.98	7.7
1000	1.17	3.4

在有任意变化的湍流 Prandtl 数 $\mathbf{P}_t$ 的条件下，E. R. von Driest[28] 和 J. C. Rotta[81] 研究了平板上湍流边界层中的温度分布。后一篇文献中指出：只有接近于壁面的湍流 Prandtl 数 $\mathbf{P}_t$ 的取值才决定了传热率和温度分布。所以，$\mathbf{P}_t$ 离开壁面的变化细节是不重要的。当剩下的 $\mathbf{P}_t$ 都取壁面上的值时，$\mathbf{P}_t$ 随着离开壁面距离的变化只通过 A 起作用。由此，合适的值似乎是 $\mathbf{P}_t$

≈ 0.9. J. R. Taylor[98] 对于压力和温度沿壁面变化的边界层进行了这种计算.

2. 粗糙表面的传热 在第二十章 f 和第二十一章 c 中已经证明：湍流中粗糙表面上产生的表面摩擦力要比光滑表面上的大得多. 传热系数也是如此. 但是，传热系数增长的百分率通常却小于表面摩擦力增长的百分率. 这是可以理解的. 因为一部分湍流切应力通过作用在突起部分上的压力传到壁面上，但是在传热中，不存在这种类似的机制. 粗糙圆管中的传热已进行了实验研究，其中尤其是 W. Nunner[66] 及 D. F. Dipprey 和 R. H. Sabersky[25] 的工作. 后两位作者在不同的 Prandtl 数下作了测量. D. F. Dipprey 和 R. H. Sabersky[25] 以及 P. R. Owen和 W. R. Thomson[67] 的理论研究是基于这样的假设，即粗糙度对交换机制的影响只局限于紧靠壁面附近的区域. 从这个假设出发，可以导出一个具有比拟式(23.20)同样结构的关系式，差别只在于必须用 β 来代替 $(\mathbf{P}-\mathbf{P}_t)$，而 β 是 Prandtl 数 $\mathbf{P}$ 和粗糙度的函数. 在 $\mathbf{P}_t=1$ 的特殊情形下，我们得到

$$\mathbf{N}_x=\frac{\frac{1}{2}c_f\,\mathbf{R}_x\mathbf{P}}{1+\sqrt{\frac{1}{2}c_f'}\;\beta(v_*k/\nu;\mathbf{P})}$$

(Dipprey, Sabersky, Owen, Thomson; $\mathbf{P}_t=1$). (23.22)

Dipprey 和 Sabersky 引用

$$\beta\left(\frac{v_*k_s}{\nu};\mathbf{P}\right)=5.19\left(\frac{v_*k_s}{\nu}\right)^{0.2}\mathbf{P}^{0.44}-8.5. \qquad (23.23)$$

这个关系式是根据他们自己对砂粒粗糙度实验的结果，在 $v_*k_s/\nu>70$ 的完全粗糙的范围内成立. 图 23.4 中画出了整个粗糙度 Reynolds 数 v_*k_s/ν 区域上的函数 β 和实验结果. Owen 和 Thomson 拟合了各种来源的实验结果，包括参考文献[25]和[66]，然后得出

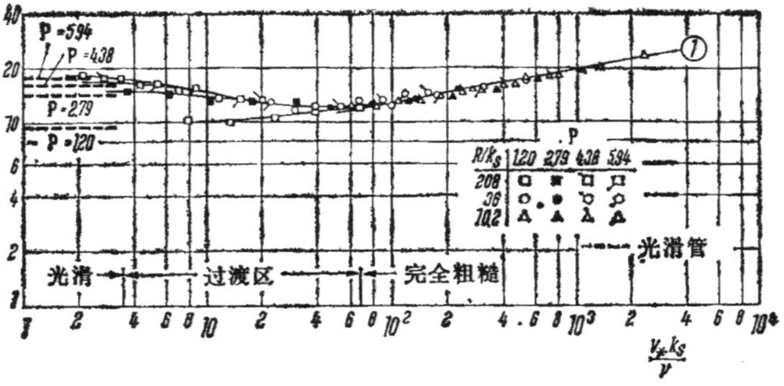

图23.4 在各种 Prandtl 数下，粗糙度函数 $(\beta+8.5)\mathrm{P}^{-0.44}$ 与砂粒粗糙度 v_*k_s/ν 的关系，根据 D. F. Dipprey 和 R. H. Sabersky[29] 的测量. 曲线(1)根据公式(23.23)

$$\beta\left(\frac{v_*k_s}{\nu};\mathbf{P}\right)=0.52\left(\frac{v_*k_s}{\nu}\right)^{0.45}\mathbf{P}^{0.8}. \qquad (23.24)$$

D. B. Spalding[88] 以及 J. Kestin 和其合作者[36,45,46] 已经给出了湍流中非等温表面上传热率的计算步骤. W. C.Reynolds, W. M. Kays 和 S. J. Kline[77] 在这种条件下进行了广泛的测量.

3. 可压缩流动中的温度分布 为了了解控制可压缩流动中温度分布的规律，读者可以首先参考第十三章 b 中提出的对层流边界层的有关讨论. 当压力保持不变且 $\mathbf{P}=\mathbf{P}_t=1$ 时，温度分布满足式(13.12)[1)]，而在有传热的一般情形下，则满足式(13.13). 这两个式子都是由摩擦热引起的. 当 $\mathbf{P}\neq\mathbf{P}_t\neq1$ 时，应用式(13.19)可以计算(绝热)壁面上的恢复温度，即

$$T_a=T_\infty\left(1+r\frac{\gamma-1}{2}\mathbf{M}_\infty^2\right). \qquad (23.25)$$

湍流中恢复系数 r 要比层流中的略大，实验表明，平均说来，其值在 0.875 到 0.89 之间(见图 17.31). 图23.5 复制了 L. M. Mack[56]

1) 指绝热壁. ——中译者

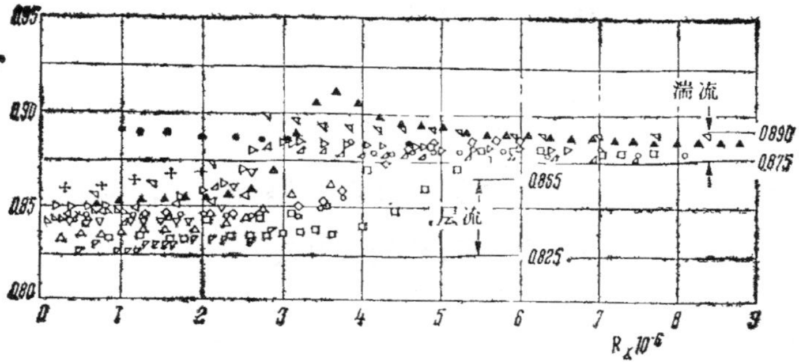

图23.5 在 Mach 数 $\mathbf{M}_\infty=1.2$ 至 $\mathbf{M}_\infty=6.0$ 时，圆锥上测量的恢复系数与 Reynolds 数的关系，引自 L.M. Mack[56]

	风洞	M_∞	圆锥类型		风洞	M_∞	圆锥类型
●	Ames 1×3ft No.1	1.97	10°空心；钢	▷	Aberdeen	2.18	10°木
□	Lewis 8×6ft	1.98	10°空心；钢	×	GALCIT 5×5in	6.0	20°陶瓷
△	Lewis 18×18in	1.94	10°空心；钢	○	Ames 1×3ft No.1	2.0	20°空心；钢
▽	Ames 6×6ft	1.9	10°空心；钢	▲	JPL 18×20in	4.50	5°玻璃纤维
△	Ames 10×14in	4.48	10°空心；钢	◁	JPL 18×20in	1.63	13°有机玻璃
▽	Ames 2×2ft	1.21	10°空心；钢	+	JPL 18×20in	4.50	13°有机玻璃
△	Lewis 2×2ft	3.93	10°空心；钢	◇	JPL 12×12in	1.63	13°有机玻璃
◁	Ames 1×3ft No.2	3.00	10°空心；钢	⊠	JPL 12×12in	2.45	13°有机玻璃

在不同的 Mach 数和不同的 Reynolds 数下对圆锥测得的恢复系数 r 的比较．为了估计 Prandtl 数的影响，许多作者引用了公式

$$r=\sqrt[3]{\mathbf{P}}\,, \tag{23.26}$$

由此得出当 $\mathbf{P}=0.72$ 时 $r=0.896$。类似于用来计算传热系数的方法，也可以从理论上得出这一估计．为此目的，必须从能量方程(23.11c)出发，还必须和式(23.14)中所包含的假设相一致，即计及分子交换机制和湍流交换机制两者的影响．使用这种方法，J.C. Rotta[81] 得到了下式

$$r=\mathbf{P}_t+\frac{1}{2}c_f'(\mathbf{P}-\mathbf{P}_t)b+B\sqrt{\frac{1}{2}c_f'}\,. \tag{23.27}$$

b 是比值 $\mathbf{P}/\mathbf{P}_t$ 的函数，像比拟式(23.20)中的 a 一样，b 反映了发生在层流次层中的过程. b 由下述积分给出:

$$b = \frac{2}{\nu}\int_0^\infty \frac{u dy}{\left(1+\frac{A_\tau}{\mu}\right)\left[1+\left(\frac{\mathbf{P}}{\mathbf{P}_t}\right)\left(\frac{A_\tau}{\mu}\right)\right]} . \qquad (23.28)$$

表 23.1 中已列出了 b 的数值. 因子 B 依赖于 $\mathbf{P}_t$，也略微依赖于 $\sqrt{c_f'/2}$. 根据 Rotta 的意见，我们可以取

$$B = 7(1-\mathbf{P}_t).$$

当湍流 Prandtl 数在整个边界层厚度上变化时，必须用它在壁面上的值代入式(23.24). 当 Prandtl 数 $\mathbf{P}$ 以及湍流 Prandtl 数 $\mathbf{P}_t$ 不等于 1 时，值得注意的是：在第十三章对层流边界层给出的式(13.12)通常是可压缩湍流边界层中温度分布的一个合用的近似. B. Schultz-Jander[95] 给出了可压缩湍流边界层中计算温度分布的一个方法.

c. Mach 数的影响;摩擦定律

到目前为止，不可压缩流动中对湍流边界层的计算还没有发展到足以摆脱半经验理论的程度. 因此，对于同样的结论也适用于可压缩湍流边界层的计算是不足为奇的. 在不可压缩湍流边界层的情形下，出发点是前几章所讨论的假设，即 Prandtl 混合长度假设，von Kármán 相似律或 Prandtl 普适速度分布律. 大批现代论文的作者通过将这些假设变换或修改成适用于可压缩的情形，力图建立起可压缩湍流边界层的半经验理论，这就需要引入附加的特殊假设. 在缺乏对可压缩湍流机制详细研究的情形下，湍流的半经验理论从不可压缩情形到可压缩情形的转变就有很大的任意性.

从实用的观点来看，一方面存在着影响流动的两个附加参数，即来流 Mach 数 $\mathbf{M}_\infty$ 和壁面温度 T_w，另一方面，现有的实验结果并不是完全没有矛盾的，这就增加了困难. 我们从处理这个问题的众多方案中选出三类方法，因为它们用得特别多. 这三类方

法是：

（1）对于气体的密度和粘性系数引入一个参考温度；

（2）应用 Prandtl 混合长度假设或 von Kármán 相似性假设；

（3）坐标变换.

除此之外，这方面的文献还有一些不能归入上述三个方面的方法. 在 D.R. Chapman 和 R.H. Kester[11] 作出的比较中，当用不同的方法计算表面摩擦力时(参考文献[30])，立即看出各种结果有很大的不同. D. B. Spalding 和 S. W. Chi[89] 对二十种不同的计算方案和已有的实验结果之间作出了广泛的比较.

1. 零攻角平板 第(1)类方法的指导思想是假设在某个合适的参考温度 T^* 下取密度 ρ 和粘性系数 μ 的值，则不可压缩流中的规律在可压缩流中仍然有效. Th von Kármán[43] 第一个发现这种可能性，并选取壁温为其参考温度. 从不可压缩流中零攻角平板的摩擦力定律出发，即从公式(21.17)出发，von Kármán 得到下述可压缩流情形的表面摩擦力系数公式：

$$\frac{0.242}{\sqrt{c_f}}\left\{1+\frac{\gamma-1}{2}\mathbf{M}_\infty^2\right\}^{-1/2}=\log\left(\mathbf{R}_l c_f\right)-\frac{1}{2}\log\left\{1+\frac{\gamma-1}{2}\mathbf{M}_\infty^2\right\}, \tag{23.29}$$

其中 $\mathrm{M}_\infty=U_\infty/c_\infty$ 是来流 Mach 数. 上述公式只对绝热壁成立，并假设了粘性系数函数的形式为 $\mu/\mu_0=\sqrt{T/T_0}$. 通过在边界层中出现的最高温度和最低温度之间选取参考温度的值 T^*，已经作出了各种努力来改进这个方法. E.R.G. Eckert[29,30] 建议参考温度取作

$$T^*=T_0+0.5(T_w-T_1)+0.22(T_a-T_1), \tag{23.30}$$

其中 T_1 表示边界层外缘的温度，T_w 是壁面上的表面温度，而 T_a 代表（绝热壁）恢复温度. Eckert 的公式包括了有传热的情形，引入参考温度是计及 Mach 数和传热对表面摩擦力影响的最简单的方法，并可以得出它在工程应用中多半是适用的结果. 由于这个缘故，M.H. Bertran[2] 在很广的 Mach 数和温度比的范围

内完成了计算表面摩擦力系数的庞大的计划.

E. R. van Driest[27] 提出了应用 Prandtl 混合长度假设的思想. 象式(19.22)给出的那样,他规定了 $l = \chi y$, 通过允许密度变化, 由此引起边界层厚度的变化来反映可压缩性效应. 他得出平板上湍流表面摩擦力系数的显式公式, 包括没有传热和有传热的两种情形, 并计及 Reynolds 数和 Mach 数的影响. 对于绝热壁的情形,总表面摩擦力系数公式的形式为

$$\frac{0.242}{\sqrt{c_f}}(1-\lambda^2)^{1/2}\frac{\arcsin\lambda}{\lambda} = \log(\mathbf{R}_l c_f) + \frac{1+2\omega}{2}\log(1-\lambda^2), \tag{23.31}$$

其中

$$1-\lambda^2 = \frac{1}{1+\frac{\gamma-1}{2}\mathbf{M}_\infty^2}, \tag{23.32}$$

$\mathbf{M}_\infty = U_\infty/c_\infty$ 表示来流 Mach 数,符号 ω 是粘性律 $\mu/\mu_0 = (T/T_0)^\omega$(式(13.4))中的指数.式(23.31)与式 (23.29)的不同之处在于左边多一个因子 $(\arcsin\lambda)/\lambda$ 和右边出现粘性律的指数 ω. 当 $\mathbf{M}_\infty \to 0$ 时,式(23.31)变成 von Kármán 的不可压缩流中的阻力公式(21.17). 图23.6 给出式(23.31)的曲线及其与实验结果的比较.在所有的情形下,理论和实验之间的一致性程度都不能令人满意.但是在这方面必须指出:高 Mach 数时的测量结果是有点不可靠的. R. E. Wilson[102] 进行了类似的计算,但是是以 von Kármán 相似性假设(公式(19.19))为基础的. 他只限于绝热壁的情形,导出的结果十分类似于式 (23.31). 图 23.7 给出了另外的一些实验结果, 其中画出了可压缩流中表面摩擦力系数与不可压缩流中表面摩擦力系数之比对 Mach 数的曲线,包括了一个很广的 Mach 数的范围. 该图中有两条理论曲线: 第一条是 R. E. Wilson[102] 在假设绝热壁的前题下得出的;第二条是 E. R. van Driest[27] 在考虑有传热的影响下导出的. 实验是几个作者[7,14,38,53,87] 作出的,并与理论吻合得很好. 图23.8 中包含有传热对表面摩擦力系数影

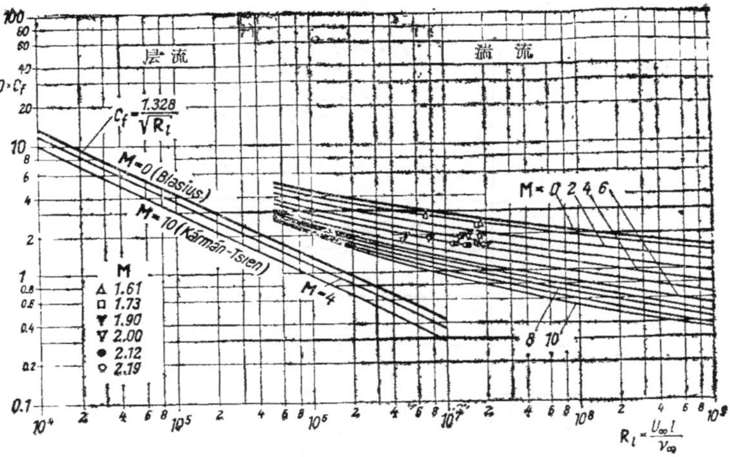

图 23.6 零攻角绝热平板上层流和湍流边界层中的总表面摩擦力系数．湍流的理论曲线根据式(23.31)，引自 E.R. van Driest[27]；$\gamma=1.4,\ \omega=0.76,\ \mathbf{P}=1$

响的一些结果，它们也是基于 van Driest[27] 的计算．图中曲线表明：绝热壁上的表面摩擦力系数略小于有热流从流体流向壁面情形的表面摩擦力系数．

坐标变换：第十三章 d 中所叙述的适用于层流的坐标变换，在形式上也可以应用到可压缩湍流边界层的微分方程中去．这时 Reynolds 应力 τ'_{xy} 变换成

$$\tilde{\tau}'_{xy}=\frac{1}{b}\left(\frac{c_0}{c_1}\right)^2\frac{p_0}{p_1}\tau'_{xy}, \tag{23.33}$$

利用这个变换式，动量方程（23.8b）获得如下形式：

$$\tilde{u}\frac{\partial\tilde{u}}{\partial\tilde{x}}+\tilde{v}\frac{\partial\tilde{u}}{\partial\tilde{y}}=\tilde{u}_1\frac{\partial\tilde{u}_1}{\partial\tilde{x}}(1+S)+\nu_0\frac{\partial^2\tilde{u}}{\partial\tilde{y}^2}+\frac{1}{\rho_0}\frac{\partial\tilde{\tau}'_{xy}}{\partial\tilde{y}}. \tag{23.34}$$

这里所用的符号与式(13.24)至(13.41)中定义的相同．根据在数学上可以将可压缩流的方程组变换成不可压缩流方程组形式的可

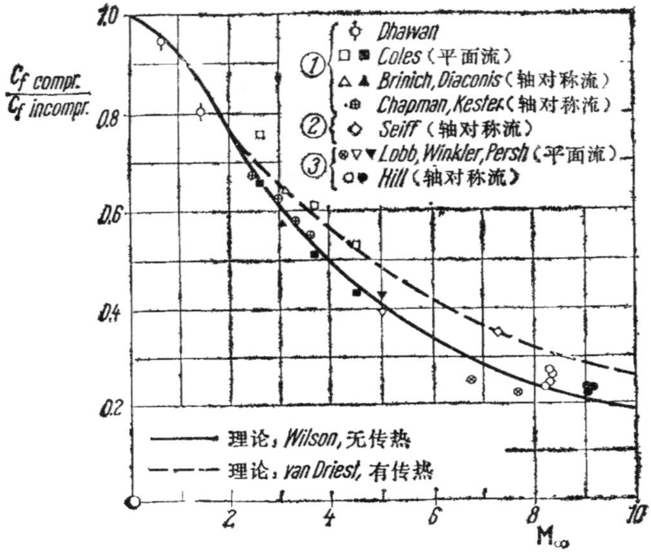

图 23.7 零攻角平板上湍流边界层中表面摩擦力系数随 Mach 数的变化；理论与实验之间的比较；引自文献[38]；$R_x \approx 10^7$

——根据 Wilson[102] 的理论，无压力梯度的绝热壁；比值 T_w/T_∞ 在1.8到21.0之间变化，分别对应于 $M_\infty=2$ 和 $M_\infty=10$ ----根据 van Driest[27] 的理论，有传热；无压力梯度

实验测量:

(1) 绝热壁，无压力梯度；

(2) 有传热，无压力梯度；

(3) 有传热，$T_w/T_\infty = 8.0$，顺压梯度

能性，许多作者(例如 B.A. Mager[57], D. Coles[15], L. Crocco[16], D.A. Spence[91,92]) 提出一个物理假设，即变换后坐标平面上的速度剖面应该与不可压缩流中的速度剖面有相同的形式. 因此，用变换后的参数代入时，摩擦力定律和其他关系式仍旧成立. 这个结论对于层流当然是有效的，但是对于湍流就未必成立，因为这种坐标变换不能用于描述脉动的方程组，否则将与所有基于Boussinesq假设(体现在式(19.1)中)的理论发生矛盾，当然也与利用 Prandtl 混合长度假设或 von Kármán 相似性假设的理论发生矛盾. 如果我们接受物理上似乎有理的假设，即式(19.2) 所定义的湍流运动

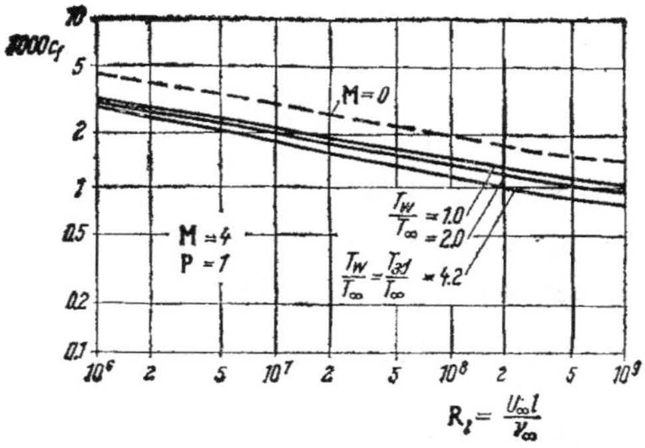

图 23.8 当温度比 T_w/T_∞ 不相同时，有传热的零攻角平板上湍流表面摩擦力系数随 Reynolds 数的变化，引自 E.R. van Driest[27]
$\frac{T_w}{T_\infty}=\frac{T_{ad}}{T_\infty}=4.2$ 的曲线对应于无传热的情形. M = 4, P = 1

粘性系数 ε_τ 与密度无关，那么就会面临变换到不可压缩的形式是不可能的事实. 但是，变换到

$$\tilde{\tau}_t' = \rho_1 \tilde{\varepsilon} \frac{\partial \tilde{u}}{\partial \tilde{y}} \left(\frac{\rho}{\rho_1} \right)^2 \tag{23.35}$$

仍然是可以实现的. 在这种情形下，新的湍流运动粘性系数 ε_τ 与原有的湍流运动粘性系数 ε 之间通过式

$$\tilde{\varepsilon} = \frac{1}{b} \left(\frac{c_0}{c_1} \right)^2 \varepsilon_\tau$$

联系起来. 现在大家都知道，当 Mach 数很大时，密度比 ρ/ρ_1 随着离开壁面的距离 y 有很大的变化. 这就迫使我们在下述两个结论中接受一个： 要么我们假设速度剖面和不可压缩的情形相同，则发现 ε 的分布改变了；要么我们接受 ε 保持不变，则不得不修正速度剖面. 可以在上面两种方案的基础上，说明 Mach 数对原来坐标系中速度剖面的影响，但是得出的结论是绝然相反的. 当把不可压缩情形下得到的规律移植到可压缩的情形中去时，上述事实清楚地说明了整个问题的复杂性.

进一步的细节： Mach 数对速度剖面的影响是通过壁面的温

升来实现的. 因为可以认为压力 p 与 y 无关，所以边界层中密度分布由下式给出

$$\frac{\rho}{\rho_\infty}=\frac{T_\infty}{T}. \tag{23.36}$$

随着绝热壁外面 Mach 数的增加，在 y 的小距离内，可以看到密度一定有很显著地减小，由此必然引起边界层厚度很大的增加. 另一方面，Mach 数的增加使得粘性系数增加以及表面摩擦力系数减小. 由此，又引起层流次层急剧的增长. 图 23.9 给出了可压缩

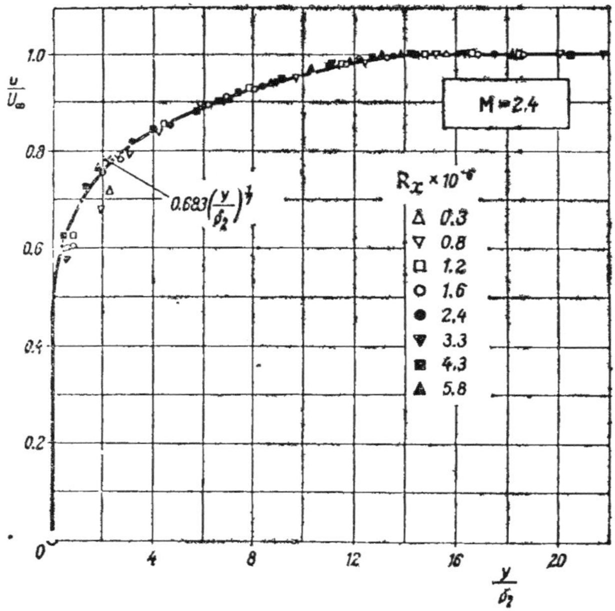

图23.9 超声速零攻角平板上湍流边界层中测量的速度分布，引自 R.M. O'Donnell[26]

$M_\infty=2.4$；δ_2——式(13.75)定义的动量厚度；$T_w=T_a$

不可压缩理论： $\dfrac{u}{U_\infty}=0.716\left(\dfrac{u}{\delta_2}\right)^{1/7}$

可压缩理论： $\dfrac{u}{U_\infty}=0.683\left(\dfrac{u}{\delta_2}\right)^{1/7}$

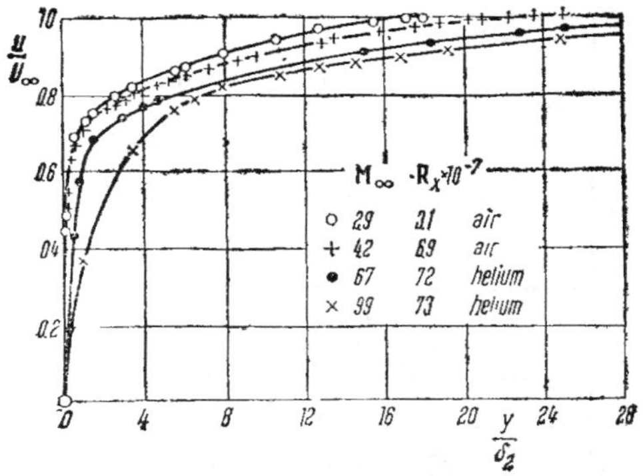

图23.10 在各种 Mach 数下，超声速流平板湍流边界层的速度分布，根据 F. W. Matting, D.R. Chapman, J.R. Nyholm和 A. G. Thomas[58] 的测量 $T_w = T_a$

湍流边界层中速度剖面的例子，其中画出了 R.M. Donnell[26] 对 $\mathbf{M}_\infty = 2.4$ 测量的 u/U_∞ 随 y/δ_2 变化的曲线. 这里的 δ_2 代表由式(13.75)所定义的动量厚度.

在所采用的坐标系中，不同 Reynolds 数的实验点很好地落在一条曲线上. 图上画出的理论曲线对相应的不可压缩流曲线的偏离远小于层流的情形，见图13.10. 不出所料，边界层厚度随着Mach数的增大而增厚，这在图23.10中是很明显的，图中给出了直到 $\mathbf{M}_\infty = 9.9$ 的速度剖面. 必须指出. 当 Mach 数增加时，由于沿壁面方向密度减小，所以由式(13.75)给出的动量厚度比起边界层厚度 δ 来更小.

图 23.11 中画出了速度比 u/v_* 相对于 $\eta = yv_*/\nu_w$ 的对数坐标曲线. 我们在图 20.4 中已经遇到过这种曲线，在那里密度 ρ 和运动粘性系数 ν 的值是用壁温来确定的. 应该指出：在较高的 Mach 数时，速度分布仍保持不可压缩流中熟知的特征形状，但是出现了定量上的偏离. 这是由图中 R. K. Lobb, E. M. Winkler 和 J. Persh[53] 测量的实验结果中得出的. 在有传热时，明显地存在着对层流次层有很大的影响，而在充分发展的湍流区域中，曲线几乎是平行的. R. G. Deissler[21,23] 和 J. C. Rotta[78] 发表了将

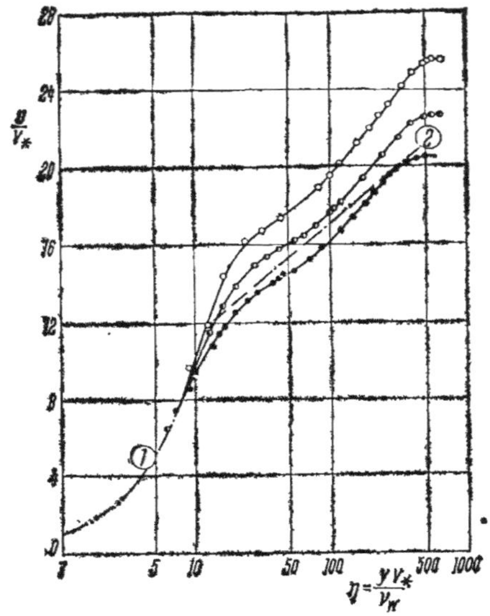

	M_∞	$\dfrac{T_a - T_w}{T_a}$	$R_2\times10^{-4}$	M_τ	β_q
●	5.75	0.108	1.16	0.117	0.0074
◐	5.79	0.238	1.24	0.114	0.0162
○	5.82	0.379	1.14	0.116	0.0273

图 23.11 在有传热的管道内的超声速流中，管壁上湍流边界层的普适的速度分布律，根据 R. K. Lobb, E. M. Winkler 和 J. Persh[53] 的测量

由壁温决定的性质:

$v_* = \sqrt{\tau_0/\rho_w}$; $\eta = yv_*/\nu_w$

曲线(1)和(2): 不可压缩流中理论上的普适速度分布律

曲线(1): 层流次层，$u/v_* = \eta$

曲线(2): 普适的对数律

$$u/v_* = 5.5 + 5.75\ln\eta$$

适的速度分布律合理地推广到包括可压缩性影响的理论研究．根普据这些研究，在壁面附近的速度分布受到两个参数的影响，即

Mach 数 $\mathbf{M}_\tau$ 和热通量数 β_q，它们分别由下面两个公式决定：

$$\left.\begin{aligned} \mathbf{M}_\tau &= \frac{v_*}{c_w} = \mathbf{M}_\infty\sqrt{\frac{1}{2}c_f'}\ , \\ \text{和}\quad \beta_q &= \frac{q_w}{\rho_w c_{pw} T_w v_*} = \frac{\mathbf{S}}{\sqrt{\frac{1}{2}c_f'}}\frac{T_a - T_w}{\sqrt{T_w T_\infty}}\ , \end{aligned}\right\} \tag{23.37}$$

其中 c_w 表示壁面上的声速，$\mathbf{S}$ 是 Stanton 数，而 c_f' 是局部的表面摩擦力系数。J. C. Rotta[78] 在一定的简化假设下进行了计算，得到了定性上正确的结果，但是，β_q 对层流次层的影响表明：实验中所测出的影响要比计算中所反映出来的更大。H. U. Meier[60,61,62] 所进行的测量给出了相应的温度分布的数据。这些结果的计算表明：湍流 Prandtl 数通过层流次层将增加，并达到大于 1 的值，这意味着，指向壁面的传热系数 A_q 要比相应的湍流动量交换系数 A_τ 衰减得更快。根据 H.U. Meier 和 J.C. Rotta[63] 的工作，可以通过将 Prandtl 混合长度假说（第十九章）移植到传热中去，从而在理论上对这种情况加以描述。由此，式(23.14)变换成

$$q_t = -c_p\rho l_q^2\left|\frac{d\bar{u}}{dy}\right|\frac{d\bar{T}}{dy}.$$

传热混合长度 l_q 的大小和式(19.7) 中动量交换的混合长度 l 不同。与 E.R. van Driest 的公式 (20.15b) 相类似，我们假设在壁面附近的邻域中可以令

$$l_q = \kappa_q y[1 - \exp(-y\sqrt{\rho\tau_w}/\mu A_1)]. \tag{23.37a}$$

无量纲常数 κ_q 和 A_1 的值与式(20.15b)中 κ 和 A 的值不同。在式(23.12)中定义的湍流 Prandtl 数变为

$$\mathbf{P}_t = (l/l_q)^2.$$

H.U. Meier[64] 计算了 $\mathbf{P}_t$ 在边界层宽度上的变化。图 23.12 使得我们可以得出如下的结论：所测得的总温分布非常好地再现了计算结果，这些计算结果是用可压缩边界层中 J.C. Rotta[78] 的壁面

分布律得到的. 图中给出总温比 T_0/T_∞ 随 Mach 数比 $\mathbf{M}/\mathbf{M}_\infty$ 变化的函数关系，其中

$$T_0 = T + \bar{u}^2/2c_p.$$

当传热率很小($q_w \approx 0$)时，温度由壁面向外增加并达到一个最大值，然后又减小到一个最小值，再后就一直增加.

当壁面粗糙时，Mach 数对表面摩擦力的影响则更大. 按照 H.W. Liepmann 和 F.E. Goddard[37,52] 的工作，在完全粗糙的区域中，比值 $c_{f\,compr}/c_{f\,inc}$ 将正比于密度比 ρ_w/ρ_∞，因此

$$\frac{c_{f\,compr}}{c_{f\,inc}} = \frac{1}{1 + r\dfrac{\gamma - 1}{2}\mathbf{M}_\infty^2}, \tag{23.38}$$

其中 r 为恢复因子.

2. 变压力 在实际应用中，常常需要计算可压缩流中有变压

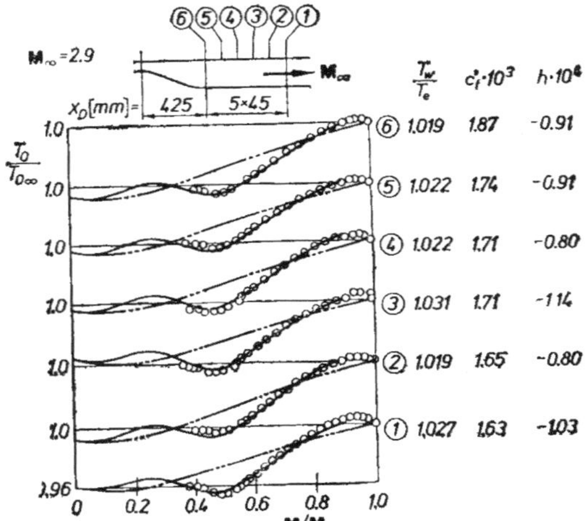

图 23.12 在超声速和壁面上热通量很小时，平板湍流边界层中的总温 T_0，取自 H.U. Meier 等人[62]的测量. Mach 数 $\mathbf{M}_\infty = 2.9$; Reynolds 数 $\mathbf{R}/\mathrm{cm} = 0.8\times10^5\mathrm{cm}^{-1}$，根据 H.U. Meier[60] 的测量结果

----根据公式 (23.37a) 的理论，其中 $(\kappa/\kappa_q)^2 = 0.9$; $A/A_1 = 1.3$

无量纲传热系数 $h = q_w/c_p T_w \rho_w U$

局部表面摩擦力系数 $c'_f = \tau_w/(1/2)\rho_w U^2$

力的湍流边界层. 这对超声速风洞中收缩-扩张喷管的设计尤为突出，因为我们必须非常精确地知道其中边界层的位移效应. 像不可压缩的情形一样，熟知的近似方法大都基于动量积分方程，在某些情形下，也采用能量积分方程. 对于绝热壁，已经给出上述两种积分方程，即方程(13.80)和(13.87). 就湍流边界层而言，它们可以写成:

动量积分方程

$$\frac{d\delta_2}{dx}+\frac{\delta_2}{U}\frac{dU}{dx}(2+H_{12}-\mathbf{M}^2)=\frac{\tau_0}{\rho_1 U^2}, \qquad (23.39)$$

能量积分方程(动能)

$$\frac{d\delta_3}{dx}+\frac{\delta_3}{U}\frac{dU}{dx}\left(3+\frac{2\delta_H}{\delta_3}-\mathbf{M}^2\right)$$

$$=\frac{2}{\rho_1 U^3}\int_0^\delta \tau\frac{\partial u}{\partial y}dy. \qquad (23.40)$$

这两个方程对于 $\mathbf{P}=1$ 的情形均适用，并不局限于绝热壁. 其中 δ_3 表示能量厚度，见公式(13.76)，δ_H 代表焓厚度，见公式(13.77)，而 $H_{12}=\delta_1/\delta_2$.

包括 G. W. Englert[31], E. Reshotko 和 M. Tucker[75], N. B. Cohen[12] 和 D.A. Spence[92] 在内的许多作者，都对动量积分方程(23.39)应用 Tllingworth-Stewartson 变换，将其简化成不可压缩的形式. A. Walz[100] 将这两个方程(23.39)和(23.40)简化成对数值计算非常方便的形式，并且给出了所求的普适函数的一套数值表.

对于二维和轴对称流动，J.C. Rotta[84] 给出了一个类似于计算亚声速和超声速流中旋成体[105]的方法. 一直到 Mach 数 $\mathbf{M}_\infty=2$，计算和测量之间令人满意地一致. 在 $\mathbf{M}_\infty=2.4$ 和2.8 所出现的偏差可以部分地解释如下：与密度变化相联系的流线的弯曲对边界层发展产生了很大的意想不到的影响，但是，在计算中没有计及这种影响. J.C. Rotta[82] 研究了流线弯曲的这种效应的原因，P. Bradshaw[4] 也对这个问题作出了贡献. 已采用有限差分方法来处理可压缩气流中的湍流边界层。 T. Cebeci 和 A.M.O. Smith[9] 在混合长度理论基础上发展了一种方法(见第十九章 c)，并且已推广到对三维边界层问题也适用[10].由 P. Bradshaw 提出的使用动能方程的方法（见第十九章 f)也已推广到可压缩流动[6]中。 P. Bradshaw[5] 得出这样的结论： 体积膨胀对边界层的湍流结构有深刻的影响。如果在方程（19.42）中引入附加项，可以大大缩小测量和计算之间的差异。 P.D. Smith[94] 提出了三维可压缩边界层的积分方法； J. Cousteix[9a] 在这方面也提出了建议；也可参阅 D. Arnal 等人[1a] 和 J. Cousteix 等人[9b] 的工作。

第二十四章　自由湍流，射流和尾迹

a. 引　　言

前几章讨论了沿固壁的湍流，现在打算用几个所谓自由湍流的例子来继续研究湍流。如果湍流不受固壁的限制，就称为**自由湍流**。我们将区分三种类型的自由湍流：自由射流边界、自由射流和尾迹(图 24.1)。

射流边界发生在速度大小不同但方向相同的两股流动之间。这样的速度间断面是不稳定的，在两股流动会合点的下游将出现一个湍流混合区。这个混合区的宽度沿下游方向不断地增大（图 24.1a）。

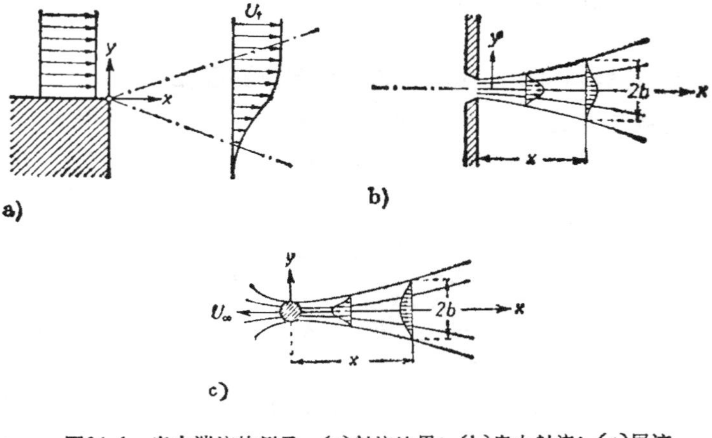

图24.1　自由湍流的例子：(a)射流边界；(b)自由射流；(c)尾迹

自由射流是流体从喷嘴或孔口喷出时形成的(图 24.1(b))。除去流动速度很小的情形之外，可以发现射流离开出口一小段距离后就完全变成了湍流。正由于是湍流，排出的射流将与周围静止的流体局部地混合。射流带走周围的流体质点，以致其质量流量沿下游方向不断增加．同时，射流不断扩展，其速度不断下降，但是总动量仍保持不变．S. I. Pai（柏实义）[26] 给出了自由射流问题的全面论述．这方面也可参阅 G. N. Abramovich 的书[1]．

尾迹是在静止流体中运动的固体之后（图 24.1c）或在被绕流的固体之后形成的．尾迹中的速度要小于主流的速度，这个速度损失相当于由作用在物体上阻力引起的动量损失．尾迹的宽度随其离开物体的距离增加而增加，而尾迹中的速度与外流速度之差则越来越小．

在定性上，这些流动很象层流情形中类似的流动（第九章和第十一章），但是，由于湍流摩擦很大，所以在定量上存在着很大差别．自由湍流比沿壁面的湍流更适合于用数学处理，因为在所考虑的整个区域内，湍流摩擦都远大于层流摩擦．因此在有关自由湍流的问题中，可以完全忽略层流摩擦，而在沿固壁的湍流中却不是这样．对比之下，不难回想起，沿固壁湍流在紧靠固壁的邻域中（即层流次层）总是必须计及层流摩擦的，由此引起了数学上的很大困难．

此外，注意到自由湍流中的问题具有**边界层性质**，即求解区域的横向宽度与主流方向的长度相比是小量，且横向梯度很大．因此，可以用边界层方程来研究这类问题．在二维不可压缩流动的情形下，这些方程是

$$\frac{\partial u}{\partial t}+u\frac{\partial u}{\partial x}+v\frac{\partial u}{\partial y}=\frac{1}{\rho}\frac{\partial \tau}{\partial y}, \qquad (24.1)$$

$$\frac{\partial u}{\partial x}+\frac{\partial v}{\partial y}=0. \qquad (24.2)$$

其中 τ 是湍流切应力．压力项已从运动方程中去掉，因为在所考虑的问题中，至少在首次近似中，都可假设压力不变．在尾迹情形下，这一假设只有在离开物体的一定距离以外才成立．

为了能够积分方程（24.1）和（24.2），必须把湍流切应力用主流的参数表示出来．目前还只能借助于半经验的假设来求得这种关系，这在第十九章中已讨论过．这方面可利用 Prandtl 混合长度

理论的公式(19.7)

$$\tau_t=\rho l^2\left|\frac{\partial u}{\partial y}\right|\frac{\partial u}{\partial y}, \tag{24.3}$$

或其推广形式

$$\tau_t=\rho l^2\frac{\partial u}{\partial y}\sqrt{\left(\frac{\partial u}{\partial y}\right)^2+l_1^2\left(\frac{\partial^2 u}{\partial y^2}\right)^2}, \tag{24.4}$$

其中混合长度 l 和 l_1 应看成是纯粹的位置函数[1]. 它们必须根据每种具体情况作适当的处理. 还可以应用公 式(19.10)的 Prandtl 假设,即

$$\tau_t=\rho\varepsilon_\tau\frac{\partial u}{\partial y}=\rho\kappa_1 b(u_{\max}-u_{\min})\frac{\partial u}{\partial y}, \tag{24.5}$$

其中 b 是混合区宽度, κ_1 是经验常数,而

$$\varepsilon_\tau=\kappa_1 b(u_{\max}-u_{\min}) \tag{24.5a}$$

是有效运动粘性系数,假设它在整个宽度上不变, 因而与 y 无关. 此外, 还可以应用 van Kármán 假设的公式 (19.19) 和由 G. I. Taylor 导出的公式 (19.15a).

分别应用假设(24.3), (24.4)和(24.5), 可以发现彼此的结果只有很小的差别. 用公式(24.5)得出的结果与实验吻合得最好,而且所得到的方程更容易求解, 因此我们倾向于采用这一假设. 但是,若干例子将用假设(24.3)和(24.4)来讨论, 这是为了说明用不同假设下所得到的结果之间的差别. 而且, 混合长度公式 (24.3) 在管流理论中已用得非常成功,因此,检验一下它在目前这类流动中的适用性也是很有意义的. 不难回想起, 从它已导出了普适的速度分布的对数律.

b. 对宽度增长和速度下降的估计

在对几种具体的情形积分方程(24.1)和(24.2)之前,我们先来作出量级估计. 采用这种方法,对于混合区随着距离 x 增加时,其

1) 因为推广形式极少应用,所以在第十九章中没有讨论.

宽度的增长规律和速度剖面"高度"的减小规律，就能获得具体的概念．下面的论述是基于 Prandlt[27] 首先给出的方法．

在处理湍流射流和湍流尾迹时，通常假设混合长度 l 正比于射流的宽度 b，因为这样做能够得出有用的结果．因此令

$$\frac{l}{b} = \beta = \text{常数}. \tag{24.6}$$

此外，下面这个规律经受了时间的考验：即混合区宽度 b 随时间的增长率与横向速度 v' 成正比：

$$\frac{Db}{Dt} \sim v'.$$

按照惯例，这里的 D/Dt 表示随体导数，对于定常流动，有 $D/Dt = u\partial/\partial x + v\partial/\partial y$．根据以前的量级估计，见式(19.6)，有 $v' \sim l\partial u/\partial y$，于是

$$\frac{Db}{Dt} \sim l\frac{\partial u}{\partial y}.$$

此外，可以假设 $\partial u/\partial y$ 在射流半宽度上的平均值近似地正比于 $u_{\max}/b$．因此

$$\frac{Db}{Dt} = \text{常数} \times \frac{l}{b}u_{\max} = \text{常数} \times \beta u_{\max}. \tag{24.7}$$

射流边界：利用上述关系，现在来估计自由射流边界混合区的宽度随距离 x 增加的增长率．对于射流边界，有

$$\frac{Db}{Dt} \sim u_{\max}\frac{db}{dx}. \tag{24.8}$$

比较式(24.8)和(24.7)，我们得出

$$\frac{db}{dx} = \text{常数} \times \frac{l}{b} = \text{常数},$$

或

$$b = \text{常数} \times x.$$

这表明自由射流边界混合区的宽度正比于离开两股射流会合点的距离．通过适当地选取坐标系的原点可以消去积分常数，但是严

格地说，积分常数一定出现在上述方程中.

二维和圆形射流： 式(24.8)在二维和圆形射流中仍然成立，此时 u_{max} 表示射流中心线上的速度．于是在这种情形下，我们也有

$$b = \text{常数} \times x. \tag{24.9}$$

u_{max} 和 x 之间的关系可以从动量方程中导出．因为压力保持不变，故 x 方向的动量在整个横截面上的积分必然保持不变，并与 x 无关，即

$$J = \rho\int u^2 dA = \text{常数}.$$

在**二维射流**的情形下，有 $J' = \text{常数} \times \rho u_{max}^2 b$，其中 J' 代表单位长度上的动量，因此 $u_{max} = \text{常数} \times b^{-1/2}\sqrt{J'/\rho}$．考虑到式(24.9)，还有

$$u_{max} = \text{常数} \times \frac{1}{\sqrt{x}}\sqrt{\frac{J'}{\rho}}\ (\text{二维射流}). \tag{24.10}$$

在**圆形射流**的情形下，动量为

$$J = \text{常数} \times \rho u_{max}^2 b^2.$$

因此

$$u_{max} = \text{常数} \times \frac{1}{b}\sqrt{\frac{J}{\rho}}.$$

同样根据式(24.9)，现在有

$$u_{max} = \text{常数} \times \frac{1}{x}\sqrt{\frac{J}{\rho}}(\text{圆形射流}). \tag{24.11}$$

二维和圆形尾迹： 现在应将方程(24.8)改为

$$\frac{Db}{Dt} = U_\infty \frac{db}{dx},$$

而方程(24.7)改为

$$\frac{Db}{Dt} = \text{常数} \times \frac{l}{b} u_1 = \text{常数} \times \beta u_1,$$

其中 $u_1 = U_\infty - u$．由于上述两个表达式相等，即得

$$U_\infty \frac{db}{dx} \sim \frac{l}{b} u_1 = \beta u_1,$$

或

$$\frac{db}{dx} \sim \beta \frac{u_1}{U_\infty}(\text{二维和圆形尾迹}). \qquad (24.12)$$

尾流问题中的动量计算与射流的情形不同，因为这里存在一个动量和物体上阻力之间的直接关系．正如已经指出的那样，动量积分公式(9.26)为

$$D = J = \rho \int u(U_\infty - u) dA,$$

只要控制面取在物体后足够远的地方，即其静压已回复到未扰动的来流中值．在物体后足够远处，由于 $u_1 = U_\infty - u$ 远小于 U_∞，于是可设 $u(U_\infty - u) = (U_\infty - u_1)u_1 \approx U_\infty u_1$． 因此对于二维和圆形尾流来说，

$$J = D \approx \rho U_\infty \int u_1 dA. \qquad (24.13)$$

二维尾迹：设圆柱体的高度为 h，直径为 d，于是它的阻力为 $D = \frac{1}{2} c_D \rho U_\infty^2 hd$，式(24.13)的动量 $J \sim \rho U_\infty u_1 hb$． 根据式(24.13)，两者相等，得

$$\frac{u_1}{U_\infty} \sim \frac{c_D d}{2b}. \qquad (24.14)$$

代入宽度增长率的关系式(24.12)，得

$$2b \frac{db}{dx} \sim \beta c_D d,$$

或

$$b \sim (\beta x c_D d)^{1/2} \ (\text{二维尾迹}). \qquad (24.15)$$

将此值代入式(24.14)，可以求出速度曲线的“亏损”沿下游方向减少的规律为

$$\frac{u_1}{U_\infty} \sim \left(\frac{c_D d}{\beta x} \right)^{1/2} (\text{二维尾流}). \qquad (24.16)$$

换句话说，二维尾流宽度的增长正比于$\sqrt{x}$，速度的减小正比于$1/\sqrt{x}$。

圆形尾流：以A表示物体的迎风面积，可以将物体上的阻力写成 $D = \frac{1}{2} c_D A \rho U_\infty^2$，动量公式(24.13)变为 $J \sim \rho U_\infty u_1 b^2$。$D$和$J$相等，我们得到

$$\frac{u_1}{U_\infty} \sim \frac{c_D A}{b^2}. \tag{24.17}$$

将此值代入方程(24.12)，求出其宽度的增长为

$$b^2 \frac{db}{dx} \sim \beta c_D A,$$

或

$$b \sim (\beta c_D A x)^{1/3} \text{ (圆形尾流)}. \tag{24.18}$$

将式(24.18)代入(24.17)，求出速度剖面亏损的减小的表达式为

$$\frac{u_1}{U_\infty} \sim \left(\frac{c_D d}{\beta^2 x^2} \right)^{1/3} \text{ (圆形尾迹)}. \tag{24.19}$$

因此，关于圆形尾迹，我们求得尾迹宽度的增长正比于 $x^{1/3}$，速度减小正比于 $x^{-2/3}$。

表 24.1 中总结了关于宽度和中心线上速度的幂律关系。为了

表 24.1 自由湍流问题中宽度增长和中心线上速度减小与距离 x 的幂律关系

	层流		湍流	
	宽度 b	中心线上速度 u_{max} 或 u_1	宽度 b	中心线上速度 u_{max} 或 u_1
自由射流边界	$x^{1/2}$	x^0	x	x^0
二维射流	$x^{2/3}$	$x^{-1/3}$	x	$x^{-1/2}$
圆形射流	x	x^{-1}	x	x^{-1}
二维尾迹	$x^{1/2}$	$x^{-1/2}$	$x^{+1/2}$	$x^{-1/2}$
圆形尾迹	$x^{1/2}$	x^{-1}	$x^{+1/3}$	$x^{-2/3}$

完整起见，表中也列出了相应的层流情形，这些已在第九章和第十一章中讨论过。

c. 例　子

关于自由湍流问题的基本特性，前面的量级估计本身就给出了一个明确的概念．现在，我们将进一步针对几个具体例子作更详细的讨论，即从运动方程组出发，导出完整的速度分布函数．为了达到这一目的，需要引用式(24.3)至(24.5)中的一个假设．这里选来讨论的例子都有下述的共同特性：它们中的**速度剖面**都是彼**此相似的**，即在各不同的距离 x 上，只要适当地选取速度和宽度的尺度因子，速度剖面就可以完全重合．

1. 速度间断的平滑化　作为第一个例子，我们来研究速度间断的平滑化过程，这个问题首先是由 Prandtt[27] 作出处理的．当 $t=0$ 时，两股流动分别以不同的速度 U_1 和 U_2 运动，它们的分界面在 $y=0$ 处(图24.2)．以前曾指出过，这种两边速度突变的间断面是不稳定的，湍流混合过程将使这一过渡平滑化，变为连续过渡．从速度 U_1 到速度 U_2 连续过渡区的宽度随时间的推移而增长．现在考虑一个非定常平行流中的问题，其中

$$u=u(y,t);\quad v=0. \tag{24.20}$$

方程(24.1)中的对流项恒为零．利用 Prandtl 混合长度理论的公式(24.3)，可以将方程(24.1)改写为

$$\frac{\partial u}{\partial t}=l^2\left|\frac{\partial u}{\partial y}\right|\frac{\partial^2 u}{\partial y^2}. \tag{24.21}$$

混合区的宽度 b 随时间的增加而增长，所以 $b=b(t)$．和以前一样，假设混合长度正比于 b，于是 $l=\beta b$．假设速度剖面相似，可令

$$u\sim f(\eta),$$

其中 $\eta=y/b, b\sim t^p$．宽度表达式中的指数 p 可由下述条件确定：在方程(24.21)中，加速度项和摩擦项对时间 t 的幂律中指数必须相同．于是 $\partial u/\partial t$ 正比于 t^{-1}，而右边项正比于 $t^{2p-3p}=$

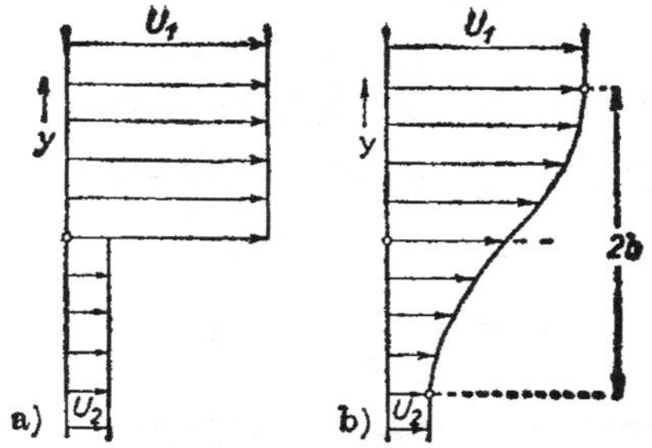

图 24.2 速度间断的平滑化，根据 Prandtl[27]. (a)起始图($t=0$)；(b)后来某瞬时的图

t^{-p}，所以 $p=1$。

由此，对目前这一问题就有如下的假定：

$$b = Bt;\quad \eta = \frac{y}{b} = \frac{y}{Bt}.$$

速度 u 最好取下列形式

$$u = \frac{1}{2}(U_1+U_2) + \frac{1}{2}(U_1-U_2)f(\eta), \qquad (24.22)$$

或

$$u = U_m + Af(\eta),$$

其中 $U_m = \frac{1}{2}(U_1+U_2)$，$A = \frac{1}{2}(U_1-U_2)$。为保证混合区边缘（$y=\pm b$）上速度分别为 U_1 和 U_2，必须令 $\eta=\pm 1$ 时 $f=\pm 1$。将速度表达式(24.22)代入方程(24.21)，就得到下述 $f(\eta)$ 的微分方程：

$$\eta f' + \frac{\beta^2 A}{B} f' f'' = 0.$$

这个方程有一个解 $f'=0$，即 $f=$ 常数，它代表一个常速度的平凡解。但是，如果 f' 不为零，则可以将它从上式中消去，由此得

$$\eta + \frac{\beta^2 A}{B} f'' = 0.$$

积分后得

$$f(\eta)=c_0\eta^3+c_1\eta,$$

其中 $c_0=-B/(6\beta^2A)$. 这个解满足 $f(0)=0$ 的条件,所以,常数 c_0 和 c_1 可由下述条件确定：在 $y=b$ 处即 $\eta=1$ 处,$f(\eta)=1$, $f'(\eta)=0$, 得出

$$c_0=-\frac{1}{2},\quad c_1=\frac{3}{2}.$$

将这些值代入式(24.22),得解的最后形式为

$$u(y,t)=\frac{1}{2}(U_1+U_2)+\frac{1}{2}(U_1-U_2)$$

$$\times\left[\frac{3}{2}\left(\frac{y}{b}\right)-\frac{1}{2}\left(\frac{y}{b}\right)^3\right], \tag{24.23}$$

其中

$$b=\frac{3}{2}\beta^2(U_1-U_2)t. \tag{24.24}$$

图 24.2 中画出了由式(24.23)给出的曲线. 这里有一个显著的特点：混合区的速度并不是渐近地过渡到两个自由流的速度上的,过渡发生在有限的距离 $y=b$ 处,这里有不连续的 $\partial^2u/\partial y^2$. 这是对湍流切应力采用 Prandtl 假设(24.3)的解的普遍性质，也就是为什么说上述假设在审美上不足的原因. 改进后的假设(24.4)或(24.5)就没有这一缺点.

出现在上述解中的 $\beta=l/b$ 是唯一的经验常数,它只能完全由实验数据来确定.

2. 自由射流边界 自由射流边界的条件与前面例子中的条件有着密切的关系. 参考图 24.1，我们将考虑更为普遍的情形：设在 $x=0$ 处有常速度分别为 U_1 和 U_2 的两层流动会合，并假设$U_1>U_2$. 在流动会合点的下游,将形成一混合区，其宽度的增长正比于 x (图24.1 (a)). W. Tollmein[52] 给出了这个问题的第一个解，对于湍流切应力，他应用 Prandtl 混合长度的假设

(24.3). 这里将回顾由 H. Goertler[18] 得出的数学上更为简单的解,其中采用了 Prandtl 假设(24.5). 因为有效运动粘性系数不依赖于 y, 所以方程(24.1)和公式(24.5)给出

$$u\frac{\partial u}{\partial x}+v\frac{\partial u}{\partial y}=\varepsilon_r\frac{\partial^2 u}{\partial y^2}. \tag{24.25}$$

令 $b=cx$, 我们得到适用于目前情形的有效运动粘性系数的表达式,即式(24.5a)的表达式为

$$\varepsilon_r=\kappa_1 cx(U_1-U_2). \tag{24.26}$$

由于速度剖面的相似性, u 和 v 都是 y/x 的函数. 令 $\xi=\sigma y/x$, 为了积分连续性方程,可以采用流函数 $\psi=xUF(\xi)$, 其中 $U=\frac{1}{2}(U_1+U_2)$. 于是 $u=U\sigma F'(\xi)$, 并且由方程(24.25)得出 $F(\xi)$的微分方程如下:

$$F'''+2\sigma^2 FF''=0, \tag{24.27}$$

其中 $\sigma=\frac{1}{2}(\kappa_1 c\lambda)^{-1/2}$, $\lambda=(U_1-U_2)/(U_1+U_2)$. 其边界条件为: 在 $\xi=\pm\infty$ 处, $F'(\xi)=1\pm\lambda$. 微分方程(24.27)与零攻角平板边界层的 Blasius 方程(7.28)相同, 但现在的边界条件是不同的. H. Goertler 假设了一个幂级数的展开式

$$\sigma F(\xi)=F_0(\xi)+\lambda F_1(\xi)+\lambda^2 F_2(\xi)+\cdots, \tag{24.28}$$

其中 $F_0=\xi$, 从而求得了方程(24.27)的解. 将式(24.28)代入方程(24.27),并按 λ 的升幂排列,则得出一组微分方程, 它们可以用递推法来求解. 这组微分方程中的第一个方程为

$$F_1'''+2\xi F_1''=0, \tag{24.29}$$

其边界条件为: 在 $\xi=\pm\infty$ 处, $F_1'(\xi)=\pm 1$. 方程(24.29)的解由误差函数给出

$$F_1'(\xi)=\operatorname{erf}\xi=\frac{2}{\sqrt{\pi}}\int_0^{\xi}e^{-z^2}dz.$$

在式(24.28)中,级数的以后各项贡献不大,因此解为

$$u = \frac{U_1 + U_2}{2}\left\{1 + \frac{U_1 - U_2}{U_1 + U_2}\,\mathrm{erf}\xi\right\}, \tag{24.30}$$

其中

$$\xi = \sigma\frac{y}{x} . \tag{24.30a}$$

图 24.3 中将理论解与 $U_2 = 0$ 的 H. Reichardt[29] 的测量结果作了比较，可以看出它们吻合得相当好．参量 σ 是唯一的经验常数，是由实验结果来调整的．根据 H. Reichardt 的实验，在 $(u/U_1)^2 = 0.1$（对应于 $\xi = -0.345$）到 $(u/U_1)^2 = 0.9$（对应于 $\xi = 0.975$）之间测得的混合区宽度为 $b_{0.1} = 0.098x$，由此得 $\sigma = 13.5$．有效运动粘性系数为 $\varepsilon = 0.014 b_{0.1} \times U_1$．

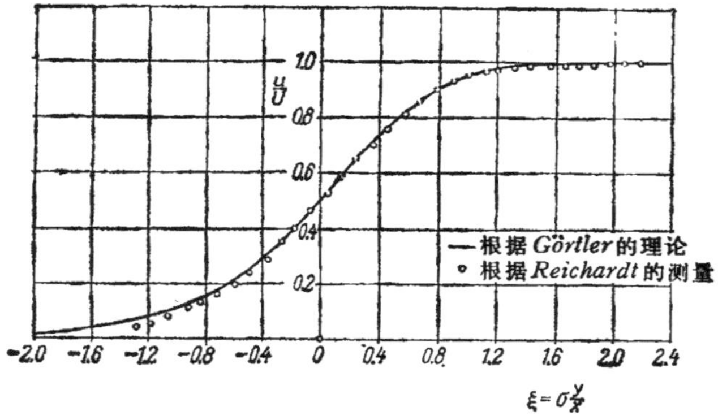

图 24.3　射流混合区中的速度分布，$\sigma = 13.5$

钝体：M. Tanner[49] 详细地探讨了出现在钝体后面尾迹中的湍流混合过程，其结果如图 24.4 所示．在二维钝体后面的每一棱边处或围绕圆柱体后面环形的尖缘处形成图中那样的混合区．混合区横向的速度分布与图 24.3 的形状相同，可以用式(24.30)来表示．相似性参数 σ 强烈地依赖于二维的尖楔角或轴对称的锥顶角 ϕ．图 24.4 中画出了这种关系．相似性参数 σ 随二维楔角 ϕ 的增加而明显减小．当 $\phi = 180°$（平板与来流方向成直角）时，其 σ

的值仅仅是 $\phi=0$ (自由射流)时的一半. 这表明,在垂直于来流的平板后面的尾迹中,混合区的扩张差不多是自由射流中的两倍. 但是,只有在尾迹中安置有平直的导流板,防止 Kármán 涡街形成的情形下,这个结论才成立.

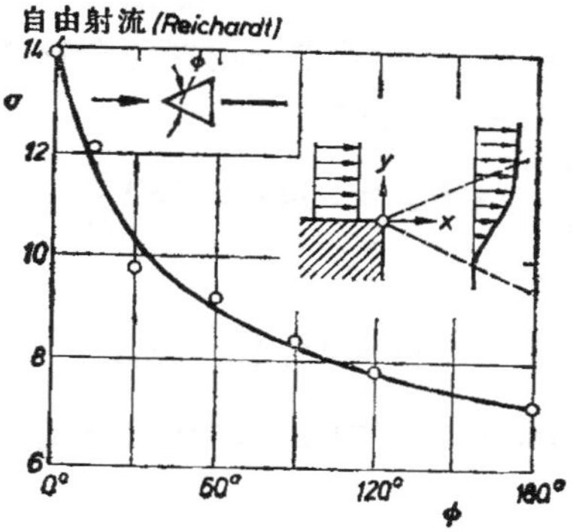

图 24.4 近于短楔形物体后面尾迹中湍流混合区,式(24.30a) 中相似性参数 σ 与楔角 ϕ 的函数关系根据 M. Tanner[49].

W. Szablewski[46,47,48] 将上述的以及本章 C1 中的计算方法推广到密度相差很大但速度相差很小的两层流动的情形中,结果表明:这种密度的差别对混合区的宽度只有很轻微的影响,但是,随着密度差的增加,混合区将向低密度射流方向移动. 上述结论也可以用于化学浓度不同的两层射流 P. B. Gooderum, P. G. Wood 和 H. J. Brevoort[17] 在超声速射流自由边界的条件下作了实验研究.结果表明:其混合区比不可压缩流动中的情形略窄,湍流度也略低.

3. 单个物体后的二维尾迹 H. Schlichting[35] 在 Goettingen 大学的学位论文中,第一个研究了二维尾迹. 这一研究基于 Prandtl 混合长度的假设(24.3). 后来, H. Reichardt[29] 和 H. Goertler[18] 利用 Prandtl 混合长度的假设 (24.5) 给出了同一问题的解. 为了说明这两种结果之间没有多大的差别,现在对这两种解法作一简短的叙述.

在尾迹的情形下，速度剖面只在离开物体很远的下游才是相似的，在较近的距离上并不相似．现在，我们将自己限制在只考虑远距离 x 的问题，所以速度差

$$u_1 = U_\infty - u \tag{24.31}$$

相对于来流速度 U_∞ 来说是小量．在远距离处，尾迹中静压等于来流中的静压．因此，将动量定理用到包围物体的控制面上（设该物体是高度为 h 的柱体）给出

$$D = h\rho\int_{y=-\infty}^{+\infty} u(U_\infty - u)dy = h\rho\int_{y=-\infty}^{+\infty} u_1(U_\infty - u_1)dy.$$

略去 u_1^2 项，我们得

$$D = h\rho U_\infty\int_{y=-\infty}^{+\infty} u_1 dy.$$

代入$D = \frac{1}{2}c_D dh\rho U_\infty$，其中 d 为柱体的厚度，于是得

$$\int_{y=-\infty}^{+\infty} u_1 dy = \frac{1}{2}c_D U_\infty d. \tag{24.32}$$

和本章 b 导出的一样，尾迹宽度的变化为 $b \sim x^{1/2}$，速度差的变化为 $u_1 \sim x^{-1/2}$.

根据式(24.3)的**切应力假设**：因为方程（24.1）中的 $v\partial u/\partial y$ 是小量，所以得出

$$-U_\infty\frac{\partial u_1}{\partial x} = 2l^2\frac{\partial u_1}{\partial y}\frac{\partial^2 u_1}{\partial y^2}. \tag{24.33}$$

假设混合长度 l 在整个宽度上不变，且正比于宽度 b，即有 $l = \beta b(x)$．根据速度剖面的相似性，引入 $\eta = y/b$ 作为自变量．为了与尾迹宽度和速度剖面的凹陷深度的幂律相一致，我们假设

$$b = B(c_D dx)^{1/2}, \tag{24.34}$$

$$u_1 = U_\infty\left(\frac{x}{c_D d}\right)^{-\frac{1}{2}} f(\eta). \tag{24.35}$$

将其代入方程(24.33)，得出关于 $f(\eta)$ 的微分方程：

$$\frac{1}{2}(f + \eta f') = \frac{2\beta^2}{B}f'f'',$$

其边界条件为 $y=b$ 处 $u_1=0$ 和 $\partial u_1/\partial y=0$,即在 $\eta=1$ 时,$f=f'=0$. 积分一次,我们得

$$\frac{1}{2}\eta f=\frac{\beta^2}{B}f'^2,$$

根据边界条件,已定出上式的积分常数为零,继续积分,则得

$$f=\frac{1}{9}\frac{B}{2\beta^2}(1-\eta^{3/2})^2.$$

现在只剩下利用动量积分来定出积分常数 B,由此得出 $B=\sqrt{10}\,\beta$[1],解的最后形式为

$$b=\sqrt{10}\beta(xc_Dd)^{1/2}, \tag{24.36}$$

$$\frac{u_1}{U_\infty}=\frac{\sqrt{10}}{18\beta^2}\left(\frac{x}{c_Dd}\right)^{-\frac{1}{2}}\left\{1-\left(\frac{y}{b}\right)^{\frac{3}{2}}\right\}^2. \tag{24.37}$$

应该指出: 总宽度是有限的.在以前关于速度间断平滑化的解中,由于采用了同样的切应力假设,所以也有同样的性质. 在混合区边缘 $y=b$ 处,速度剖面的曲率也是不连续的. 而在混合区中心 $y=0$ 处,甚至出现二阶导数 $\partial u^2/\partial^2 y$ 为无穷大,使速度曲线在此显示出尖锐的弯折.

图24.5中已将这种理论计算的结果(式(24.37))与 Schlichting[35]的测量结果作了比较. 实验结果是在圆柱体后面的尾迹中测量的,理论曲线标以记号 (1). 可以看出,两者吻合得非常好,式(24.36)和式(24.37)中唯一的待定常数 β 也必须在实验测量数据的基础上来确定. 可以从图24.6中的尾迹宽度随物体后距离 x 变化的曲线定出 β 值. 实验数据取自 H. Reichardt[29] 和 H. Schlichting[35] 对不同直径 d 的圆柱体后尾迹的测量. 由此得出 $b_{1/2}=\frac{1}{4}(xc_Dd)^{1/2}$,其中 $b_{1/2}$ 表示在速度剖面凹陷深度二分之一处混合区的半宽度. 因为 $b_{1/2}=0.441b$,所以有

---

1) 注意: $\int_{-1}^{+1}(1-\eta^{3/2})^2d\eta=\frac{9}{10}$.

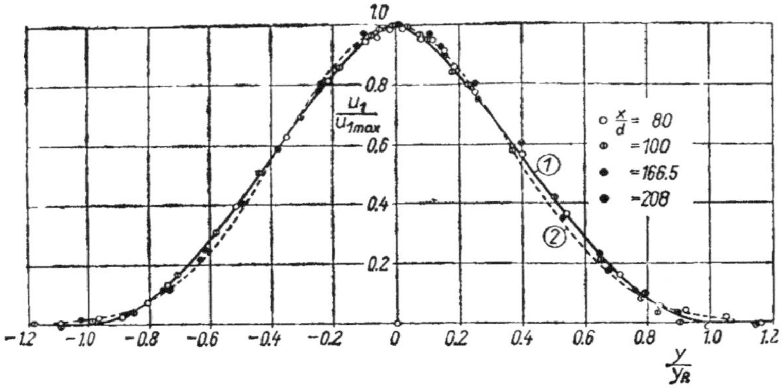

图 24.5 圆柱体后二维尾迹中的速度分布．理论和实验的比较，实验值取自 Schlichting[35]．曲线(1)对应于式(24.37)；曲线(2)对应于式(24.39)

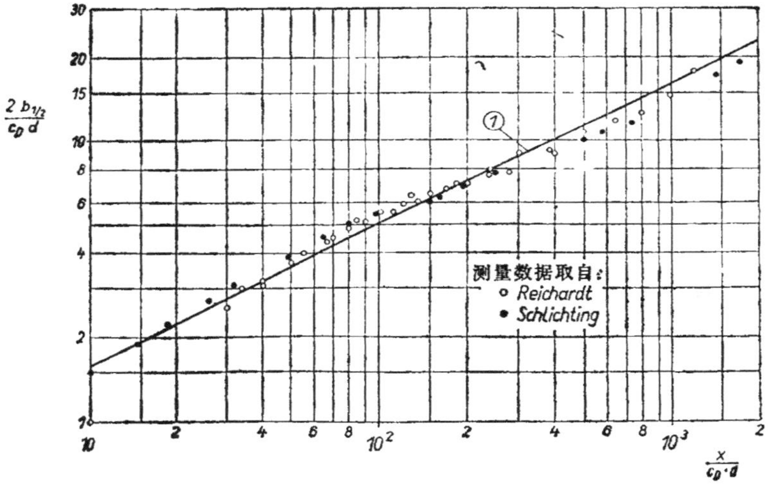

图 24.6 二维尾迹．圆柱体后尾迹宽度的增长．

曲线(1)：$b_{1/2}=\frac{1}{4}(xc_Dd)^{1/2}$

$$0.441\sqrt{10}\,\beta = \frac{1}{4},$$

于是

$$\beta = \frac{l}{b} = 0.18.$$

上述解是在距离 x 很大时的近似解，实验测量表明，它在 $x/c_Dd > 50$ 时成立．在距离较小的情形下，可以计算速度的附加项，这些项分别正比于 x^{-1} 和 $x^{-3/2}$.

根据式(24.5)的**切应力假设**：由方程(24.1)和(24.5)得出

$$U_\infty \frac{\partial u}{\partial x} = \varepsilon_\tau \frac{\partial^2 u_1}{\partial y^2}. \tag{24.38}$$

在这里，有效运动粘性系数为 $\varepsilon_\tau = \kappa_1 u_{1\max} b$，因此是常数，例如记作 ε_0．所以，u_1 的微分方程与层流尾迹中的方程(9.30)相同．只不过必须用 ε_0 来替换层流运动粘性系数 ν．于是，就可以简单地直接应用第九章中已求得的解．记 $\eta = y\sqrt{U_\infty/\varepsilon_0 x}$，由式(9.31)和(9.34)得出

$$u_1 = U_\infty C\left(\frac{x}{d}\right)^{-\frac{1}{2}}\exp\left(-\frac{1}{4}\eta^2\right).$$

从动量积分定出常数 C 为

$$C = \frac{c_D}{4\sqrt{\pi}}\sqrt{\frac{U_\infty d}{\varepsilon_0}},$$

最后得

$$\frac{u_1}{U_\infty} = \frac{1}{4\sqrt{\pi}}\sqrt{\frac{U_\infty c_D d}{\varepsilon_0}}\left(\frac{x}{c_D d}\right)^{-\frac{1}{2}}\exp\left(-\frac{1}{4}\eta^2\right). \tag{24.39}$$

半深度处半宽度的值为 $b_{1/2} = 1.675\sqrt{\varepsilon_0/(U_\infty c_D d)}\,(x c_D d)^{1/2}$．与前面 $b_{1/2}$ 的测量值比较，可以求得经验参数 ε_0 的值为

$$\frac{\varepsilon_0}{U_\infty c_D d} = 0.0222.$$

考虑到 $U_\infty c_D d = 2.11 \times 2b_{1/2}u_{1m}$，则

$$\varepsilon_0 = 0.047 \times 2b_{1/2}u_{1m}.$$

这个解表明：尾迹中的速度分布可以用 Gauss 函数来表示。由式(24.39)得到的另一个解给出图24.5中的曲线(2)。这个解与式(24.37)的解之间相差甚微。

W. Tollmien[53] 基于 von Kármán 的假设(19.19)求解了同一问题。已证明在速度剖面曲线拐点(其 $\partial^2 u/\partial y^2 = 0$) 的附近，必须作些另外的假设。A.A. Townsend[54] 对柱体的尾迹作了广泛的实验，用以研究 Reynolds 数在 8000 附近的湍流脉动。实验表明，在距离约为160到180倍直径的地方，湍流的微观结构尚未充分发展。而且从流动中记录的波形图证明：流动只在中心附近才是完全的湍流，而在靠近尾迹外边界处，流动是在层流与湍流之间摆动。第二章中已经描述过在很大的 Reynolds 数下对圆柱体尾迹的测量，也可参阅 H.Pfeil 的文章[26b]。

L.M. Swain 小姐[41]完成了对**圆形尾迹**的研究，她的计算基于假设(24.3)，得到了与二维情形中式(24.37)相同的速度表达式，但是所得到的宽度变化的幂律以及中心线上速度变化的幂律却是不同的，即 $b \sim x^{1/3}$，$u_{1max} \sim x^{-2/3}$，已列于表4.1中。

直到最近，人们还公认在离开物体后面足够远的地方，尾迹中的速度分布与物体的形状无关，因而具有一种普适的形式。H. Reichardt 和 R. Ermchaus[31] 作了一系列的实验来检验这种说法，并用旋成体后面的尾迹来对照，结果表明：在各种不同情形下，物体后不同距离上的速度剖面都是相似的，然而，非流线体(平板，直径/高度＝1的圆锥)后面的速度剖面要比细长体(例如直径/高度＝1/4至1/6的锥体) 后面的更加趋于饱满。这种差别在二维尾迹中并没有观察到。

4. 一排障碍物后的尾迹 在一排物体或栅格(例如由大量等间距 λ 的圆柱体所组成的，见图 24.7) 后的尾迹与单个物体后的尾迹有密切的联系。R. Gram Olsson[19] 对这种情形从理论上和实验上都作了研究。在离这排物体的一定距离处，单个物体形成

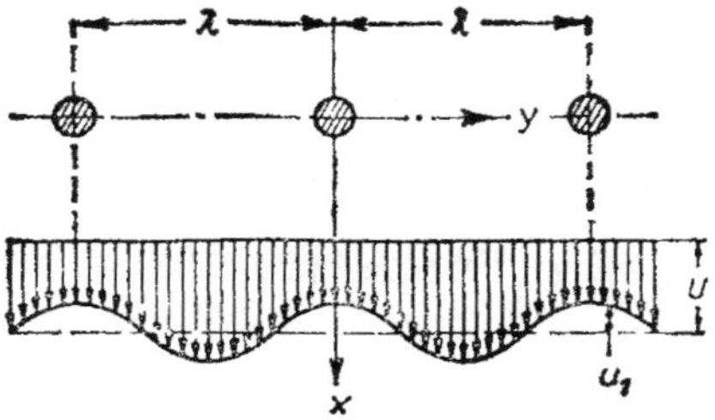

图 24.7　一排柱体后面的流动图象,示意图

的尾迹宽度等于其间距,即 $b=\lambda$, 其速度差 $u_1=U_\infty-u$ 相对于 U_∞ 是小量,于是方程(24.1)可以简化为

$$-U_\infty\frac{\partial u}{\partial x}=\frac{1}{\rho}\frac{\partial\tau}{\partial y}. \tag{24.40}$$

若采用更普遍的混合长度的假设(24.4), 则目前这个问题的计算就非常简单了. 第一步是确定 u_1 随 x 增加而减小的幂函数中的指数. 设 $u_1\sim x^p f(y)$, 则 $\partial u_1/\partial x\sim x^{p-1}$. 由于正比于尾迹宽度的混合长度为常数, 所以方程(24.40)的右边正比于 $\partial\tau/\partial y\sim(\partial u/\partial y)\cdot(\partial^2u/\partial y^2)\sim x^{2p}$. 于是 $p-1=2p$, 得出 $p=-1$, 即速度差的减小正比于 x^{-1}.

在充分发展了的流动中,速度分布显然应该是 y 的周期函数,其周期为 λ. 因此假设

$$u_1=U_\infty A\left(\frac{x}{\lambda}\right)^{-1}\cos\left(2\pi\frac{y}{\lambda}\right),$$

其中已取点 $y=0$ 位于速度分布的一个凹陷中心处, A 还是一个待定的常数. 现在根据 $l=$ 常数的式(24.4)给出切应力 τ 的表达式,并假设 $l_1=\lambda/2\pi$, 看来这是容许的. 其结果是一个非常简单的表达式,其形式为

$$\frac{1}{\rho}\frac{\partial\tau}{\partial y}=l^2\left(\frac{x}{\lambda}\right)^{-2}U_\infty^2A^2\left(\frac{2\pi}{\lambda}\right)^3\cos\left(2\pi\frac{y}{\lambda}\right).$$

以此表达式代入方程(24.40),得 $A=(\lambda/l)^2/8\pi^3$, 因此最后的解

为

$$u_1 = \frac{U_\infty}{8\pi^3}\left(\frac{\lambda}{l}\right)^2 \frac{\lambda}{x} \cos\left(2\pi \frac{y}{\lambda}\right). \qquad (24.41)$$

根据 R. Gran Olsson 所作的实验. 这个解在 $x/\lambda > 4$ 时成立.

在 $\lambda/d = 8$ 的一排圆柱形杆的后面,混合长度的大小由下式给出:

$$\frac{l}{\lambda} = 0.103.$$

R. Gran Olsson 也用式(24.3)中的 τ (即 $l_1 = 0$) 研究了这种情形,利用这个假设, 计算要麻烦得多 H. Goertler[18] 借助于 τ 的假设(24.5)解了同一问题,发现解与式(24.41)相同[1]. G. Cordes[7] 导出了离一排圆柱形杆较近距离处的二级近似.

为了得到局部的均匀速度分布, 在风洞中经常采用柱体间隔很小的栅格. 但是常常有几股射流彼此合拢, 这种过程阻止了速度趋向于均匀. J. G. von Bohl[5] 对这种现象作过更详细的研究,用几排平行的多角形柱体进行了实验,改变其稠度 (即横截面上所有柱体占有的面积与整个通道面积之比) 的值 $m = 0.308$, 0.462 和 0.615. 当 m 的值很小时, 各个射流彼此保持平行. 射流的合拢大致发生在 $m = 0.37$ 到 0.46 之间.

5. 二维射流 W. Tollmien 用 Prandtl 混合长度的假设(24.3)第一个计算了二维湍流射流. 但是本节将对一个更简单的解加以简短的讨论,这是由 H.Reichardt[29] 和 H. Goertler[18] 基于 Prandtl 的第二个假设(24.4)给出的. E.Foerthmann[11] 和 H. Reichardt[29] 进行了速度分布的测量.

表 24.1已给出这种射流宽度的增长率为 $b \sim x$, 中心线上速度的下降率为 $U \sim x^{-1/2}$. 方程(24.1)和式(24.5)导出微分方程

---

1) 根据 $\varepsilon_\tau = K\lambda(u_{max} - u_{min})$, 我们有 $u = \frac{U_\infty}{8\pi^2 K}\frac{\lambda}{x}\cos\left(2\pi\frac{y}{\lambda}\right)$, 或与式(24.41)作比较, 得 $K = \pi\ (l/\lambda)^2 = 0.103^2 = 0.0333$. 因此有效运动粘性系数为 $\varepsilon_\tau = 0.0333\lambda(u_{max} - u_{min})$.

$$u\frac{\partial u}{\partial x}+v\frac{\partial u}{\partial y}=\varepsilon_\tau\frac{\partial^2 u}{\partial y^2}, \tag{24.42}$$

此方程必须和连续方程结合起来求解．有效运动粘性系数由

$$\varepsilon_\tau=\kappa_1 bU$$

给出，其中 U 为中心线上的速度．用 U_s 和 b_s 分别表示离出口一个固定特征距离 s 处中心线上的速度和射流宽度，可以写出

$$U=U_s\left(\frac{x}{s}\right)^{-\frac{1}{2}};\ b=b_s\frac{x}{s}.$$

于是

$$\varepsilon_\tau=\varepsilon_s\left(\frac{x}{s}\right)^{\frac{1}{2}}，\text{其中}\ \varepsilon_s=\kappa_1 b_s U_s.$$

进一步令

$$\eta=\sigma\frac{y}{x},$$

其中 σ 是待定常数．利用流函数 ψ 就可以积出连续方程，设 ψ 的形式为

$$\psi=\sigma^{-1}U_s s^{1/2}x^{1/2}F(\eta).$$

于是

$$u=U_s\left(\frac{x}{s}\right)^{-\frac{1}{2}}F';\ v=\sigma^{-1}U_s s^{1/2}x^{-1/2}\left(\eta F'-\frac{1}{2}F\right).$$

将其代入方程(24.42)，得到 $F(\eta)$ 的如下微分方程：

$$\frac{1}{2}F'^2+\frac{1}{2}FF''+\frac{\varepsilon_s}{U_s s}\sigma^2F'''=0,$$

其边界条件：在 $\eta=0$ 时，$F=0$，$F'=1$，以及在 $\eta=\infty$ 时，$F'=0$．因为 ε_s 中包含着待定常数 κ_1 所以可令

$$\sigma=\frac{1}{2}\sqrt{\frac{U_s s}{\varepsilon_s}}. \tag{24.43}$$

这一代换简化了上述微分方程，现在可以积分两次，由此得到

$$F^2+F'=1. \tag{24.44}$$

这个方程与二维层流射流的方程(9.42)完全一样，其解为 $F=$

tanhη，所以速度为 $u = U_s(x/s)^{-1/2}(1-\tanh^2\eta)$. 特征速度可以用恒定的单位长度的动量 $J=\rho\int_{-\infty}^{\infty}u^2dy$ 来表示. 因此 $J=\frac{4}{3}\rho U_s^2 s/\sigma$. 记 $J/\rho = K$（运动学动量），得到解的最后形式为

$$\left.\begin{aligned} u &= \frac{\sqrt{3}}{2}\sqrt{\frac{K\sigma}{x}}(1-\tanh^2\eta), \\ v &= \frac{\sqrt{3}}{4}\sqrt{\frac{K}{x\sigma}}\{2\eta(1-\tanh^2\eta)-\tanh\eta\}. \end{aligned}\right\} \quad (24.45)$$

唯一的经验常数 σ 的值由 H. Reichardt[29] 用实验定出，求得 $\sigma=7.67$. 图 24.8 中给出了式(24.5)的理论曲线 (2) 与 E. Forthmann 的实验结果之间的比较，为了对比，图中也画出了 W. Tollmien[52] 基于 Prandtl 混合长度假设所得到的理论曲线(1). 由于第一条理论曲线 (2) 在其最大值附近较为饱满，因而与实验结果吻合得更好一些.

根据所给的 σ 数值，我们得到

$$\varepsilon_\tau = \frac{1.125}{4\sigma}b_{1/2}U,$$

或 $\varepsilon_\tau = 0.037 b_{1/2}U$,

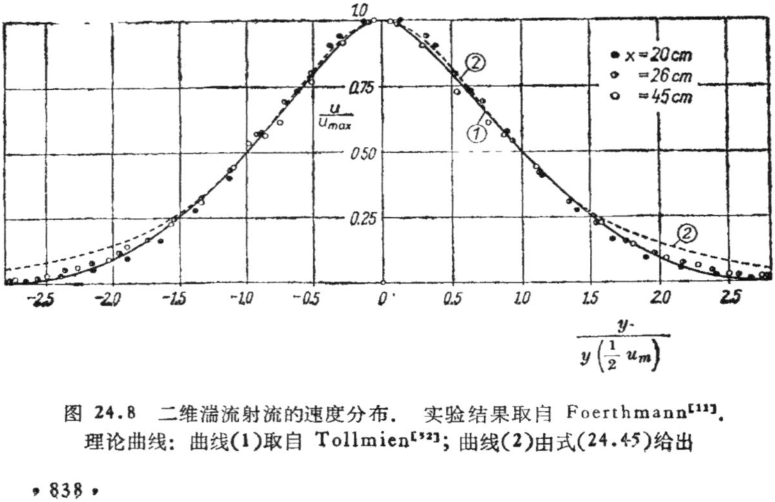

图 24.8 二维湍流射流的速度分布. 实验结果取自 Foerthmann[11].
理论曲线：曲线(1)取自 Tollmien[52]；曲线(2)由式(24.45)给出

其中 $b_{1/2}$ 仍表示速度剖面凹陷深度一半处射流的半宽度.

S.Yamaguchi[60] 研究了这个问题的推广，即研究了二维射流与同方向外流之间所进行的湍流混合. 这方面也可参阅 S. Mohammadian[24a] 和 H.Pfeil 等人[26a] 的工作.

6. 圆形射流 W. Zimm[61], P. Ruden[33], H. Reichardt[29] 以及 W. Wuest[59] 都给出了圆形射流的实验结果.在 Goettingen空气动力学研究所出版的报告集中也有一些圆形射流的测量结果.

W. Tollmien[52] 基于对 Prandtl 混合长度理论的研究，给出了圆形射流最早的理论处理. 在这种情形下，象前面的问题一样，式(24.5)给出的切应力假设使计算大为简化. 根据表24.1，射流宽度正比于 x，而其中心线上的速度 $U \sim x^{-1}$. 因此，有效运动粘性系数为

$$\varepsilon_\tau = \kappa_1 bU \sim x^0 = \text{常数} = \varepsilon_0,$$

即 ε_τ 在整个射流区域内保持不变，就像二维尾迹中的情形一样. 因此，关于速度分布的微分方程在形式上也和二维层流射流的相同，只不过是将层流的运动粘性系数 ν 换成湍流的有效运动粘性系数 ε_0 而已. 所以可以直接利用层流圆形射流的解，即式(11.15)至式(11.17). 再次引进恒定的动量作为射流强度的度量1)，我们得

$$\left.\begin{aligned} u &= \frac{3}{8\pi}\frac{K}{\varepsilon_0 x}\frac{1}{\left(1+\frac{1}{4}\eta^2\right)^2}, \\ v &= \frac{1}{4}\sqrt{\frac{3}{\pi}}\frac{\sqrt{K}}{x}\frac{\eta-\frac{1}{4}\eta^3}{\left(1+\frac{1}{4}\eta^2\right)^2}, \\ \eta &= \frac{1}{4}\sqrt{\frac{3}{\pi}}\frac{\sqrt{K}}{\varepsilon_0}\frac{y}{x}. \end{aligned}\right\} \qquad (24.46)$$

现在，经验常数等于 $\sqrt{K}/\varepsilon_0$. 根据 H.Reichardt 所完成的测量，

1) 这里有 $K = 2\pi\int_0^\infty u^2 y dy$.

给出射流宽度为 $b_{1/2}=0.0848x$。由于 $u=\frac{1}{2}u_m$ 时 $\eta=1.286$，

因此有 $b_{1/2}=5.27x\varepsilon_0/\sqrt{K}$，所以

$$\frac{\varepsilon_0}{\sqrt{K}}=0.0161.$$

另一方面，由于

$$\sqrt{K}=1.59b_{1/2}U,$$

所以

$$\varepsilon_0=0.0256b_{1/2}U,$$

和以前一样，其中 $b_{1/2}$ 表示射流速度剖面凹陷深度一半处的射流半宽度.

图24.9中图线包含着测量的速度分布点和式(24.46)给出的理论结果之间的比较，理论结果为曲线(2). 画出曲线(1)是为了进一步与 W. Tollmien[52] 的理论作比较. 在这里，混合长度理论也使得速度分布在其最大值附近稍微尖些，而式(24.46)在整个宽度范围内都吻合得非常好. 图 24.10 中画出了流线的形状. 可以看

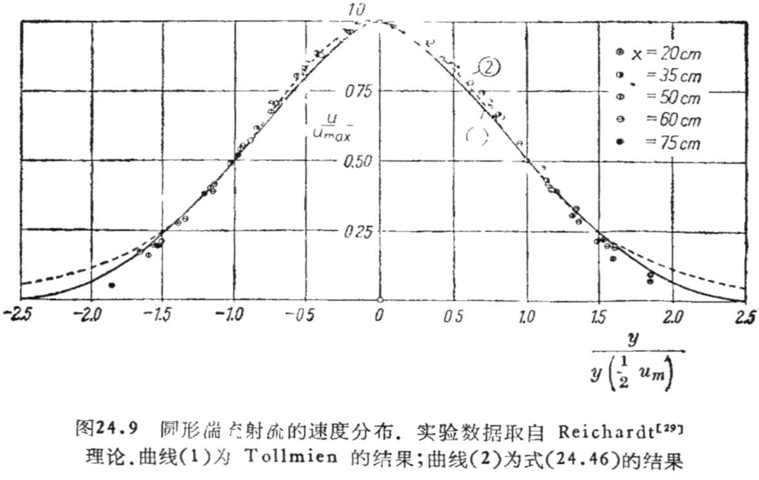

图24.9 圆形尾流射流的速度分布. 实验数据取自 Reichardt[29] 理论. 曲线(1)为 Tollmien 的结果；曲线(2)为式(24.46)的结果

出，射流在边界处不断地吸入周围静止的流体，所以射流所带走的

流体质量沿下游不断增加．在离出口 x 处带走的流体的体积流量可以从式(11.18)算出．将上面的 ε_0 值代入，我们得

$$Q = 0.404\sqrt{Kx}. \tag{24.47}$$

在 L. Prandtl 以及 G. I. Taylor 关于湍流混合假设的基础上，L. Howarth[21] 也对二维和圆形射流的速度分布和温度分布作了计算．关于从圆形喷嘴喷出的射流与大口径管道中流体混合的机制，K. Viktorin[55] 从实验上作了研究，该实验覆盖了管流速度与射流速度比值从 0 到 4 的范围．同自由射流与周围流体混合的情形对照起来，可以发现，沿流动方向的压力增加有点象在截面积突然增加的位置上所出现的现象，有时称为 Carnot 损失．基于 Prandtl 混合长度假设的理论计算表明，速度分布的特性像圆形尾迹中的一样(宽度～ $x^{-1/3}$，中心线上速度～ $x^{-2/3}$)．

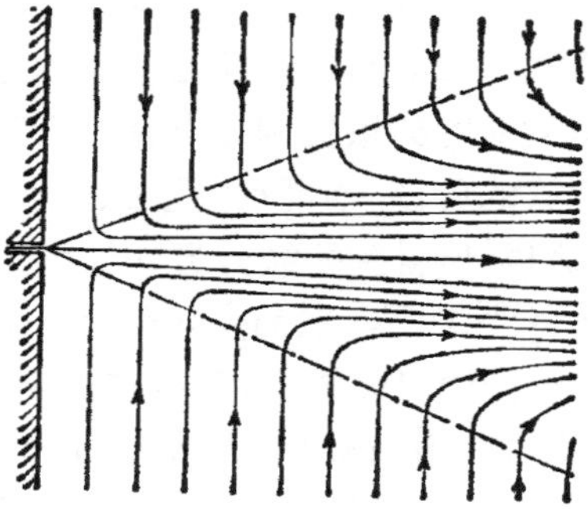

图 24.10 圆形湍流自由射流的流线形状

当有限宽度的射流进入均匀流时，该均匀速度分布在喷嘴附近就转变成上述形状． A. M. Kuethe[24] 以及 H. B. Squire 和 J. Trouncer[38] 研究了这种情形，湍流射流进入速度为 U_∞ 的平行流中，它与单个物体后面尾迹的基本差别只是式(24.31)中 u_1的符号是相反的，即在射流中 $u > U_\infty$，而在尾迹中 $u < U_\infty$． 特别是在远离出口处，我们有 $|u_1| \ll U_\infty$，可以得出描述射流扩展的规律与表24.1 中给出的二维或轴对称尾迹的情形相同．在这里，

H. Reichardt[32] 基于实验发现总压的分布，即超出动量的分布

$$\rho u_e^2 = \rho(u^2 - U_\infty^2),$$

除了在出口附近之外，在整个射流宽度上近似地呈 Gauss 分布. 于是可以将其表示成下述公式

$$\frac{u^2 - U_\infty^2}{u_m^2 - U_\infty^2} = \exp\{-(\ln 2)(y/b)^2\}.$$

宽度 b 的尺度是这样选取的，以满足条件

$$\text{当}\ y = b\ \text{时}, \qquad \frac{u^2 - U^2}{u_m^2 - U^2} = \frac{1}{2}.$$

J. F. Keffer 和 W. D. Baines 的文章[22]处理了湍流射流在受到与其垂直的外流影响下的情形. R.Wille 的文章[58]总结了自由射流的实验研究.

浮力射流: 对于排入无限的不同密度的环境大气中的动量射流和受迫羽流，无论环境大气的密度是均匀的还是分层的，其理论估算都依赖于浮力. 虽然通常都保留了利用边界层假设的基本理论，但是浮力对射流的扩散机制却有着极重要的影响. 解决的途径是应用积分形式的质量、动量和能量的守恒定律，再加上一个所谓的卷吸假设，这样，所得到的微分方程组就完备了. 关于这个问题的文献非常之多[1b,20a,24b]. 然而，有实验表明. 通常的边界层假设在浮力射流和卷流中可以放宽，至少在远离喷口处是这样.在这方面，还可以提到 W. Schneider 的文章 [36a].

7. 二维沿壁面的射流 若一个侧向宽度很大的流体射流从窄缝喷出，其一边沿着壁面流动，另一边与一大片静止流体混合时，就形成了二维沿壁面的射流. 因此，其速度分布在壁面附近具有边界层的性质，而在离开壁面较远处，则具有自由射流的性质，见图 24.11. 在大多数的实际情形中，流动是湍流的. 1934 年，E. Foerthmann[11] 对这种射流结构进行了最早的实验研究. 后来，A. Sigalla[37] 和 P. Barke[3] 也进行了测量. E. Foerthmann 发现，不计在窄缝附近的下游区域，则速度剖面是自相似的，可以写成式

$$u \sim x^{-1/2} f(y/x). \tag{24.48}$$

这就说明速度最大值的减小正比于 $x^{-1/2}$，速度剖面的宽度增长正比于 x，其中 x 表示虚拟的离窄缝的距离.

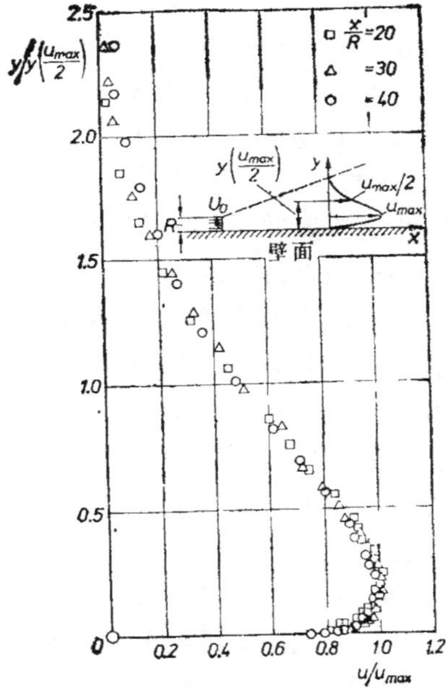

图 24.11　二维沿壁面射流的速度分布，实验结果取自 N. V. C. Swamy 等人的文章[44]. 式(24.48)的相似律满足得很好.

计算了切应力分布后，E. Foerthmann 发现混合长度遵循的规律为

$$l = 0.068b, \tag{24.49}$$

其中 b 是沿壁面射流的宽度.

A. Sigalla[37] 进行的测量证实了上述结论. 实验定出局部切应力为

$$\frac{\tau_0}{\frac{1}{2}\rho u_m^2} = 0.0565\left(\frac{u_m\delta_1}{\nu}\right)^{-1/4}, \tag{24.48a}$$

其中 u_m 是沿壁面射流的最大速度，δ_1 是离开壁面的相应的距

离.

M. B. Glauert[16] 最早试图用理论来描述沿壁面射流的情形. E. A. Eichelbrenner 等人[13]大大地改进了前者的工作,半经验的理论首次在预测沿壁面射流的分离中获得成功. 随后, J. S. Gartshore 和 B.G. Newman[14] 在非常广泛的测量基础上建立了积分-动量方法. 实验中包括带引射的沿壁面的射流. 计算可以定出防止沿壁面射流分离的动量系数数值. 读者还可以在 P. Bradshaw 和 M. T. Gee[4] 以及 V. Kruka 和 S. Eskinazi[23] 等人的文章中找到进一步的实验结果. F. Thomas 的报导[51]叙述了一边以壁面为界而另一边有外流的二维湍流射流混合的实验.

沿很凸的曲壁的射流表现出著名的 **Coanda 效应**,即射流沿流动方向附着在很大一段的壁面上. J. Gersten[15] 在理论上和实验上对平面射流绕圆柱体周线的流动所建立的图象进行了研究. F. A. Dvorak[10] 计算了高度凸起的曲壁上的湍流边界层,特别注意了流过曲壁的沿壁面的射流. 沿壁面的射流用于实施边界层控制和薄膜冷却中. 这方面也可参阅 B. G. Newman[25a], A. Metral[24c,24d] 和 D. W. Young[60a] 等人的工作.

对于两个侧向尺度比有限的**三维沿壁面的射流**,最近已由 P. M. Sforza 和 G. Herbst[42], B. G. Newman 等[25], N. V. C. Swamy 和 B. L. Gowda[43] 以及 N. V. C. Swamy 和 P. Bandyopadhyay[44] 给出了实验研究. 这些实验显示出射流沿展向迅速扩展, 存在一个与垂直于壁面方向上射流宽度的增长极不相同的虚拟原点.

d. 自由湍流中的温度扩散

湍流混合过程引起流体特性沿垂直于主流方向的输运. 混合运动一方面使**动量**从主流中流出, 另一方面使流体中的悬浮颗粒(飘浮的尘埃颗粒,化学添加剂)流向主流,而且还有传热, 即温度场的扩散.对湍流中某个特性的输运强度,通常用一个相应的系数

来描写. 记动量的输运系数为 A_τ, 传热输运系数为 A_q, 可以将它们定义为

$$\tau = A_\tau \frac{du}{dy}\ ; \quad q = c_p A_q \frac{dT}{dy},$$

(见第二十三章 a),其中 u 和 c_pT 分别表示单位质量的动量和单位质量的热量, τ 和 q 分别表示动量通量和热量通量(=单位时间流过单位面积的热量). 在这里, u 和 T 都是对时间的平均值. 由于动量输运和传热的机制不同,所以一般说来, A_τ 和 A_q 的值也不同. 但是,根据 Prandtl 混合长度理论,自由湍流中的动量输运机制和传热机制相同,也就是说将 A_τ 和 A_q 假设成是彼此相等的. A. Faga 和 W. M. Falkner[50] 对一排加热杆后尾迹的测量表明: 温度剖面比速度剖面更宽, 作为近似, 我们可以假设 $A_q = 2A_\tau$. 这个结论和第十九章 c 讨论过的 G. I. Taylor 的理论相一致,根据该理论,湍流混合运动引起的是涡量交换, 而不是动量的交换. 对于自由湍流中温度的扩散问题, H. Reichardt[30] 也作了理论上和实验上的探讨. 该理论工作与上节讨论的内容密切相关. 首先用与以前对于速度(动量)分布相同的做法, 从实验结果导出速度分布的经验关系式, 避免了对湍流作假设. 基于这种讨论 (这里不再重复), Reichardt 成功地导出了温度分布和速度分布之间的一个重要关系,给出

$$\frac{T}{T_{\max}} = \left(\frac{u}{u_{\max}}\right)^{A_\tau/A_q}. \tag{24.50}$$

其中下标 max 指最大值, u 和 T 的尺度必须选得使 $u = 0$ 和 $T = 0$ 的点重合. Reichardt 对二维射流(图24.13)和对二维尾迹的实验结果表明,它们与公式 $T/T_{\max} = (u/u_{\max})^{1/2}$ 吻合得很好, 这个公式隐含着 $A_q/A_\tau = 2$, 正好与 G. I. Taylor 的理论[50]吻合. S. Corrsin 和 M. S. Uberoi[8] 以及 J. O. Hinze 和 B. G. van der Hegge Zijnen[20] 已对一个加热的圆形湍流射流测量出温度分布. 在已引用过的论文[19]中, R. Gran Olsson 也测量了平面排杆后的温度分布.

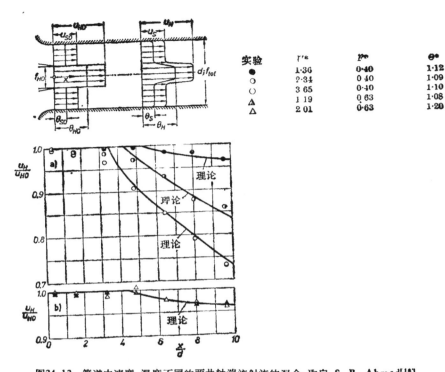

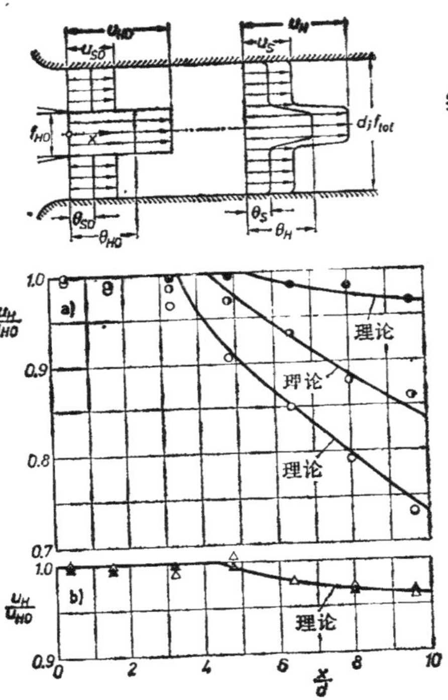

实验	U^*	F^*	Θ^*
●	1.36	0.40	1.12
◑	2.34	0.40	1.09
○	3.65	0.40	1.10
▲	1.19	0.63	1.08
△	2.01	0.63	1.20

图24.12 管道中速度、温度不同的两共轴湍流射流的混合，取自 S. R. Ahmed[1]. 沿管轴的速度变化. (a) 温度比 Θ^* 不变时各种速度比 $U^* = u_{HO}/u_{SO}$ 的情形；(b) 速度不变时各种温度比 $\Theta^* = \Theta_{HO}/\Theta_{SO}$ 的情形. $F^* = f_{HO}/f_{SO}$ 表示内射流与整个射流的面积比.

以不同速度和不同温度喷入管道的共轴湍流射流的混合. 关于以不同速度和不同温度喷入管道的共轴湍流射流的混合，S. R. Ahmed[1] 已在不可压缩的情形下从理论上和实验上进行了研究(图24.12). 在上述实验中，内射流的温度和速度稍大于外射流的温度和速度. 控制这种混合过程最重要的参数为两股射流的速度比 $U^* = u_{HO}/u_{SO}$，其中 u_{HO} 和 u_{SO} 分别表示内、外射流在注入截面上的速度. 动量和温度的平衡取决于这个参数.

图 24.12(a) 中的曲线代表 u_H/u_{HO} 沿管轴的变化，这是 S. R. Ahmed[1] 用速度比 u_{HO}/u_{SO} 从理论上确定的. 图24.12(b) 的

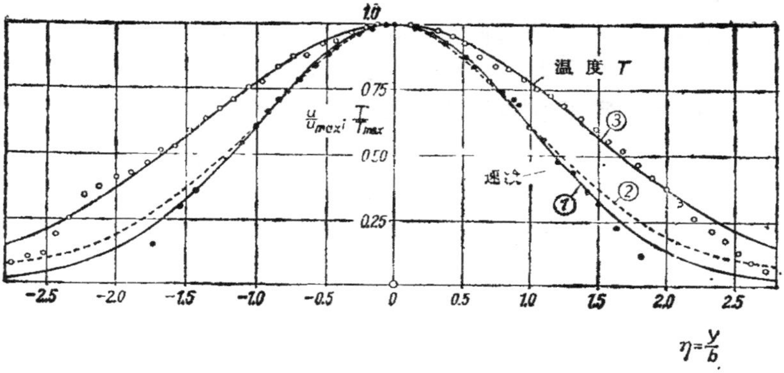

图24.13　二维射流中的温度分布和速度分布．实验结果取自 Reichardt[29]

曲线 (1)：　$u/u_{max}=\exp\left(-\frac{1}{2}\eta^2\right)$

曲线 (2)：　$u/u_{max}=1-\tanh^2\eta$，式(24.45)

曲线 (3)：　$T/T_{max}=\exp\left(-\frac{1}{4}\eta^2\right)=(u/u_{max})^{1/2}$，式(24.50)

曲线是用温度比 $\Theta^*=\Theta_{HO}/\Theta_{SO}$ 画出的同一比值．为了比较，两个曲线图上都标有实验点．这里的 Θ_{HO} 和 Θ_{SO} 分别表示内、外射流在管道注入口的温度．理论和测量符合得很好．在整个测量范围内，温度比 Θ^* 对混合过程的影响是无足轻重的．

W. Schmidt[36] 研究了自然对流，即由热浮力所引起的流动中的温度扩散．他考虑了如下两种情形：1. 放在水平底板上的线热源上方的二维流动；2. 点热源上方的轴对称流．在这两种情形下，速度和温度剖面宽度的增加均与离开底板的高度 x 成正比，在二维的情形下，速度沿高度方向不变，而温度的减小与 x^{-1} 成正比．在轴对称的情形下，速度正比于 $x^{-1/3}$，而温度正比于 $x^{-5/3}$．二维情形在理论上用 Prandtl 的混合长度理论（动量输运）以及 G. I. Taylor 的涡量输运理论处理过．轴对称情形则只用 Prandtl 的理论研究过，因为 G. I. Taylor 的理论在这里不适用．对轴对称情形所作的测量证实了这些理论计算．K. Wieghardt[56]对放在平板边界层中的点热源和线热源后的温度扩散进行了实验研究．在点热源的情形下，发现沿侧向的热扩散远大于沿壁面法向的热扩散．该文章中有可以把实验结果转换到相似情形中去的公式．在这方面也可参考 B. Frost 的文章[12]．D. W. Schmidt 和 W. J. Wagner[45] 已测量了湍流尾迹中的温度脉动．

第二十五章　翼型阻力的确定

a. 概　况

运动流体对物体的总阻力由两部分组成：**表面摩擦力**（等于所有切应力沿物体表面的积分）和**型阻**或**压差阻力**（由法向力的合力产生），两者之和称为**总阻力**或**翼型阻力**．用前面几章的方法，能够以某种精度计算出表面摩擦力．型阻在无摩擦的亚声速流中并不存在，它是由于边界层的出现，从而改变了原来由理想流体给出的压力分布所引起的，但是，它的计算非常困难．所以，一般说来，总阻力的可靠数据必须由实验来测定．不过，近来已建立起对翼型阻力的估算方法．我们将在本章 d 中对这些方法作简要的讨论．

在许多情形下，由天平测定的总阻力缺乏足够的精度，例如在风洞中进行测量时，因为悬吊线的阻力比起要测量的力来太大．而在某些情形下，例如在自由飞行实验中，甚至要直接测量总阻力是不可能的．在这种情况下，第九章中描述过的方法，即从尾迹中的速度分布来确定型阻的方法（用梳状 Pitot 管的方法）是非常有用的，而且，这种方法往往是进行这类测量的唯一实用的方法．从原则上来说，这种方法只能用于二维和轴对称的情形．这里，我们只限于讨论二维情形．

第九章中导出的、用尾迹中速度分布确定阻力大小的公式(9.27)，只在离开物体相当远的地方才成立．按照该公式，物体上总阻力[1]的表达式为：

$$D = b\rho\int_{y=-\infty}^{+\infty} u(U_\infty - u)dy. \tag{25.1}$$

这里的 b 表示柱体的长度，U_∞ 是来流速度，而 $u(y)$ 表示尾迹中

1) 在第九章中，物体总阻力记作 $2D$（考虑到平板的两侧），本章则记作 D.

的速度分布．积分应该在离开物体足够远的地方进行，使得测量截面上的静压已等于未扰动来流的静压．在实际情形中，无论是在风洞中测量还是在自由飞行中测量，都需要在更为靠近物体的地方进行．因此，计及压力项的影响是必要的，对公式(25.1)必须修正．当测量在接近物体处进行时(例如在机翼的情形下，离开物体的距离小于弦长)，压力修正项具有相当大的数值，所以，得出该项比较精确的表达式是很重要的．A. Betz[4] 第一个计算了该修正项，后来，B. M. Jones[26] 对此也作了计算．目前，大多数测量结果是用 Jones 公式来计算的，因为这个公式比较简单．然而，我们也要讨论 Betz 公式，因为它的推导显示出某些非常重要的特性．

b. Betz 的实验方法

根据图 25.1，选取如图所示的包围物体的控制面．在物体前的入口截面 I 处，流动没有损失，其总压为 g_∞．在物体后的截面 II 处，总压 $g_2 < g_\infty$．设想控制面的其余部分离开物体足够远，这部分控制面上的流动是未受扰动的．为了满足连续条件，截面 II 上的速度 u_2 一定在某些地方大于未受扰动的速度 U_∞．对该控制面应用动量定理，给出长为 l 的柱体上的阻力表达式如下：

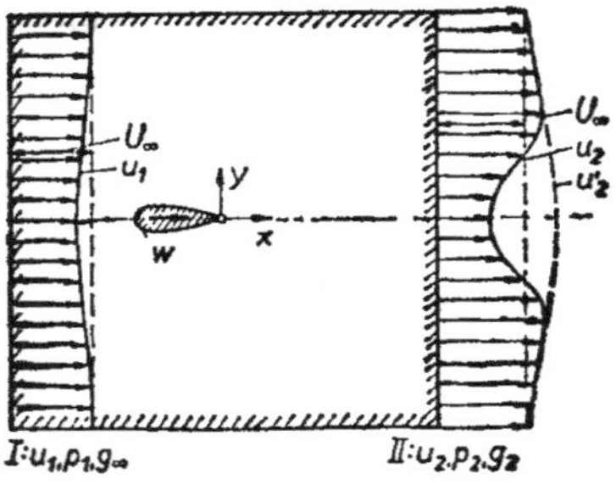

图 25.1　用 Betz[4] 方法确定型阻

$$D = b\left\{\int_{y=-\infty}^{+\infty}(p_1 + \rho u_1^2)dy - \int_{-\infty}^{+\infty}(p_2 + \rho u_2^2)dy\right\}. \quad (25.2)$$

为了使这个公式适合于对实验结果进行计算，需要将上述积分作变换，变换成只需计算测量截面上的速度曲线，即截面 II 上的速度亏损曲线．由于总压满足下述条件：

$$\left.\begin{aligned}&\text{在无穷远处：} && g_\infty = p_\infty + \frac{1}{2}\rho U_\infty^2;\\&\text{在截面 I 上：} && g_\infty = p_1 + \frac{1}{2}\rho u_1^2;\\&\text{在截面 II 上：} && g_2 = p_2 + \frac{1}{2}\rho u_2^2.\end{aligned}\right\}\tag{25.3}$$

因此，公式(25.2)变成

$$D = b\left\{\int_{-\infty}^{+\infty}(g_\infty - g_2)dy + \frac{1}{2}\rho\int_{-\infty}^{+\infty}(u_1^2 - u_2^2)dy\right\}.\tag{25.4}$$

上式第一个积分已符合要求，因为总压在亏损区以外处处等于 g_∞. 为了将上式第二个积分也变换成具有同样的性质，我们在截面 II 上引入假想的流动 $u_2'(y)$，在速度亏损区以外，u_2' 处处等于 u_2，而在速度亏损区内，u_2' 与 u_2 不同，使得 u_2' 对应的总压等于 g_∞. 因此

$$g_\infty = p_2 + \frac{1}{2}\rho u_2'^2.\tag{25.5}$$

因为真实的流动 u_1，u_2 满足连续方程，而假想的流动 u_1，u_2' 通过截面 II 的质量流量太大．实质上，这等价于在物体上安放一个源，源的强度为

$$Q = b\int(u_2' - u_2)dy.\tag{25.6}$$

在速度为 U_∞ 的无摩擦的平行流中，源所受的推力

$$R = -\rho U_\infty Q.\tag{25.7}$$

现在将动量定理(25.4) 用于假想的流动，即假设流动在截面 I 上的速度为 u_1，在截面 II 上的速度为 u_2'. 因为 $g_2' = g_\infty$，又因为合力等于式(25.7)中的 R，所以得

$$-\rho U_\infty Q = b\frac{1}{2}\rho\int(u_1^2 - u_2'^2)dy.$$

从式(25.4)减去上式，我们有

$$D + \rho U_\infty Q = b\left\{\int(g_\infty - g_2)dy + \frac{1}{2}\rho\int(u_2'^2 - u_2^2)dy\right\}. \tag{25.8}$$

鉴于式(25.6)，现在有

$$D = b\left\{\int(g_\infty - g_2)dy + \frac{1}{2}\rho\int(u_2'^2 - u_2^2)dy - \rho U_\infty \times \int(u_2' - u_2)dy\right\}.$$

因为在尾迹以外 $u_2' = u_2$，所以只需在尾迹中计算上式中的各个积分．由于 $u_2'^2 - u_2^2 = (u_2' - u_2)(u_2' + u_2)$，可将上式变成

$$D = b\left\{\int(g_\infty - g_2)dy + \frac{1}{2}\rho \times \int(u_2' - u_2)(u_2' + u_2 - 2U_\infty)dy\right\}. \tag{25.9}$$

为了定出阻力 D，必须测量出物体后整个截面 II 上的总压 g_2 和静压 p_2。因为在亏损区外 g_∞ 就等于 g_2，因此，我们也就得到了 g_∞。而假想的速度 u_2' 由式(25.5)定义，所以通过式(25.5)，我们能够计算出 u_2'。

如果测量位置上的静压全都等于未扰动来流中的静压，即当 $p_2 = p_\infty$ 时，我们可以得出 $u_2' = U_\infty$，同时式(25.9)变回到式(25.1)。

将无量纲的阻力系数定义为

$$D = c_D b l q_\infty, \tag{25.9a}$$

其中 $q_\infty = \frac{1}{2}\rho U_\infty^2$ 表示来流的动压，$b \times l$ 是参考面积，可以将式(25.9)改写成

$$c_D = \int\frac{g_\infty - g_2}{q_\infty}d\left(\frac{y}{l}\right) + \int\left(\sqrt{\frac{g_\infty - p_2}{q_\infty}}\right.$$

$$-\sqrt{\frac{g_2-p_2}{q_\infty}}\right)\left(\sqrt{\frac{g_\infty-p_2}{q_\infty}}+\sqrt{\frac{g_2-p_2}{q_\infty}}-2\right)d\left(\frac{y}{l}\right). \qquad (25.10)$$

这是对实验结果进行计算最方便的形式.

c. Jones 的实验方法

稍后，B. M. Jones[29] 指出了一个类似的方法来确定型阻. Jones 的计算公式要比 A. Betz 的计算公式更简单一些.

进行测量的截面 II 位于物体后的不远处，所以，测量的静压仍旧和未扰动来流的静压有很大的差别. 截面 I 位于物体后很远处，使得 $p_1=p_\infty$. 将式(25 1)用在截面 I 上，我们得到

$$D=b\rho\int u_1(U_\infty-u_1)dy_1. \qquad (25.11)$$

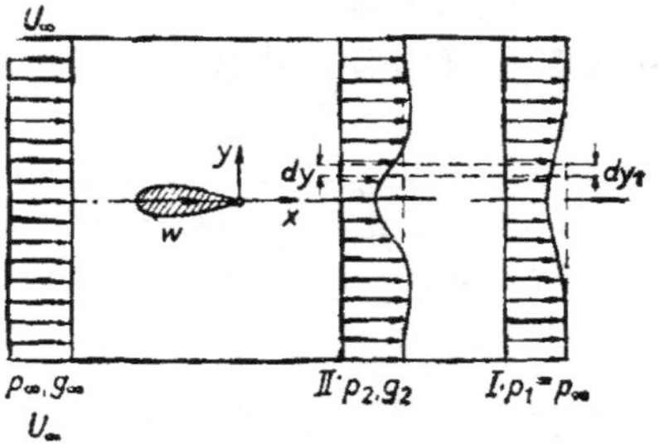

图25.2 用 B. M Jones 方法确定型阻

为了只用截面 II 上的测量结果来确定 u_1，我们首先应用沿流管的连续方程

$$\rho u_1 dy_1=\rho u_2 dy_2. \qquad (25.12)$$

因此

$$D=b\rho\int u_2(U_\infty-u_1)dy. \qquad (25\ 13)$$

其次，按照 B. M. Jones[26] 的做法，假设流动从截面 II 到截面 I 的过程中没有损失，即总压沿截面 I 和截面 II 之间的每条流线均保持不变：

$$g_2=g_1. \qquad (25.14)$$

引入总压

$$p_\infty + \frac{1}{2}\rho U_\infty^2 = g_\infty;$$

$$p_\infty + \frac{1}{2}\rho u_1^2 = g_1 = g_2;$$

$$p_2 + \frac{1}{2}\rho u_2^2 = g_2,$$

则从式(25.13)看出

$$D = 2b\int\sqrt{g_2 - p_2}\left(\sqrt{g_\infty - p_\infty} - \sqrt{g_2 - p_\infty}\right)dy, \tag{25.15}$$

其中积分积过整个截面 II. 既然是这样，则和前面的积分一样，被积函数只有在通过速度剖面受到扰动的部分才不为零. 象式(25.9a)一样，引入无量纲的阻力系数，并考虑到 $g_\infty - p_\infty = q_\infty$，则得

$$\boxed{c_D = 2\int\sqrt{\frac{g_2 - p_2}{q_\infty}}\left(1 - \sqrt{\frac{g_2 - p_\infty}{q_\infty}}\right)d\left(\frac{y}{l}\right)}. \tag{25.16}$$

当测量位置上的静压等于未受扰动的静压时 ($p_2 = p_\infty$)，Jones 的上述公式同样地回复到简单的式(25.1).

A. D. Young[75] 指出一个变换，可以简化 Jones 公式(25.16)中积分的计算. 在最后的公式中，除去对整个速度剖面亏损区积分总压损失之外，还有一个附加的修正项. 修正项取决于测量位置上速度剖面的形状，但是它可以一劳永逸地计算出来. G. I. Taylor[67] 对这个方法作了重要的评价.

在飞行测量和风洞测量中[6,12,16,29,38,39,61,62,69,70]，常常用上述两种实验方法来确定翼型的阻力，并得出十分满意的结果. H. Doetsch[6] 证明，当翼型后的测量位置与翼型本身之间的距离小于百分之五的弦长时，Betz 公式和 Jones 公式都可采用. 在这种情形下，Betz 公式中的修正项约为首项的百分之三十. 当要确定

表面粗糙度对翼型阻力的影响，以及确定层流机翼上很小的阻力时，这两种方法特别适用。

A. D. Young[71] 将 Jones 方法的适用范围扩展到可压缩流动. 重复上述的推导步骤，我们应用可压缩流动的连续方程. 因为

$$\rho_1 u_1 dy_1 = \rho_2 u_2 dy_2, \tag{25.17}$$

由此导出下述的阻力公式

$$D = b\int_{-\infty}^{+\infty} \rho_2 u_2 (U_\infty - u_1) dy_2. \tag{25.18}$$

这里也需要用截面 II 上所测量的量来表示 u_1. 在可压缩流动的情况下，沿流线从截面 II 到截面 I 时，有必要用等熵假设来取代 Jones 假设(即 $g_1 = g_2$). 于是有等熵关系

$$\frac{p_2}{\rho_2^\gamma} = \frac{p_1}{\rho_1^\gamma}. \tag{25.19}$$

现在，如果用 g 来表示可压缩流动中用 Pitot 管测得的驻点压力，则得

$$g = p_0 = \frac{\rho_0}{\rho}\left(\frac{\gamma - 1}{2}\,\frac{\rho}{2}\,w^2 + p\right), \tag{25.20}$$

同时可以证明，式(25.19)同样导出 $g_1 = g_2$ 的假设. 速度 u_1 可以从可压缩的 Bernoulli 方程来确定，即

$$u_1^2 = \frac{2\gamma}{\gamma - 1}\,\frac{p_1}{\rho_1}\left[\left(\frac{g_2}{p_1}\right)^{\frac{\gamma-1}{\gamma}} - 1\right]. \tag{25.21}$$

为了解决这个问题，在原则上只需用平面 II 上测得的压力 g_2 和 p_2 来表示速度 u_1 所以在平面 II 上测出总压和静压就足以定出物体的阻力. 但是，可压缩 Bernoulli 方程中速度和压力之间复杂的关系，给出非常繁复的公式. 由于这个缘故，A. D. Young 将速度 u_1 和 u_2 展开成级数形式

$$u^2 = \frac{2\gamma}{\gamma - 1}\,\frac{p}{\rho}\left[\frac{\gamma - 1}{\gamma}\,\frac{g - p}{p} - \frac{\gamma - 1}{2\gamma^2}\left(\frac{g - p}{p}\right)^2 + \cdots\cdots\right]. \tag{25.22}$$

用这种方法，我们可以分离出不可压缩情形下 Jones 公式(25.15)中的项，而其余的项可以排列成 Mach 数的幂级数. 于是

$$c_D = c_{D,i} + A_1 \mathbf{M}_\infty^2 + A_2 \mathbf{M}_\infty^4 + \cdots, \tag{25.23}$$

其中 $c_{D,i}$ 表示不可压缩情形的阻力系数，如式(25.16)给出的，而系数 $A_1, A_2, \cdots$ 代表某些积分，可以由截面 II 上的测量数据来计算. 我们只考虑低 Mach 数的情形，所以只取展开式(25.23)中的前两项，则得

$$c_D = 2\int_{y=-\infty}^{+\infty} \sqrt{\frac{g_2 - p_2}{q_\infty}}\left(1 - \frac{g_2 - p_\infty}{q_\infty}\right)\left\{1 + \frac{\mathbf{M}_\infty^2}{8}\left[3\frac{p_2 - p_\infty}{q_\infty} + 3 - 2\gamma - 2\frac{g_2 - p_\infty}{q_\infty} - (2\gamma - 1)\sqrt{\frac{g_2 - p_\infty}{q_\infty}}\right]\right\} d\left(\frac{y}{l}\right), \tag{25.24}$$

其中

$$q_\infty = g_\infty - p_\infty.$$

依赖于 Mach 数的附加项，对阻力系数的贡献是负的. 如果对尾迹中速度剖面弓模的形状作合适的假设，就可以一劳永逸地计算出这一附加项. A. D. Young 也做了这方面的工作.

d. 翼型阻力的计算

J. Pretsch[40] 以及 H. B. Squire 和 A. D. Young[64] 基于和上述实验方法相同的原理，已作出可以用于计算翼型阻力的一些方法. 这些方法都利用了第二十二章中描述的边界层计算. 但是，为了能够计算压差阻力，针对每种情况，还须采用一定的附加的经验关系式. 这方面也可参阅 H. Goertler 的文章[19].

现在来简要地叙述 H. B. Squire 和 A. D. Young 的计算方法，这个方法吸取了某些新得到的结果. 我们从对式(25.1) 进行变换出发，该式把物体的阻力和物体后尾迹中的速度剖面联系起来. 根据式(8.31)引进动量厚度 $\delta_{2\infty}$，根据式 (25.9a)引进阻力系数，我们就可以将式(25.1)改写成

$$c_D = 2\frac{\delta_{2\infty}}{l}. \tag{25.25}$$

这里

$$\delta_{2\infty} = \int_{y=-\infty}^{+\infty} \frac{u}{U_\infty}\left(1 - \frac{u}{U_\infty}\right)dy$$

表示远离物体处尾迹的动量厚度. 另一方面，第二十二章所叙述的方法使我们可以计算出物体后缘的动量厚度，将其记作 δ_{21}. Squire 方法的实质在于将 $\delta_{2\infty}$ 和 δ_{21} 这两个量联系起来，用这种方法，在从边界层计算求得物体后缘的动量厚度以后，就可以根据公式(25.25)算出阻力.

边界层理论中的动量积分方程 (22.7a)，在物体后的尾迹中也是成立的，唯一的不同在于切应力一定为零，因此得

$$\frac{d\delta_2}{dx} + (H + 2)\delta_2\frac{U'}{U} = 0, \tag{25.26}$$

其中 $H = \delta_1/\delta_2$，$U' = dU/dx$[1]. 符号 x 现在表示离开物体后缘

1) 为了简单起见，现在将形状因子 δ_1/δ_2 记作 H，不再象以前那样记作 H_{12}.

沿尾迹中心线测量的距离．上述方程也可以写成下述形式

$$\frac{1}{\delta_2}\frac{d\delta_2}{dx} = -(H+2)\frac{d}{dx}\left(\ln\frac{U}{U_\infty}\right).$$

对 x 积分，从物体后缘（下标为1）积到足够远的下游，以便在该处有 $U = U_\infty$ 和 $p = p_\infty$，我们得到

$$[\ln\delta_2]_\infty^{x_1} = -\left[(H+2)\ln\frac{U}{U_\infty}\right]_\infty^{x_1} + \int_\infty^{x_1}\ln\frac{U}{U_\infty}\frac{dH}{dx}dx.$$

在物体后很远处，有 $H = 1$，所以

$$\ln\frac{\delta_{21}}{\delta_{2\infty}} + (H_1+2)\ln\frac{U_1}{U_\infty} = \int_{H=1}^{H=H_1}\ln\frac{U}{U_\infty}\,dH.$$

这里 $H_1 = \delta_{11}/\delta_{21}$ 表示物体后缘形状因子 $H = \delta_1/\delta_2$ 的值，它可以通过边界层的计算求出． 如果 U_1/U_∞ 以及右边的积分值知道，则这一等式给出了所要求的 $\delta_{2\infty}$ 和 δ_{21} 之间的关系．首先我们求得

$$\delta_{2\infty} = \delta_{21}\left(\frac{U_1}{U_\infty}\right)^{H_1+2}\exp\left(\int_1^{H_1}\ln\frac{U_\infty}{U}\,dH\right). \qquad (25.27)$$

为了能够计算出上述积分，有必要知道由尾迹中静压求出的 U 和由尾迹中速度分布求出的形状因子 H 之间的关系．$\ln(U_\infty/U)$ 的数值沿尾迹单调下降，在物体后缘处的值为 $\ln(U_\infty/U_1)$，一直减小到远处为零．同时，H 在物体后缘处的值为 H_1，一直减小到远处为1．H. B. Squie 建立了一个 $\ln(U_\infty/U)$ 和 H 之间的经验关系．根据实验

$$\frac{\ln(U_\infty/U)}{H-1} = \frac{\ln(U_\infty/U_1)}{H_1-1} = 常数,$$

所以

$$\int_1^{H_1}\ln\frac{U_\infty}{U}\,dH = \frac{H_1-1}{2}\ln\frac{U_\infty}{U_1}.$$

将上式代入式(25.27)，得到

$$\delta_{2\infty} = \delta_{21}\left(\frac{U_1}{U_\infty}\right)^{(H_1+5)/2},$$

或者根据近似值 $H_1 = 1.4$，得

$$\delta_{2\infty} = \delta_{21}\left(\frac{U_1}{U_\infty}\right)^{3.2}.$$

将这个值代入式(25.25)，我们得到总阻力系数表达式的形式为

$$\boxed{c_{D\,tot} = 2\frac{\delta_{21}}{l}\left(\frac{U_1}{U_\infty}\right)^{3.2}.} \tag{25.28}$$

如果从边界层计算已知后缘的动量厚度，另外还知道后缘的理想位势流速度 U_1（例如，可以从后缘静压的测量数据求出），则由上述公式，就可以计算出翼型的阻力系数。按照 H. B. Helmbold[22] 提出的方法，U_1/U_∞ 的确定也可如下进行：先根据式(22.17)，采用 $n = 4$，计算出后缘的动量厚度 δ_{21}/l，然后将其代入公式(25.28)，并在所得到的公式中，U_1/U_∞ 自乘 $+0.2$ 次方。因为 U_1/U_∞ 本身与 1 相差不大，所以这个因子可以近似地取为1，同时从公式(25.28)可以求出翼型一侧的阻力系数($\mathbf{R} = U_\infty l/\nu$)为

$$\boxed{c_{D\,tot} = \frac{0.074}{\mathbf{R}^{1/5}}\left\{\int_{x_t/l}^{1}\left(\frac{U}{U_\infty}\right)^{3.5} d\left(\frac{x}{l}\right) + C\right\}^{0.8}}, \tag{25.29}$$[1]

其中

$$C = 61.6\mathbf{R}^{1/4}\left(\frac{\delta_{2t}}{l}\right)^{5/4}\left(\frac{U_t}{U_\infty}\right)^{3.75}. \tag{25.30}$$

下标“t”指转捩点，根据转捩点上的层流动量厚度和湍流动量厚度必须彼此相等的条件，即 $\delta_{2t} = \delta_{2turb} = \delta_{2lam}$，可以确定出常数 C 的值。δ_{2lam} 的值可以从式(10.37)求出。对于 $U = U_\infty$ 的均匀位势流动，公式(25.29)变成与零攻角平板中相应的公式(21.11)，此外，对于充分发展的湍流，则令 $C = 0$。

E. Truckenbrodt[68] 用机翼截面的坐标取代了公式(25.29)中位势流动的速度分布，显然，由此获得了很大的简化。

---

1) L. Speidel[63] 用为数众多的实际例子检验了这一简单公式的有效性。

H. B. Squire 和 A. D. Young[64] 用另一种方法计算了许多例子．我们现在来叙述其中的几个例子，参阅图 25.3，图中概括了这些结果．翼型的厚度从 $d/l=0$（平板）变到 $d/l=0.25$，Reynolds 数 $\mathbf{R}=U_\infty l/\nu$ 的范围从 10^6 到 10^8．可以发现，翼型阻力对（从层流过渡到湍流的）转捩点的位置很敏感．转捩点位置从 $x_t/l=0$ 变到 $x_t/l=0.4$．翼型阻力随翼型厚度的增加而增加，这一增加基本上是由型阻引起的．图 25.4 给出了型阻和翼型阻力之间的关系．J. Pretsch[40] 就 Kármán-Trefftz 翼型进行了类似的计算．计算与实验之间的相符程度，明显地取决于所假设的转捩点的位置．可以从第十七章回忆起，转捩点位置主要取决于相应的位势流动的压力梯度．图17.10表明，如果 Reynolds 数很大，例如 $\mathbf{R}\approx 10^7$，那么作为首次近似，可以假设转捩点与最小压力点重合．基于这一假设所得到的计算值显示出与测量值令人满意的一致．

A. D. Young[72] 将上述方法首先推广到轴对称的情形． N. Scholz[58] 提出的方法已经大大地发展了，对于二维的和轴对称的两种情形，都可以用于粗糙壁面（等价的砂粒粗糙度）．根据对翼

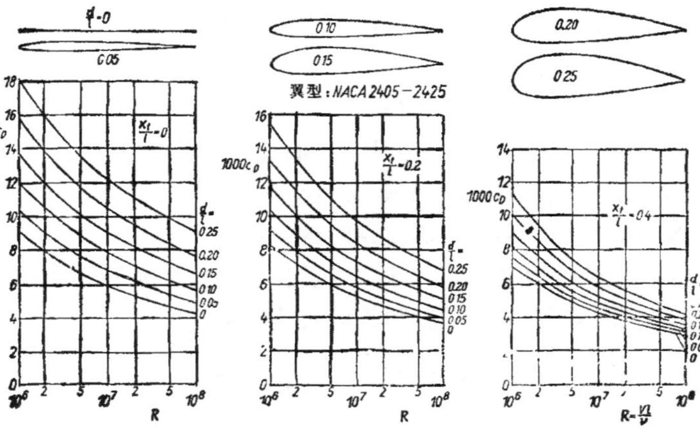

图 25.3　翼型阻力随 Reynolds 数的变化，根据 Squire 和 Young[64] 的计算 x_t 表示转捩点的位置

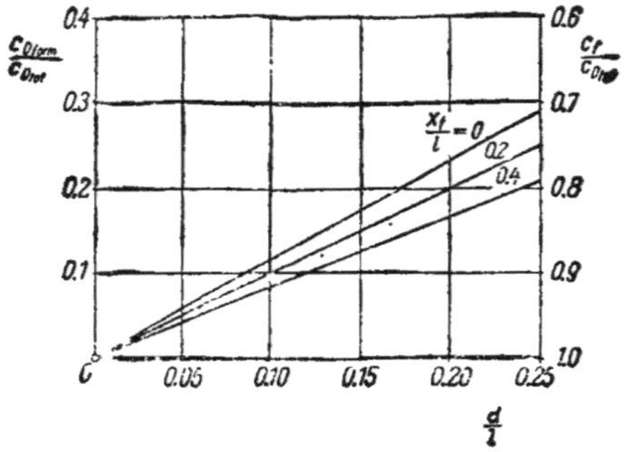

图 25.4　厚度比不同时，压差阻力 c_{Dform} 和表面摩擦阻力 c_f 之间的关系

型(二维情形)和旋成体的大量算例，证明能够导出厚度对翼型阻力影响的关系。图 25.5 中画出了这些关系曲线。差值 $\Delta c_f = c_f - c_{f0}$ 表示浸湿表面的表面摩擦力系数相对于零攻角平板表面摩擦力系数的增量。二维情形的曲线与图 25.3中充分发展的湍流边界层($x_t/l = 0$) 情形的结果非常一致。在这方面，还可以参阅 P. S. Granville 的文章[18]。

这些计算给出了摩擦力对升力的影响。因为边界层引起外流流线的位移，修正了翼型上的压力分布，并使得压力分布的实验值低于位势理论给出的值。在失速攻角以下的攻角范围内，K. Kraemer 计算过这种升力损失。

A. D. Young 和 S. Kirkby[76] 将上述用动量方程计算总阻力的方法推广到超声速流的情形。图25.6 中的曲线给出了他们对不同厚度比的双凸翼型在零攻角时的一些计算结果。阻力系数 c_{Dtot} 计入压差阻力和表面摩擦力，以及理想流体超声速流动中波阻的贡献1)。对于双凸翼型，根据线化理论，波阻由下式给出

$$c_{Dwave} = \frac{16}{3}\left(\frac{d}{l}\right)^2 \frac{1}{(\mathbf{M}^2 - 1)^{1/2}}. \tag{25.31}$$

1) 这里，压差阻力代表由位移效应引起的阻力的变化。

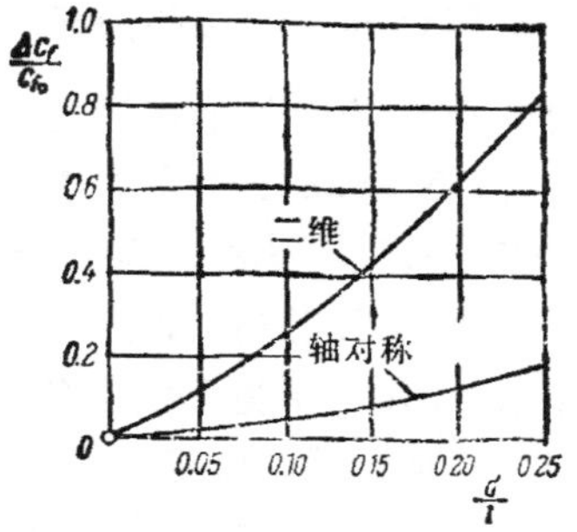

图 25.5 翼型阻力系数随相对厚度变化的增量，根据 Scholz[48]的计算结果

总阻力系数或翼型阻力系数 $c_{D\text{tot}} = c_{D\text{form}} + c_f$

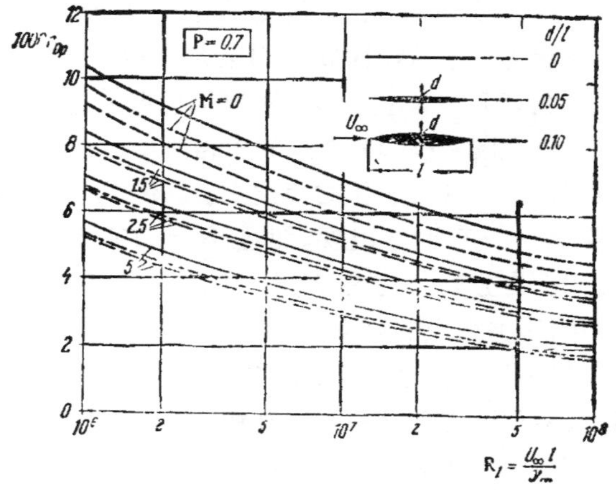

图 25.6 在超声速流动和有充分发展的湍流边界层的情形下，双凸翼型的阻力系数，取自 A.D. Young 和 S. Kirkby[76,77]，无传热 Prandtl 数 $\mathbf{P} = 0.7$. 由于波阻的贡献(式(25.31))必然加大了阻力系数

根据图25.6 中画出的结果，翼型厚度对阻力的影响很小，特别是在超声速的范围内. Mach 数的影响则与零攻角平板情形中的量级大致相同.

e. 流动通过叶栅的损失

1. 概述 本章 d 中阐明的对单个翼型阻力的数值计算方法，已由 H. Schlichting 和 N. Scholz[46,49] 推广到计算一排翼型(叶栅)的阻力，因而可应用于通过叶轮的流动．当讨论轴流式涡轮或涡轮压缩机的各级时，通常将问题作如下简化：通过定叶轮和动叶轮取一共轴的圆柱截面，并把所得到的图象展开成一个平面．这样得到的翼型图象称为**二维叶栅**．叶栅中叶片的排列由规定的**稠度比**[1] t/l 和**平均叶片安装角**或**叶片安装角** β_m 来描写，见图25.7．与绕单个翼型的流动大不相同，位势理论应用于绕叶栅流动的情形得出如下结论：一般说来，叶栅前后存在着压力差．当叶栅将压力转变成速度时(涡轮叶栅)，压力沿下游方向减小．当叶栅作用相反时(压缩机叶栅)，压力沿流动方向增加．这一压力改变和叶片形状决定了沿叶片周线的压力分布，所以也决定了边界层的结构．图25.7 中画出了两种不同涡轮叶片上的压力分布和分离点的位置．在图 25.9(a) 中翼型 9 的情形下，当入流角 $\beta_1 = 90°$ 时，分离点紧靠在最小压力点之后．不过，这种情形只在 Reynolds 数 $\mathbf{R} = 10^5$ 时才出现，而在 $\mathbf{R} = 10^6$ 时，上述情形中叶片的两侧都没有分离．就图 25.7b 中的翼型15 而论，对于图中的两个入流角，压力面上的分离点都在最小压力点的下游，而且非常靠近，至于吸力面上的分离点，都在后缘附近．

为了计算各种不同入流角二维叶栅的损失，参考文献[46]说明了如何应用上节所述的方法． N. Scholz 和 L. Speidel[60] 将这类计算系统化，并与实验结果作了比较．

紧靠叶栅出口平面后的速度分布显示出很大的亏损，这种亏损起源于各单独叶片上的边界层．湍流混合使这些速度的差别往下游逐渐消失(平滑化)，由此引起附加的能量损失．**湍流混合损失**的总量可由动量定理来计算．当确定流动通过叶栅的总损失

1）稠度比也称**相对叶距**．——中译者注

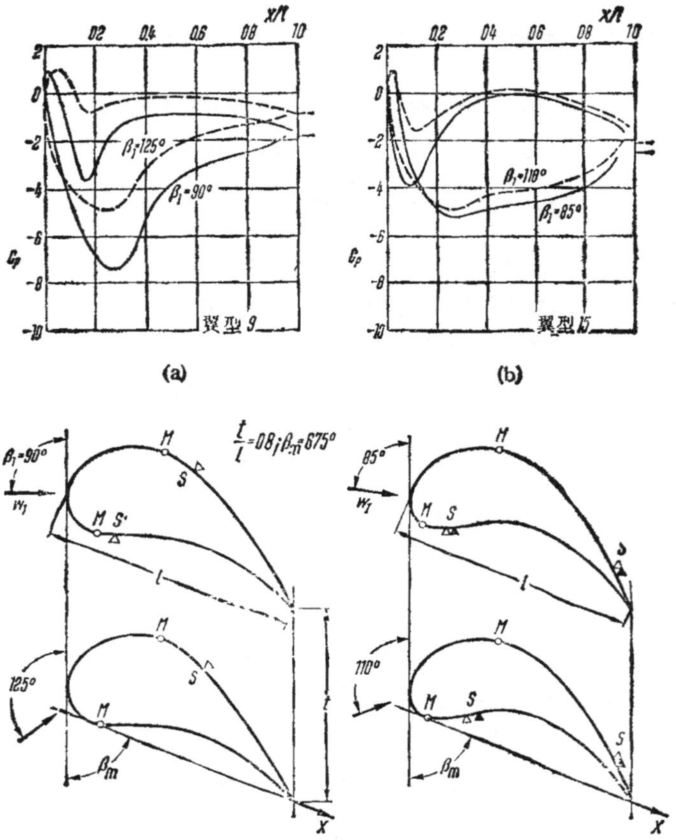

位势理论确定的沿叶片的压力分布

$$c_p = \frac{p - p_2}{\frac{1}{2}\rho w_2^2}$$

最小压力点 (M) 和分离点 (S) 的位置: △对应于 $\mathbf{R} = 10^5$; ▲对应于$\mathbf{R} = 10^6$

图25.7 对于两个不同的入流角,涡轮叶栅叶片上的压力分布和湍流边界层分离点的位置,取自 F. W. Riegels[44]
叶片按装角 $\beta_m = 67.5°$; 稠度比 $t/l = 0.8$

时,除去各个叶片上边界层中的能量损失之外,必须计及这种湍流混合的损失。因此,叶栅损失的计算由下述三个部分组成: 1.

确定沿各个叶片周线的理想位势流动的压力分布；2. 计算每个叶片上的(层流或湍流)边界层；3. 确定叶栅后尾迹中的湍流混合损失.

与叶栅相关的总压损失，最好用叶栅前的来流总压和叶栅后远处“平滑化”了的实际流动总压之差 Δg 来说明. 我们有

$$\Delta g = g_1 - g_2' = p_1 + \frac{1}{2}\rho w_1^2 - \left(p_2' + \frac{1}{2}\rho w_2'^2\right), \quad (25.32)$$

其中 p_2' 和 w_2' 分别表示叶栅后远处真实 (即受损失影响)流动的压力和速度，应该将它们与理想(无损失)流动中的 p_2 和 w_2 区分开来. 因为速度的轴向分量 $w_{ax} = w_1 \sin\beta_1 = w_2 \sin\beta_2$ 确定了通过叶栅的流体质量，所以用它的动压头来无量纲化总损失是方便的. 根据连续条件，这一动压头在叶栅前后应该是相同的. 因此，我们引入下述损失系数：

$$\zeta_t = \frac{\Delta g}{\frac{1}{2}\rho w_{ax}^2}. \quad (25.33)^{1)}$$

在 Braunschweig 工程大学[60,49]，学者们对叶栅进行了系统的研究，其中某些结果示于图 25.8 中. 该图给出了实验测量的损失系数和计算的损失系数之间的比较. 所有的叶片均采用 NACA 8410 翼型. 可变参数为稠度比 t/l (＝0.5，0.75，1.0 和 1.25)；叶片安装角为 $\beta_S = 30°$ (涡轮叶栅). 图中画出了用偏转系数或偏转比给出的损失系数，损失系数是由式(25.33)定义的，偏转系数或偏转比为

$$\delta_d = \Delta w_d / w_{ax},$$

其中 Δw_d 表示由叶栅产生的速度的横向分量(即周向速度). 如果我们首先将注意力集中在极曲线的中间区域(附着边界层)，随着稠度比的减小，我们发现损失系数急剧地增加. 其原因在于：

---

1) 在蒸汽涡轮设计中，通常使用速度系数 ψ，它定义为实际出口速度与无粘流动出口速度之比，即 $\psi = w_2'/w_2$. 所以，这两个系数满足关系式 $\zeta_t = (1 - \psi^2)/\sin^2\beta_2$.

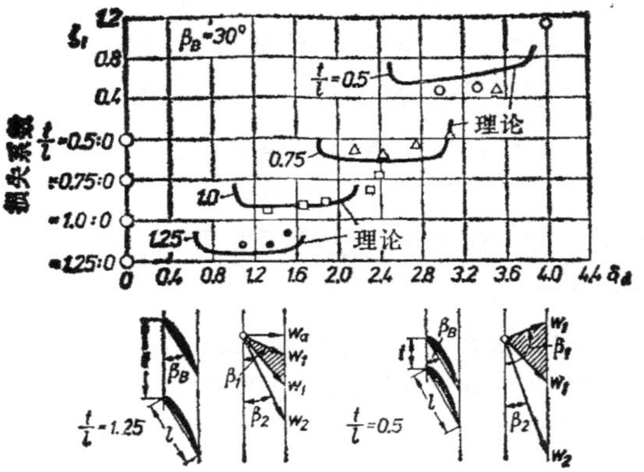

图 25.8 对于不同稠度比 t/l 的涡轮叶栅，式(25.33)定义的损失系数 ζ_t 随偏转系数 $\delta_d=\Delta w_d/w_{ax}$ 的变化，根据文献[49]，N. Scholz 和 L. Speidel[60] 的测量结果和计算结果

叶片翼型： NACA8410

Reynolds 数 $\mathbf{R}=w_2l/\nu=5\times10^5$

小间距的叶栅比起大间距的叶栅来，周线单位长度上的叶片数目更多．作为首次近似，损失系数正比于这一叶片数．在极曲线的左右两端，我们观察到损失系数突然有很大的增加．这是由于流动的分离出现在叶片的压力面上(极曲线的左端)或吸力面上（极曲线的右端)．在后一种情形下，流动角的增加超过了叶片允许的负荷．十分明显的是，随着稠度比的减小，极曲线向偏转角增加的方向移动．

在 Reynolds 数 $\mathbf{R}=w_2l/\nu=5\times10^5$ 时，已对上述情形作了实验测量和计算．计算基于沿所有叶片的边界层都是湍流的假设．在实验装置中，通过在叶片前缘安放绊线使边界层转捩成湍流． 损失系数的计算值和测量值之间显得非常一致． 参考文献[47,63] 给出了另外的一些例子，并对实验和理论之间作出了比较．

尾迹：对于叶栅后湍流尾迹中的流动，R. Raj 和 B. Lakshminarayana[42] 叙述了非常细致的实验研究． 实验测量包括确定尾迹中离开叶栅不同距离处的速度分布、湍流度和表观 Reynolds 应力．人们已经知道，由于叶栅使流动偏转，所以，在叶栅后的 $(3/4)l$距离内，尾迹是不对称的．在叶栅出口截面以后，速度沿下游的减小远慢于平板、圆柱体后或单个零攻角翼型后沿下流的减小．

喷气叶片： U. Stark[64a] 已经研究了采用喷气叶片后压缩机叶栅偏转角的增量 $\Delta\beta = \beta_1 - \beta_2$.

2. Reynolds 数的影响 当需要应用模型实验的结果来设计全尺寸的叶栅时，由 Reynolds 数的改变所引起叶栅气动力系数的改变是很重要的．这种效应主要是影响损失系数，可以在大量的出版物中找到对这个问题的讨论[5,41,65]．从物理的观点来看，Reynolds 数对二维叶栅损失系数的影响，类似于 Reynolds 数对单个翼型表面摩擦力系数的影响．因为在这两种情形下，这种效应均起源于边界层．如果沿叶栅叶片的压力分布没有引起重要的分离出现，那么，叶栅带来的损失主要来自边界层．于是，Reynolds 数对叶栅损失系数的影响，大致与对零攻角平板表面摩擦力系数的影响相同．对于层流，叶栅损失系数正比于 $\mathbf{R}^{-1/2}$；对于湍流，叶栅损失系数正比于 $\mathbf{R}^{-1/5}$．在上述两种情形中，Reynolds 数均以叶片的长度为参考长度． 在不出现分离时，叶栅损失系数对 Reynolds 数的依赖关系可以用 K. Gersten[15] 提供的方法来计算．图 25.9 中画出了这种结果． 图中曲线说明了叶栅损失系数

$$\zeta_{t2} = \frac{\Delta g}{\frac{1}{2}\rho w_2^2} \tag{25.34}$$

的变化，其中叶栅由厚的弯曲得很厉害的叶片组成． Reynolds 数的范围相当宽，从 $\mathbf{R} = w_2 l/\nu = 4 \times 10^4$ 到4×10^5．这里的Δg 表示总压的损失，w_2 是出口速度．为了与实验数据作比较，图上还画出了理论曲线，它是用参考文献[60]中方法计算的有分离的损失．就转捩点的位置而论，叶片压力面上的边界层直到后缘仍然是层流的，而吸力面在最小压力点上发生了转捩．图25.9表明，

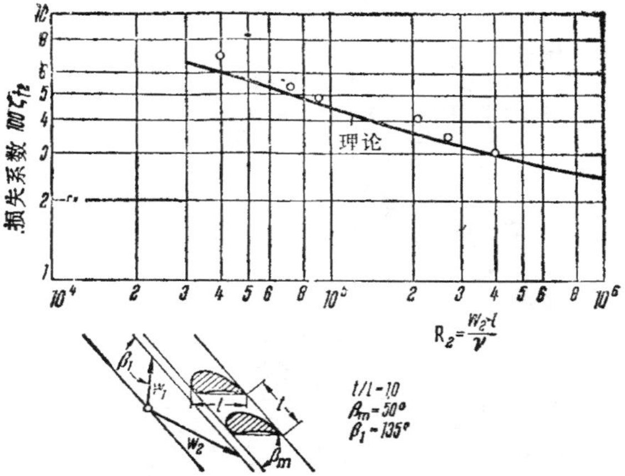

图 25.9 涡轮叶栅损失系数 (式(25.34))随 Reynolds 数 $\mathbf{R}_2$ 的变化,取自 K. Gersten[15]

计算和实验之间极为一致.

转捩点的位置对损失大小的影响很大. 随着 Reynolds 数的增加,转捩点向前移动,加长了边界层的湍流部分, 由此引起损失的增加.正如人们在涡轮机中期望得到的那样,通过增加粗糙度[13]或增加湍流度[8],转捩点将前移. 在 Reynolds 数很低时, 边界层可能在发生转捩前出现分离,在一定的条件下,由此引起损失系数很大的增加. 低 Reynolds 数时损失系数的这一很大的增加示于图25.10(b) 中,这是涡轮叶栅的情形. 在较大的 Reynolds 数 $\mathbf{R}_2 = 5\times10^5$ 时,转捩是自发的, 并且损失小. 在中等的 Reynolds 数 $\mathbf{R}_2 = 1\times10^5$ 时,出现层流分离,随后又湍流再附. 所以在边界层中形成一个所谓的分离泡, 同时损失系数显著地增加. 在很低的 Reynolds 数 $\mathbf{R}_2 = 0.5\times10^5$ 时,发生层流分离, 分离一直持续到叶片的后缘, 损失再次大为增加.

图 25.10(a) 中画出了对应于三个 Reynolds 数的压力分布,再一次反映出边界层分离的细节. 分离泡的大小强烈地依赖于 Reynolds 数和来流的湍流度. 见参考文献[8,20,28,37,43,57,60], 以及 R. Kiock 的文章[30]. 也可参阅 W. B. Roberts 的文

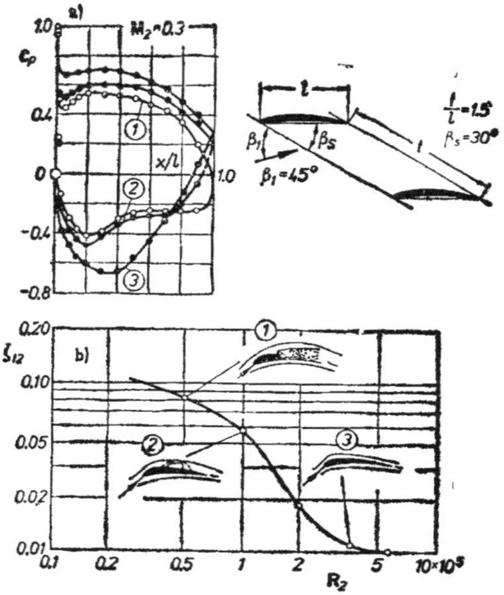

图25.10 涡轮叶栅气动力系数随 Reynolds 数的变化，根据 H. Schlichting 和 A. Das[52,53] 的测量数据

(1) $\mathbf{R}_2=0.5\times10^5$ (2) $\mathbf{R}_2=1.0\times10^5$ (3) $\mathbf{R}_2=4.0\times10^5$

(a) $\mathbf{M}_2=0.3$ 时，不同 Reynolds 数下的压力分布(b) 损失系数 ζ_{12} (式(25.34))随 Reynolds 数的变化

章[43].

在我们讨论 Reynolds 数影响的同时，必须强调指出： 在一定的情况下，表面粗糙度对损失能够产生很大的影响. 粗糙度除了能促使转捩之外，还可以直接增加损失. 当突起物超过某个容许值时，就出现这种情形，见参考文献[3,56].

3. Mach 数的影响 上述有关叶栅损失系数的结果适用于不可压缩流动($\mathbf{M}<0.3$). 至于可压缩的效应，可以认为从$\mathbf{M}>0.4$开始. 可压缩效应的例子示于图25.11(b)中， 图中曲线是亚声速流中产生小偏转角的叶栅的损失系数. Mach 数 $\mathbf{M}_2$ 是自变量，三条曲线对应于三个不同的 Reynolds 数. 图 25.11 (a) 中 $\mathbf{M}_2=0.7$ 的压力分布表明：当 $\mathbf{R}_2=4\times10^5$ 时，随着 Mach 数的

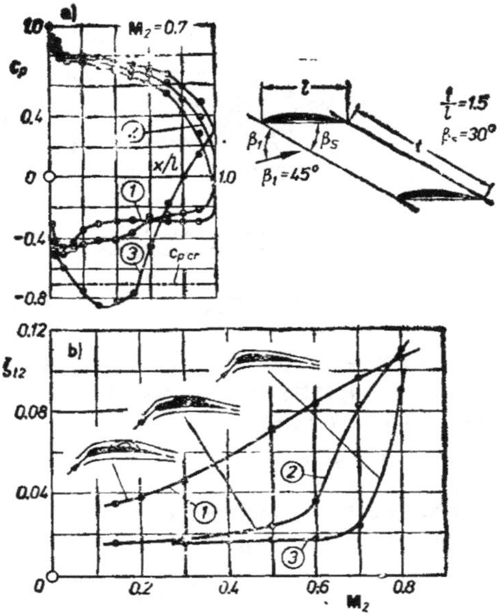

(1) $\mathbf{R}_2=1.0\times10^5$ (2) $\mathbf{R}_2=2.0\times10^5$ (3) $\mathbf{R}_2=4.0\times10^5$
(a) $\mathbf{M}_2=0.7$ 时，不同 Reynolds 数下的压力分布 (b) Reynolds 数不同时，损失系数 ζ_{t2}（式(25.34)）随 Mach 数 $\mathbf{M}_2$ 的变化

图 25.11 涡轮叶栅气动力系数随 Mach 数的变化，根据 H. Schlichting 和 A. Das[52,53] 的实验测量

增加，损失系数在此有急剧的增加．发生这一急剧增加的原因如下，在流速超过当地声速（这时对应于 $c_{p,\mathrm{crit}}$）的区域中出现了激波．对于两个较低的 Reynolds 数，$\mathbf{R}_2=1.0\times10^5$ 和 $\mathbf{R}_2=2.0\times10^5$，压力分布表明流动中出现分离． 图 25.10 和图 25.11 中的结果表明：在 Reyrolds 数从 $\mathbf{R}_2=10^4$ 到10^5的范围内，除去 Reynolds 数本身对通过叶栅的流动有很大的影响之外，Mach 数对流动也发生了深刻的影响．上述实验测量是在 Brunswick[54] 的高速叶栅风洞中完成的．该风洞的 Reynolds 数和 Mach 数能够独立地改变．

图 25.12 中的曲线说明，在使流动产生大偏转角的叶栅中

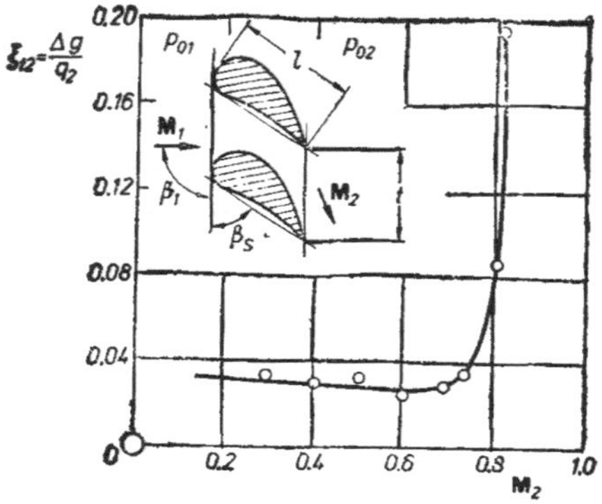

图25.12 涡轮叶栅损失系数 ζ_{t2}（式(25.34)）随 Mach 数的变化，引自 O. Lawaczeck[34]

$\Delta g = p_{01} - p_{02} =$ 总压损失

$q_2 = \frac{1}{2}\rho_2 w_2^2 =$ 动压

叶片安装角：$\beta_s = 56°$；稠度比：$t/l = 0.81$；进气角：$\beta_1 = 90°$；Reynolds 数：$\mathbf{R}_2 = 6 \times 10^5$

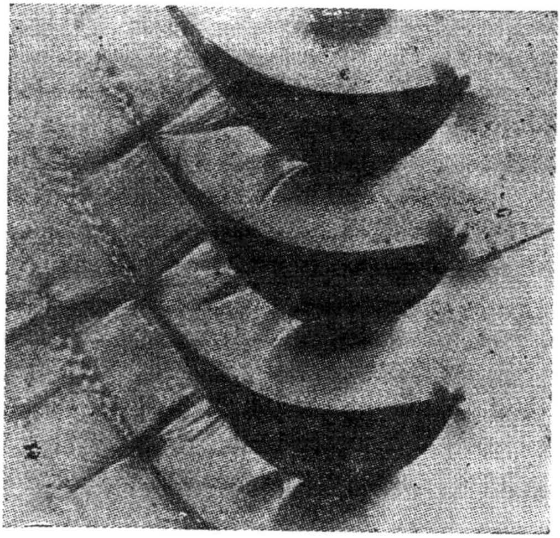

图 25.13 通过涡轮叶栅的跨声速流，O. Lawaczeck 和 H. J. Heinemann[32] 用纹影方法拍得的照片. 曝光20×10⁻⁹秒. 翼型吸力面上的强激波引起分离，由此产生大的损失，也可参阅图 25.12
$\beta_s = 70°$；$t/l = 0.5$；$\beta_1 = 65°$；$\beta_2 = 36°$；$\mathbf{M}_1 = 0.40$；$\mathbf{M}_2 = 0.85$；$\mathbf{R}_2 = 8 \times 10^5$

Mach 数对损失系数的影响．该叶栅是按不可压缩流动设计的．直到 $\mathbf{M}_2=0.7$，损失系数几乎保持不变，其值 $\zeta_{t2}\approx 0.03$．当Mach数进一步增加时，损失系数急剧地增加．从图25.13可以辨认出叶片的吸力面上存在着激波，因此，出现损失系数急剧增加的原因是很清楚的，因为激波引起了边界层的分离．

分别由 J. Bahr[2] 和 H. Hebbel[21] 提交给 Braunschweig 工程大学的两篇论文中，研究了 Mach 数和湍流度对叶栅损失系数的影响．关于这方面的研究，也可查阅参考文献[50]．

最近，由于加大功率密度的蒸汽涡轮的发展，导致低压级叶片的外部截面以跨声速状态运行，这就需要对跨声速涡轮叶片的特性进行系统的研究．这时来流 Mach 数小于1($\mathbf{M}_1<1$)，而出口 Mach 数大于1 ($\mathbf{M}_2>1$)，参阅参考文献[31]．参考文献[33,34]有对跨声速流动通过大偏转角叶栅的叙述．

H. Haas 和 H. Maghon[20a] 结合蒸汽涡轮和燃气涡轮的现代发展，对叶栅绕流研究成果的实际应用，给出了综合的论述．

参 考 文 献

第十六章

[1] Arnal, D., Julien, J. C., and Michel, R.: Analyse expérimentale et calcul de l'appartition et du développement de la transition de la couche limite. AGARD CP 224, 13—1 to 13—17 (1977).

[1a] AGARD-CP-224: Laminar-turbulent transition. Papers presented at the Fluid Dynamics Panel Symposium at Technical University of Denmark, Lyngby, Denmark, 2—4 May 1977 (1977).

[1b] Barnes, H.T., and Coker, E.G.: The flow of water through pipes. Proc. Roy. Soc. London *74*, 341—356 (1905).

[2] Barry, M.D.J., and Ross, M.A.S.: The flat plate boundary layer. Part 2: The effect of increasing thickness on stability. JFM *43*, 813—818 (1970).

[3] Benny, D.J.: A non-linear theory for oscillations in a parallel flow. JFM *10*, 209—236 (1961).

[4] Betchov, R., and Criminale, W.O.: Stability of parallel flows. Academic Press, 1967.

[4a] Bouthier, M.: Stabilité linéaire des écoulements presque parallèles. I. Journal de Mécanique *11*, 599—621 (1972). II. La couche limite de Blasius. Journal de Mécanique *12*, 75—95 (1973).

[5] Bergh, H.: A method for visualizing periodic boundary layer phenomena. IUTAM Symposium Boundary-layer research (H. Gortler, ed.), Berlin, 1958, 173—178.

[6] Burgers, J.M.: The motion of a fluid in the boundary layer along a plane smooth surface. Proc. First Intern. Congress for Appl. Mech. *113*, Delft, 1924.

[7] Cheng, S.J.: On the stability of laminar boundary layer flow. Quart. Appl. Math. *11*, 346—350 (1953).

[8] Corner, D., Barry, M.D.J., and Ross, M.A.S.: Non-linear stability theory of the flat plate boundary layer. ARC CP No. 1296, (1974).

[9] Couette, M.: Etudes sur le frottement des liquides. Ann. Chim. Phys. *21*, 433—510 (1890).

[10] Curle, N.: Hydrodynamic stability in unlimited fields of viscous flow. Proc. Roy. Soc. London A *238*, 489—501 (1957).

[11] Clenshaw, C.W., and Elliott, D.: A numerical treatment of the Orr-Sommerfeld equation in the case of a laminar jet. Quart. J. Mech. Appl. Math. *13*, 300—313 (1960).

[11a] Davis, S.: The stability of periodic flows. Annual Review Fluid Mech. *8*, 57—74 (1976).

[12] Davie, A.: A simple numerical method for solving Orr-Sommerfeld problems. Quart. J. Mech. Appl. Math. *26*, 401—411 (1973).

[13] Dhawan, S., and Narasimha, R.: Some properties of boundary layer flow during transition from laminar to turbulent motion. JFM *3*, 418—436 (1958).

[14] Di Prima, R.C., Eckhaus, W., and Sege, L.A.: Non-linear wave number interactions in near critical two-dimensional flows. JFM *49*, 705—744 (1971).

[15] Doetsch, H.: Untersuchungen an [illegible]ngen Profilen mit geringem Widerstand im Bereich kleiner c_a-Werte. Jb. dt. Luftfahrtforschung *I*, 54—57 (1940).

[15a] Drazin, P.G., and Howard, L.N.: Hydrodynamic stability of parallel flow of inviscid fluid. Adv. Appl. Mech. *9*, 1—89 (1966).

[16] Dryden, H.L.: Boundary layer flow near flat plates. Proc. Fourth Intern. Congress for Appl. Mech. Cambridge, England, 1934, 175.

[17] Dryden, H.L.: Airflow in the boundary layer near a plate. NACA Rep. 562 (1936).

[18] Dryden, H.L.: Turbulence and the boundary layer. JAS *6*, 85—100 and 101—105 (1939).

[19] Dryden, H.L.: Some recent contributions to the study of transition and turbulent boundary layers (Papers presented at the Sixth Internat. Congress for Appl. Mech., Paris, Sept. 1946; NACA TN 1168 (1947); see also: Recent advances in the mechanics of boundary layer flow. Advances Appl. Mech. New York *I*, 2—40 (1948).

[20] Dryden, H.L.: Recent investigation of the problem of transition. ZFW *4*, 89—95 (1956).

[20a] Dryden, H.L: Transition from laminar to turbulent flow. High Speed Aerodynamics and Jet Propulsion *5*, 3—74, Princeton and Oxford, 1959.

[21] Dryden, H.L.: Recent advances in the mechanics of boundary layer flow. Adv. Appl. Mech. *I*, 2—40 (1948)

[22] Dubs, W.: Über den Einfluss laminarer und turbulenter Strömung auf das Röntgenbild von Wasser und Nitrobenzol. Ein röntgenographischer Beitrag zum Turbulenzproblem. Helv. phys. Acta *12*, 169—228 (1939).
[23] Eiffel, G.: Sur la résistance des sphères dans l'air en mouvement. Comptes Rendus *155*, 1597—1599 (1912).

[24] Ekman, V.W.: On the change from steady to turbulent motion of liquids. Ark. f. Mat. Astron. och Fys. *6*, No. 12 (1910).
[25] Emmons, H.W., and Bryson, A.E.: The laminar-turbulent transition in a boundary layer. Part I: JAS *18*, 490—498 (1951); Part II: Proc. First US National Congress Appl. Mech. 859—868 (1952).
[26] Fage, A.: Fluid motion transition from laminar to turbulent flow in a boundary layer. Phys. Soc. Rep on Progress in Physics *6*, 270 (1939).
[27] Fage, A.: Experiments oh the breakdown of laminar flow. JAS *7*, 513—517 (1940).
[28] Fage, A., and Preston, J.H.: Experiments on transition from laminar to turbulent flow in the boundary layer. Proc. Roy. Soc. London A *178*, 201—227 (1941).
[28a] Fage, A.: Transition in the boundary layer caused by turbulence. ARC RM 1896 (1942).
[28b] Fasel, H.: Investigation of the stability of boundary layers by a finite difference model of the Navier-Stokes equations. JFM *78*, 355—383 (1976); see also: Diss. Stuttgart 1974.
[29] Froude, W.: Experiments on the surface friction. Brit. Ass. Rep. 1872.
[30] Gersting, J.M., and Jankowski, D F · Numerical methods for Orr-Sommerfeld problems. Intern. J. Numerical Methods in Engineering *4*, 195—206 (1972).
[31] Gaster, M.: On the effect of boundary layer growth on flow stability. JFM *66*, 465—480 (1974).
[32] Gaster, M.: A note on the relation between temporally-increasing and spatially-increasing disturbances in hydrodynamic stability. JFM *14*, 222—224 (1962).
[33] Gaster, M.: The role of spatially growing waves in the theory of hydrodynamic stability. Progress in Aero. Sciences (D. Küchemann, ed.), *6*, 251—270 (1965).
[33a] Gaster, M., and Jordinson, R.: On the eigenvalues of the Orr-Sommerfeld equation. JFM *72*, 121 133 (1975).
[34] Grohne, D.: Ein Beitrag zur nicht-linearen Stabilitatstheorie von ebenen Laminarströmungen. ZAMM *52*, 256—257 (1972).
[35] Görtler, H., and Witting, H.: Theorie der sekundären Instabilität der laminaren Grenzschichten. IUTAM Symposium, Boundary-layer Research (H. Gortler, ed.) 110—126, Berlin, 1958.
[36] Granville, P.S.: The calculations of viscous drag of bodies of revolution. Navy-Department, The David Taylor Model Basin, Report 849 (1953).
[37] Greenspan, H.P., and Benny, D.J.: On shear-layer instability, breakdown and transition, JFM *15*, 133—153 (1963).
[38] Grohne, D.: Über das Spektrum bei Eigenschwingungen ebener Laminarströmungen, ZAMM *34*, 344—357 (1954).
[39] Hall, A.A., and Hislop, G. S.: Experiments on the transition of the laminar boundary layer on a flat plate. ARC RM 1843 (1938).
[39a] Habermann, R.: Nonlinear perturbations of the Orr-Sommerfeld equation asymptotic expansion of the logarithmic phase shift across the critical layer. SIAM J. Math. Analysis *7*, 70—81 (1976).
[40] Hamel, G.: Zum Turbulenzproblem. Nachr. Ges. Wiss. Göttingen, Math. Phys. Klasse 261—270 (1911).
[41] van der Hegge Zijnen, B.G.: Measurements of the velocity distribution in the boundary layer along a plane surface. Thesis Delft 1924.
[42] Heisenberg, W.: Über Stabilitat und Turbulenz von Flüssigkeitsströmen. Ann. d. Phys. *74*, 577—627 (1924).
[43] Hollingdale, S.: Stability and configuration of the wakes produced by solid bodies moving through fluids. Phil. Mag. VII *29*, 209—257 (1940).
[44] Holstein, H.: Über die äussere und innere Reibungsschicht bei Störungen laminarer Strömungen. ZAMM *30*, 25—49 (1950).
[45] Hopf, L.: Ann. d. Phys. *44*, 1 (1914) and *59*, 538 (1919); see also; Summary report by F. Noether, ZAMM *1*, 125—138 (1921).
[46] Howard, L.N.: Hydrodynamic stability of a jet. J. Math Phys. *37*, 283—298 (1959).
[46a] Kachanov, S., Kozlov, V.V., and Levchenko, I.A.: Uchenyie zapiski TSAGI *VI*, 5, 137—140 (1975).
[46b] Ikeda, M.: Finite disturbances and growing vortices in a two-dimensional jet. JFM *80* 401—421 (1977).
[47] Jordinson, R.: The flat plate boundary layer. Part 1. Numerical integration of the Orr-Sommerfeld equation. JFM *43*, 801—811 (1970). See also: Ph.D. Thesis Edinburgh Univ. 1968.

[48] Jordinson, R.: Spectrum of eigenvalues of the Orr-Sommerfeld equation for Blasius flow. Phys. Fluids *14*, 2535–2537 (1971).
[48a] Kaplan, R.E.: The stability of laminar incompressible boundary layers in the presence of compliant boundaries. Ph.D. Thesis, Massachusetts Inst. of Technology, Aero-Elastic and Structures Research Laboratory, ASRL TR 116–1 (1964).
[48b] Loehrke, R.J., Morkovin, M.V., and Fejer, A.A.: Review. Transition in nonreversing oscillating boundary layers. J. Fluids Eng. Trans. ASME Series I, *97*, 534–549 (1975).
[49] Klebanoff, P.S., and Tidstrom, K.D.: Evolution of amplified waves leading to transition in a boundary layer with zero pressure gradient. NASA TN D-195, (1959)
[50] Klebanoff, P.S., Tidstrom, K.D., and Sargent, L.M.: The three-dimensional nature of boundary-layer instability. JFM *12*, 1–34 (1962).
[51] Kurtz, E.F., and Crandall, S.H.: Computer-aided analysis of hydrodynamic stability. J. Math. Phys. *44*, 264–279 (1962).
[52] Lewis, G.W.: Some modern methods of research in the problems of flight. The 1939 (27th) Wilbur Wright Memorial Lecture. J. Roy. Aero. Soc. London *43*, 769–802 (1939).
[53] Lee, L.H., and Reynolds, W.C.: On the approximate and numerical solution of Orr-Sommerfeld problems. Quart. J. Mech. Appl. Math. *20*, 1–22 (1967).
[54] Lin, C.C.: On the stability of two-dimensional parallel flows. Quart. Appl. Math. *3*, 117–142 (July 1945); *3*, 213–234 (Oct. 1945); *3*, 277–301 (Jan. 1946).
[55] Lin, C.C.: The theory of hydrodynamic stability. Cambridge Univ. Press, 1955.
[56] Lin, C.C., and Benny, D.J.: On the instability of shear flows. Proc. Symp. Appl. Math. *13*, Hydrodynamic Instability 1–24 (1962).
[57] Lorentz, H.A.: Abhandlung über theoretische Physik *I*, 43–71, Leipzig, 1907; new version of earlier paper: Akad. v. Wet. Amsterdam *6*, 28 (1897); see also: Prandtl, L.: The mechanics of viscous fluids, in Durand, W.F.: Aerodynamic theory *III*, 34–208 (1935).
[57a] McCormick, M.E.: An analysis of the formation of turbulent patches in the transition boundary layer. J. Appl. Mech. *35*, 216–219 (1968).
[57b] Lessen, M.: see Chap. IX.
[57c] Lessen, M., and Ko, S.H.: On the low Reynolds number stability characteristics of the laminar incompressible half jet. Phys. of Fluids *12*, 404–407 (1969).
[57d] Mack, L.M.: A numerical study of the temporal eigenvalue spectrum of the Blasius boundary layer. JFM *73*, 497–520 (1976).
[57e] Mack, L.M.: Transition prediction and linear stability theory. AGARD-CP-224, 1–1 to 1–22 (1977).
[57f] Mattingly, G.E., and Criminale, W.O.: The stability of an incompressible two-dimensional wake. JFM *51*, 233–272 (1972).
[58] Michalke, A., and Schade, H.: Zur Stabilität von freien Grenzschichten. Ing.-Arch. *33*, 1–23 (1963).
[59] Michalke, A.: The instability of free shear layers. Progress in Aerospace Sciences (D. Küchemann, ed.) *12*, 213–239 (1972).
[60] Meseth, J.: Experimentelle Untersuchung der Übergangszonen zwischen laminaren und turbulenten Strömungsgebieten intermittierender Rohrströmung. Mitteilungen aus dem Max-Planck-Institut für Strömungsforschung und der Aerodynamischen Versuchsanstalt, Göttingen, No. 58 (1974).
[60a] Miller, J.A., and Fejer, A.A.: Transition phenomena in oscillating boundary layer flows. JFM *18*, 438–449 (1964).
[61] von Mises, R.: Kleine Schwingungen und Turbulenz. Jahresber. Dt. Math. Verein. 241–248 (1912).
[61a] Morkovin, M.V.: On the many faces of transition, in: Viscous drag reduction (C.S. Wells, ed.). Plenum Press, New York, 1969, pp. 1–31; see also: Critical evaluation of transition from laminar to turbulent shear layer with emphasis on hypersonically travelling bodies. Air Force Flight Dynamics Lab., Wright-Patterson Air Force Base, Ohio, TR 68–149 (1969).
[62] Osborne, M.R.: Numerical methods for hydrodynamic stability problems. SIAM J. Appl. Math. *15*, 539–557 (1967).
[63] Ombrewski, H.G., Morkovin, M.V., and Landahl, M.: A portfolio of stability characteristics of incompressible boundary layers. AGARDograph No. 134 (1969).
[63a] Obremski, H.J., and Fejer, A.A.: Transition in oscillating boundary layer flows. JFM *29*, 93–111 (1967).
[64] Orr, W.M.F.: The stability or instability of the steady motions of a perfect liquid and of a viscous liquid. Part I: A perfect liquid; Part II: A viscous liquid. Proc. Roy. Irish Acad. *27*, 9–68 and 69–138 (1907).
[64a] Pearson, J.R.A.: Instability of non-Newtonian flow. Ann. Rev. Fluid Mech. *8*, 163–181 (1976).

[65] Persh, J.: A study of boundary-layer transition from laminar to turbulent flow. US Naval Ordnance Lab. Rep. 4339 (1956).
[66] Prandtl, L.: Über den Luftwiderstand von Kugeln. Nachr. Ges. Wiss. Göttingen, Math. Phys. Klasse, 177–190 (1914); see also Coll. Works *II*, 597–608.
[67] Prandtl, L.: Bemerkungen über die Entstehung der Turbulenz. ZAMM *I*, 431–436 (1921) and Phys. Z. *23*, 19–25 (1922); see also Coll. Works *II*, 687–696.
[67a] Prandtl, L.: Über die Entstehung der Turbulenz. ZAMM *11*, 407–409 (1931).
[68] Prandtl, L.: Neuere Ergebnisse der Turbulenzforschung. Z. VDI *77*, 105–114 (1933); see also: Coll. Works, *II*, 105–114.
[69] Pretsch, J.: Die Stabilitat einer ebenen Laminarströmung bei Druckgefälle und Druckanstieg. Jb. dt. Luftfahrtforschung *I*, 58–75 (1941).
[70] Lord Rayleigh: On the stability of certain fluid motions. Proc. Math. Soc. London *11*, 57 (1880) and *19*, 67 (1887); Scientific Papers *I*, 474–487 and *III*, 17; see also Scientific Papers *IV*, 203 (1895) and *VI*, 197 (1913).
[70a] Reshotko, E.: Boundary layer stability and transition. Ann. Rev. Fluid Mech. *8*, 311–349 (1976).
[71] Reynolds, O.: On the experimental investigation of the circumstances which determine whether the motion of water shall be direct or sinuous, and the law of resistance in parallel channels. Phil. Trans. Roy. Soc. *174*, 935–982 (1883); see also Coll. Papers *II*, 51.
[72] Reynolds, O.: On the dynamical theory of incompressible viscous fluids and the determination of the criterion. Phil. Trans. Roy. Soc. A *186*, 123–164 (1895); see also Coll. Papers *II*.
[73] Rosenbrook, G.: Instabilitat der Gleitschichten im schwach divergenten Kanal. ZAMM *17*, 8–24 (1937). Diss. Gottingen 1937.
[74] Ross, J.A., Barnes, F.H., Burns, J.G., and Ross, M.A.S.: The flat plate boundary layer. Part 3. Comparison of theory and experiment. JFM *43*, 819–832 (1970).
[75] Rotta, J.: Experimenteller Beitrag zur Entstehung turbulenter Strömung im Rohr. Ing.-Arch. *24*, 258–281 (1956).
[76] Schlichting, H.: Zur Entstehung der Turbulenz bei der Plattenstromung. Nachr. Ges. Wiss. Gottingen, Math. Phys. Klasse 182–208 (1933); see also ZAMM *13*, 171–174 (1933).
[77] Schlichting, H.: Amplitudenverteilung und Energiebilanz der kleinen Storungen bei der Plattenstromung. Nachr. Ges. Wiss. Gottingen, Math. Phys. Klasse, Fachgruppe I, *1*, 47–78 (1935).
[78] Schlichting, H.: Über die Theorie der Turbulenzentstehung. Summary Report, Forschg. Ing.-Wes. *16*, 65–78 (1950).
[79] Schlichting, H.: Entstehung der Turbulenz. Handbuch der Physik (S. Flügge, ed.), *8/1*, 351–450, Springer-Verlag, 1959. See also: Handbook of Fluid Dynamics (V.L. Streeter, ed.), McGraw-Hill, 1961.
[80] Schiller, L.: Untersuchungen über laminare und turbulente Stromung. Forschg. Ing.-Wes. Heft 428 (1922), or ZAMM *2*, 96–106 (1922), or Physikal. Z. *23*, 14–19 (1922).
[81] Schiller, L.: Neue quantitative Versuche zur Turbulenzentstehung. ZAMM *14*, 36–42 (1934).
[82] Schubauer, G.B., and Skramstad, H.K.: Laminar boundary layer oscillations and stability of laminar flow. National Bureau of Standards Research Paper 1 72. Reprint of confidential NACA Rep. dated April 1943 (later published as NACA War-time Rep. W-8) and JAS *14*, 69–78 (1947); see also NACA Rep. 909.
[83] Schubauer, G.B., and Klebanoff, P.S.: Contributions on the mechanics of boundary layer transition. NACA TN 3489 (1955) and NACA Rep. 1289 (1956); see also Proc. Symposium on Boundary Layer Theory, NPL, England, 1955.
[84] Schubauer, G.B., and Klebanoff, P.S.: Mechanism of transition at subsonic speeds. IUTAM Symposium, Boundary-layer Research (H. Gortler, ed.), 84–107, Berlin, 1958.
[84a] Saric, W.S., and Nayfeh, A.H.: Nonparallel stability of boundary layer flows. Phys. of Fluids *18*, 945–950 (1975).
[85] Shen, S.F.: Calculated amplified oscillations in plane Poiseuille and Blasius flows. JAS *21*, 62–64 (1954).
[85a] Shen, S.F.: Stability of laminar flows. High Speed Aerodynamics and Jet Propulsion *4*, 719–853, Princeton and Oxford, 1964.
[85b] Shen, F.C.T., Chen, T.S., and Huang, L. M.: The effects of mainflow radial velocity on the stability of developing laminar pipe flow. J. Appl. Mech., Trans. ASME Ser. E *43*, 209–212 (1976).
[86] Sommerfeld, A.: Ein Beitrag zur hydrodynamischen Erklärung der turbulenten Flüssigkeitsbewegungen. Atti del 4. Congr. Internat. dei Mat. *III*, 116–124, Roma, 1908.
[87] Squire, H.B.: On the stability of three-dimensional distribution of viscous fluid between parallel walls. Proc. Roy. Soc. London A *142*, 621–628 (1933).
[88] Stewartson, K.: A non-linear instability theory for a wave system in plane Poiseuille flow. JFM *48*, 529–545 (1971).

[89] Stuart, J.T.: On the effects of the Reynolds stress on hydrodynamic stability. ZAMM. Sonderheft 32–38 (1956).
[90] Stuart, J.T.: Non-linear effects in hydrodynamic stability. Proc. Xth Intern. Congress of Appl. Mech., Stresa, 63–97 (1960).
[91] Stuart, J.T.: Hydrodynamic stability, in: Laminar boundary layers (L. Rosenhead, ed.), 482–579, Clarendon Press, Oxford, 1963; see also: Appl. Mech. Rev. *18*, 523–531 (1965).
[92] Tani, I.: Some aspects of boundary layer transition at subsonic speeds. Advances in Aeronautical Sciences (Th. v. Kármán, ed.), *3*, 143–160, Pergamon Press, New York and London, 1962.
[93] Tani, I.: Einige Bemerkungen über den laminar-turbulenten Umschlag in Grenzschichtströmungen. ZAMM *53*, T 25–T 32 (1973).
[94] Tani, I.: Low speed flows involving bubble separation. Progress Aero Sci. *5*, 70–103 (1964).
[95] Tani, I.: Review of some experimental results on boundary layer transition. Phys. of Fluids Suppl. *10*, 11–16 (1967).
[96] Tani, I.: Boundary layer transition. Annual Review of Fluid Mechanics *1*, 169–196 (1969).
[96a] Tatsumi, A., and Katukani, T.: The stability of a two-dimensional laminar jet. JFM *4*, 261–275 (1958).
[97] Taylor, G.I.: Some recent developments on the study of turbulence Proc. of the Fifth Intern. Congress for Appl. Mech., New York, 294 (1938), see also Statistical theory of turbulence. V. Effect of turbulence on boundary layer. Proc. Roy. Soc. London A *156*, 307–317 (1936), see also: Scientific Papers *II*, 356–364.
[98] Tietjens, O.: Beiträge zur Entstehung der Turbulenz. Diss. Göttingen 1922; ZAMM *5*, 200–217 (1925).
[99] Tollmien, W.: Über die Entstehung der Turbulenz. I. Mitt. Nachr. Ges. Wiss. Göttingen, Math. Phys. Klasse 21–44 (1929); Engl. transl. in NACA TM 609 (1931).
[100] Tollmien, W.: Ein allgemeines Kriterium der Instabilität laminarer Geschwindigkeitsverteilungen. Nachr. Ges. Wiss. Göttingen, Math. Phys. Klasse, Fachgruppe I, *1*, 79-114 (1935), Engl transl. in NACA TM 792 (1936).
[101] Tollmien, W.: Asymptotische Integration der Störungsdifferentialgleichung ebener laminarer Strömungen bei hohen Reynoldsschen Zahlen. ZAMM *25/27*, 33–50 and 70–83 (1947).
[102] Tollmien, W., and Grohne, D.: The nature of transition. In: Boundary Layer and Flow Control (G.V. Lachmann, ed.). Vol. *2*, 602–636, Pergamon Press, London, 1961.
[103] Thomas, L.H.: The stability of plane Poiseuille flow. The Physical Rev. *86*, 812 (1952).
[104] Townsend, H.C.H.: Note on boundary layer transition. ARC RM 1873 (1939).
[104a] Wazzan, A.R.: Spatial stability of Tollmien-Schlichting waves. Progress in Aerospace Sciences (D. Küchemann, ed.) *16*, 99–127 (1975).
[105] Wieselsberger, C.: Der Luftwiderstand von Kugeln. ZFM *5*, 140–145 (1914).
[106] Wazzan, A.R., Taghavi, H., and Keltner, G.: Effect of boundary layer growth on stability of incompressible flat plate boundary layer with pressure gradient. Phys. of Fluids *17*, 1655–1670 (1974).
[107] White, F.M.: Viscous fluid flow. McGraw-Hill, New York. 1974.
[108] Wygnanski, J., Sokolov, M., and Friedman, D.: On a turbulent "spot" in a laminar boundary layer. JFM *78*, 785–819 (1976).

第十七章

[1] Abbott, J.H., von Doenhoff, A.E., and Stivers, L.S.: Summary of airfoil data. NACA Rep. 824 (1954).
[2] Althaus, D.: Stuttgarter Profilkatalog. Inst. Aerodynamik of Stuttgart Univ. (1972).
[3] ARC RM 2499; Transition and drag measurements on the Boulton Paul sample of laminar flow wing construction. Part I: by J.H. Preston and N. Gregory; Part II: by K.W. Kimber; Part III: Joint Discussion.
[3a] Beasley, J.A.: Calculation of the laminar boundary layer and prediction of transition on a sheared wing. ARC RM 3787 (1976); RAE TR-73156 (1974).
[4] Benjamin, T.B.: Effects of a flexible boundary on hydrodynamic stability. JFM *9*, 513–532 (1961).
[5] Bénard, H.: Les tourbillons cellulaires dans une nappe liquide. Rev. Gen. Sci. Pure Appl. *11*, 1261–1271 and 1309–1328 (1900).
[6] Bloom, M.: The effect of surface cooling on laminar boundary layer stability. JAS *18*, 635–636 (1951).
[7] Braslow, A.L., and Visconti, F.: Investigation of boundary layer Reynolds number for transition on an NACA 65(215)–114 airfoil in the Langley two-dimensional low-turbulence pressure tunnel. NACA TN 1704 (1948).

[8] Brinich, P.F.: Boundary layer transition at Mach 3·12 with and without single roughness element. NACA TN 3267 (1954).
[9] Bussmann, K., and Münz, H.: Die Stabilität der laminaren Reibungsschicht mit Absaugung. Jb. dt. Luftfahrtforschung *1*, 36—39 (1942).
[10] Bussmann, K., and Ulrich, K.: Systematische Untersuchungen über den Einfluss der Profilform auf die Lage des Umschlagpunktes. Preprint Jb. dt. Luftfahrtforschung 1943 in Techn. Berichte *10*, 9 (1943).
[11] Bloom, M.: The effect of surface cooling on laminar boundary layer stability. JAS *18*, 635—636 (1951).
[12] Brinich, P.F.: Boundary layer transition at Mach 3·12 with and without single roughness elements. NACA TN 3267 (1954).
[13] Brinich, P.F., and Sands, N.: Effect of bluntness on transition for a cone and a hollow cylinder at Mach 3·1. NACA TN 3979 (1957).
[14] Brown, W.B.: Exact solution of the stability equations for laminar boundary layers in compressible flow. Boundary Layer and Flow Control (G.V. Lachmann, ed.), Vol. 2, 1033—1048, Pergamon Press, New York, 1961.
[15] Brooke-Benjamin, T.: Wave formation in laminar flow down on inclined plane. JFM *2*, 554—574 (1957).
[16] Bippes, H.: Experimentelle Untersuchung des laminar-turbulenten Umschlages an einer parallel angeströmten konkaven Wand. Diss. T. U. Berlin, 1972; Sitzungsber. Heidelberger Akademie der Wiss. Math. Naturw. Klasse, 1972, Springer, Berlin, pp. 103—180; see also: Bippes, H., and Görtler, H.: Acta Mechanica *14*, 251—267 (1972).
[17] Clauser, L.M., and Clauser, F.: The effect of curvature on the transition from laminar to turbulent boundary layer. NACA TN 613 (1937).
[18] Corcos, G.M., and Sellars, J.R.: On the stability of fully developed flow in a pipe. JFM *5*, 97—112 (1959).
[19] Czarnecki, K.R., Robinson, R.B., and Hilton, Jr., J.H.: Investigation of distributed surface roughness on a body of revolution at a Mach numer of 1·61. NACA TN 3230 (1954).
[20] Czarnecki, K.R., and Sinclair, A.R.: An investigation of the effects of heat transfer on boundary-layer transition on a parabolic body of revolution (NACA RM 10) at a Mach number of 1·61. NACA Rep. 1240 (1955).
[21] Cary, A.M.Jr.: Turbulent boundary layer heat transfer and transition measurements for cold-wall conditions at Mach 6. AIAA J. *6*, 958—959 (1968).
[22] Cebeci, T., and Smith, A.M.O.: Investigation of heat transfer and of suction for tripping laminar boundary layers. J. Aircraft *5*, 450 (1968).
[22a] Cebeci, T., and Keller, H. B.: Stability calculations for a rotating disk. AGARD-CP-224, 7—1 to 7—9 (1977).
[23] Chapman, G.T.: Some effects of leading-edge sweep in boundary layer transition at supersonic speeds. NASA TN D-1075 (1961).
[24] Coles, D.: Measurements of turbulent friction on a smooth flat plate in supersonic flow. JAS *21*, 433—448 (1954).
[25] Czarnecki, K.R., and Sinclair, A.R.: An investigation of the effects of heat transfer on a parabolic body of revolution (NACA RM-10) at a Mach number of 1·61. NACA Rep. 1240 (1955).
[26] Colak-Antic, P.: Hitzdraht-Messungen des laminar turbulenten Umschlages bei freier Konvektion. Jb. WGL 1964, 171—176 (1965).
[27] Colak-Antic, P.: Dreidimensionale Stabilitätserscheinungen des laminar turbulenten Umschlages bei freier Konvektion längs einer vertikalen geheizten Platte. Sitzungsberichte Heidelberger Akademie der Wiss. Jb. 1962/64, 315—416, Heidelberg (1964).
[28] Crowder, H.J., and Dalton, C.: Stability of Poiseuille flow in a pipe. J. Comput. Phys. *7*, 12—31 (1971).
[29] Coles, D.: Transition in circular Couette flow. JFM *21*, 385—425 (1965).
[29a] DiPrima, R. C., and Stuart, J. T.: Nonlocal effects in the stability of flow between eccentric rotating cylinders. JFM *54*, 393—415 (1972).
[29b] DiPrima, R. C., and Stuart, J. T.: The nonlinear calculation of Taylor-vortex flow between eccentric rotating cylinders. JFM *67*, 85—111 (1975).
[30] von Doenhoff, A.E.: Investigation of the boundary layer about a symmetrical airfoil in a wind tunnel of low turbulence. NACA Wartime Rep. L 507 (1940).
[31] Doetsch, H.: Untersuchungen an einigen Profilen mit geringem Widerstand im Bereich kleiner c_a-Werte. Jb. dt. Luftfahrtforschung *I*, 54—57 (1940).
[32] van Driest, E.R.: Cooling required to stabilize the laminar boundary layer on a flat plate. JAS *18*, 698—699 (1951).
[33] van Driest, E.R.: Calculation of the stability of the laminar boundary layer in a compressible fluid on a flat plate with heat transfer. JAS *19*, 801—812 (1952).
[34] van Driest, E.R., and Boison, J.C.: Experiments on boundary layer transition at supersonic speeds. JAS *24*, 885—899 (1957).

[35] van Driest, E.R., and McCauley, W.D.: Boundary layer transition on a 10 degree cone at Mach number 2·81 as affected by extreme cooling. JAS *24*, 780—781 (1957).
[36] van Driest, E.R., and Blumer, C.B.: Boundary layer transition at supersonic speeds. Three-dimensional roughness effects (spheres). JASS *29*, 909—916 (1 2).
[37] van Driest, E.R., and Blumer, C.B.: Boundary layer transition: Free-stream turbulence and pressure gradient effects. AIAA J. *1*, 1303—1306 (1963)
[38] Dryden, H L.: Recent advances on the mechanics of boundary layer flow (R. v. Mises, and Th. v. Kármán, ed.). Advances in Appl. Mech *1*, 1—40, New York (1948).
[39] Dryden, H.L. Review of published data on the effect of roughness on transition from laminar to turbulent flow. JAS *20*, 477—482 (1953).
[40] Dryden, H.L.: Effects of roughness and suction on transition from laminar to turbulent flow Publ Scient et Techn. de Ministère de l'Air Paris (SDJT) 49—60 (1954).
[41] Dryden, H L Transition from laminar to turbulent flow at subsonic and supersonic speeds Proc. Conference on High Speed Aeronautics, New York, 1955, 41—74.
[42] Dryden, H L Recent investigations on the problem of transition. ZFW *4*, 89—95 (1956).
[43] Dunn, W D, and Lin, C C.: On the stability of the boundary layer in a compressible fluid. JAS *22*, 455 477 (1955); see also JAS *20*, 577 (1953) and *19*, 491 (1952).
[44] Dunning, R W, and Ulmann, E.F.: Effects of sweep and angle of attack on boundary layer transition on wings at Mach number 4 04. NACA TN 3473 (1955).
[45] Deem, R E, and Murphy, J .: Flat plate boundary layer transition at hypersonic speeds. AIAA Paper 65—128 (1965).
[46] Demetriades, A Hypersonic viscous flow over a slender cone. Part III. Laminar instability and transition. AIAA Paper 74—535 (1974).
[47] Diaconis, N.S, Jack, J R., and Wisniewski, R.J.: Boundary layer transition at Mach 3·12 by cooling and nose blunting. NACA TN 3928 (1957).
[48] Dicristina, V.: Three dimensional boundary-layer transition on a sharp 8° cone at Mach 10. AIAA J. *8*, 852—856 (1970).
[49] Dougherty, Jr., N.S., and Steinle, Jr., F.W.: Transition Reynolds number comparisons in several major transonic tunnels AIAA Paper 74—627 (1974).
[50] van Driest, E.R., and Blumer, C.B.: Boundary layer transition at supersonic speeds: Roughness effects with heat transfer. AIAA J. *4*, 603—607 (1968).
[51] van Driest, E R, and McCauley, W.D.: The effect of controlled three-dimensional roughness on boundary layer transition at supersonic speeds. JASS *27*, 261—271 (1960).
[53] Dunn, D W, and Lin, C C.: On the stability of the laminar boundary layer in a compressible fluid. JAS *22*, 455—477 (1955).
[54] Davey, A., and Drazin, P. G.: The stability of Poiseuille flow in a pipe. JFM *36*, 209—218 (1969)
[56] Ertel, H.: Thermodynamische Begründung des Richardsonschen Turbulenzkriteriums. Meteorol. Z. *56*, 109 (1939).
[57] Eckert, E.R G., and Soehngen, E.: Interferometric studies on the stability and transition to turbulence of a free convection boundary layer. Proc of the General Discussion on Heat Transfer, Sept. 1951, publ. by Inst Mech. Eng London and ASME.
[58] Everhart, P.E., and Hamilton, H.H.: Experimental investigation of boundary layer transition on a cooled 7 5° total angle cone at Mach 10. NASA TN D 4188 (1967).
[59] Eckert, E.R.G., Soehngen, E, and Schneider, P.J.: Studien zum Umschlag laminar-turbulent der freien Konvektionsströmung an einer senkrechten Platte. Fifty Years of Boundary-layer Research (W. Tollmien and H. Görtler, ed.), 407—412, 1955.
[60] Eppler, R.: Ergebnisse gemeinsamer Anwendung von Grenzschicht- und Profiltheorie. ZFW *8*, 247—260 (1960).
[61] Eppler, R.: Laminarprofile für Reynoldszahlen grösser als 4·10⁶. Ing.-Arch. *38*, 232—240 (1969).
[62] Fage, A., and Preston, J H.: On transition from laminar to turbulent flow in the boundary layer. Proc. Roy. Soc A *178*, 201—227 (1941).
[63] Feindt, E.G.: Untersuchungen über die Abhängigkeit des Umschlages laminar-turbulent von der Oberflächenrauhigkeit und der Druckverteilung. Diss. Braunschweig 1956; Jb. 1956 Schiffbautechn. Gesellschaft *50*, 180—203 (1957).
[63a] Frenkiel, F. N., Landahl, M. T, and Lumley, L.: Structure of turbulence and drag reduction. IUTAM Symp., Washington, D C, 7—12 June 1976, The Physics of Fluids *20*, No. 10, Part II, p. S 1—S 292, 1977, also B. A. Thom in Proc. Intern. Congress in Rheology, North Holland, Amsterdam, Sect. II, p. 135.
[64] Fischer, M.C. Turbulent bursts and rings on a cone in helium at Ma = 7·6. AIAA J. *10*, 1387—1389 (1972)
[65] Fischer, M.C.: An experimental investigation of boundary layer transition on a 10° half-angle cone at Mach 6·9. NASA D-5766 (1970).

[66] Fischer, M.C., and Weinstein, L.M.: Cone transitional boundary-layer structure. AIAA J. *10*, 699—701 (1972).
[66a] Garg, V.K., and Rouleau, W.T.: Linear spatial stability of pipe Poiseuille flow. JFM *54*, 113—127 (1972).
[67] Goldstein, S.: A note on roughness. ARC RM 1763 (1936).
[68] Goldstein, S.: The stability of viscous fluids between rotating cylinders. Proc. Cambr. Phil. Soc. *33*, 41—61 (1937).
[69] Goldstein, S.: On the stability of superposed streams of fluids of different densities. Proc. Roy. Soc. A *132*, 523 (1939).
[70] Goldstein, S.: Low-drag and suction airfoils. 11th Wright Brothers Lecture). JAS *15*, 189—215 (1948).
[71] Gortler, H.: Über den Einfluss der Wandkrümmung auf die Entstehung der Turbulenz. ZAMM *20*, 138—147 (1940).
[72] Gortler, H.: Über eine dreidimensionale Instabilität laminarer Grenzschichten an konkaven Wanden. Nachr. Wiss. Ges. Gottingen, Math. Phys. Klasse, Neue Folge *2*, No. 1 (1940); see also ZAMM *21*, 250—252 (1941).
[73] Gortler, H.: Dreidimensionale Instabilitat der ebenen Staupunktströmung gegenüber wirbelartigen Storungen. Fifty Years of Boundary-layer Research (W. Tollmien and H. Gortler, ed.), 303—314, Braunschweig, 1955.
[74] Gortler, H.: Dreidimensionales zur Stabilitatstheorie laminarer Grenzschichten. ZAMM *35*, 362/63 (1955)
[75] Granville, P.S.: The calculation of viscous drag of bodies of revolution. Navy Department. The David Taylor Model Basin. Rep. No. 849 (1953).
[76] Gregory, N., and Walker, S.: The effect on transition of isolated surface excrescences in the boundary layer. ARC RM *13*, 436 (1950).
[77] Gregory, N., Stuart, J.T., and Walker, W.S.: On the stability of three-dimensional boundary layers with application to the flow due to a rotating disk. Phiel. Trans.Roy. Soc. London A *248*, 155—199 (1955).
[78] Gaster, M.: A note on the relation between temporally-increasing and spatially-increasing disturbances in hydrodynamic stability. JFM *14*, 222—224 (1962).
[78a] Gaster, M.: On the flow along swept leading edges. Aero. Quart. *18*, 165—184 (1967).
[79] Gebhart, B.: Instability, transition and turbulence in bouyancy-induced flows. Annual Review of Fluid Mechanics (M. Van Dyke, ed.) *5*, 213—246 (1973).
[80] Gebhart, B.: Natural convection flows and stability. Advances in Heat Transfer *9*, 273—348 (1973).
[81] Gebhart, B.: Natural convection flow, instability and transition. Trans. ASME Ser. C *91*, 293—309 (1969).
[82] Granville, P.S.: The prediction of transition from laminar to turbulent flow in boundary layers on bodies of revolution. Rep. No. 3900 of the Naval Ship Research and Development Center, Bethesda, Maryland, 1974.
[83] Görtler, H., and Hassler, H.: Einige neue experimentelle Beobachtungen über das Auftreten von Längswirbeln in Staupunktstromungen. Schiffstechnik *20*, 67—72 (1973).
[84] Ginoux, J.J.: Instabilité de la couche limite sur ailes en flèche. ZFW *15*, 302—305 (1967).
[85] Hammerlin, G.: Über das Eigenwertproblem der dreidimensionalen Instabilitat laminarer Grenzschichten an konkaven Wänden. Diss. Freiburg 1954; J. Rat. Mech. Anal. *4*, 279—321; see also ZAMM *35*, 366—367 (1955).
[86] Hammerlin, G.: Zur Instabilitatstheorie der ebenen Staupunktstromung. Fifty Years of Boundary-layer Research (W. Tollmien and H. Gortler, ed.), 315—327 (1955).
[87] Harrin, E.N.: A flight investigation of laminar and turbulent boundary layers passing through shock waves at full-scale Reynolds-numbers. NACA TN 3056 (1953).
[88] Hausamann, W.: Flugwehr und Technik, Zürich *4*, 179 (1942).
[89] Head, M.R.: The boundary layer with distributed suction. ARC RM 2783 (1955).
[90] Hertel, H.: Struktur, Form, Bewegung. Series: Biologie und Technik. Krausskopf-Verlag, Mainz, 190—195, 1963.
[91] Higgins, R.W., and Pappas, C.C.: An experimental investigation of the effect of surface heating on boundary layer transition on a flat plate in supersonic flow. NACA TN 2351 (1951).
[92] Holstein, H.: Messungen zur Laminarhaltung der Reibungsschicht. Lilienthal-Bericht S 10 17—27 (1940).
[93] Huang, L.M., and Chen, T.S.: Stability of developing pipe flow subjected to non-axisymmetrical disturbances. JFM *83*, 183—193 (1974), see also Phys. Fluids *17*, 245—247 (1974).
[94] Van Ingen, J.L.: A suggested semi-empirical method for the calculation of the boundary layer transition region. Techn. Univ. Dep. of Aeronautics, Delft, Report V.T.H. *74* (1956).
[95] Jack, J.R., and Diaconis, N.S.: Variation of boundary layer transition with heat transfer on two bodies of revolution at a Mach number of 3.12. NACA TN 3562 (1955).

[96] Jacobs, E.N., and Sherman, A.: Airfoil section characteristics as affected by variations of the Reynoldsnumber. NACA TR 586 (1937).
[97] Jeffreys, H.: The instability of a layer of fluid heated below. Phil. Mag. *2*, 833—844 (1926); see also Proc. Roy. Soc. A *118*, 195—208 (1928).
[98] Jones, B.M.: Flight experiments on the boundary layer. Wright Brothers Lecture. JAS *5*, 81—102 (1938); also Aircraft Eng. *10*, 135—141 (1938).
[99] Jones, B.M., and Head, M.R.: The reduction of drag by distributed suction. Proc. Third Anglo-American Aero. Conference, Brighton 199—230 (1951).
[100] Jack, J.R., and Diaconis, N.S.: Variation of boundary-layer transition with heat transfer on two bodies of revolution at a Mach number of 3·12. NACA TN 3562 (1955).
[101] Jack, J.R., Wisniewski, R.J., and Diaconis, N.S.: Effects of extreme surface cooling on boundary layer transition. NACA TN 4094 (1957).
[102] Jillie, D.W., and Hopkins, E.J.: Effects of Mach-number, leading-edge bluntness and sweep on boundary-layer transition on a flat plate. NASA TN D-1071 (1961).
[103] Jones, W.P., and Launder, B.E.: The prediction of laminarization with a two-equation model of turbulence. J. Heat and Mass Transfer *15*, 301—314 (1972); see also JFM *56*, 337—351 (1972).
[104] Jaffe, N.A., Okamura, T.T., and Smith, A.M.O.: Determination of spatial amplification factors and their application to predicting transition. AIAA J. *8*, 301—308 (1970).
[105] Kay, J.M.: Boundary layer flow along a flat plate with uniform suction. ARC RM 2628 (1948).
[106] Kirchgässner, K.: Die Instabilität der Strömung zwischen zwei rotierenden Zylindern gegenüber Taylorwirbeln für beliebige Spaltbreiten. ZAMP *12*, 14—30 (1961).
[107] Kirchgässner, K.: Einige Beispiele zur Stabilitätstheorie von Strömungen an konkaven und erwärmten Wänden. Ing.-Arch. *31*, 115—124 (1962).
[107a] Klebanoff, P.S., and Tidstrom, K.D.: Mechanism by which a two-dimensional roughness element induces boundary layer transition. Phys. of Fluids *15*, 1173—1188 (1972).
[107b] Klebanoff, P.S., Tidstrom, K.D., and Sargent, J.: The three-dimensional nature of boundary layer instability. JFM *12*, 1—34 (1962); see also JAS *22*, 803—804 (1955).
[108] Korkegi, R.H.: Transition studies and skin-friction measurements on an insulated flat plate at a Mach number of 5·8. JAS *23*, 97—102 (1956).
[109] Krämer, K.: Über die Wirkung von Stolperdrähten auf den Grenzschichtumschlag. ZFW *9*, 20—27 (1961).
[110] Kramer, M.O.: Boundary layer stabilization by distributed damping. J. Amer. Soc. Naval Eng. *72*, 25—33 (1960).
[111] Krüger, H.: Über den Einfluss der Absaugung auf die Lage der Umschlagstelle an Tragflügelprofilen. Ing.-Arch. *19*, 384—387 (1951).
[112] Küchemann, D.: Storungsbewegungen in einer Gasströmung mit Grenzschicht. ZAMM *18*, 207—222 (1938); Diss. Gottingen 1938; see also note by H. Görtler, ZAMM *23*, 179—183 (1943).
[113] Kuethe, A.M.: On the character of the instability of the laminar boundary layer near the nose of a blunt body. JAS *25*, 338—339 (1958).
[114] Kendall, J.M.: Supersonic boundary layer stability experiments. Proc. Boundary Layer Transition Study Gronp Meeting (W.D. McCauley, ed.), *II*, Aerospace Corp., Cal., 1967.
[115] Kendall, J.M.: Wind tunnel experiments relating to supersonic and hypersonic boundary-layer transition. AIAA J. *13*, 290—299 (1975).
[116] Koschmieder, E.L.: Taylor vortices between eccentric cylinders Phys. of Fluids *19*, 1—4 (1976).
[117] Krogmann, P.: An experimental investigation of laminar and transitional heat transfer to a sharp slender cone at $Ma_\infty = 5$, including effects of angle of attack and circumferential heat transfer. Diss. Braunschweig 1975; AIAA Paper 74—628 (1974); see also ZFW *1*, 101—115 (1977).
[117a] Küchemann, D.: Störungsbewegung in einer Gasströmung mit Grenzschicht. Diss. Göttingen 1938. ZAMM *18*, 207—222 (1938).
[118] Kestin, J., and Wood, R.T.: On the stability of two-dimensional stagnation flow. JFM *44*, 461—479 (1970).
[119] Kaye, J., and Elgar, E.C.: Modes of adiabatic and diabatic fluid flow in an annulus with inner rotating cylinder. Trans. ASME *80*, 753—765 (1958).
[120] Landahl, M.T.: On the stability of a laminar incompressible boundary layer over a flexible surface. JFM *13*, 609—632 (1962).
[121] Laufer, J., and Vrebalovich, Th.: Stability and transition of a supersonic laminar boundary layer on a flat plate. JFM *9*, 257—299 (1960).
[122] Lees, L., and Lin, C.C.: Investigation of the stability of the laminar boundary layer in a compressible fluid. NACA TN 1115 (1946).

[123] Lees, L.: The stability of the laminar boundary layer in a compressible flow. NACA TN 1360 (1947) and NACA Rep. 876 (1947).

[124] Lees, L.: Comments on the "Effect of surface cooling on laminar boundary-layer stability". JAS *18*, 844 (1951).

[125] Leite, R.J.: An experimental investigation of the stability of Poiseuille flow. JFM *5*, 81—96 (1959).

[126] Lessen, M., and Gangwani, S.T.: Effect of wall small amplitude waviness on the stability of the laminar boundary layer. Phys. Fluids *19*, 510—513 (1976).

[126a] Lessen, M., and Singh, P.J.: The stability of axisymmetric free shear layers. JFM *60*, 433—457 (1973).

[126b] Lessen, M., Singh, P.J., and Paillet, F.L.: Stability of a trailing line vortex. Part I: Inviscid theory. JFM *65*, 753—763 (1974).

[126c] Lessen, M., and Paillet, F.L.: Stability of a trailing line vortex. Part II: Viscous theory. JFM *65*, 769—779 (1974).

[127] Liepmann, H.W.: Investigations on laminar boundary layer stability and transition on curved boundaries. ARC RM 7802 (1943).

[128] Liepmann, H.W.: Investigation of boundary layer transition on concave walls. NACA Wartime Rep. W-87 (1945).

[129] Liepmann, H.W., and Fila, G.H.: Investigations of effect of surface temperature and single roughness elements on boundary layer transition. NACA TN 1196 (1947) and NACA Rep. 890 (1947)

[130] Lindgren, E.R.: Liquid flow in tubes I, II and III. Archiv for Fysik *15*, 97 (1959); *15*, 3 (1959) and 103 (1959).

[131] Linke, W.: Über den Strömungswiderstand einer beheizten ebenen Platte. Luftfahrtforschung *19*, 157—160 (1942).

[132] Ludwieg, H.: Stabilität der Strömung in einem zylindrischen Ringraum. ZFW *8*, 135—140 (1960).

[133] Ludwieg, H.: Ergänzung zu der Arbeit "Stabilität der Strömung in einem zylindrischen Ringraum". ZFW *9*, 359—361 (1961).

[134] Ludwieg, H.: Experimentelle Nachprüfung der Stabilitätstheorien für reibungsfreie Strömungen mit schraubenlinienförmigen Stromlinien. ZFW *12*, 304—309 (1964).

[135] Laufer, J.: Factors affecting transition Reynolds numbers on models in supersonic wind tunnels. JAS *21*, 497—498 (1954).

[136] Laufer, J.: Aerodynamic noise in supersonic wind tunnels. JASS *28*, 685—692 (1961).

[137] Laufer, J.: Some statistical properties of the pressure field radiated by a turbulent boundary layer. Phys. Fluids *7*, 1191—1197 (1964).

[138] Laufer, J., and Marte, J.E.: Results and a critical discussion of transition-Reynolds-number measurements on insulated cones and flat plates in supersonic wind tunnels. Jet Propulsion Lab., Pasadena, Calif., Rep. 20—96 (1955).

[139] Laufer, J., and Vrebalovich, T.: Stability and transition of a supersonic laminar boundary layer on a flat plate. JFM *9*, 257—299 (1960).

[140] Lees, L.: The stability of the laminar boundary layer in a compressible flow. NACA TN 1360 (1947) and NACA Rep. 876 (1947).

[141] Lees, L., and Lin, C.C.: Investigation of the stability of the laminar boundary layer in a compressible fluid. NACA TN 1115 (1946).

[142] Lees, L., and Reshotko, E.: Stability of the compressible laminar boundary layer. JFM *12*, 555—590 (1962).

[143] Liepmann, H.W., and Fila, G.: Investigations of effect of surface temperature and single roughness elements on boundary-layer transition. NACA TN 1196 (1947) and NACA Rep. 890 (1947).

[144] Lin, C.C.: The theory of hydrodynamic stability (Chap. 5). Cambridge University Press, 1955.

[145] Linke, W.: Über den Stromungswiderstand einer beheizten ebenen Platte. Luftfahrtforschung *19*, 157—160 (1942).

[146] Lowell, R.L., and Reshotko, E.: Numerical study of the stability of a heated, water boundary layer. Div. Fluid. Thermal and Aero. Sci., Case Western Reserve Univ., Cleveland, Ohio, Rep. FTAS—TR 73—93 (1974).

[147] Lloyd, J.R., and Sparrow, E.M.: On the instability of natural convection flow on inclined plates. JFM *42*, 465—470 (1970).

[148] Lessen, M., Sadler, S., and Liu, T.Y.: Stability of pipe Poiseuille flow. Phys. Fluids *11*, 1404—1409 (1968).

[149] Meksyn, D.: Stability of viscous flow over concave cylindrical surfaces. Proc. Roy. Soc. A *203*, 253—265 (1950).

[150] Michel, R.: Etude de la transition sur les profiles d'aile; établissement d'un critère de détermination du point de transition et calcul de la trainée de profil en incompressible. ONERA Rapport 1/1578 A (1951).

[151] Mack, L.M.: Computation of the stability of the laminar compressible boundary layer. Methods in Computational Physics (B. Alder, ed.) *4*, 247—299, Academic Press, 1965.
[152] Mack, L.M.: The stability of the compressible laminar boundary layer according to a direct numerical solution. AGARDOgraph 97, Part 1, 483—501 (1965).
[153] Mack, L.M.: Boundary layer stability theory. Jet Propulsion Lab., Pasadena, Calif., Rep. 900—277 (1969).
[154] Mack, L.M.: Linear stability theory and the problem of supersonic boundary-layer transition. AIAA J. *13*, 278—289 (1975).
[155] Mack, L.M.: A numerical method for the prediction of high-speed boundary-layer transition using linear theory. Proc. Conf. on Aerodynamic Analyses Requiring Advanced Computers, NASA Sp-347 (1975).
[156] Maddalon, D.V.: Effect of varying wall temperature and total temperature on transition Reynolds number at Mach 6.8. AIAA J. *7*, 2355—2357 (1969).
[157] Maddalon, D.V., and Henderson, T.A.: Hypersonic transition studies on a slender cone at small angles of attack. AIAA J. *6*, 176—177 (1968).
[158] Marvin, J.G., and Akin, C.M.: Combined effects of mass addition and nose bluntness on boundary-layer transition. AIAA J. *8*, 857—863 (1970).
[159] Mateer, G.G.: Effect of wall cooling and angle of attack on boundary-layer transition on sharp cones at $M_\infty = 7.4$. NASA TN D-6908 (1972).
[160] Morkovin, M.V.: Critical evaluation of transition from laminar to turbulent shear layers with emphasis on hypersonically travelling bodies. Air Force Flight Dynamics Lab., Wright-Patterson Air Force Base, Ohio, TR 68—149 (1969).
[161] Munson, B.R., and Joseph, D.D.: Viscous incompressible flow between concentric rotating spheres. Part I: Basic flow. JFM *49*, 289—304 (1971).
[162] Munson, B.R., and Joseph, D.D.: Viscous incompressible flow between concentric rotating spheres. Part II: Hydrodynamic stability. JFM *49*, 305—318 (1971).
[163] Munson, B.R., and Menguturk, M.: Viscous incompressible flow between concentric rotating spheres. Part III: Linear stability and experiments. JFM *69*, 705—719 (1975).
[164] Mackrodt, P.A.: Stabilitat von Hagen-Poiseuille-Stromungen mit uberlagerter starrer Rotation. Mitt. Max-Planck-Institut fur Stromungsforschung and AVA No. 55, Göttingen (1971); see also ZAMM *53*, T 111—T 112 (1973).

[165] Mackrodt, P.A.: Stability of Hagen-Poiseuille flow with superimposed rigid rotation. JFM *73*, 153—164 (1976).
[166] Michel, R.: Détermination du point de transition et calcul de la trainée des profiles d'ailes en incompressible. ONERA Publ. No. 58 (1952).
[167] Nachtsheim, P.R.: Stability of the free convection boundary layer flow. NACA TN D 2089 (1963).
[168] Narasimha, R., and Sreenivasan, K.R.: Relaminarization in highly accelerated turbulent boundary layers. JFM *61*, 417—447 (1973).
[169] Pekeris, C.L.: Stability of the laminar flow through a straight pipe in infinitesimal disturbances which are symmetrical about the axis of the pipe. Proc. Nat. Acad. Sci. Washington *34*, 285 (1948).
[170] Piercy, N.A.V., and Richardson, E.G.: The variation of velocity amplitude close to the surface of a cylinder moving through a viscous fluid. Phil. Mag. *6*, 970—976 (1928).
[171] Piercy, N.A.V., and Richardson, E.G.: The turbulence in front of a body moving through a viscous fluid. Phil. Mag. *9*, 1038—1041 (1930).
[172] Potter, J.L., and Whitfield, J.D.: Effects of slight nose bluntness and roughness on boundary layer transition in supersonic flows. JFM *12*, 501—535 (1962).
[173] Prandtl, L.: Einfluss stabilisierender Kräfte auf die Turbulenz. Lectures on aerodynamics and related fields, Aachen, 1929, 1—10; Berlin, 1930; see also Coll. Works *II*, 778—785.
[174] Prandtl, L., and Reichardt, H.: Einfluss von Wärmeschichtung auf die Eigenschaften einer turbulenten Strömung. Dt. Forschung No. 21, 110—121 (1934); see also Coll. Works *II*, 846—854.
[175] Prandtl, L.: Bericht über neuere Untersuchungen über das Verhalten der laminaren Reibungsschicht, insbesondere den laminar-turbulenten Umschlag. Mitt. dt. Akad. Luftfahrtforschung *2*, 141 (1942).
[176] Preisch, J.: Über die Stabilität der Laminarströmung um eine Kugel. Luftfahrtforschung *18*, 341—344 (1941).
[177] Pretsch, J.: Über die Stabilität der Laminarströmung in einem geraden Rohr mit kreisförmigem Querschnitt. ZAMM *21*, 204—217 (1941).
[178] Pretsch, J.: Die Stabilität einer ebenen Laminarströmung bei Druckgefälle und Druckanstieg. Jb. dt. Luftfahrtforschung *I*, 58—75 (1941).
[179] Pretsch, J.: Die Anfachung instabiler Strömungen in einer laminaren Reibungsschicht. Jb. dt. Luftfahrtforschung *I*, 54—71 (1942).
[180] Pretsch, J.: Umschlagbeginn und Absaugung. Jb. dt. Luftfahrtforschung *I*, 1—7 (1942).

[181] Pate, S.R.: Measurements and correlations of transition Reynolds numbers on sharp slender cones at high speeds. AIAA J. *9*, 1082—1090 (1971).
[182] Pate, S.R., and Groth, E.E.: Boundary-layer transition measurements on swept wings with supersonic leading edge. AIAA J. *4*, 737—738 (1966).
[183] Pate, S.R., and Schueler, C.J.: An investigation of radiated aerodynamic noise effects on boundary-layer transition in supersonic and hypersonic wind tunnels. AIAA J. *7*, 450—457 (1969).
[184] Potter, J.L.: Observations on the influence of ambient pressure on boundary-layer transition. AIAA J. *6*, 1907—1911 (1968).
[185] Potter, J.L., and Whitfield, J.D.: Effects of unit Reynolds number, nose bluntness and roughness on boundary layer transition. AGARD Rep. 256 (1960).
[187] Potter, J.L., and Whitfield, J.D.: Boundary-layer transition under hypersonic conditions. AGARDograph 97, Part 3, 1—61 (1965).
[188] Pedley, T.J.: On the instability of viscous flow in a rapidly rotating pipe. JFM *35*, 97 115 (1969).
[189] Patel, V.C., and Head, M.R.: Reversion of turbulent to laminar flow. JFM *34*, 371—392 (1968).
[190] Lord Rayleigh: On convection currents in a horizontal layer of fluid when the higher temperature is on the underside. Phil. Mag. *32*, 529 (1916) or Scientific Papers *6*, 432—446.
[191] Lord Rayleigh: On the dynamics of revolving fluids. Proc. Roy. Soc. A *93*, 148—154 (1916); reprinted in Scientific Papers, *6*, 447—453.
[192] Richardson, L.F.: The supply of energy from and to atmospheric eddies. Proc. Roy. Soc. A *97*, 354—373 (1926).
[193] Riegels, F.: Das Umströmungsproblem bei inkompressiblen Potentialströmungen. Ing.-Arch. *16*, 373—376 (1948) and *17*, 94—106 (1949).

[194] Reshotko, E.: Stability theory as a guide to the evaluation of transition data. AIAA J. *7*, 1086—1091 (1969).
[194a] Reshotko, E.: Boundary Layer stability and transition. Annual Review of Fluid Mechanics (M. Van Dyke, ed.) *8*, 311—349 (1976).
[194b] Reshotko, E.: Transition reversal and Tollmien-Schlichting instability. Phys. of Fluids *6*, 335—342 (1963).
[195] Richards, B.E., and Stollery, J.L.: Transition reversal on a flat plate at hypersonic speeds. AGARDograph 97, Part 1, 477—489 (1965).
[196] Richards, B.E., and Stollery, J.L.: Further experiments on transition reversal at hypersonic speeds. AIAA J. *4*, 2224—2226 (1966).
[197] Sato, H., and Kuriki, K.: The mechanism of transition in the wake of a thin flat plate placed parallel to a uniform flow. JFM *11*, 321—352 (1961).
[197a] Sarpkaya, T.: A note on the stability of developing laminar pipe flow subjected to axisymmetric and non-axisymmetric disturbances. JFM *68*, 345—351 (1975).
[197b] Sarpkaya, T.: Evolution of small disturbances in the laminar transition region of Hagen-Poiseuille flow. Ann. Rep. Nat. Sci. Foundation. N U Hydro Rep. No. 027. TS (1966).
[197c] Salwen, H., and Grosch, C.E.: Stability of Poiseuille flow in a pipe of circular cross section. JFM *54*, 93-112 (1972).
[198] Schlichting, H.: Über die Stabilität der Couette-Strömung. Ann d. Phys. *V*, 905—936 (1932).
[199] Schlichting, H.: Turbulenz der Wärmeschichtung. ZAMM *15*, 313—338 (1935); see also Proc. Fourth Int. Congr. Appl. Mech. 245, Cambridge, 1935.
[200] Schlichting, H., and Ulrich, A.: Zur Berechnung des Umschlages laminar-turbulent. Jb. dt. Luftfahrtforschung *I*, 8—35 (1942). Detailed presentation in Report of the Lilienthal-Gesellschaft S 10, 75—135 (1940).
[201] Schlichting, H.: Die Beeinflussung der Grenzschicht durch Absaugung und Ausblasen. Jb. dt. Akad. d. Luftfahrtforschung 90—108 (1943/44).
[202] Schiller, L.: Handbuch der Experimental-Physik *IV*. Part 4, 1—207, Leipzig, 1932.
[203] Schubauer, G.B., and Skramstad, H.K.: Laminar boundary layer oscillations and stability of laminar flow. National Bureau of Standards Research Paper *1772* (1943); JAS *14*, 69—78 (1947); see also NACA Rep. 909 (1947).
[204] Schultz-Grunow, F., and Hein, H. Beitrag zur Couette-Strömung. ZFW *4*, 28—30 (1956).
[204a] Schultz-Grunow, F., and Behbahani, D.: Boundary layer stability at longitudinally curved walls. ZAMP *24*, 499—506 (1973) and ZAMP *26*, 493—495 (1975).
[204b] Schultz-Grunow, F.: Zur Stabilitat der Couette-Stromung. ZAMM *39*, 101—110 (1959).
[204c] Schultz-Grunow, F.: The stability of Couette flow with respect to two-dimensional perturbations In W. Fiszdon (ed.): Fluid Dynamics Transaction *3*, 83—93, Warszawa, 1967.
[204d] Schultz-Grunow, F.: Exakte Zugange zu hydrodynamischen Problemen. 18. Ludwig Prandtl Memorial Lecture, ZFW *23*, 175—183 (1975).
[205] Sexl, Th.: Zur Stabilitätsfrage der Poiseuilleschen und der Couette-Strömung. Ann. Phys. (4) *83*, 835—848 (1927).

[206] Sexl, Th., and Spielberg, K.: Zum Stabilitätsproblem der Poiseuille-Strömung. Acta Phys. Austriaca 12, 9—28 (1958).
[207] Shapiro, N.M.: Effects of pressure gradient and heat transfer on the stability of the compressible laminar boundary layers. JAS 23, 81—83 (1956).
[208] Shen, S., and Persh, J.: The limiting wall temperature ratios required for complete stabilization of laminar boundary layers with blowing. JAS 23, 286—287 (1956).
[209] Silverstein, A., and Becker, J.V.: Determination of boundary layer transition on three symmetrical airfoils in the NACA full-scale wind tunnel. NACA TR 637 (1938).
[210] Smith, A.M.O : On the growth of Taylor-Görtler vortices along highly concave walls. Quart. Appl. Math. 13, 233—262 (1955).
[211] Smith, A.M.O.: Transition pressure gradient and stability theory. Paper presented at the IX. Intern. Congress of Appl. Mech. 4, 234—244, Brussels, 1957; see also JASS 26, 229—245 (1959).
[212] Speidel, L.: Beeinflussung der laminaren Grenzschicht durch periodische Störungen der Zuströmung. ZFW 5, 270—275 (1957).
[213] Stalder, J.R., Rubesin, M.W., and Tendeland, T.H.: A determination of the laminar-transitional- and turbulent-boundary-layer temperature recovery factor on a flat plate in supersonic flow. NACA TN 2077 (1950).

[214] Stender, W.: Laminarprofil-Messungen des NACA, eine Auswertung zur Gewinnung allgemeiner Erkenntnisse uber Laminarprofile. Luftfahrttechnik 2, 218—227 (1956).
[215] Sternberg, J.: A free-flight investigation of the possibility of high Reynolds-number supersonic laminar boundary layers. JAS 19, 721—733 (1952).
[216] Sternberg, J.: The transition from a turbulent to a laminar boundary layer. Ballistic Research Laboratories Rep. 906 (1954). Aberdeen Proving Ground, Maryland, USA.
[217] Stuart, J.T.: On the stability of viscous flow between parallel planes in the presence of a coplanar magnetic field. Proc. Roy. Soc. London A 221, 189—206 (1954).
[218] Stuart, J.T.: On the nonlinear mechanics of hydrodynamic stability. JFM 4, 1—21 (1958).
[219] Stuart, J.T.: On three-dimensional non-linear effects in the stability of parallel flows. Advances in Aeronautical Sciences (Th. v. Kármán, ed.) 3, 121—142 Pergamon Press, New York/London, 1962.
[220] Stüper, J.: Der Einfluss eines Stolperdrahtes auf den Umschlag der Grenzschicht an einer ebenen Platte. ZFW 4, 30—34 (1956).
[221] Sanator, R.J., De Carlo, J.P., and Torillo, D.J.: Hypersonic boundary layer transition data for a cold wall slender cone. AIAA J. 3, 758—760 (1965).
[222] Schlichting, H.: Zur Entstehung der Turbulenz bei der Plattenströmung. Nachr. Ges. Wiss. Gottingen, Math. Phys. Klasse, 182—208 (1933)
[223] Sheetz, N.W., Jr.: Boundary layer transition on cones at hypersonic speeds. Proc. Symposium on Viscous Drag Reduction (S.G. Spangler and C.S. Wells, Jr., ed.), Plenum Press (1969).
[223a] Sibulkin, M.: Transition from turbulent to laminar pipe flow. Phys. of Fluids 5, 280—284 (1962).
[224] Steinbeck, P.C.: Effects of unit Reynolds number, nose bluntness, angle of attack, and roughness on transition on a 5° half-angle cone at Mach 8. NASA TN D-4961 (1969).
[225] Sternberg, J.: A free-flight investigation of the possibility of high Reynolds-number supersonic laminar boundary layers. JAS 19, 721—733 (1952).
[226] Stetson, K.F., and Rushton, G.H.: Shock tunnel investigation of boundary layer transition at M = 5·5. AIAA J. 5, 899—909 (1967).
[227] Strazisar, A., Prahl, J.M., and Reshotko, E.: Experimental study of the stability of heated laminar boundary layers in water. Report FTAS/TR 75—113, Dept. of Fluid Thermal and Aero. Sci. Case Western Reserve Univ. (1975).
[227a] Stuart, J.T.: Hydrodynamic stability. In: Rosenhead, L. (ed.): Laminar boundary layers, pp. 492—579, Clarendon Press, Oxford, 1963.
[228] Sparrow, E.M., and Husar, R.B.: Longitudinal vortices in natural convection flow on inclined plates. JFM 37, 251—253 (1969).
[229] Szewczyk, A.: Stability and transition of the free-convection layer along a vertical flat plate. Int. J. Heat and Mass Transfer 5, 903—914 (1962).
[230] Sawatzki, O., and Zierep, J.: Das Stromfeld im Spalt zwischen zwei konzentrischen Kugelflächen, von denen die innere rotiert. Acta Mechanica 9, 13—25 (1970); see also ZAMM 50, 205—208 (1970) and Eighth Symposium on Naval Research, SRC-179, 275—287 (1970).
[231] Sexl, Th.: Über dreidimensionale Störungen der Poiseuilleschen Strömung. Ann. Phys. 83, 835 (1927)
[232] Sadeh, W.S., Sutera, S.P., and Maeder, P.F.: Analysis of vorticity amplification in the flow approaching a two-dimensional stagnation point. ZAMP 21, 699—716 (1970)
[233] Sadeh, W.S., Sutera, S.P., and Maeder, P.F.: An investigation of vorticity amplification in stagnation flow. ZAMP 21, 717—742 (1970).

[234] Tani, I., and Mituisi, S. Contributions to the design of aerofoils suitable for high speeds. Aero. Res. Inst. Tokyo. Imp. Univ. Rep. 198 (1940).
[235] Tani, I., Hama, R., and Mituisi, S.: On the permissible roughness in the laminar boundary layer. Aero. Res. Inst. Tokyo. Imp. Univ. Rep. 199 (1940).
[236] Tani, I., and Hama, T.. Some experiments on the effects of a single roughness element on boundary layer transition. JAS *20*, 289—290 (1953).
[237] Tani, I., Juchi, M., and Yamamoto, K.: Further experiments on the effect of a single roughness element on boundary layer transition. Rep. Inst. Sci. Technol. Tokyo, Univ. *8* (Aug. 1954).
[238] Tani, I.: Boundary layer transition. Annual Review of Fluid Mech. *1*, 169—196 (1969).
[238a] Tatsumi, T.: Stability of the laminar inlet-flow prior to the formation of Poiseuille regime. Part I: J. Phys. Soc. Japan *7*, 489—495 (1952); Part II: J. Phys. Soc. Japan *7*, 495—502 (1952).
[238b] Tani, I., and Sato, H.: Boundary layer transition by roughness elements. J. Phys. Soc. Japan *11*, 1284—1291 (1956); see also IXe Congres International de Mécanique Appliquée, Actes, *IV*, 86—93 (1957).
[239] Taylor, G.I.: Internal waves and turbulence in a fluid of variable density. Rapp. Proc. Verb. Cons. Internat. pour l'Exploration de la Mer. LXXVI Copenhagen, 35—42 (1931).
[240] Taylor, G.I.: Effects of variation in density on the stability of superposed streams of fluid. Proc. Roy. Soc. A *132*, 499—523 (1931).
[241] Taylor, G.I.: Stability of a viscous liquid contained between two rotating cylinders. Phil. Trans. A *223*, 289—343 (1923); see also Proc. Roy. Soc. A *151*, 494—512 (1935) and *157*, 546—564 and 565—578 (1936).
[242] Theodorsen, T., and Garrick, J.: General potential theory of arbitrary wing section. NACA TR 452 (1933).
[243] Ulrich, A.: Theoretische Untersuchungen über die Widerstandsersparnis durch Laminarhaltung mit Absaugung. Schriften dt. Akad. d. Luftfahrtforschung *8* B, No. 2 (1944).
[244] Wendt, F.: Turbulente Strömung zwischen zwei rotierenden koaxialen Zylindern. Diss. Gottingen 1934. Ing.-Arch. *4*, 577—595 (1933).
[245] Wijker, H.: On the determination of the transition point from measurements of the static pressure along a surface. Holl. Ber. A 1210 (1951).
[246] Wijker, H.: Survey of transition point measurements at the NLL, mainly for twodimensional flow over a NACA 0018 profile. Holl. Ber. A 1269 (1951).
[247] Wuest, W.: Näherungsweise Berechnung und Stabilitätsverhalten von laminaren Grenzschichten mit Absaugung durch Einzelschlitze. Ing.-Arch. *21*, 90—103 (1953).
[248] Wuest, W.: Stabilitätsmindernde Einflüsse der Absaugegrenzschichten. ZFW *4*, 81—84 (1956).
[249] Wazzan, A.R., Okamura, T., and Smith, A.M.O.: The stability of water flow over heated and cooled flat plates. J. Heat Transfer *90*, 109—114 (1968).
[250] Wazzan, A.R., Okamura, T., and Smith, A.M.O.: The stability in incompressible flat plate laminar boundary layer in water with temperature dependent viscosity. Proc. Sixth Southeastern Seminar on Thermal Sciences, Raleigh, N. C., 184—202 (1970).
[251] Wazzan, A.R., Okamura, T., and Smith, A.M.O.: The stability and transition of heated and cooled incompressible laminar boundary layers. Proc. Fourth Int. Heat Transfer Conf. (U. Grigull and E. Hahne, ed.), 2, FC 1.4, Elsevier Publ. Co., Amsterdam, 1970.
[252] Wazzan, A.R., Okamura, T., and Smith, A.M.O.: Stability of laminar boundary layers at separation. Phys. of Fluids, *10*, 2540—2545 (1967).
[253] Wilkins, M.E., and Tauber, M.E.: Boundary layer transition on ablating cones at speeds up to 7 km/sec. AIAA J. *4*, 1344—1348 (1966).
[254] Wieghardt, K. Theoretische Stromungslehre. Teubner, Stuttgart, 1965.
[255] Wortmann, F.X.: Experimentelle Untersuchungen laminarer Grenzschichten bei instabiler Schichtung. Proc. Eleventh Int. Congress of Appl. Mech. München 1964, 815—825 (1965).
[256] Wortmann, F.X.: Längswirbel in instabilen laminaren Grenzschichten. Der Ingenieur *83*, L 52—L 60 (1971).
[257] Wortmann, F.X.: Visualization of transition. JFM *38*, 473—480 (1969).
[258] Wortmann, F.X.: The incompressible fluid motion downstream of two dimensional Tollmien-Schlichting waves. AGARD Conf. Proc. 224, 12—1 to 12—8 (1977).
[259] Zimmermann, G.: Wechselwirkungen zwischen turbulenten Wandgrenzschichten und flexiblen Wänden. Bericht 10/1974 of the Max-Planck Institut Göttingen, 1974.

第十八章

[1] Batchelor, G.K.: The theory of homogeneous turbulence. Cambridge, 1953, reprint 1970.
[1a] Blake, W.K.: Turbulent boundary layer wall pressure fluctuations on smooth and rough wall. JFM *44*, 637—660 (1970).

[2] Bradshaw, P.: An introduction to turbulence and its measurement. Pergamon Press, 1971.
[3] Bowden, K.F., Frenkiel, F.N., and Tani, I. (ed.): Boundary layers and turbulence. Proc. IUGG/IUTAM Symp. Kyoto 1966, Phys. Fluids Suppl. (1967).
[3a] Bull, M.K.: Wall pressure fluctuations associated with subsonic turbulent boundary flow. JFM *28*, 719—754 (1967).
[4] Burgers, J.M.: A mathematical modell illustrating the theory of turbulence. Advances in Appl. Mech. Vol. *I* (R. von Mises and Th. von Kármán, ed.), New York, 1948.
[5] Charney, G., Comte-Bellot, G., and Mathieu, J.: Development of a turbulent boundary layer on a flat plate in an external turbulent flow. AGARD Conf. Proc. *93*, 27.1—27.10 (1971).
[6] Cooper, R.D., and Tulin, M.P.: Turbulence measurements with the hot-wire anemometer. AGARDograph No. 12 (1955).
[7] Corrsin, S.: Turbulence, experimental methods. Handb. Physik (S. Flügge, ed.), Vol. *VIII/2* Springer Verlag, Berlin/Gottingen/Heidelberg, 1963.
[8] Dryden, H.L., and Kuethe, A.M.: Effect of turbulence in wind-tunnel measurements. NACA Rep. 342 (1929).
[9] Dryden, H.L.: Reduction of turbulence in wind tunnels. NACA Rep. 392 (1931).
[10] Dryden, H.L., Schubauer, G.B., Mock, W.C., and Skramstad, H.K.: Measurements of intensity and scale of wind-tunnel turbulence and their relation to the critical Reynolds number of spheres. NACA Rep. 581 (1937).
[11] Dryden, H.L.: Turbulence investigations at the National Bureau of Standards. Proc. Fifth Intern. Congress of Appl. Mech., p. 362 (1938).
[12] Dryden, H.L.: Turbulence and the boundary layer. JAS *6*, 85—100 (1939).
[13] Dryden, H.L., and Schubauer, G.B.: The use of damping screens for the reduction of wind-tunnel turbulence. JAS *14*, 221—228 (1947).
[14] Dryden, H.L., and Abbott, J.H.: The design of low turbulence wind tunnels. NACA TN 1755 (1948).
[15] Emmerling, R.: Die momentane Struktur des Wanddruckes einer türbulenten Stromung. Mitteilungen aus dem Max-Planck Institut fur Stromungsforschung und der Aerodynamischen Versuchsanstalt, No. 56 (1973); see also: Emmerling, R., Meier, G.E.A., and Dinkelacker, A.: Investigation of the instantaneous structure of the wall pressure under a turbulent boundary layer flow. AGARD Conf. Proc. No. 131 on Noise Mechanisms, 24.1—24.12 (1974).
[16] Favre, A.J., Gaviglio, J.J., and Dumas, R.J.: Space time double correlations and spectra in a turbulent boundary layer. JFM *2*, 313—342 (1957); Further space-time correlations of velocity in a turbulent boundary layer. JFM *3*, 344—356 (1958).
[17] Favre, A.J.: La mécanique de la turbulence. Edited by Centre National de la Recherche Scientifique, No. 108, Paris, 1962.
[17a] Fiedler, H. (ed.): Structure and mechanisms of turbulence, Vol. I and II. Proceedings, Berlin, 1977. Lecture Notes in Physics, Vol. 75 and 76, Springer Verlag, 1978.
[18] Frenkiel, F.N.: Turbulence in Geophysics. Publ. by the American Geophysical Union, Washington, D. C., 1962.
[18a] Friedlander, S.K., and Topper, L. (ed.): Turbulence: Classic papers on statistical theory. Interscience Publ., New York, 1961.
[18b] Goering, H. (ed.): Sammelband zur statistischen Theorie der Turbulenz. Akademie-Verlag, Berlin, 1958.
[19] Green, J.E: On the influence of free stream turbulence on a turbulent boundary layer, as it relates to wind tunnel. AGARD Rep. No. 602 (1973).
[19a] Heisenberg, W.: Zur statistischen Theorie der Turbulenz. Z. Phys. *124*, 628—657 (1948).
[20] Hinze, J.O.: Turbulence. McGraw-Hill, New York, 2nd ed. 1975.
[21] Hoerner, S.: Versuche mit Kugeln betreffend Kennzahl, Turbulenz und Oberflächenbeschaffenheit. Luftfahrtforschung *12*, 42 (1934).
[22] Huffmann, G.D., Zimmermann, D.R., and Benett, W.A.: The effect of free stream turbulence level on turbulent boundary layer behaviour. AGARDograph 164, 89—115 (1972).
[23] von Kármán, Th: Progress in the statistical theory of turbulence. Proc. Nat. Acad. Sci. Washington *34*, 530 (1948); see also Coll. Works *IV*, 362—371.

[24] Klebanoff, P.S., and Diehl, Z.W.: Some features of artificially thickened fully developed turbulent boundary layers with zero pressure gradient. NACA Rep. 1110 (1952).
[25] Klebanoff, P.S.: Characteristics of turbulence in a boundary layer with zero pressure gradient. NACA Rep. 1247 (1955).
[25a] Kim, H.T., Kline, S.J., and Reynolds, W.C.: The production of turbulence near a smooth wall in a turbulent boundary layer. JFM *50*, 133—160 (1971).
[26] Kline, S.J., Reynolds, W.C., Schaub, F.A., and Runstadler, P.W.: The structure of turbulent boundary layers. JFM *30*, 741—773 (1967).

[27] Kovasznay, L.S.G.: Turbulent measurements. Sec. F. of Physical Measurements in Gasdynamics and Combustion. High Speed Aerodynamics and Jet Propulsion. Vol. *IX* (W.R. Ladenburg, ed.), Princeton University Press, 1954, 213—285.
[28] Kovasznay, L.S.G., Kibens, V., and Blackwelder, R.F.: Largescale motion in the intermittent region of a turbulent boundary layer. JFM *41*, 283—325 (1970).
[29] Kovasznay, L.S.G.: The turbulent boundary layer. Annual Review of Fluid Mech. *2*, 95—112 (1970).
[30] Laufer, J.: Investigation of turbulent flow in a two-dimensional channel. NACA Rep. 1053 (1951).
[31] Laufer, J.: New trends in experimental turbulence research. Annual Review of Fluid Mech. *7*, 307—326 (1975).
[32] Laufer, J.: The structure of turbulence in fully developed pipe flow. NACA Rep. 1174 (1954).
[33] Laurence, J.C.: Intensity, scale, and spectra of turbulence in mixing region of free subsonic jet. NACA Rep. 1292 (1956).
[34] Leslie, D.C.: Developments in the theory of turbulence. Clarendon Press, Oxford, 1973.
[35] Lin, C.C.: Statistical theories of turbulence. High Speed Aerodynamics and Jet Propulsion Vol. *V*, Sec. C, 196—253 (1959), Princeton.
[36] Lin, C.C., and Reid, W.H.: Turbulent flow, theoretical aspects. Handb. Physik (S. Flügge, ed.) Vol. *VIII/2*, Springer-Verlag, Berlin/Gottingen/Heidelberg, 1963.
[36a] Maréchal, J.: Etude expérimentale de la déformation plane d'une turbulence homogène. J. Mécanique *11*, 263—294 (1972).
[36b] Meier, H.U., and Kreplin, H.P.: The influence of turbulent velocity fluctuations and integral length scale of low speed windtunnel flow on the boundary layer development. AIAA 10th Aerodynamic Testing Conference, San Diego, Cal., April 1978. Conf. Proc. No. 783, 232—238 (1978).
[37] Millikan, C.B., and Klein, A.L.: The effect of turbulence. Aircraft Eng 169 (1933).
[38] Motzfeld, H.: Frequenzanalyse turbulenter Schwankungen ZAMM *18*, 362—366 (1938).
[38a] Mulhearn, P.J.: On the structure of pressure fluctuations in turbulent shear flow. JFM *71*, 801—813 (1975).
[39] Nikuradse, J.: Kinematographische Aufnahme einer turbulenten Strömung. ZAMM *9*, 495—496 (1929).
[40] Platt, R.C.: Turbulence factors of NACA wind tunnel as determined by sphere tests. NACA Rep. 558 (1936).
[41] Reichardt, H.: Messungen turbulenter Schwankungen. Naturwissenschaften 404 (1938); see also ZAMM *13*, 177—180 (1933) and ZAMM *18*, 358—361 (1939).
[42] Rotta, J.C.: Turbulente Stromungen. B. G Teubner, Stuttgart, 1972.
[43] Reynolds, O.: On the dynamical theory of incompressible viscous fluids and the determination of the criterion. Phil. Trans. Roy. Soc. *186*, A 123—164 (1895) and Sci. Papers *I*, 355.
[44] Ribner, H.S., and Tucker, M.: Spectrum of turbulence in a contracting stream. NACA Rep. 1113 (1953).
[45] Rosenblatt, M., and van Atta, C. (ed.) Statistical models and turbulence. Proc. Symp. Univ. California, San Diego (La Jolla), 1971. In: Lecture Notes in Physics *12*, Springer-Verlag, 1972.
[46] Rotta, J.C.: Turbulent boundary layers in incompressible flow. Progress in Aeronautical Sciences *2*, 1—219 (A. Ferri, D. Kuchemann and L.H.G. Sterne, ed), Pergamon Press, Oxford, 1962.
[47] Taylor, G.I.: The spectrum of turbulence. Proc. Roy. Soc. A *164*, 476—490 (1938).
[47a] Schlichting, H.: Neuere Untersuchungen über die Turbulenzentstehung. Naturwissenschaften *22*, 376—381 (1934).
[48] Schlichting, H.: Amplitudenverteilung und Energiebilanz der kleinen Störungen bei der Plattenstromung. Nachr. Ges. d. Wiss. Gottingen, Math. Phys. Klasse, Fachgruppe I, *1*, 47—78 (1935).
[49] Schubauer, G.B., and Dryden, H.L.: The effect of turbulence on the drag of flat plates. NACA Rep. 546 (1935).
[50] Schubauer, G.B., and Klebanoff, P.S.: Investigation of separation of the turbulent boundary layer. NACA Rep. 1030 (1951).
[51] Simmons, L.F.G., and Salter, C.: An experimental determination of the spectrum of turbulence. Proc. Roy. Soc. A *165*, 73—89 (1938).
[52] Taylor, G.I.: Statistical theory of turbulence. Parts 1—4. Proc. Roy. Soc. London A *151*, 421—478 (1935).
[53] Taylor, G.I.: Statistical theory of turbulence. Part 5, Effect of turbulence on boundary layer. Theoretical discussion of relationship between scale of turbulence and critical resistance of spheres. Proc. Roy. Soc. London A *151*, 307—317 (1936); see also JAS *4*, 311—315 (1937).
[54] Taylor, G.I.: Correlation measurements in turbulent flow through a pipe. Proc. Roy. Soc. A *157*, 537—546 (1936).

[55] Taylor, G.I.: The spectrum of turbulence. Proc. Roy. Soc. London A *164*, 476—490 (1938).
[56] Tennekes, H., and Lumley, J.L.: A first course in turbulence. The MIT Press, 1972.
[57] Tollmien, W.: Turbulente Strömungen. Handb. der Experimentalphysik, Vol. *4*, Part I, 291—339 (1931).
[58] Tollmien, W.: Über die Korrelation der Geschwindigkeitskomponenten in periodisch schwankenden Wirbelverteilungen. ZAMM *15*, 96—100 (1935).
[59] Tollmien, W., and Schäfer, M.: Zur Theorie der Windkanalturbulenz. ZAMM *21*, 1—17 (1941).
[60] Tollmien, W.: Fortschritte der Turbulenzforschung. Zusammenfassender Bericht. ZAMM *33*, 200—211 (1953).
[61] Tollmien, W.: Abnahme der Windkanalturbulenz nach dem Heisenbergschen Austauschansatz als Anfangswertproblem. Wiss. Z. T. H. Dresden *2*, 443—448 (1952/53).
[62] Townsend, A.A.: The structure of turbulent shear flow. Cambridge University Press 2nd ed. 1976.
[63] Thomas, R.M.: Conditional sampling and other measurements in a plane turbulent wake. JFM *57*, 549—582 (1973).
[64] von Weizsacker, C.F.: Das Spektrum der Turbulenz bei grossen Reynoldsschen Zahlen. Z. Phys. *124*, 614—627 (1948).
[65] Wieghardt, K.: Über die Wirkung der Turbulenz auf den Umschlagpunkt. ZAMM *20*, 58—59 (1940).
[66] Willmarth, W.W.: Pressure fluctuations beneath turbulent boundary layers. Annual Review of Fluid Mech. *7*, 13—38 (1975).
[67] Willmarth, W.W.: Structure of turbulence in boundary layers. Advances in Appl. Mech. Academic Press, New York, *15*, 159—254 (1975).

第十九章

[1] Batchelor, G.K.: Energy decay and self-preserving correlation functions in isotopic turbulence. Quart. Appl. Math. *6*, 97—116 (1948).
[2] Batchelor, G.K., and Townsend, A.A.: The nature of turbulent motion at large wave numbers. Proc. Roy. Soc. London A *199*, 238—255 (1949).
[3] Batchelor, G.K.: The theory of homogeneous turbulence. Cambridge University Press, 1953.
[4] Betz, A.: Die von Kármánsche Ähnlichkeitsüberlegung für turbulente Vorgange in physikalischer Auffassung. ZAMM *11*, 397 (1931).
[5] Beckwith, I.E., and Bushnell, D.M.: Detailed description and results of a method for computing mean and fluctuating quantities in turbulent boundary layers. NASA TN D-4815 (1968).
[6] Bjorgum, O.: On the steady turbulent flow along an infinitely long smooth and plane wall. Universitet i. Bergen, Arbok, Naturvitenskapelig rekke No. 7, (1951).
[7] Boussinesq, J.: Essai sur la théorie des eaux courantes. Mém. prés. Acad. Sci. *XXIII*, 46, Paris (1877).
[8] Boussinesq, J.: Theorie de l'écoulement tourbillonant et tumultueux des liquides dans les lits rectilignes à grande section (tuyaux de conduite et cannaux découverts), quand cet écoulement s'est régularisé en un régime uniforme, c'est-à-dire, moyennement pareil a travers toutes les sections normales du lit. Comptes Rendus de l'Académie des Sciences *CXXII*, p. 1290—1295 (1896).
[9] Hamel, G.: Streifenmethode und Ähnlichkeitsbetrachtungen zur turbulenten Bewegung. Abhandl. preuss. Akad. Wiss., Math. Naturwiss. Klasse, Nr. 8 (1943).
[9a] Bradshaw, P.: The understanding and prediction of turbulent flow. Aeronautical J. *76*, 403—418 (1972).
[9b] Bradshaw, P.: An improved Van Driest skin friction formula for compressible turbulent boundary layers. AIAA J. *15*, 212—214 (1975).
[10] Bradshaw, P., Ferriss, D.H., and Atwell, N.P.: Calculation of boundary-layer development using the turbulent energy equation. JFM *28*, 593—616 (1967).
[11] Bradshaw, P.: Effects of streamline curvature on turbulent flow. AGARDograph No. 169 (1973).
[11a] Cebeci, T., and Smith, A.M.O : A finite-difference solution of the incompressible turbulent boundary layer equations by an eddy-viscosity concept. In: Kline, S.J., Morkovin, M.V., Sovran, G., and Cockrell, D.J. (eds.): Computation of turbulent boundary layers. Vol *1*: Methods, prediction, and flow structure, 346—355 (1973).
[12] Van Driest, E.R.: On turbulent flow near a wall. JAS *23*, 1007—1011 (1956).
[12a] Eckelmann, H.: Experimentelle Untersuchungen in einer turbulenten Kanalströmung mit starken viskosen Wandschichten. Mitt. Max-Planck-Inst. Strömungsforsch. u. Aerodyn. Versuchsanstalt No. 48 (1970).

[12b] Eckelmann, H., Wallace, J.M., and Brodkey, R.: The wall region in turbulent shear flow. JFM *54*, 39–48 (1972).
[12c] Eckelmann, H.: The structure of viscous sublayer and the adjacent wall region in a turbulent channel flow. JFM *65*, 439–459 (1974).
[13] Glushko, G.S.: Turbulent boundary layer on a flat plate in an incompressible fluid. Izv. Ak. Nauk. SSSR, Ser. Mekh. No. 4, 13–23 (1965). Engl. transl. in NASA TTF 10, 080.
[13a] Galbraith, R.A.M., and Head, M.R.: Eddy viscosity and mixing length from measured boundary layer developments. Aero. Quart. *26*, 133–154 (1975).
[14] Glushko, G.S.: Differential equation for turbulence scale and prediction of turbulent boundary layer on a flat plate. In: Turbulentnye techeniya (M.D. Millionschchikov, ed.). Moscow, Nauka, 1970 [in Russian].
[15] Glushko, G.S.: Transition in the turbulent flow regime in a boundary layer on a flat plate for different turbulence scales of free stream. Izv. Ak. Nauk. SSSR, Mekh. Zhidkosti i gaza, No. 3, 68–70 (1972).
[16] Jevlev, V.M.: Turbulent motion of high temperature continuous media. Moscow, Nauka, 1975 [in Russian].
[17] von Kármán, Th.: Mechanische Ähnlichkeit und Turbulenz. Nachr. Ges. Wiss. Göttingen, Math. Phys. Klasse, 58 (1930) and Proc. 3rd. Intern. Congress Appl. Mech., Stockholm, Part I, 85 (1930); NACA TM 611 (1931); also Coll. Works *II*, 337–34.
[18] von Kármán, Th.: Progress in the statistical theory of turbulence. Proc. Nat. Acad. Sci. Washington, *34*, 530–539 (1948); also Coll. Works *IV*, 362–371.
[19] Kolmogorov, A.N.: Equations of turbulent motion of an incompressible fluid. Izv. Ak. Nauk. SSSR. Seria fizicheskaya IV (1942), No. 1–2, pp. 56–58 [in Russian].
[20] Launder, B.E., and Spalding, D.B.: Mathematical models of turbulence. Academic Press, London, 1972.
[20a] Lin, C.C., and Shen, S.F.: Studies of von Kármán's similarity theory and its extension to compressible flow. NACA TN 2542 (1951).
[20b] Mellor, G.L., and Herring, H.J.: A survey of the mean turbulent field closure models. AIAA J. *11*, 590–599 (1973).
[21] Prandtl, L.: Über die ausgebildete Turbulenz. ZAMM *5*, 136–139 (1925) and Proc. 2nd. Intern. Congr. Appl. Mech., Zürich 1926, 62–75; also Coll. Works *II*, 736–751.
[22] Prandtl, L.: Über ein neues Formelsystem der ausgebildeten Turbulenz. Nachr. Akad. Wiss. Göttingen 6–19 (1945), also Coll. Works *II*, 874–888.
[23] Prandtl, L.: Bemerkungen zur Theorie der freien Turbulenz. ZAMM *22*, 241–243 (1942); also Coll. Works *II*, 869–873.
[24] Reichardt, Gesetzmässigkeiten der freien Turbulenz. VDI-Forschungsheft 414, Ist ed., Berlin, 1942; 2nd ed., Berlin, 1951.
[25] Reichardt, H.: Über die Geschwindigkeitsverteilung in einer geradlinigen turbulenten Couette-Strömung. ZAMM Sonderheft *36*, 26–29 (1956); see also Rep. No. 9 of the Max-Planck-Inst. für Strömungsforschung, Göttingen (1954).
[26] Reichardt, H.: Gesetzmässigkeiten der geradlinigen turbulenten Couette-Strömung. Max-Planck-Inst. für Strömungsforschung and Aerodyn. Versuchsanstalt, Göttingen, Rep. No. 22 (1959).
[26a] Reynolds, W.C.: Computation of turbulent flows. Ann. Rev. Fluid Mech. (M. van Dyke, ed.) *8*, 183–208 (1976).
[27] Rotta, J.C.: Über eine Methode zur Berechnung turbulenter Scherströmungsfelder. ZAMM *50*, T 204–T 205 (1970).
[28] Rotta, J.C.: Recent attempts to develop a generally applicable calculation method for turbulent shear flow layers. AGARD CP No. 93 (1972).
[29] Rotta, J.C.: Turbulente Strömungen. B.G. Teubner, Stuttgart, 1972.
[30] Rotta, J.C.: Turbulent shear layer prediction on the basis of the transport equations for the Reynolds stresses. Proc. 13th Int. Congr. Theor. Appl. Mech. Moscow 1972. Springer Verlag, 1973, pp. 295–308.
[31] Schmidt, W.: Der Massenaustausch in freier Luft und verwandte Erscheinungen. Hamburg, 1925.
[31a] Szeri, A.A., Yates, C.C., and Hai, S.M.: Flow development in a parallel plate channel. J. Lubrication Technology, Trans. ASME Ser. F *98*, 145–156 (1976).
[32] Taylor, G.I.: The transport of vorticity and heat through fluids in turbulent motion. Appendix by A. Fage and V.M. Faulkner. Proc. Roy. Soc. London A *135*, 685–705 (1932); see also Phil. Trans. A *215*, 1–26 (1915).
[32a] Vollmers, H., and Rotta, J.C.: Similar solutions of the mean velocity, turbulent energy and length scale equation. AIAA J. *15*, 714–720 (1977); see also: Ähnliche Lösungen der Differentialgleichungen für gemittelte Geschwindigkeiten, Turbulenzenergie und Turbulenzlänge. DLR–FB 76–24 (1976).
[33] von Weizsäcker, C.F.: Das Spektrum der Turbulenz bei grossen Reynoldsschen Zahlen. Z. Phys. *124*, 614–627 (1948).

[1] Ackeret, J.: Grenzschichten in geraden und gekrümmten Diffusoren. IUTAM-Symposium Freiburg/Br. 1957 (H. Görtler, ed.). Berlin, 1958, 22—37.
[1a] Ackeret, J.: Aspects of internal flow. Fluid mechanics of internal flow (G. Sovran, ed.). Elsevier Publishing Company, Amsterdam/London/New York, 1967, 1—24.
[2] Adler, M.: Stromung in gekrümmten Rohren. ZAMM *14*, 257—275 (1934).
[3] Bauer, B., and Galavics, F.: Experimentelle und theoretische Untersuchungen über die Rohrreibung von Heizwasserleitungen. Mitt. d. Fernheizkraftwerkes d. ETH Zürich 1936; see also: F. Galavics: Schweizer Archiv *5*, 12, 337 (1939).
[4] Becker, E.: Beitrag zur Berechnung von Sekundärströmungen. ZAMM *36*, special issue, 3—8 (1956); see also: Mitt. Max-Planck-Inst. für Strömungsforschung *13* (1956).
[4a] Berman, N.S.: Drag reduction by polymers. Ann. Rev. Fluid Mech. (M. van Dyke, ed.) *10*, 47—64 (1978).
[5] Blasius, H.: Das Ähnlichkeitsgesetz bei Reibungsvorgängen in Flüssigkeiten. Forschg. Arb. Ing.-Wes. No. 134, Berlin (1913).
[5a] Clauser, F.H.: The turbulent boundary layer. Adv. Appl. Mech. *4*, 1—51 (1956). Academic Press, New York.
[5b] Collins, W.M., and Dennis, S.C.R.: The steady motion of a viscous fluid in a curved tube. Quart. J. Mech. Appl. Math. *28*, 133—156 (1975).
[6] Colebrook, C.F.: Turbulent flow in pipes with particular reference to the transition region between the smooth and rough pipe laws. J. Institution Civil Engineers, 1939; see also: Engineering hydraulics (H. Rouse, ed.). Chap. VI, Steady flow in pipes and conduits, by V.L. Streeter. New York, 1950.
[7] Cockrell, D.J., and Markladd, E.: A review of incompressible diffuser flow. Aircraft Eng. *35*, 286—292 (1963).
[8] Cuming, H.G.: The secondary flow in curved pipes. ARC RM 2880 (1955).
[9] Darcy, H.: Recherches expérimentales relatives aux mouvements de l'eau dans tuyaux. Mem. Prés. à l'Académie des Sciences de l'Institut de France *15*, 141 (1858).
[10] Dean, W.R.: The streamline motion of a fluid in a curved pipe. Phil. Mag. (7) *4*, 208 (1927) and *5*, 673 (1928).
[11] Detra, R.W.: The secondary flow in curved pipes. Inst. Aerodyn. ETH Zürich Rep. No. 20 (1953).
[12] Van Driest, E.R.: On turbulent flow near a wall. JAS *23*, 1007—1011 (1956).
[13] Eckert, E.R.G., and Irvine, T.F.: Flow in corners with non-circular cross-sections. Trans. ASME 709—718 (1956); see also JAS *22*, 65—66 (1955).
[14] Eckert, E.R.G., and Irvine, T.F.: Incompressible friction factor, transition and hydrodynamic entrance-length studies of ducts with triangular and rectangular cross sections. Paper presented at Fifth Midwestern Conf. on Fluid Mech. 1957.
[15] Fox, R.W., and Kline, S.J.: Flow regimes in curved subsonic diffusers. J. Basic Eng., Trans. ASME *84*, Series D, 303—312 (1962).
[15a] Frenkiel, F.N., Landahl, M.T., and Lumley, J.L. (ed.): Structure of turbulence and drag reduction. IUTAM Symposium, Washington D. C., 7—12 June 1976, The Physics of Fluids, *20*, No. 10, Part II, S 1—S 292 (1977); see also B.A. Tom in Proc. Intern. Congr. Rheology, North-Holland, Amsterdam, 1949, Sec. II, 135.
[16] Fritsch, W.: Einfluss der Wandrauhigkeit auf die turbulente Geschwindigkeitsverteilung in Rinnen. ZAMM *8*, 199—216 (1928).
[17] Fromm, K.: Strömungswiderstand in rauhen Rohren. ZAMM *3*, 339—358 (1923).
[18] Frossel, W.: Strömung in glatten, geraden Rohren mit Über- und Unterschallgeschwindigkeit. Forschg. Ing.-Wes. *7*, 75—84 (1936).
[19] Goldstein, S.: A note on roughness. ARC RM 1763 (1963).
[20] Goldstein, S.: The similarity theory of turbulence, and flow between planes and through pipes. Proc. Roy. Soc. A *159*, 473—496 (1937).
[21] Haase, D.: Stromung in einem 90°-Knie. Ing.-Arch. *22*, 282—292 (1954).
[22] For additional references see: H.W. Hahnemann: Der Stromungswiderstand in Rohrleitungen und Leitungselementen. Forschg. Ing.-Wes. *16*, 113—119 (1950).
[23] Hawthorne, W.R.: Secondary circulation in fluid flow. Proc. Roy. Soc. London A *206*. 374 (1951).
[24] Hermann, R.: Experimentelle Untersuchungen zum Widerstandsgesetz des Kreisrohres bei hohen Reynoldsschen Zahlen und grossen Anlauflangen. Diss. Leipzig; Akad. Verlagsgesellschaft, Leipzig, 1930.
[25] Hopf, L.: Die Messung der hydraulischen Rauhigkeit. ZAMM *3*, 329—339 (1923).
[26] Hubner, E.: Über den Druckverlust in Rohren mit Einbauten. Forschg. Ing.-Wes. *19*, 1—10 (1953).

[26a] Ito, H.: Laminar flow in curved pipes. ZAMM *49*, 653—663 (1969).
[27] Ito, H.: On the pressure loss of turbulent flow through curved pipes. Mem. Inst. High Speed Mech., Tohoku Univ., Sendai, Japan, *7*, 63—76 (1952).
[28] Ito, H.: Friction factors for turbulent flow in curved pipes. Trans. ASME, Series D, *81* (J. Basic Eng.), 123—134 (1959); in more detail: Mem. Inst. High Speed Mech., Tohoku Univ., Sendai, Japan, *14*, 137—172 (1958/59).
[29] Ito, H.: Pressure losses in smooth pipe bends. Trans. ASME, Series D, *82* (J. Basic Eng.), 131—143 (1960).
[30] Ito, H., and Nanbu, K.: Flow in rotating straight pipes of circular cross section. Trans. ASME, Series D, *93* (J. Basic Eng.), 383—394 (1971).
[31] Jakob, M., and Erk, S.: Der Druckabfall in glatten Rohren und die Durchflussziffer von Normaldusen. Forschg. Arb. Ing.-Wes. No. 267, Berlin (1924).
[32] von Kármán, Th.: Über laminare und turbulente Reibung. ZAMM *1*, 233—252 (1921); see also Coll. Works *II*, 70—97.
[33] Kirsten, H.: Experimentelle Untersuchungen der Entwicklung der Geschwindigkeitsverteilung der turbulenten Rohrströmung. Diss. Leipzig 1927.
[33a] Kleinstein, G.: Generalized law of the wall and eddy-viscosity model for wall boundary layer. AIAA J. *5*, 1402—1407 (1967).
[34] Kline, S.J., Abbott, D.E., and Fox, R.W.: Optimum design of straight-walled diffusers. J. Basic Eng., Trans. ASME, Series D, *81*, 305—320 (1959).
[35] Koch, R., and Feind, K.: Druckverlust und Wärmeubergang in Ringspalten. Chemie-Ing.-Techn. *30*, 577—584 (1958).
[36] Landahl, M.T · Drag reduction by polymer addition. In: Proc. 13th Int. Congr. Theor. Appl. Mech., Moscow, Aug. 1972 (E. Becker and G.K. Mikhailov, ed.), Springer-Verlag, 177—199 (1973).
[37] Lumley, J.L.: Drag reduction by additives. Annual Review of Fluid Mech. *1*, 367—384 (1969).
[37a] Lumley, J.L.: Drag reduction in turbulent flow by polymer additives. J. Polym. Sci. Macromol. Rev. *7*, 263—290 (1978).
[38] Meyer, E.: Einfluss der Querschnittsverformung auf die Entwicklung der Geschwindigkeits- und Druckverteilung bei turbulenten Geschwindigkeitsverteilungen in Rohren. VDI-Forschungsheft 389 (1938).

[39] Möbius, H.: Experimentelle Untersuchungen des Widerstandes und der Geschwindigkeitsverteilung in Rohren mit regelmässig angeordneten Rauhigkeiten bei turbulenter Strömung. Phys. Z. *41*, 202—225 (1940).
[40] Moody, L.F.: Friction factors for pipe flow. Trans. ASME *66*, 671—684 (1944).
[41] Moore, C.A., Jr., and Kline, S.J.: Some effects of vanes and of turbulence in two-dimensional wide-angle subsonic diffusers. NACA TN 4080 (1958).
[42] Naumann, A.: Druckverlust in Rohren nichtkreisformigen Querschnittes bei hohen Geschwindigkeiten. ZAMM *36*, special issue, 25 (1956); see also Allg. Wärmetechnik *7*, 32—41 (1956).
[43] Nikuradse, J.: Untersuchungen über die Geschwindigkeitsverteilung in turbulenten Strömungen. Diss. Gottingen 1926; VDI-Forschungsheft 281 (1926).
[44] Nikuradse, J.: Turbulente Stromung in nichtkreisförmigen Rohren. Ing.-Arch. *1*, 306—332 (1930).
[45] Nikuradse, J.: Gesetzmässigkeit der turbulenten Strömung in glatten Rohren. Forschg. Arb. Ing.-Wes. No. 356 (1932).
[46] Nikuradse, J.: Stromungsgesetze in rauhen Rohren. Forschg. Arb. Ing.-Wes. No. 361 (1933).
[47] Nippert, H.: Über den Stromungswiderstand in gekrummten Kanälen. Forschg. Arb. Ing.-Wes. No. 320 (1929).
[48] Nusselt, W.: Warmeübergang in Rohrleitungen. Forschg Arb. Ing.-Wes. No. 89, Berlin (1910).
[49] Ombeck, H.: Druckverlust strömender Luft in geraden zylindrischen Rohrleitungen. Forschg. Arb. Ing.-Wes. No. 158/159, Berlin (1914).
[50] Oswatitsch, K.: Grundlagen der Gasdynamik. Wien, 1976; also: Gasdynamics. Engl. transl. by G. Kuerti, Academic Press, 1956.
[50a] Paterson, R.W., and Abernathy, F.H.: Turbulent flow drag reduction and degradation with dilute polymer solutions. JFM *43*, 689—710 (1970).
[51] Prandtl, L.: Über den Reibungswiderstand stromender Luft. Ergebnisse AVA Göttingen, 1st Series, 136 (1921); see also Coll. Works *II*, 620—626.
[52] Prandtl, L.: The mechanics of viscous fluids. In: W.F. Durand: Aerodynamic Theory, *III*, 142 (1935); see also summary by L. Prandtl: Neuere Ergebnisse der Turbulenzforschung. Z. VDI 77, 105—114 (1933); see also Coll. Works *II*, 819—845.
[53] Prandtl, L.: Fuhrer durch die Strömungslehre 3rd ed., 159, Braunschweig, 1949. Also: Essentials of fluid dynamics. Engl. transl. by W.M. Deans, Blackie, 1952.

[54] Reichardt, H.: Die Wärmeübertragung in turbulenten Reibungsschichten ZAMM *20*, 297—328 (1940).
[55] Reichardt, H.: Vollständige Darstellung der turbulenten Geschwindigkeitsverteilung in glatten Leitungen. ZAMM *31*, 208—219 (1951).
[56] Richter, H.: Der Druckabfall in gekrümmten glatten Rohrleitungen. Forschg. Arb. Ing.-Wes. No. 338 (1930).
[57] Rotta, J.C.: Das in Wandnahe gültige Geschwindigkeitsgesetz turbulenter Strömungen. Ing.-Arch. *18*, 277—280 (1950).
[58] Rotta, J.C.: Control of turbulent boundary layers by uniform injection and suction of fluid. Jb. DGLR, 91—104 (1970).
[59] Saph, V., and Schoder, E.H.: An experimental study of the resistance to the flow of water in pipes. Trans. Amer. Soc. Civ. Eng. *51*, 944 (1903).
[60] Schiller, L.: Über den Stromungswiderstand von Rohren verschiedenen Querschnitts- und Rauhigkeitsgrades. ZAMM *3*, 2—13 (1923).
[61] Schiller, L.: Rohrwiderstand bei hohen Reynoldsschen Zahlen. Lectures on aerodynamics and related fields, 69, Berlin, 1930.
[62] Schiller, L.: Strömung in Rohren. Handb. Exper. Physik, *IV*, Part 4, 1—210, Leipzig, 1931.
[63] Schlichting, H.: Experimentelle Untersuchungen zum Rauhigkeitsproblem. Ing.-Arch. *7*, 1—34 (1936). Engl. transl. in Proc. Soc. Mech. Eng. USA (1936); see also: Werft, Reederei, Hafen 99 (1936). and Jb. Schiffbautechn. Ges. 418 (1936).
[64] Schlichting, H., and Gersten, K.: Berechnung der Stromung in rotationssymmetrischen Diffusoren mit Hilfe der Grenzschichttheorie. ZFW 9, 135—140 (1961).
[65] Scholz, N.: Stromungsvorgange in Grenzschichten. VDI-Ber. *6*, 7—12 (1955).
[66] Schultz-Grunow, F.: Pulsierender Durchfluss durch Rohre, Forschg. Ing.-Wes. *11*, 170—187 (1940).
[67] Schultz-Grunow, F.: Durchflussmessverfahren für pulsierende Strömungen. Forschg. Ing.-Wes. *12*, 117—126 (1941).
[68] Seiferth, R., and Krüger, W.: Überraschend hohe Reibungsziffer einer Fernwasserleitung. Z. VDI *92*, 189 (1950).
[68a] Spalding, D.B.: A single formula for the "law of the wall". J. Appl. Mech. *28*, 455—458 (1961).
[68b] Sobey, J.S.: Inviscid secondary motions in a tube of slowly varying ellipticity. JFM *73*, 621—639 (1976).
[69] Sprenger, H.: Messungen an Diffusoren. VDI-Ber. *3*, 10—110 (1955); see also ZAMP *7*, 372—374 (1956).
[70] Sprenger, H.: Experimentelle Untersuchungen an geraden und gekrümmten Diffusoren. Mitt. Inst. Aerodyn. ETH Zurich No. 27 (1959).
[71] Stanton, T.E.: The mechanical viscosity of fluids. Proc. Roy. Soc. London A *85*, 366 (1911).
[72] Stanton, T.E., and Pannel, J.R.: Similarity of motion in relation of the surface friction of fluids. Phil. Trans. Roy. Soc. A *211*, 199 (1914); see also Proc. Roy. Soc. London A *91*, 46 (1915).
[73] Streeter, V.L.: Frictional resistance in artificially roughened pipes. Proc. Amer. Soc. Civil Eng. *61*, 163—186 (1935).
[74] Szablewski, W.: Berechnung der turbulenten Stromung im Rohr auf der Grundlage der Mischungsweghypothese. ZAMM *31*, 131—142 (1951).
[75] Szablewski, W.: Der Einlauf einer turbulenten Rohrströmung. Ing.-Arch. *21*, 323—330 (1953).
[76] Taylor, G.I.: Flow in pipes and between parallel planes. Proc. Roy. Soc. London A *159*, 496—506 (1937).
[76a] Toms, B.A.: Some observations on the flow of linear polymer solutions through straight tubes at large Reynolds numbers. Proc. 1st Int. Congr. Rheol. *2*, 135—141 (1948), Amsterdam, North Holland.
[77] Virk, P.S.: An elastic sublayer model for drag reduction by dilute solutions of linear macromolecules. JFM *45*, 417—440 (1971).
[78] Virk, P.S.: Drag reduction in rough pipes. JFM *45*, 225—246 (1971).
[79] Virk, P.S., Mickley, H.S., and Smith, K.A.: The ultimate asymptote and mean flow structure in Toms's phenomenon. J. Appl. Mech., Trans. ASME, Series E, *37*, 488—493 (1970).
[80] White, C.M.: Streamline flow through curved pipes. Proc. Roy. Soc. London A *123*, 645—663 (1929).
[81] White, C.M.: Fluid friction and its relation to heat transfer. Trans. Inst. Chem. Eng. *10*, 66 (1932).
[82] Wiederhold, W.: Über den Einfluss von Rohrablagerungen auf den hydraulischen Druckabfall. Gas- u. Wasserfach *99*, 634 (1949).
[82a] Wieghardt, K.: Turbulente Grenzschichten. Göttinger Monographie, Part B *5* (1946).
[83] Winternitz, F.A.L., and Ramsay, W.J.: Effects of inlet boundary layer on pressure recovery energy conversion and losses in conical diffusers. J. Roy. Aero. Soc. *61*, 116—124 (1957).

第二十一章

[1] Ackeret, J.: Schweiz. Bauzeitung *108*, 25 (1936).
[1a] Antonia, R.A., and Wood, D.H.: Calculation of a turbulent boundary layer downstream of a small step change in surface roughness. Aero. Quart. *26*, 202—210 (1975).
[2] Bammert, K., and Fiedler, K.: Der Reibungsverlust von rauhen Turbinenschaufeln. Brennstoff-Wärme-Kraft *18*, 430—436 (1966).
[2a] Banner, M.L., and Melville, W.K.: On the separation of air flow over water waves. JFM *77*, 825—842 (1976).
[3] Bammert, K., and Fiedler, K.: Hinterkanten- und Reibungsverlust in Turbinenschaufelgittern. Forschg. Ing.-Wes. *32*, 133—141 (1966).
[4] Blenk, H., and Trienes, H.: Strömungstechnische Beiträge zum Windschutz. Grundlagen der Landtechnik. VDI-Verlag, No. 8, 1956.
[5] Bradshaw, P., and Gregory, N.: The determination of local turbulent skin friction from observations in the viscous sub-layer. ARC RM 3202 (1961).
[6] Burgers, J.M.: The motion of a fluid in the boundary layer along a plane smooth surface. Proc. First Intern. Congress Appl. Mech. 121, Delft (1924).
[6a] Daly, R.: Der Wärmeübergang an einer im geschlossenen Gehäuse rotierenden Scheibe. Thesis Aachen 1966.
[7] Chapmann, D.R., and Kester, R.H.: Measurements of turbulent skin friction in cylinders in axial flow at subsonic and supersonic velocities. JAS *20*, 441—448 (1953).
[8] Coles, D.: The problem of the turbulent boundary layer. ZAMP *5*, 181—202 (1954).
[8a] Coles, D.: The law of the wake in the turbulent boundary layer. JFM *1*, 191—226 (1956).
[8b] Daily, J., and Nece, R.: Chamber dimension effects on induced flow and friction resistance of enclosed rotating disks. J. Basic Eng., Trans. ASME. Series D, *82*, 217—232 (1960).
[9] Doetsch, H.: Einige Versuche über den Einfluss von Oberflächenstörungen auf die Profileigenschaften, insbesondere auf den Profilwiderstand im Schnellflug. Jb. dt. Luftfahrtforschung *1*, 88—97 (1939).
[10] Van Driest, E.R.: On turbulent flow near a wall. JAS *23*, 1007—1011 (1956).
[11] Dutton, R.A.: The accuracy of measurement of turbulent skin friction by means of surface Pitot tubes and the distribution of skin friction on a flat plate. ARC RM 3058 (1957).
[12] Eichelbrenner, E.: La couche-limite turbulente à l'intérieur d'un dièdre. Rech. Aéro. Paris No. 83, 3—8 (1961).
[13] Elder, J.W.: The flow past a flat plate of finite width. JFM *9*, 133—153 (1960).
[14] Fage, A., and Warsap, J.H.: The effects of turbulence and surface roughness on the drag of circular cylinders. ARC RM 1283 (1930).
[15] Falkner, V.M.: The resistance of a smooth flat plate with turbulent boundary layer. Aircraft Engineering *15* (1943).
[16] Favre, A., Dumas, R., and Verollet, E.: Couche limite sur paroi plane poreuse avec aspiration. Publications Scientifiques et Techniques du Ministère de l'Air, No. 377 (1961).
[17] Feindt, E.G.: Untersuchungen über die Abhängigkeit des Umschlages laminar-turbulent von der Oberflächenrauhigkeit und der Druckverteilung. Diss. Braunschweig 1956. Jb. Schiffbautechn. Ges. *50*, 180—203 (1957).
[17a] Forster, V.T.: Performance loss of modern steam-turbine plant due to surface roughness. The Inst. of Mech. Eng., Preprint, London, 1967.
[18] Gadd, G.E.: A note on the theory of the Stanton tube. ARC RM 3147 (1960).
[19] Gebers, F.: Ein Beitrag zur experimentellen Ermittlung des Wasserwiderstandes gegen bewegte Körper. Schiffbau *9*, 435—452 and 475—485 (1908); also: Das Ähnlichkeitsgesetz für den Flächenwiderstand in Wasser geradlinig fortbewegter polierter Platten. Schiffbau *22*, 687—930 (1920/21), continuations.
[20] Gersten, K.: Die Grenzschichtströmung in einer rechtwinkeligen Ecke. ZAMM *39*, 428—430 (1959); see also: Corner interference effects. AGARD Rep. 299 (1959).
[21] Goldstein, S.: On the resistance to the rotation of a disk immersed in a fluid. Proc. Cambr. Phil. Soc. *31*, Part 2, 232 (1935).
[22] Granville, P.S.: The torque and turbulent boundary layer of rotating disks with smooth and rough surfaces, and in drag-reduction polymer solutions. J. Ship Research *17*, 181—195 (1973).
[23] Hama, F.R.: Boundary layer characteristics for smooth and rough surfaces. Transactions of the Society of Naval Architects and Marine Engineers *62*, 333—358 (1954).
[23a] Hansen, M.: Die Geschwindigkeitsverteilung in der Grenzschicht an einer eingetauchten Platte. ZAMM *8*, 185—199 (1928); NACA TM 585 (1930).
[24] Hood, M.J.: The effects of some common surface irregularities on wing drag. NACA TN 695 (1939).

[25] Jacobs, E.N.: Airfoil section characteristics as affected by protuberances. NACA Rep. 446 (1932).
[26] Jacobs, W.: Strömung hinter einem einzelnen Rauhigkeitselement. Diss. Göttingen 1938, Part I, Ing.-Arch. *9*, 343—355 (1938).
[27] Jacobs, W.: Umformung eines turbulenten Geschwindigkeitsprofils. Diss. Göttingen 1938, Part II, ZAMM *19*, 87—100 (1939).
[28] Jeromin, L.O.F.: The status of research in turbulent boundary layers with fluid injection. Progress in Aero. Sciences *10*, 65—190 (1970).
[29] von Kármán, Th.: Mechanische Ähnlichkeit und Turbulenz. Proc. IIIrd Intern. Congr. of Appl. Mech. *85*, Stockholm 1931, and Hydromechanische Probleme des Schiffsantriebes, Hamburg, 1932; see also: JAS *1*, 1 (1932); NACA TM 611 (1931); see also Coll. Works *II*, 322—346.
[30] von Kármán, Th.: Über laminare und turbulente Reibung. ZAMM *1*, 233—252 (1921); NACA TM 1092 (1946); see also Coll. Works *II*, 70—97.
[31] Kempf, G.: Neue Ergebnisse der Widerstandsforschung. Werft, Reederei, Hafen *10*, 234 und 247 (1929).
[32] Kempf, H.: Über den Einfluss der Rauhigkeit auf den Widerstand von Schiffen. Jb. Schiffbautechn. Ges. *38*, 159 and 233 (1937); and: The effect of roughness on the resistance of ships. Engineering, London *143*, 417 (1937); see also: Trans. Inst. Nav. Architects *79*, 109 and 137 (1937).
[33] Landweber, L.: Der Reibungswiderstand der längsangeströmten ebenen Platte. Jb. Schiffbautechn. Ges. *46*, 137—150 (1952).
[34] Liepmann, H.W., and Fila, G.H.: Investigations of effects of surface temperature and single roughness elements on boundary layer transition. NACA Rep. 890 (1947).
[34a] Millsaps, K., and Pohlhausen, K.: Heat transfer by laminar flow from a rotating plate. JAS *19*, 120—126 (1952).
[35] Mottard, E.J., and Loposer, J.D.: Average skin friction drag coefficient from tank tests of a parabolic body of revolution (NACA RM-10). NACA Rep. 1161 (1954).
[36] Motzfeld, H.: Die turbulente Strömung an welligen Wänden. Diss. Göttingen 1935, ZAMM *17*, 193—212 (1937).
[36a] Mulhearn, P.J.: Turbulent boundary layer wall pressure fluctuations downstream from an abrupt change in surface roughness. Physics of Fluids *19*, 796—801 (1976).
[37] Naleid, J.F., and Thompson, M.J.: Pressure-gradient effects on the Preston tube in supersonic flow. JASS *28*, 940—944 (1961).
[38] Nikuradse, J.: Turbulente Reibungsschichten an der Platte. Published by ZWB, R. Oldenbourg, München and Berlin, 1942.
[39] Paeschke, W.: Experimentelle Untersuchungen zum Rauhigkeits- und Stabilitätsproblem in der bodennahen Luftschicht. Diss. Göttingen 1937. Summary in: Beiträge zur Physik der freien Atmosphäre *24*, 163 (1937); see also: Z. Geophysik *13*, 14 (1937).
[39a] Perry, A.E., and Schofield, W.H.: Rough wall turbulent boundary layers. JFM 37, 383—413 (1969).
[40] Prandtl, L.: Über den Reibungswiderstand strömender Luft. Ergebnisse AVA Göttingen, IIIrd Series (1927) and: Zur turbulenten Strömung in Rohren und längs Platten. Ergebnisse AVA Göttingen, IVth Series (1932); First mention in 1st Series 136 (1921); see also Coll. Works *II*, 620—626 and 632—648.
[41] Prandtl, L., and Schlichting, H.: Das Widerstandsgesetz rauher Platten. Werft, Reederei, Hafen 1—4 (1934); see also Coll. Works *II*, 648—662.
[42] Prandtl, L.: The mechanics of viscous fluids, in: W.F. Durand: Aerodynamic theory, *III* 34—208 (1935).
[43] Preston, J.H.: The determination of turbulent skin friction by means of Pitot tubes. J. Roy. Aero. Soc. *58*, 109—121 (1954).
[44] Rotta, J.C.: Control of turbulent boundary layers by uniform injection or suction of fluid. Jb. 1970 Dt. Gesellschaft für Luft- und Raumfahrt, ed. by H. Blenk and W. Schulz, Braunschweig, 1971, pp. 91—104; see also ZAMM *46*, T 213—T 215 (1966).
[45] Schlichting, H.: Experimentelle Untersuchungen zum Rauhigkeitsproblem. Ing.-Arch. *7*, 1—34 (1936); NACA TM 823 (1937).
[46] Schlichting, H.: Die Grenzschicht an der ebenen Platte mit Absaugung und Ausblasen. Luftfahrtforschung *19*, 293—301 (1942).
[47] Schlichting, H.: Die Grenzschicht mit Absaugen und Ausblasen. Luftfahrtforschung *19*, 179—181 (1942).
[48] Scherbarth, K.: Grenzschichtmessungen hinter einer punktförmigen Störung in laminarer Strömung. Jb. dt. Luftfahrtforschung *I*, 51—53 (1942).
[49] Schmieden, C.: Über den Widerstand einer in einer Flüssigkeit rotierenden Scheibe. ZAMM *8*, 460—479 (1928).
[50] Schoenherr, K.E.: Resistance of flat surfaces moving through a fluid. Trans. Soc. Nav. Arch. and Mar. Eng. *40*, 279 (1932).

[51] Schofield, W.H.: Measurements in adverse pressure gradient turbulent boundary layers with a step change in surface roughness. JFM *10*, 573—593 (1975).
[52] Schultz-Grunow, F.: Der hydraulische Reibungswiderstand von Platten mit mässig rauher Oberfläche, insbesondere von Schiffsoberflächen. Jb. Schiffbautechn. Ges. *39*, 176—198 (1938).
[53] Schultz-Grunow, F.: Neues Widerstandsgesetz für glatte Platten. Luftfahrtforschung *17*, 239 (1940); also NACA.TM 986 (1941).
[54] Schultz-Grunow, F.: Der Reibungswiderstand rotierender Scheiben in Gehäusen. ZAMM *15*, 191—204 (1935); see also: H. Fottinger: ZAMM *17*, 356—358 (1937) and K. Pantell: Forschg. Ing.-Wes. *16*, 97—108 (1950).
[55] Schultz-Grunow, F.: Der Mechanismus des Widerstandes von Einzelrauhigkeiten. ZAMM *36*, 309 (1956).
[55a] Schultz-Grunow, F.: Die Entstehung von Längswirbeln in Grenzschichten. ZAMM *38*, 85—95 (1958).
[56] Smith, D.W., and Walker, J.H.: Skin friction measurements in incompressible flow. NASA TR R-26 (1959).
[57] Sorensen, E.: Wandrauhigkeitseinfluss bei Stromungsmaschinen. Forschg. Ing.-Wes. *8*, 25 (1937).
[58] Speidel, L.: Einfluss der Oberflächenrauhigkeit auf die Strömungsverluste in ebenen Schaufelgittern. Forschg. Ing.-Wes. *20*, 129—140 (1954).
[59] Squire, L.C.: Eddy viscosity distributions in compressible turbulent boundary layers with injection. Aero. Quart. *22*, 169—182 (1971).
[60] Szeckenyi, E.: Supercritical Reynolds number simulation for two-dimensional flow over circular cylinders. JFM *70*, 529—542 (1975).
[61] Szablewski, W.: Berechnung der turbulenten Strömung langs der ebenen Platte. ZAMM *31*, 309—324 (1951).
[62] Tani, I., Hama, J., and Mituisi, S.: On the permissible roughness in the laminar boundary layer. Aero. Res. Inst. Tokyo, Rep. 199 (1940).
[63] Tillmann, W.: Neue Widerstandsmessungen an Oberflachenstorungen in der turbulenten Grenzschicht. Forschungshefte fur Schiffstechnik No. 2 (1953).
[64] Townsend, A.A.: The turbulent boundary layer. Boundary-layer Research, IUTAM Symposium Freiburg/Br. 1957 (H. Gortler, ed.), 1—15 (1958).
[65] Wieghardt, K.: Über die turbulente Stromung im Rohr und langs der Platte. ZAMM *24* 294—296 (1944).
[66] Wieghardt, K.: Erhohung des turbulenten Reibungswiderstandes durch Oberflächenstörungen. Techn. Berichte *10*, Heft 9 (1943); see also: Forschungshefte für Schiffstechnik *1*, 65—81 (1953).
[67] Wieselsberger, C.: Untersuchungen über den Reibungswiderstand von stoffbespannten Flachen. Ergebnisse AVA Gottingen, 1st Series, 120—126 (1921).
[68] Williams, D.H., and Brown, A.F.: Experiments on a riveted wing in the compressed air tunnel. ARC RM 1855 (1938).
[69] Young, A.D.: The drag effects of roughness at high subcritical speeds. J. Roy. Aero. Soc. *18*, 534 (1950).

第二十二章

[1] Ackeret, J.: Zum Entwurf dicht stehender Schaufelgitter. Schweiz. Bauzeit. 103 (1942).
[2] Baker, R.J., and Launder, B.E.: The turbulent boundary layer with foreign gas injection. Part I: Measurements in zero pressure gradient. Part II. Predictions and measurements in severe streamwise pressure gradients. Int. J. Heat and Mass Transfer *17*, 275—306 (1974).
[3] Baumert, W., and Enghardt, K.: Dreikomponentenmessungen an einem Rechteckflugel mit Vorflugel und abgesenkter Nase. DFVLR Bericht 71—C—29 (1971).
[4] Betz, A.: Über turbulente Reibungsschichten an gekrümmten Wanden. Lectures on aerodynamics and related subjects, Aachen 1929. Verlag Springer, Berlin, 1930, 10—18.
[5] Betz, A.: Hochstauftrieb von Flugeln an umlaufenden Radern. ZFW *9*, 97—99 (1961).
[6] Bienert, P.: Stromungsbild einer turbulenten Ablosung. ZFW *16*, 141—147 (1968).
[7] Bradshaw, P.: Calculation of three-dimensional turbulent boundary layers. JFM *46*, 417—445 (1971).
[8] Bradshaw, P.: The understanding and prediction of turbulent flow. Aero. J. *76*, 413—418 (1972).
[9] Bradshaw, P.: Turbulence research — progress and problems. Proc. of the 1976 Heat Transfer and Fluid Mech. Institute (A.A. McKillop, ed.), Stanford Univ. Press, 1976.
[10] Bradshaw, P. (ed.): Turbulence. Springer Verlag, Berlin/Heidelberg/New York, 1976.
[11] Bradshaw, P., and Ferriss, D.H.: Calculation of boundary layer development using the turbulent energy equations: Compressible flow on adiabatic walls. JFM *46*, 83—110 (1971).

[12] Bradshaw, P., and Ferriss, D.H.: Applications of a general method of calculating turbulent shear layers. J. Basic Eng., Trans. ASME Series D, *94*, 345—354 (1972).
[13] Bradshaw, P., Ferriss, D.H., and Atwell, N.P.: Calculation of boundary layer development using the turbulent energy equation. JFM *28*, 593—616 (1967).
[14] Bradshaw, P., and Wong, F.Y.F.: The reattachment and relaxation of a turbulent shear layer. JFM *52*, 113—135 (1972).
[15] Buri, A.: Eine Berechnungsgrundlage für die turbulente Grenzschicht bei beschleunigter und verzögerter Strömung. Diss. Zurich 1931.

[16] Carrière, P., and Eichelbrenner, E.A.: Theory of flow reattachment by a tangential jet discharging against a strong adverse pressure gradient. Boundary layer and flow control (G.V. Lachmann, ed.), Vol. *1*, 209—231, 1961.
[17] Cebeci, T., Mosinskis, G.J., and Smith, A.M.O.: Calculation of separation points in incompressible turbulent boundary layers. J. Aircr. *9*, 618—624 (1972).
[18] Cebeci, T. and Smith, A.M.O.: A finite-difference solution of the incompressible turbulent boundary layer equations by an eddy viscosity concept. AFOSR-IFP, Stanford Conference on Computation of Turbulent Boundary Layers, Vol. *1*, 346—355 (1968).
[19] Cebeci, T., and Smith, A.M.O.: A finite-difference method for calculating compressible laminar and turbulent boundary layers. J. Basic Eng., Trans. ASME, Series D, *92*, 523—535 (1970).
[20] Cebeci, T., and Smith, A.M.O.: Analysis of turbulent boundary layers. Academic Press, New York, 1974.
[21] Clauser, F.H.: Turbulent boundary layers in adverse pressure gradients. JAS *21*, 91—108 (1954).
[21a] Clauser, F.H.: The turbulent boundary layer. Adv. Appl. Mech. *4*, 1—51 (1965).
[22] Cooke, J.C.: Boundary layers over infinite yawed wings. Aero. Quart. *11*, 333—347 (1960).
[23] Cooke, J.C., and Hall, M.G.: Boundary layer in three dimensions. Progress in Aeronautical Sciences *2*, 222—282 (1962).
[24] Cumpsty, N.A., and Head, M.R.: The calculation of three-dimensional turbulent boundary layers. Part I: Flow over the rear of an infinite swept wing. Aero. Quart. *18*, 55—84 (1967). Part II: Attachment-line flow on an infinite swept wing. Aero. Quart. *18*, 150—164 (1967). Part III: Comparison of attachment-line calculations with experiment. Aero. Quart. *20*, 99—113 (1969). Part IV: Comparison of measurements with calculations on the rear of a swept wing. Aero. Quart. *21*, 121—132 (1970).
[25] Deissler, R.G.: Evolution of a moderately short turbulent boundary layer in a severe pressure gradient. JFM *64*, 763—774 (1974).
[26] Deissler, R.G.: Evolution of the heat transfer and flow in moderately short turbulent boundary layers in severe pressure gradients. J. Heat and Mass Transfer *17*, 1079—1085 (1974).
[27] von Doenhoff, A.E., and Tetervin, N.: Determination of general relations for the behavior of turbulent boundary layers. NACA Rep. 772 (1943).
[28] Dönch, F.: Divergente und konvergente Strömungen mit kleinen Öffnungswinkeln. Diss. Göttingen 1925. Forschungsarbeiten VDI No. 292 (1926).
[29] East, L.F.: Measurements of the three-dimensional incompressible turbulent boundary layer on the surface of a slender delta wing by the leading edge vortex. ARC RM 3768 (1973).
[30] East, L.F., and Hoxey, R.P.: Low speed three-dimensional turbulent boundary layer data, Part I. RAE Techn. Rep. 69041 (1969).
[30a] East, L.F. (ed.): Computation of three-dimensional boundary layers. Symposium Euromech 60, Trondheim, 1975, FFA TN AE 1211 (1975). See article by Fannelop, T.K., and Kragstad, P.A.: Three dimensional turbulent boundary layers in external flows. Also JFM *71*, 815—826 (1975).
[31] Elsenaar, A., van den Berg, B., and Lindhout, J.F.P.: Three-dimensional separation of an incompressible turbulent boundary layer on an infinite swept wing. AGARD Conf. Proc. No. 168, Flow Separation, 34—1 to 34—15 (1975).
[32] Eppler, R.: Praktische Berechnung laminarer und turbulenter Absauge-Grenzschichten. Ing.-Arch. *32*, 221—245 (1963).
[33] Fernholz, H.H.: Halbempirische Gesetze zur Berechnung turbulenter Grenzschichten nach der Methode der Integralbedingungen. Ing.-Arch. *33*, 384—395 (1964).
[34] Fernholz, H.H.: Experimentelle Untersuchung einer inkompressiblen turbulenten Grenzschicht mit Wandreibung nahe Null in einem längsangeströmten Kreiszylinder. ZFW *16*, 401—406 (1968).
[35] Garner, H.C.: The development of turbulent boundary layers. ARC RM 2133 (1944).
[36] Gersten, K.: Corner interference effects. AGARD Rep. No. 299 (1959).
[37] Goradia, S.H., and Colwell, G.T.: Analysis of high-lift wing systems. Aero. Quart. *26*, 88—108 (1975).
[38] Goradia, S.H., and Lyman, V.: Laminar stall prediction and estimation of $C_{L\,max}$. J. Aircr. *11*, 528—536 (1974).

[39] Granville, P.S.: Similarity-law entrainment method for thick axisymmetric turbulent boundary layers in pressure gradients. David Taylor Naval Ship Research and Development Center, Bethesda, MD. Rep. No. 4525 (1975).

[40] Gruschwitz, E.: Die turbulente Reibungsschicht in ebener Strömung bei Druckabfall und Druckanstieg. Ing.-Arch. *2*, 321—346 (1931); summary in ZFW *23*, 308 (1932).

[41] Gruschwitz, E.: Turbulente Reibungsschichten mit Sekundärstromungen. Ing.-Arch. *6*, 355—365 (1935).

[42] Gutsche, F.: Versuche an umlaufenden Flügelschnitten mit angerissener Strömung. Jb. Schiffbautechn. Ges. *41*, 188—226 (1940).

[43] Head, M.R.: Entrainment in the turbulent boundary layer. ARC RM 3152 (1960).

[44] Himmelskamp, H.: Profiluntersuchungen an einem umlaufenden Propeller. Diss. Göttingen 1945. Max-Planck-Inst. fur Strömungsforschung, Gottingen, Rep. No. 2 (1950).

[45] Hochschild, H.: Versuche uber Stromungsvorgange in erweiterten und verengten Kanälen. Forschungsarbeiten VDI No. 114 (1910).

[46] Hornung, H.G., and Joubert, P.N.: The mean velocity profile in three-dimensional turbulent boundary layers. JFM *15*, 368—384 (1963).

[47] Jacob, K.: Berechnung der abgelosten inkompressiblen Strömung um Tragflügelprofile und Bestimmung des maximalen Auftriebs. ZFW *17*, 221—230 (1969).

[48] Jacob, K., and Steinbach, D.: A method for prediction of lift for multi-element airfoil systems with separation. AGARD CP 143, V/STOL Aerodynamics, 12—1 to 12—16 (1974).

[49] Johnston, J.P.: On the three dimensional turbulent boundary layer generated by secondary flow. Trans. ASME, Ser. D, J. Basic Eng. *82*, 233—248 (1960).

[50] Johnston, J.P.: The turbulent boundary layer at a plane of symmetry in a three-dimensional flow. Trans. ASME, Ser. D, J. Basic Eng. *82*, 622—628 (1960).

[51] Johnston, J.P.: Measurements in a three-dimensional turbulent boundary layer induced by a forward facing step. JFM *42*, 823—844 (1970).

[52] Johnston, J.P., and Wheeler, A.J.: An assessment of three-dimensional turbulent boundary layer prediction methods. Trans. ASME, Ser. I, J. Fluids Eng. *95*, 415—421 (1973).

[53] Kehl, A.: Untersuchungen uber konvergente und divergente turbulente Reibungsschichten. Diss. Göttingen 1942; Ing.-Arch. *13*, 293—329 (1943).

[54] Kline, S.J., Morkovin, M.V., Sovran, G., Cockrell, D.J., Coles, D.E., and Hirst, E.A. (eds.): Proc. AFOSR-IFP-Stanford Conference 1968. Computation of turbulent boundary layers, Vol. I and II. Stanford Univ. Press, 1969.

[55] Korbacher, G.K.: Aerodynamics of powered high-lift systems. Ann. Rev. Fluid Mech. *6*, 319—358 (1974).

[56] Kovasznay, L.S.G.: The turbulent boundary layer. Ann. Rev. Fluid Mech. (M. van Dyke, ed.) *2*, 95—112 (1970).

[57] Kroner, R.: Versuche uber Stromungen in stark erweiterten Kanälen. Forschungsarbeiten VDI No. 222 (1920).

[58] Laufer, J.: Investigation of turbulent flow in a two-dimensional channel. NACA Rep. 1053 (1951).

[59] Ludwieg, H.: Ein Gerat zur Messung der Wandschubspannung turbulenter Reibungsschichten. Ing.-Arch. *17*, 207—218 (1949).

[60] Ludwieg, H., and Tillmann, W.: Untersuchungen über die Wandschubspannung in turbulenten Reibungsschichten. Ing. Arch. *17*, 288—299 (1949); summary of both papers ZAMM *29*, 15—16 (1949). Engl. transl. in NACA TM 1285 (1950).

[61] Mager, A.: Generalization of boundary-layer momentum-integral equations to three-dimensional flows including those of rotating system. NACA Rep. 1067 (1952).

[62] Mager, A., Mahoney, I.I., and Budinger, R.E.: Discussion of boundary layer characteristics near the wall of an axial-flow compressor. NACA Rep. 1085 (1952).

[63] Mellor, G.L.: The effects of pressure gradients on turbulent flow near a smooth wall. JFM *24*, 255—274 (1966).

[64] Mellor, G.L., and Gibson, D.M.: Equilibrium turbulent boundary layers. JFM *24*, 225—253 (1966).

[65] Mellor, G.L., and Herring, H.J.: A survey of the mean turbulent field closure methods. AIAA J. *11*, 590—599 (1973).

[65a] Meroney, R.N., and Bradshaw, P.: Turbulent boundary layer growth over a longitudinally curved surface. AIAA J. *13*, 1448—1453 (1975).

[66] Michel, R., Quemard, C., and Cousteix, J.: Méthode pratique de prévision des couches limites turbulentes bi- et tri-dimensionelles. Recherche Aérosp. No. 1972—1, 1—14 (1972).

[67] Millikan, C.B.: The boundary layer and skin friction for a figure of revolution. Trans. ASME, J. Appl. Mech. *54*, 2—29 (1932).

[68] Muesmann, H.: Zusammenhang der Strömungseigenschaften des Laufrades eines Axialgebläses mit denen eines Einzelflügels. Diss. Braunschweig 1958; ZFW 6, 345—362 (1958).
[69] Nash, J.F.: The calculation of three-dimensional turbulent boundary layers in incompressible flow. JFM 37, 625—642 (1969).
[70] Nash, J.F., and Patel, V.C.: Three-dimensional turbulent boundary layers. S.B.C. Technical Books (Scientific & Business Consultants, Inc., Atlanta, Georgia), 1972.
[71] Nikuradse, J.: Untersuchungen über die Strömungen des Wassers in konvergenten und divergenten Kanälen. Forschungsarbeiten VDI No. 289 (1929).
[72] Orzag, S.A., and Israeli, M.: Numerical simulation of viscous incompressible flows. Ann. Rev. Fluid Mech. *6*, 281—318 (1974).
[73] Pappas, C.C., and Okuno, A.F.: Measurements of skin friction of the compressible turbulent boundary layer on a cone with foreign gas injection. JASS *27*, 321—331 (1960).
[74] Parr, O.: Untersuchungen der dreidimensionalen Grenzschicht an rotierenden Drehkörpern bei axialer Anströmung. Diss. Braunschweig 1962; Ing.-Arch. *32*, 393—413 (1963).
[75] Pechau, W.: Ein Näherungsverfahren zur Berechnung der ebenen und rotationssymmetrischen turbulenten Grenzschicht mit beliebiger Absaugung oder Ausblasung. Jb. WGL 1958, 82—92 (1959).
[76] Polzin, J.: Strömungsuntersuchungen an einem ebenen Diffusor. Ing.-Arch. *11*, 361—385 (1940).
[77] Pretsch, J.: Zur theoretischen Berechnung des Profilwiderstandes. Jb. dt. Luftfahrtforschung *I*, 61—81 (1938).
[77a] Ramaprian, B.R., and Shivaprasad, B.G.: Mean flow measurements in turbulent boundary layers along mildly curved surfaces. AIAA J. *15*, 189—196 (1977).
[78] Raspet, A., Cornish, J.J., and Gryant, G.D.: Delay of the stall by suction through distributed perforations. Aero. Eng. Rev. *11*, 6, 52—60 (1952).
[79] Reynolds, W.C.: A morphology of the prediction methods (of turbulent boundary layers). Article in [54] Vol. *I*, pp. 1—15 (1969).
[80] Reynolds, W.C.: Recent advances in the computation of turbulent flow. Advances in Chemical Engineering *8*, 193—246 (1974), ed. by T.B. Brew et al., Academic Press.
[81] Reynolds, W.C.: Computation of turbulent flow. Ann. Rev. Fluid Mech. *9*, 183—208 (1976).
[82] Rotta, J.: Beitrag zur Berechnung der turbulenten Grenzschichten. Ing.-Arch. *19*, 31—41 (1951) and Max-Planck-Inst. für Strömungsforschung Göttingen Rep. No. 1 (1950).
[83] Rotta, J.: Schubspannungsverteilung und Energiedissipation bei turbulenten Grenzschichten. Ing.-Arch. *20*, 195—207 (1952).
[84] Rotta, J.: Näherungsverfahren zur Berechnung turbulenter Grenzschichten unter Benutzung des Energiesatzes. Max-Planck-Inst. für Strömungsforschung Göttingen Rep. No. 8 (1953).
[85] Rotta, J.: Turbulent boundary layers in incompressible flow. Progress in Aero. Sci. *2*, 1—219 (1962), ed. by A. Ferri, D. Küchemann and L.H.G. Sterne, Pergamon Press, Oxford, 1962.
[86] Rotta, J.: Vergleichende Berechnungen von turbulenten Grenzschichten mit verschiedenen Dissipationsgesetzen. Ing.-Arch. *38*, 212—222 (1969).
[87] Rotta, J.: Turbulente Strömungen. Stuttgart, 1972.
[88] Rubesin, M.W., and Pappas, C.C.: Analysis of the turbulent boundary-layer characteristics on a flat plate with distributed light-gas injection. NACA TN 4149 (1958).
[88a] Rubin, S.G.: Incompressible flow along a corner. JFM *26*, 97—110 (1966).
[89] Sadcheva, R.D., and Preston, J.H.: investigation of turbulent boundary layers on a ship model. Schiffstechnik *23*, 1—45 (1976).
[90] Schlichting, H.: Die Grenzschicht an der ebenen Platte mit Absaugung und Ausblasen. Luftfahrtforschung *19*, 293—301 (1942).
[91] Schlichting, H.: Einige neuere Ergebnisse über Grenzschichtbeeinflussung. Proc. First Int. Congr. Aero. Sci. Madrid; Adv. in Aero. Sci. *II*, 563—586, Pergamon Press, London, 1959.
[92] Schlichting, H., and Pechau, W.: Auftriebserhöhung von Tragflügeln durch kontinuierlich verteilte Absaugung. ZFW *7*, 113—119 (1959).
[93] Schlichting, H.: Three-dimensional boundary layer flow. Intern. Assoc. Hydraulic Research, IXth Congr., Dubrovnik, 1262—1290, (1961).
[94] Schlichting, H.: Aerodynamische Probleme des Hochstauftriebes. Lecture at Third Int. Congr. Aero. Sci. (ICAS) Stockholm, Sweden, 1962; ZFW *13*, 1—14 (1965).
[95] Schlichting, H.: Einige neuere Ergebnisse aus der Aerodynamik des Tragflügels (Tenth Prandtl Memorial Lecture 1966). Jb. WGLR 1966, 11—32 (1967).
[96] Schmidbauer, H.: Verhalten turbulenter Reibungsschichten an erhaben gekrümmten Wänden. Diss. München 1934; see also Luftfahrtforschung *13*, 161 (1936); Engl. transl. in NACA TM 791 (1936).
[97] Schubauer, G.B., and Klebanoff, P.S.: Investigation of separation of the turbulent boundary layer. NACA Rep. 1030 (1951).
[98] Schubauer, G.B., and Spangenberg, W.G.: Forced mixing in boundary layers. JFM *8*, 10—32 (1960).

[99] Schwarz, F., and Wuest, W.: Flugversuche am Baumuster Do 27 mit Grenzschichtabsaugung zur Steigerung des Höchstauftriebes. ZFW *12*, 108—120 (1964).
[99a] Shanr, M., and Rubin, S.G.: The turbulent boundary layer near a corner. J. Appl. Mech. (Trans. ASME, Ser. E). *43*, 567—570 (1976).
[100] Shanebrook, J.R., and Summer, W.J.: A small cross flow theory for the three-dimensional compressible turbulent boundary layer on adiabatic walls. AIAA J. *11*, 950—954 (1973).
[101] Smith, A.M.O.: High-lift aerodynamics. 37th Wright Brothers Lecture 1974. JI of Aircr. *12*, 501—530 (1975).
[101a] So, R.M.C., and Mellor, G.L.: Experiments on turbulent boundary layers on concave wall. Aero. Quart. *26*, 25—40 (1975).
[101b] So, R.M.C., and Mellor, G.L.: Experiments on convex curvature effect in turbulent boundary layers. JFM *60*, 43—62 (1973).
[102] Speidel, L., and Scholz, N.: Untersuchungen über die Strömungsverluste in ebenen Schaufelgittern. VDI-Forschungsheft 464 (1957).
[103] Squire, H.B., and Young, A.D.: The calculation of profile drag of airflow. ARC RM 1838 (1938).
[104] Stratford, B.S.: Prediction of separation of the turbulent boundary layer. JFM *5*, 1—16 (1959); An experimental flow with zero skin friction throughout its region of pressure rise. JFM *5*, 17—35 (1959).
[104a] Smith, A.M.O.: Stratford's turbulent separation criterion for axially symmetric flow. ZAMP *28*, 928—938 (1977).
[105] Stüper, J.: Untersuchung von Reibungsschichten am fliegenden Flugzeug. Luftfahrtforschung *11*, 26—32 (1934); see also NACA TM 751 (1934).
[106] Szablewski, W.: Turbulente Strömung in konvergenten Kanälen. Ing.-Arch. *20*, 37—45 (1952).
[107] Szablewski, W.: Turbulente Strömungen in divergenten Kanälen (mittlerer und starker Druckanstieg). Ing.-Arch. *22*, 268—281 (1954).
[108] Szablewski, W.: Wandnahe Geschwindigkeitsverteilung turbulenter Grenzschichtströmungen mit Druckanstieg. Ing.-Arch. *23*, 295—306 (1955).
[109] Thomas, F.: Untersuchungen über die Erhöhung des Auftriebes von Tragflügeln mittels Grenzschichtbeeinflussung durch Ausblasen. Diss. Braunschweig 1961; ZFW *10*, 46—65 (1962).
[110] Thomas, F.: Untersuchungen über die Grenzschicht an einer Wand stromabwärts von einem Ausblasspalt. Abhandl. Wiss. Ges. Braunschweig *15*, 1—17 (1963).
[111] Truckenbrodt, E.: Ein Quadraturverfahren zur Berechnung der laminaren und turbulenten Reibungsschicht bei ebener und rotationssymmetrischer Strömung. Ing.-Arch. *20*, 211—228 (1952).
[112] Truckenbrodt, E.: Ein Quadraturverfahren zur Berechnung der Reibungsschicht an axial angeströmten rotierenden Drehkörpern. Ing.-Arch. *22*, 21—35 (1954).
[113] Truckenbrodt, E.: Strömungsmechanik. Springer, Berlin, Heidelberg/New York, 1968.
[114] Truckenbrodt, E.: Neuere Erkenntnisse über die Berechnung von Strömungsgrenzschichten mittels einfacher Quadraturformeln. Part I: Ing.-Arch. *43*, 9—25 (1973); Part II: Ing.-Arch. *43*, 136—144 (1974).
[115] Turcotte, D.L.: A sublayer theory for fluid injection into the incompressible turbulent boundary layer. JASS *27*, 675—678 (1960).
[116] Walz, A.: Strömungs- und Temperaturgrenzschichten. Braun, Karlsruhe, 1966.
[117] Wauschkuhn, P., and Vasanta Ram, V.: Die turbulente Grenzschicht hinter einem Ablösungsgebiet. ZFW *23*, 1—9 (1975).
[118] White, F.M.: A new integral method for analyzing the turbulent boundary layer with arbitrary pressure gradient. J. Basic Eng., Trans. ASME, Ser. D, *91*, 371—378 (1969).
[118a] White, F.M., and Lessmann, R.C.: A three-dimensional integral method for calculating incompressible turbulent skin friction. Trans. ASME, Ser. I, *97*, 550—557 (1975).

[119] White, F.M.: Viscous fluid flow. McGraw-Hill, New York, 1974, 725 pp.
[120] Wieghardt, K.: Turbulente Grenzschichten. Göttinger Monographie, Part B 5 (1945/46).
[121] Wilcken, H.: Turbulente Grenzschichten an gewölbten Wänden. Ing.-Arch. *1*, 357—376 (1930).
[122] Williams, J.: British research on boundary layer and flow control for high lift by blowing. ZFW *6*, 143—160 (1958).
[122a] Willmarth, W.W., Winkel, R.E., Sharma, L.K., and Bogar, T.J.: Axially symmetric turbulent boundary layers on cylinders: mean velocity profiles and wall pressure fluctuations JFM *76*, 35—64 (1976).
[123] Winternitz, F.A.L., and Ramsay, W.J.: Effects of inlet boundary layer on the pressure recovery in conical diffusers. Mech. Eng. Res. Lab., Fluid Mech. Div., East Kilbride, Glasgow, Rep. No. 41 (1956).
[124] Young, A.D.: The calculation of the total and skin friction drags of bodies of revolution at 0° incidence. ARC RM 1874 (1939).
[125] Young, A.D., and Majola, O.O.: An experimental investigation of the turbulent boundary layer along a streamwise corner. Turbulent Shear Flow, AGARD Conf. Proc. 93, 12—1 to 12—9 (1971).
[126] Young, A.D.: Some special boundary-layer problems. 20th Prandtl Memorial Lecture, ZFW *1*, 401—414 (1977).

第二十三章

[1] Anon.: Compressible turbulent boundary layers. A symposium held at Langley Research Center, Hampton, Virginia. December 10—11, 1968; NASA SP 216 (1969).
[1a] Arnal, D., Cousteix, J., and Michel, R.: Couche limite se développant avec gradient de pression positif dans un écoulement extérieur turbulent. Rech. Aerosp. Paris, 1976, *1*, 13—26 (1976).
[2] Bertram, M.H.: Calculations of compressible average turbulent skin friction. NASA TR R—123 (1962).
[3] Bourne, D.E., and Davies, D.R.: On the calculation of eddy viscosity and of heat transfer in a turbulent boundary layer on a flat surface. Quart. J. Mech. Appl. Math. *11*, 223—234 (1958).
[4] Bradshaw, P.: Effects of streamline curvature on turbulent flow. AGARDograph No. 169 (1973).
[5] Bradshaw, P.: The effect of mean compression or dilatation on the turbulence structure of supersonic boundary layers. JFM *63*, 449—464 (1974).
[6] Bradshaw, P., and Ferriss, D.H.: Calculation of boundary-layer development using the turbulent energy equation: compressible flow on adiabatic walls. JFM *46*, 83—110 (1971).
[7] Brinich, P.F., and Diaconis, N.S.: Boundary layer development and skin friction at Mach-number 3.05. NASA TN 2742 (1952).
[8] Burggraf, O.R.: The compressibility transformation and the turbulent boundary layer equation. JASS *29*, 434—439 (1962).
[9] Cebeci, T., and Smith, A.M.O.: A finite-difference method for calculating compressible laminar and turbulent boundary layers. Trans. ASME Ser. D, J. Basic Eng. *92*, 523—535 (1970).
[9a] Cousteix, J.: Analyse théorique et moyens de prévision de la couche limite turbulente tridimensionelle. ONERA Publ. No. 157 (1974).
[9b] Cousteix, J., and Houdeville. R.: Epaississement et séparation d'une couche limite turbulente soumise en interaction avec un choc oblique. Rech. Aerosp. Paris, 1976, *1*, 1—11 (1976).
[10] Cebeci, T.: Kaups, K., Ramsey, J., and Moser, A.: Calculation of three dimensional compressible turbulent boundary layers on arbitrary wings. Douglas Aircr. Co., Report No. MDC J. 6866 1—40, (1975).
[11] Chapman, D.R., and Kester, R.H.: Measurements of turbulent skin friction on cylinders in axial flow at subsonic and supersonic velocities. JAS *20*, 441—448 (1953).
[12] Cohen, N.B.: A method for computing turbulent heat transfer in the presence of a streamwise pressure gradient for bodies in high speed flow. NASA Memo. 1—2—59 L (1959).
[13] Coles, D. Measurements of turbulent friction on a smooth flat plate in supersonic flow. JAS *21*, 433—448 (1954).

[14] Coles, D.: Measurements in the boundary layer on a smooth flat plate in supersonic flow. I. The problem of the turbulent boundary layer. Cal. Inst. Techn. Jet Propulsion Lab. Rep. 20—69 (1953); II. Instrumentation and experimental techniques at the Jet Propulsion Laboratory. Cal. Inst. Techn. Jet Propulsion Lab. Rep. 20—70 (1953); III. Measurements in a flat plate boundary layer at the Jet-Propulsion Laboratory. Cal. Inst. Techn. Jet Propulsion Lab. Rep. 20—71 (1953).

[15] Coles, D.: The turbulent boundary layer in a compressible fluid. Phys. Fluids *7*, 1403—1423 (1964).

[16] Crocco, L.: Compressible turbulent boundary layer with heat exchange. AIAA J. *1*, 2723—2731 (1963).

[17] Culick, F.E.C., and Hill, J.A.F.: A turbulent analog of the Stewartson-Illingworth transformation. JAS *25*, 259—262 (1958).

[18] Davies, D.R.: On the calculation of eddy viscosity and heat transfer in a turbulent boundary layer near a rapidly rotating disk. Quart. J. Mech. Appl. Math. *12*, 211—221 (1959).

[19] Davies, D.R., and Bourne, D.E.: On the calculation of heat and mass transfer in laminar and turbulent boundary layers. I. The laminar case. II. The turbulent case. Quart. J. Mech. Appl. Math. *9*, 457—488 (1956).

[20] Deissler, R.G., and Eian, C.S.: Analytical and experimental investigation of fully developed turbulent flow of air in a smooth tube with heat transfer with variable fluid properties. NACA TN 2629 (1952).

[21] Deissler, R.G.: Analysis of turbulent heat transfer, mass transfer, and friction in smooth tubes at high Prandtl and Schmidt numbers. NACA TR 1210 (1955).

[22] Deissler, R.G., and Taylor, M.F.: Analysis of turbulent flow and heat transfer in noncircular passages. NACA TN 4384 (1959).

[23] Deissler, R.G.: Analysis of turbulent flow and heat transfer on a flat plate at high Mach numbers with variable fluid properties. NACA Techn. Rep. R—17, 1—33 (1959).

[24] Dhawan, S.: Direct measurements of skin friction. NACA Rep. 1121 (1953).

[25] Dipprey, D.F., and Sabersky, R.H.: Heat and momentum transfer in smooth and rough tubes at various Prandtl numbers. Int. J. Heat Mass Transfer *6*, 329—353 (1963).

[26] O'Donnell, R.M.: Experimental investigation at Mach number of 2·41 of average skin friction coefficients and velocity profiles for laminar and turbulent boundary layers and assessment of probe effects. NACA TN 2132 (1954).

[27] Van Driest, E.R.: Turbulent boundary layer in compressible fluids. JAS *18*, 145—160 (1951).

[28] Van Driest, E.R.: The turbulent boundary layer with variable Prandtl number. Fifty years of boundary-layer research (W. Tollmien and H. Görtler, eds.), Braunschweig, 1955, 257—271.

[29] Eckert, E.R.G.: Engineering relations for friction and heat transfer to surfaces in high velocity flow. JAS *22*, 585—587 (1955).

[30] Eckert, E.R.G.: Survey on heat transfer at high speeds. Rep. Univ. of Minnesota, Minneapolis, Minn. (1961).

[31] Englert, G.W.: Estimation of compressible boundary-layer growth over insulated surfaces with pressure gradient. NACA TN 4022 (1957).

[32] Ferrari, C.: Study of the boundary layer at supersonic speeds in turbulent flow: Case of flow along a flat plate. Quart. Appl. Math. *8*, 33 (1950).

[33] Ferrari, C.: The turbulent boundary layer in a compressible fluid with positive pressure gradient. Cornell Aeronautical Laboratory CAL/CM—560 (1949); summary: JAS *18*, 460—477 (1951).

[34] Ferrari, C.: Comparison of theoretical and experimental results for the turbulent boundary layer in supersonic flow along a flat plate. JAS *18*, 555—564 (1951).

[35] Ferrari, C.: Determination of the heat transfer properties of a turbulent boundary layer in the case of supersonic flow when the temperature distribution along the wall is arbitrarily assigned. Fifty years of boundary-layer research, (W. Tollmien and H. Gortler, eds.), Braunschweig, 1955, 364—384.

[36] Gardner, G.O., and Kestin, J.: Calculation of the Spalding function over a range of Prandtl-numbers. Int. J. Heat Mass Transfer *6*, 289—299 (1963).

[37] Goddard, F.E.: Effect of uniformly distributed roughness on turbulent skin friction drag at supersonic speeds. JASS *26*, 1—15, 24 (1959).

[38] Hill, F.K.: Boundary-layer measurements in hypersonic flow. JAS *23*, 35—42 (1956).

[39] Hill, F.K.: Turbulent boundary layer measurements at Mach numbers from 8 to 10. Phys. Fluids *2*, 668—680 (1959).

[40] Hoffmann, E.: Der Wärmeübergang bei der Strömung im Rohr. Z. Ges. Kälte Ind. *44*, 99—107 (1937).
[41] Johnson, D.S.: Velocity, temperature, and heat transfer measurements in a turbulent boundary layer downstream of a stepwise discontinuity in wall temperature. J. Appl. Mech. *24*, 2—8 (1957).
[42] Johnson, D.S.: Velocity and temperature fluctuation measurements in a turbulent boundary layer downstream of a stepwise discontinuity in wall temperature. Trans. ASME J. Appl. Mech. *26*, 325—336 (1959).
[43] von Kármán, Th.: The problem of resistance in compressible fluids. Volta Congress Rome 1935, 222—277; see also Coll. Works *III*, 179—221.
[44] von Kármán, Th.: The analogy between fluid friction and heat transfer. Trans. ASME *61*, 705—710 (1939); see also Coll. Works *III*, 355—367.
[45] Kestin, J., and Richardson, P.D.: Heat transfer across turbulent incompressible boundary layers. Int. J. Heat and Mass Transfer *6*, 147—189 (1963).
[46] Kestin, J., and Richardson, P.D.: Warmeubertragung in turbulenten Grenzschichten. Forschg. Ing.-Wes. *29*, 93—104 (1963).
[46a] Kestin, J., and Persen, L.N.: The transfer of heat across a turbulent boundary layer at very high Prandtl numbers. Int. J. Heat and Mass Transfer *5*, 355—371 (1962).
[47] Kistler, A.L.: Fluctuation measurements in a supersonic turbulent boundary layer. Phys. Fluids *2*, 290—296 (1959).
[48] Klebanoff, P.S.: Characteristics of turbulence in a boundary layer with zero pressure gradient. NACA TN 3178 (1954); TR 1247, 1135—1153 (1955).
[49] Kovasznay, L.S.G.: The hot-wire anemometer in supersonic flow. JAS *17*, 565—573 (1950).
[50] Kutateladze, S.S., and Leont'ev, A.I.: Turbulent boundary layer in compressible gases. Transl. by D.B. Spalding. Edward Arnold Publishers Ltd., London, 1964.
[51] Lilley, G.M.: An approximation solution of the turbulent boundary layer equation in incompressible and compressible flow. Coll. Aero. Cranfield Rep. 134 (1960).
[52] Liepmann, H.W., and Goddard, F.E.: Note on the Mach number effect upon the skin friction of rough surfaces. JAS *24*, 784 (1957).
[53] Lobb, R.K., Winkler, E.M., and Persh, J.: Experimental investigation of turbulent boundary layers in hypersonic flow. NAVORD Rep. 3880 (1955).
[54] Ludwieg, H.: Ein Gerät zur Messung der Wandschubspannung turbulenter Reibungsschichten. Ing.-Arch. *17*, 207—218 (1949).
[55] Ludwieg, H.: Bestimmung des Verhaltnisses der Austauschkoeffizienten fur Wärme und Impuls bei turbulenten Grenzschichten. ZFW *4*, 73—81 (1956).
[56] Mack, L.M.: An experimental investigation of the temperature recovery-factor. Jet Propulsion Laboratory, Calif. Inst. Techn., Pasadena, Rep. 20—80 (1954).
[57] Mager, A.: Transformation of the compressible turbulent boundary layer. JAS *25*, 305—311 (1958).
[58] Matting, F.W., Chapman, D.R., Nyholm, J.R., and Thomas, A.G.: Turbulent skin friction at high Mach numbers and Reynolds numbers in air and helium. NASA TR R—82 (1961).
[59] McLafferty, G.H., and Babber, R.E.: The effect of adverse pressure gradients on the characteristics of turbulent boundary layers in supersonic streams. JASS *29*, 1—10, 18 (1962).
[60] Meier, H.U.: Experimentelle und theoretische Untersuchungen von turbulenten Grenzschichten bei Überschallströmung. Mitt. MPI Stromungsforschg. u. Aerodyn. Versuchsanst. Nr. 49, 1—116, (1970); Diss. Braunschweig 1970.

[61] Meier, H.U., Lee, R.E., and Voisinet, R.L.P.: Vergleichsmessungen mit einer Danberg-Temperatursonde und einer kombinierten Druck-Temperatursonde in turbulenten Grenzschichten bei Uberschallstromung. ZFW. *22*, 1—10 (1974).
[62] Meier, H.U., Voisinet, R.L.P., and Gates, D.F.: Temperature distributions using the law of the wall for compressible flow with variable turbulent Prandtl numbers. AIAA 7th Fluid and Plasma Dynamics Conf., Palo Alto, Calif. 1974, AIAA Paper No. 74—596 (1974).
[63] Meier, H.U., and Rotta, J.C.: Temperature distributions in supersonic turbulent boundary layers. AIAA J. *9*, 2149—2156 (1971).
[64] Meier, H.U.: Investigation of the heat transfer mechanism in supersonic turbulent boundary layers. Warme- und Stoffubertragung *8*, 159—165 (1975).
[65] Morkovin, M.V.: Effects of compressibility on turbulent flows. Colloques Int. CNRS No. 108, 367—380, Mécanique de la turbulence, Marseille, 1962.
[66] Nunner, W.: Warmeubergang und Druckabfall in rauhen Rohren. VDI-Forsch. 455 (1956).

[67] Owen, P.R., and Thomson, W.R.: Heat transfer across rough surfaces. JFM *15*, 321–334 (1943).
[68] Pappas, C.C.: Measurement of heat transfer in the turbulent boundary layer on a flat plate in supersonic flow and comparison with skin friction results. NACA TN 3222 (1954).
[69] Persen, L.N.: A note on the basic equations of turbulent boundary layers and the heat transfer through such layers. ZFW *15*, 311–314 (1967).
[70] Prandtl, L.: Eine Beziehung zwischen Wärmeaustausch und Strömungswiderstand der Flüssigkeiten. Phys. Z. *11*, 1072–1078 (1910); see also Coll. Works *II*, 585–596.
[71] Reichardt, H.: Die Wärmeübertragung in turbulenten Reibungsschichten. ZAMM *20*, 297–328 (1940); NACA TM 1047 (1943).
[72] Reichardt, H.: Impuls- und Wärmeaustausch bei freier Turbulenz. ZAMM *24*, 268–272 (1944).
[73] Reichardt, H.: Der Einfluss der wandnahen Strömung auf den turbulenten Wärmeübergang. Rep. Max-Planck-Inst. für Strömungsforschung No. 3, 1–63 (1950).
[74] Reichardt, H.: Die Grundlagen des turbulenten Wärmeüberganges. Arch. Wärmetechn. *2*, 129–142 (1951).
[75] Reshotko, E., and Tucker, M.: Approximate calculation of the compressible turbulent boundary layer with heat transfer and arbitrary pressure gradient. NACA TN 4154 (1957).
[76] Reynolds, O.: On the extent and action of the heating surface for steam boilers. Proc. Manchester Lit. Phil. Soc. *14*, 7–12 (1874).
[77] Reynolds, W.C., Kays, W.M., and Kline, S.J.: Heat transferin the turbulent incompressible boundary layer. I. Constant wall temperature. NASA Memo. 12–1–58 W (1958); II. Step wall temperature distribution. NASA Memo. 12–2–58 W (1958), III. Arbitrary wall temperature and heat flux. NASA Memo. 12–3–58 W (1958); IV. Effect of location of transition and prediction of heat transfer in a known transition region. NASA Memo. 12–4–58 W (1958).
[78] Rotta, J.C.: Über den Einfluss der Machschen Zahl und des Wärmeübergangs auf das Wandgesetz turbulenter Strömungen. ZFW *7*, 264–274 (1959).
[79] Rotta, J.C.: Turbulent boundary layers with heat transfer in compressible flow. AGARD Rep. 281 (1960).
[80] Rotta, J.C.: Bemerkung zum Einfluss der Dichteschwankungen in turbulenten Grenzschichten bei kompressibler Strömung. Ing.-Arch. *32*, 187–190 (1963).
[81] Rotta, J.C.: Temperaturverteilungen in der turbulenten Grenzschicht an der ebenen Platte. Int. J. Heat Mass Transfer *7*, 215–228 (1964).
[82] Rotta, J.C.: Effect of streamwise wall curvature on compressible turbulent boundary layers. IUTAM Symp. Kyoto, Japan, 1966. Phys. Fluids *10*, S 174–S 180 (1967).
[83] Rotta, J.C.: Eine Beziehung zwischen den örtlichen Reibungsbeiwerten turbulenter Grenzschichten bei kompressibler und inkompressibler Strömung. ZFW *18*, 195–201 (1970).
[84] Rotta, J.C.: FORTRAN IV — Rechenprogramm für Grenzschichten bei kompressiblen ebenen und achsensymmetrischen Strömungen. DLR FB 71–51, 1–82 (1971).
[85] Rubesin, M.W.: A modified Reynolds analogy for the compressible turbulent boundary layer on a flat plate. NACA TN 2917 (1953).
[86] Schubauer, G.B., and Tchen, C.M.: Turbulent flow. High Speed Aerodynamics and Jet Propulsion *V*, 75–195, Princeton (1959).
[87] Seiff, A.: Examination of the existing data on the heat transfer of turbulent boundary layers at supersonic speeds from the point of view of Reynolds analogy. NACA TN 3284 (1954).
[88] Spalding, D.B.: Heat transfer to a turbulent stream from a surface with a step-wise discontinuity in wall temperature. International developments in heat transfer (Proc. Conf. organized by ASME at Boulder, Colorado, 1961), Part II, 439–446.
[89] Spalding, D.B., and Chi, S.W.: The drag of a compressible turbulent boundary layer on a smooth flat plate with and without heat transfer. JFM *18*, 117–143 (1964).

[90] Spence, D.A.: Velocity and enthalpy distributions in the compressible turbulent boundary layer on a flat plate. JFM *8*, 368–387 (1960).
[91] Spence, D.A.: Some applications of Crocco's integral for the turbulent boundary layer. Proc. 1960 Heat Transfer Fluid Mech. Inst., Stanford Univ. 62–76 (1960).
[92] Spence, D.A.: The growth of compressible turbulent boundary layers on isothermal and adiabatic walls. ARC RM 3191 (1961).
[93] Stratford, B.S., and Beavers, G.S.: The calculation of the compressible turbulent boundary layer in an arbitrary pressure gradient. A correlation of certain previous methods. ARC RM 3207 (1959).

[94] Smith, P.D.: An integral prediction method for three-dimensional compressible turbulent boundary layers. ARC RM 3739, 1—54 (1974).
[95] Schultz-Jander, B : Heat transfer calculations in turbulent boundary layers using integral relations. Acta Mechanica 21, 301—312 (1975).
[96] Taylor, G.I.: Conditions at the surface of a hot body exposed to the wind. ARC RM 272 (1919).
[97] Taylor, G.I.: The transport of vorticity and heat through fluids in turbulent motion. Appendix by A. Fage and V. M. Falkner. Proc. Roy. Soc. 135, 685 (1932); see also Phil. Trans. A 215, 1 (1915).
[98] Taylor, J.R.: Temperature and heat flux distributions in incompressible turbulent equilibrium boundary layers. Int. J. Heat Mass Transfer 15, 2473—2488 (1972).
[99] Tucker, M.: Approximate turbulent boundary layer development in plane compressible flow along thermally insulated surfaces with application to supersonic-tunnel contour correction. NACA TN 2045, 78 (1950).
[100] Walz, A : Näherungstheorie fur kompressible turbulente Grenzschichten. ZAMM-Sonderheft 36, 50—56 (1956).
[101] Walz, A.: Über Fortschritte in Näherungstheorie und Praxis der Berechnung kompressibler laminarer und turbulenter Grenzschichten mit Wärmeübergang. ZFW 13, 89—102 (1965).
[102] Wilson, R.E.: Turbulent boundary layer characteristics at supersonic speeds — Theory and experiment. JAS 17, 585—594 (1950).
[103] Winkler, E.M.: Investigation of flat plate hypersonic turbulent boundary layers with heat transfer. J. Appl. Mech. 83, 323—329 (1961).
[104] Winkler, E.M., and Cha, M.H.. Investigation of flat plate hypersonic turbulent boundary layers with heat transfer at a Mach number of 5·2 (U). NAVORD Rep. 6631 (1959).
[105] Winter, K.G., Rotta, J.C., and Smith, K.G.: Untersuchungen der turbulenten Grenzschicht an einem taillierten Drehkörper bei Unter- und Überschallströmung. DLR FB 65—52, 1—71 (1965); see also ARC RM 3633, 1—75 (1970).
[106] Young, A.D.: The drag effects of roughness at high subcritical speeds. J. Roy. Aero. Soc. 18, 534 (1950).

第二十四章

[1] Abramovich, G.N.: The theory of turbulent jets (Translation from the Russian). MIT Press, Cambridge, Mass., 1963.
[1a] Ahmed, S.R.: Die Vermischung von koaxialen und turbulenten Strahlen verschiedener Geschwindigkeit und Temperatur in einem Rohr. Diss. Braunschweig 1970. VDI-Forschungsheft 547, 18—30 (1971).
[1b] Albertson, M.L., Dai, Y.B., Jenson, R.A., and Rouse, H.: Diffusion of submerged jets. Trans. Am. Soc. Civil Engrs. 115, 639—696 (1950).
[2] Anderlik, E.: Math. termeszett. Ertes 52, 54 (1935).
[2a] Antonia, R.A., and Bilger, R.W.: The heated round jet in a coflowing stream. AIAA J 14, 1541—1547 (1976).
[3] Barke, P.: An experimental investigation of a wall-jet. JFM 2, 467—472 (1957).
[4] Bradshaw, P., and Gee, M.T.: Turbulent wall jets with and without an external stream. ARC RM 3252, 1—48 (1962).
[5] von Bohl, J.G.: Das Verhalten paralleler Luftstrahlen. Ing.-Arch. 11, 295—314 (1940).
[6] Bourque, C., and Newmann, B.G.: Re-attachment of a two-dimensional incompressible jet to an adjacent flat plate. Aero. Quart. 11, 201—232 (1960).
[7] Cordes, G.: Statische Druckmessung in turbulenter Strömung. Ing.-Arch. 8, 245—270 (1937)
[8] Corrsin, S., and Uberoi, M.S.: Further experiments on the flow and heat transfer in a heated turbulent air jet. NACA TN 998 (1950).
[9] Davies, D.R.: The problem of diffusion into a turbulent boundary layer from a plane area source bounded by two straight perpendicular edges. Quart. J. Mech. Appl. Math. 7, 468—471 (1954).
[10] Dvorak, F.A.: Calculation of turbulent boundary layers and wall jets over curved surfaces. AIAA J. 11, 517—524 (1973).
[11] Förthmann, E.: Über turbulente Strahlausbreitung. Diss. Göttingen 1933; Ing.-Arch. 5, 42—54 (1934); NACA TM 789 (1936).
[12] Frost, B.: Turbulence and diffusion in the lower atmosphere. Proc. Roy. Soc. A 186, 20 (1946).
[13] Eichelbrenner, E.A., and Dumargue, P.: Le problème du "jet pariétal" plan en régime turbulent pour un écoulement extérieur de vitesse U_e constante. J. Mécanique 1, 109—122 and 1, 123—134 (1962).

[14] Gartshore, J.S., and Newman, B.G.: The turbulent wall jet in an arbitrary pressure gradient. Aero. Quart. *20*, 25—56 (1969).
[15] Gersten, K.: Flow along highly curved surfaces. Lecture at EUROMECH *1*, Berlin 1965; see also [57].
[16] Glauert, M.B.: The wall-jet. JFM *1*, 625—643 (1956).
[17] Gooderum, P.B., Wood, G.P., and Brevoort, M.J.: Investigation with an interferometer of the turbulent mixing of a free supersonic jet. NACA Rep. 968 (1950).
[18] Görtler, H.: Berechnung von Aufgaben der freien Turbulenz auf Grund eines neuen Näherungsansatzes. ZAMM *22*, 244—254 (1942).
[19] Gran Olsson, R.: Geschwindigkeits- und Temperaturverteilung hinter einem Gitter bei turbulenter Strömung. ZAMM *16*, 257—267 (1936).
[20] Hinze, J.O., and van der Hegge Zijnen, B.G.: Transfer of heat and matter in the turbulent mixing zone of an axially symmetric jet. Proc. 7th Intern. Congr. Appl. Mech. *2*, Part I, 286—299 (1948).
[20a] Hirst, E.: Buoyant jet discharged into quiescent stratified ambients. J. Geophys. Res. *76*, 7375—7384 (1971).
[21] Howarth, L.: Concerning the velocity and temperature distributions in plane and axially symmetrical jets. Proc. Cambr. Phil. Soc. *34*, 185—203 (1938).
[22] Keffer, J.F., and Baines, W.D.: The round turbulent jet in a cross-wind. JFM *15*, 481—496 (1963).
[23] Kruka, V., and Eskinazi, S.: The wall jet in a moving stream. JFM *20*, 555—579 (1964).
[24] Kuethe, A.M.: Investigations of the turbulent mixing regions formed by jets. J. Appl. Mech. *2*, 87—95 (1935).
[24a] Mohammadian, S., Sailey, M., and Peerless, J.: Fluid mixing with unequal free-stream turbulence intensities. J. Fluids Eng. Trans. ASME I, *98*, 229—235 (1976).
[24b] List, E.H., and Imberger, J.: Turbulent entrainment in buoyant jets and plumes. J. Hydr. Div. ASCE *99*, HY,9, 1461—1474 (1973).

[24c] Metral, A.: Sur un phénomène de déviation des veines fluides et ses applications. Effet Coanda, Cabinet Technique du Ministère de l'Air (1938).
[24d] Metral, A., and Zerner, F.: L'effet Coanda. Publication Scientifiques et Techniques du Ministère de l'Air, No. 218 (1948). MOS. TIB/T 4027 (1953).
[25] Newman, B.G., Patel, R.P., Savage, S.B., and Tjio, H.K.: Three-dimensional wall jet originating from a circular orifice. Aero. Quart. *23*, 188—200 (1972).
[25a] Newman, B. G.: The deflection of plane jets by adjecent boundaries — Coanda effect. G.V. Lachmann (ed.): Boundary Layer and Flow Control. Pergamon Press. Vol. 1, 232—264 (1961).
[26] Pai, S.I.: Fluid dynamics of jets. New York, 1954.
[26a] Pfeil, H., and Eifler, J.: Zur Frage der Schubspannungsverteilung für die ebenen freien turbulenten Stromungen. Forschg. Ing.-Wes. *41*, 105—136 (1975).
[26b] Pfeil, H., and Eifler, J.: Messungen im turbulenten Nachlauf des Einzelzylinders. Forschg. Ing.-Wes. *41*, 137—145 (1975).
[27] Prandtl, L.: The mechanics of viscous fluids. In W.F. Durand (ed.). Aerodynamic Theory, *III*, 16—208 (1935); see also Proc. IInd Intern. Congress Appl. Mech. Zurich 1926.
[28] Reichardt, H.: Über eine neue Theorie der freien Turbulenz. ZAMM *21*, 257—264 (1941).
[29] Reichardt, H.: Gesetzmässigkeiten der freien Turbulenz. VDI-Forschungsheft 414 (1942), 2nd ed. 1951.
[30] Reichardt, H.: Impuls- und Wärmeaustausch in freier Turbulenz. ZAMM *24*, 268—272 (1944).
[31] Reichardt, H., and Ermshaus, R.: Impuls- und Wärmeubertragung in turbulenten Windschatten hinter Rotationskörpern. Int. J. Heat Mass Transfer *5*, 251—265 (1962).
[32] Reichardt, H.: Turbulente Strahlausbreitung in gleichgerichteter Grundströmung. Forschg. Ing.-Wes. *30*, 133—139 (1964).
[33] Ruden, P.: Turbulente Ausbreitung im Freistrahl. Naturwissenschaften *21*, 375—378 (1933).
[34] Sawyer, R.A.: The flow due to a two-dimensional jet issuing parallel to a flat plate. JFM *9*, 543—560 (1960).
[35] Schlichting, H.: Über das ebene Windschattenproblem. Diss. Göttingen 1930; Ing.-Arch. *1*, 533—571 (1930).
[36] Schmidt, W.: Turbulente Ausbreitung eines Stromes erhitzter Luft. ZAMM *21*, 265—278 and 351—363 (1941).

[36a] Schneider, W.: Über den Einfluß der Schwerkraft auf anisotherm, turbulente Freistrahlen. Abh. Aerod. Inst. T.H. Aachen, No. 22, 59—65 (1975).
[37] Sigalla, S.: Measurements of skin friction in plane turbulent wall jet. J. Roy. Aero. Soc. *62*, 873—877 (1958).
[38] Squire, H.B., and Rouncer, J.T.: Round jets in a general stream. ARC RM 1974 (1944).
[39] Squire, H.B.: Reconsideration of the theory of free turbulence, Phil. Mag. *39*, 1—20 (1948).
[40] Squire, H.B.: Jet flow and its effect on aircraft. Aircarft Engineering *22*, 62—67 (1950).
[41] Swain, L.M.: On the turbulent wake behind a body of revolution. Proc. Roy. Soc. London A *125*, 647—659 (1929).
[42] Sforza, P.M., and Herbst, G.: A study of three-dimensional incompressible turbulent wall jet. AIAA J. *8*, 276—283 (1970).
[43] Swamy, N.V.C., and Gowda, B.H.L.: Characteristics of three-dimensional wall jets. ZFW *22*, 314—323 (1974).
[44] Swamy, N.V.C., and Bandyopadhyay, P.: Mean and turbulence characteristics of three-dimensional wall jets. JFM *71*, 541—562 (1975).
[45] Schmidt, D.W., and Wagner, W.J.: Measurements of the temperature fluctuations in turbulent wakes. ZFW *22*, 10—14 (1974).
[46] Szablewski, W.: Zur Theorie der turbulenten Strömung von Gasen stark veränderlicher Dichte. Diss. Göttingen 1947; Ing.-Arch. *20*, 67—72 (1952).
[47] Szablewski, W.: Zeitliche Auflösung einer ebenen Trennungsfläche der Geschwindigkeit und Dichte. ZAMM *35*, 464—468 (1955).
[48] Szablewski, W.: Turbulente Vermischung zweier ebener Luftstrahlen von fast gleicher Geschwindigkeit und stark unterschiedlicher Temperatur. Ing.-Arch. *20*, 73—80 (1952).
[49] Tanner, M.: Einfluss des Keilwinkels auf den Ähnlichkeitsparameter der turbulenten Vermischungszone in inkompressibler Strömung. Forschg. Ing.-Wes. *39*, 121—125 (1973).
[50] Taylor, G.I.: The transport of vorticity and heat through fluids in turbulent motion. Appendix by A. Fage and V.M. Falkner. Proc. Roy. Soc. A *135*, 685—705 (1932).
[51] Thomas, F.: Untersuchungen über die Grenzschicht an einer Wand stromabwärts von einem Ausblasespalt. Abhandl. Wiss. Ges. Braunschweig *15*, 1—17 (1963).
[52] Tollmien, W.: Berechnung turbulenter Ausbreitungsvorgänge. ZAMM *6*, 468—478 (1926); NACA TM 1085 (1945).
[53] Tollmien, W.: Die von Kármánsche Ähnlichkeitshypothese in der Turbulenz-Theorie und das ebene Windschattenproblem. Ing.-Arch. *4*, 1—15 (1933).
[54] Townsend, A.A.: Momentum and energy diffusion in the turbulent wake of a cylinder. Proc. Roy. Soc. London A *197*, 124—140 (1949).
[55] Viktorin, K.: Untersuchungen turbulenter Mischvorgänge. Forschg. Ing.-Wes. *12*, 16—30 (1941); NACA TM 1096 (1946).
[56] Wieghardt, K.: Über Ausbreitungsvorgänge in turbulenten Reibungsschichten. ZAMM *28*, 346—355 (1948).
[57] Wille, R., and Fernholz, H.: Report on the First Mechanics Colloquium on the Coanda effect. JFM *23*, 801—819 (1965).
[58] Wille, R.: Beiträge zur Phanomenologie der Freistrahlen (Third Otto-Lilienthal-Lecture 1962). ZFW *11*, 222—233 (1963).
[59] Wuest, W.: Turbulente Mischvorgänge in zylindrischen und kegeligen Fangdüsen. Z. VDI *92*, 1000—1001 (1950).
[60] Yamaguchi, S.: Turbulente Vermischung eines ebenen Strahles in gleichgerichteter Aussenstromung. Ing.-Arch. *35*, 172—180 (1966).
[60a] Young, D.W., and Zonars, D.: Wind tunnel tests of the Coanda wing and nozzle. USAF Techn. Report 6199 (1950).
[61] Zimm, W.: Über die Strömungsvorgänge im freien Luftstrahl. VDI-Forschungsheft 234 (1921).
[62] Reports of the AVA Gottingen, Ergebnisse der Aerodynamischen Versuchsanstalt Gottingen. R. Oldenbourg, Munchen, Vol. *2*, 69—77 (1923).

第二十五章

[1] Abbott, J.H., von Doenhoff, A.E., and Stivers, L.S.: Summary of airfoil data. NACA Rep. 824 (1945).
[2] Bahr, J.: Untersuchungen über den Einfluss der Profildicke auf die kompressible ebene Strömung durch Verdichtergitter. Diss. Braunschweig 1962. Forschg. Ing.-Wes. *30*, 14—25 (1964).
[3] Bammert, K., and Milsch, R.: Boundary layers on rough compressor blades. ASME Paper No. 72—GT—48. Gas Turbine Conference. San Francisco, 1972.
[4] Betz, A.: Ein Verfahren zur direkten Ermittlung des Profilwiderstandes. ZFM *16*, 42—44 (1925).
[5] Davis, H., Kottas, H., and Moody, A.M.: The influence of Reynolds number on the performance of turbo-machinery. Trans. ASME *73*, 499—509 (1951).
[6] Doetsch, H.: Profilwiderstandsmessungen im grossen Windkanal der DVL. Luftfahrtforschung *14*, 173—178 and 370—372 (1937).
[7] Dowlen, E.M.: A shortened method for the calculation of aerofoil profile drag. J. Roy. Aero. Soc. *56*, 109—116 (1952).
[8] Dunham, J.: Predictions of boundary layer transition on turbomachinery blades. AGARD AG—164 (1972).
[9] Eastman, N., Jacobs, E.N., and Sherman, A.: Aerofoil section characteristics as affected by variation of the Reynolds number. NACA RM 586 (1937).
[10] Evans, R.L.: Stream turbulence effects on the turbulent boundary layer in a compressor cascade. British ARC Rep. 34 587 (1973).
[11] Fage. A., Falkner, V.M., and Walker, W.S.: Experiments on a series of symmetrical Joukowsky sections. ARC RM 1241 (1929).
[12] Fage, A.: Profile and skin-friction airfoil drags. ARC RM 1852 (1938).
[13] Feindt, E.G.: Untersuchungen uber die Abhängigkeit des Umschlages laminar—turbulent von der Oberflachenrauhigkeit und der Druckverteilung. Diss. Braunschweig 1956; Jb. Schiffbautechn. Ges. *50*, 180—205 (1956).
[14] Gersten, K.: Experimenteller Beitrag zum Reibungseinfluss auf die Stromung durch ebene Schaufelgitter. Abhandl. Wiss. Ges Braunschweig *7*, 93—99 (1955).
[15] Gersten, K.: Der Einfluss der Reynolds-Zahl auf die Stromungsverluste in ebenen Schaufelgittern. Abhandl. Wiss. Ges. Braunschweig *11*, 5—19 (1959).
[16] Goett, H.J.: Experimental investigation of the momentum method for determining profile drag. NACA Rep. 660 (1939).
[17] Gothert, B.: Widerstandsbestimmung bei hohen Unterschallgeschwindigkeiten aus Impulsverlustmessungen. Jb. dt. Luftfahrtforschung *I*, 148—155 (1941).
[18] Cranville, P.S.: The calculation of the viscous drag of bodies of revolution. David W. Taylor Model Basin, Rep. 849 (1953).
[19] Görtler, H.: Verdrängungswiderstand der laminaren Grenzschicht und Druckwiderstand. Ing.-Arch. *14*, 286—305 (1943/44).
[20] Gaster, M.: The structure and behaviour of laminar separation bubbles. British ARC Rep. 28 226 (1966).
[20a] Haas, H., and Maghon, H.: Mögliche Wirkungsgradverbesserungen bei Dampf- und Gasturbinen. Conference on technologies for more efficient utilization of energy in electric power stations at Kernforschungsanlage Julich, Febr. 1976. Julich Conf. *19*, 74—80 (1976).
[21] Hebbel, H.: Über den Einfluss der Mach-Zahl und der Reynolds-Zahl auf die aerodynamischen Beiwerte von Turbinenschaufelgittern bei verschiedener Turbulenz der Strömung Diss. Braunschweig 1962; Forschg. Ing.-Wes. *30*, 65- 77 (1964).
[22] Helmbold, H.B.: Zur Berechnung des Profilwiderstandes. Ing.-Arch. *17*, 273—279 (1949).
[23] Hebbel, H.: Über den Einfluss der Mach-Zahl und der Reynolds-Zahl auf die aerodynamischen Beiwerte von Verdichter-Schaufelgittern bei verschiedener Turbulenz der Strömung. Forschg. Ing.-Wes. *33*, 141—150 (1967).
[24] Horlock, J.H., and Lakshminarayana, B.: Secondary flows: Theory, experiment, and application in turbomachinery aerodynamics. Annual Review of Fluid Mechanics (M. Van Dyke, ed.) *5*, 247—280 (1973).
[25] Horlock, J.H., Shaw, R., Pollhard, D., and Lewkowicz, A.: Reynolds number effects in cascades and axial flow compressors. Trans. ASME, J. Eng. Power *86*, 236—242 (1964).
[26] Jones, B.M.: The measurement of profile drag by the pitot traverse method. ARC RM 1688 (1936).

[27] Jaumotte, A.L., and Devienne, P.: Influence du nombre de Reynolds sur les pertes dans les grilles d'aubes. Technique et Science Aéronautique *5*, 227–232 (1956).
[28] Horton, H.P.: A semi-empirical theory for the growth and bursting of laminar separation bubbles. British ARC Rep. CP No. 1073 (1969).
[29] Jones, B.M.. Flight experiments on boundary layers. JAS *5*, 81–101 (1938); see also Engineering *145*, 397 (1938) and Aircraft Eng. *10*, 135–141 (1938).
[30] Kiock, R.: Einfluss des Turbulenzgrades auf die aerodynamischen Beiwerte von ebenen Verzogerungsgittern. Diss. Braunschweig 1971; Forschg. Ing.-Wes. *39*, 17–28 (1973).
[31] Lawaczeck, O., and Amecke, J.: Probleme der transsonischen Stromung durch Turbinen-Schaufelgitter. VDI-Forschungsheft 540 (1970).
[32] Lawaczeck, O., and Heinemann, H.J.: Von Kármán vortex streets in the wakes of subsonic and transonic cascades. Paper AGARD Meeting on Unsteady Phenomena in Turbumachinery, Monterey, Cal., Sept. 1975. AGARD CP–177, 28–1 to 28–13 (1976).
[33] Lehthaus, F.: Berechnung der transsonischen Stromung durch ebene Turbinengitter nach dem Zeitschritt-Verfahren. Diss. Braunschweig 1977. VDI-Forschungsheft *586*, 5–24 (1978).
[34] Lawaczeck, O.: Halbempirisches Berechnungsverfahren für ebene transsonische Turbinenprofile mit Plattenprofilen. VDI-Forschungsheft *586*, 25–36 (1978).
[35] Lawson, T.V.: An investigation into the effect of Reynolds number on a cascade of blades with parabolic arc camberline. British NGTE Memo. M 1975 (1953).
[36] Lock, C.N.H., Hilton, W.F., and Goldstein, S.: Determination of profile drag at high speeds by a pitat traverse method. ARC RM 1971 (1946).
[37] Ntim, B.A.: A theoretical and experimental investigation of separation bubbles. Ph.D. Thesis Univ. of London 1969.
[38] Piercy, N.V.A., Preston, J.H., and Whitehead, L.G.: Approximate prediction of skin friction and lift. Phil. Mag. *26*, 791–815 (1938).
[39] Pfenninger, W.: Vergleich der Impulsmethode mit der Wägung bei Profilwiderstandsmessungen. Rep. Inst. of Aerodynamics ETH Zürich, No. 8 (1943).
[40] Pretsch, J.: Zur theoretischen Berechnung des Profilwiderstandes. Jb. dt. Luftfahrtforschung 1938, *I*, 61–81; Engl. transl. NACA TM 1009 (1942).
[41] Rhoden, H.G.: Effects of Reynolds number on the flow of air through a cascade of compressor blades. ARC RM 2919 (1956).
[42] Raj, R., and Lakshminarayana, B.: Characteristics of the wake behind a cascade of airfoils. JFM *61*, 707–730 (1973).
[43] Roberts, W.B.: The effect of Reynolds number and laminar separation on axial cascade performance. Trans. ASME, Ser. A, J. Eng. Power *97*, 261–274 (1975).
[44] Riegels, F.W.: Fortschritte in der Berechnung der Strömung durch Schaufelgitter. ZFW *9*, 2–15 (1961).
[45] Schäffer, H.: Untersuchungen über die dreidimensionale Stromung durch axiale Schaufelgitter mit zylindrischen Schaufeln. Diss. Braunschweig 1954. Forschg. Ing-Wes. *21*, 9–19 and 41–49 (1955).
[46] Schlichting, H., and Scholz, N.: Über die theoretische Berechnung der Stromungsverluste eines ebenen Schaufelgitters. Ing.-Arch. *19*, 42–65 (1951).
[47] Schlichting, H.: Ergebnisse und Probleme von Gitteruntersuchungen. ZFW *1*, 109–122 (1953).
[48] Schlichting, H.: Berechnung der reibungslosen inkompressiblen Strömung für ein vorgegebenes ebenes Schaufelgitter. VDI-Forschungsheft 447 (1955).
[49] Schlichting, H.: Anwendung der Grenzschichttheorie auf Strömungsprobleme der Turbomaschinen. Siemens Z. *33*, 429–438 (1959); see also: Application of boundary layer theory in turbomachinery. Trans. ASME Ser. D, J. Basic Eng. *81*, 543–551 (1959).
[50] Schlichting, H.: Neuere Untersuchungen über Schaufelgitterströmungen. Siemens Z. *37*, 827–837 (1963).
[51] Surugue, J. (ed.): Boundary layer effects in turbomachines. AGARDograph No. 164 (1972).
[52] Schlichting, H., and Das, A.: Über einige grundlegende Fragen auf dem Gebiet der Aerodynamik der Turbomaschinen. L'Aerotecnica *46*, 179–194 (1966).
[53] Schlichting, H., and Das, A.. On the influence of turbulence level on the aerodynamic losses of axial turbomachines. In: Flow research on blading (L.S. Dzung, ed.), Elsevier, Amsterdam, 1970, 243–274.

[54] Scholz, N., and Hopkes, U.: Der Hochgeschwindigkeitsgitterwindkanal der Deutschen Forschungsanstalt fur Luftfahrt Braunschweig. Forschg. Ing.-Wes. *25*, 133—147 (1959). See also Schlichting, H.: The variable density high speed cascade wind tunnel of the Deutsche Forschungsanstalt fur Luftfahrt Braunschweig. AGARD Rep. 91 (1956).
[55] Scholz, N.: Aerodynamik der Schaufelgitter. Vol. I, Braun, Karlsruhe, 1965. Revised Engl. translation by A. Klein: Aerodynamics of cascades. AGARDograph No. 220, AGARD, Paris, 1977.
[56] Speidel, L.: Einfluss der Oberflächenrauhigkeit auf die Strömungsverluste in ebenen Schaufelgittern. Forschg. Ing.-Wes. *20*, 129—140 (1954).
[57] Seyb, N.J.: Determination of cascade performance with particular reference to the prediction of boundary layer parameters. British ARC Rep. 27 214 (1965).
[58] Scholz, N.: Über eine rationelle Berechnung des Stromungswiderstandes schlanker Körper mit beliebig rauher Oberflache. Jb. Schiffbautechn. Ges. *45*, 244—259 (1951).
[59] Scholz, N.: Stromungsuntersuchungen an Schaufelgittern. VDI-Forschungsheft 442 (1954).
[60] Scholz, N., and Speidel, L.: Systematische Untersuchungen uber die Stromungsverluste von ebenen Schaufelgittern. VDI-Forschungsheft 464 (1957).
[61] Schrenk, M.: Über die Profilwiderstandsmessung im Fluge nach dem Impulsverfahren. Luftfahrtforschung *2*, 1—32 (1928); NACA TM 557 and 558 (1930).
[62] Serby, J.E., Morgan, M.B., and Cooper, E.R.: Flight tests on the profile drag of 14% and 25% thick wings. ARC RM 1826 (1937).
[63] Speidel, L.: Berechnung der Stromungsverluste von ungestaffelten ebenen Schaufelgittern. Diss. Braunschweig 1953; Ing.-Arch. *22*, 295—322 (1954).
[64] Squire, H.B., and Young, A.D.: The calculation of the profile drag of aerofoils. ARC RM 1838 (1938).
[64a] Stark, U.: A theoretical investigation of the jet flap compressor cascade in incompressible flow. Diss. Braunschweig 1971; Trans. ASME, J. Eng. Power. *94*, 249—260 (1972).
[65] Stuart, D.J.K.: Analysis of Reynolds number effects in fluid flow through two-dimensional cascades. ARC RM 2920 (1956).
[66] Tani, I.: Low speed flows involving bubble separations. Progress in Aeronautical Sciences, (D. Küchemann, ed.) Pergamon Press, *5*, 70—103 (1964).
[67] Taylor, G.I.: The determination of drag by the pitot traverse method. ARC RM 1808 (1937).
[68] Truckenbrodt, E.: Die Berechnung des Profilwiderstandes aus der vorgegebenen Profilform. Ing.-Arch. *21*, 176—186 (1953).
[69] Wanner, A., and Kretz, P.: Druckverteilungs- und Profilwiderstandsmessungen im Flug an den Profilen NACA 23012 und Göttingen 549. Jb. dt. Luftfahrtforschung *I*, 111—119 (1941).
[70] Weidinger, H.: Profilwiderstandsmessungen an einem Junkers-Tragflügel. Jb. WGL 1926, 112; NACA TM 428 (1927).
[71] Young, A.D.: Note on the effect of compressibility on Jones's momentum method of measuring profile drag. ARC RM 1881 (1939).
[72] Young, A.D.: The calculation of the total and skin friction drags of bodies of revolution at 0° incidence. ARC RM 1947 (1939).
[73] Young, A.D., Winterbottom, B.A., and Winterbottom, N.E.: Note on the effect of compressibility on the profile drag of aerofoils at subsonic Mach numbers in the absence of shock waves. ARC RM 2400 (1950).
[74] Young, A.D.: Note on momentum methods of measuring profile drags at high speeds. ARC RM 1963 (1946).
[75] Young, A.D.: Note on a method of measuring profile drag by means of an integrating comb. ARC RM 2257 (1948).
[76] Young, A.D., and Kirkby, S.: The profile drag of biconvex wing sections at supersonic speeds. Fifty years of boundary-layer research (W. Tollmien and H. Görtler, eds.), Braunschweig, 1955, 419—431.
[77] Young, A.D.: The calculation of the profile drag of aerofoils and bodies of revolution at supersonic speeds. WGL Jb. 1953 (H. Blenk, ed.), 66—75 (1954).

参考书目

A. 连续出版的述评

A 1. Annual Review of Fluid Mechanics, Annual Review Inc., Palo Alto, Cal.

Vol. 1 (1969)

Goldstein, S.: Fluid mechanics in the first half of this century.
Turner, J.S.: Buoyant plumes and thermals.
Brown, S.N., and Stewartson, K.: Laminar separation.
Yih, Chia-Shun: Stratified flows.
Melcher, J.R., and Taylor, G.I.: Electrohydrodynamics: A review of the role of interfacial shear stresses.
Kennedy, J.F.: The formation of sediment ripples, dunes, and antidunes.
Tani, I.: Boundary-layer transition.
Ffowcs Williams, J.E.: Hydrodynamic noise.
Jones, R.T.: Blood flow.
Phillips, O.M.: Shear-flow turbulence.
Van Dyke, M.: Higher-order boundary-layer theory.
Levich, V.G., and Krylov, C.S.: Surface-tension-driven phenomena.
Sherman, F.S.: The transition from continuum to molecular flow.
Hawthorne, W.R., and Novak, R.A.: The aerodynamics of turbo-machinery.
Lumley, J.L.: Drag reduction by additives.
Zel'Dovich, Y.B., and Raizer, Y.P.: Shock waves and radiation.
Lighthill, M.J.: Hydromechanics of aquatic animal propulsion.

Vol. 2 (1970)

Loitsianskii, L.G.: The development of boundary-layer theory in the USSR.
Emmons, H.W.: Critique of numerical modeling of fluid-mechanics phenomena.
Veronis, G.: The analogy between rotating and stratified fluids.
Newman, J.N.: Applications of slender-body theory in ship hydrodynamics.
Kovasznay, L.S.G.: The turbulent boundary layer.
Lick, W.: Nonlinear wave propagation in fluids.
Brenner, H.: Rheology of two-phase systems.
Philip, J.R.: Fluid in porous media.
Hendershott, M., and Munk, W.: Tides.
Monin, A.S.: The atmospheric boundary layer.
Phillips, N.A.: Models for weather prediction.
Robinson, A.R.: Boundary layers in ocean circulation models.
Spreiter, J.R., and Alksne, A.U.: Solar-wind flow past objects in the solar system.
Rich, J.W., and Treanor, Ch.E.: Vibrational relaxation in gas-dynamic flows.
Marble, F.E.: Dynamics of dusty gases.

Vol. 3 (1971)

Busemann, A.: Compressible flow in the thirties.
Jaffrin, M.Y., and Shapiro, A.H.: Peristaltic pumping.
Hunt, J.C.R., and Shercliff, J.A.: Magnetohydrodynamics at high Hartmann number.
Friedmann, H.W., Linson, L.M., Patrick, R.M., and Petschek, H.E.: Collisionless shocks in plasmas.

Vincenti, W.G., and Traugott, S.C.: The coupling of radiative transfer and gas motion.
Rivlin, R.S., and Sawyers, K.N.: Nonlinear continuum mechanics of viscoelastic fluids.
Willmarth, W.W.: Unsteady force and pressure measurements.
Williams, F.A.: Theory of combustion in laminar flows.
Fung, Y.C., and Zweifach, B.W.: Microcirculation: Mechanics of blood flow in capillaries.
Rohsenow, W.M.: Boiling.
Wehausen, J.V.: The motion of floating bodies.
Hayes, W.D.: Sonic boom.
Cox, R.G., and Mason, S.G.: Suspended particles in fluid flow through tubes.
Korobeinikov, V.P.: Gas dynamics of explosions.
Stuart, J.T.: Nonlinear stability theory.
Mikhailov, V.V., Neiland, V.Y., and Sychev, V.V.: The theory of viscous hypersonic flow.

Vol. 4 (1972)

Villat, H.: As luck would have it — a few mathematical reflections.
Harleman, D.R.F., and Stolzenbach, K.D.: Fluid mechanics of heat disposal from power generation.
Turcotte, D.L., and Oxburgh, E.R.: Mantle convection and the new global tectonics.
Long, R.R.: Finite amplitude disturbances in the flow of inviscid rotating and stratified fluids over obstacles.
Jahn, Th.L., and Votta, J.J.: Locomotion of protozoa.
Roberts, P.H., and Soward, A.M.: Magnetohydrodynamics of the earth's core.
Becker, E.: Chemically reacting flows.
Hall, M.G.: Vortex breakdown.
Hunter, C.: Self-gravitating gaseous disks.
Wu, Th. Yao-tsu: Cavity and wake flows.
Barenblatt, G.I., and Zel'dovich, Y.B.: Self-similar solutions as intermediate asymptotics.
Berger, E., and Wille, R.: Periodic flow phenomena.
Hoult, D.P.: Oil spreading on the sea.
van Wijngaarden, L.: One-dimensional flow of liquids containing small gas bubbles.
Milgram, J.H.: Sailing vessels and sails.
Ashley, H., and Rodden, W.P.: Wing-body aerodynamic interaction.
Howard, L.N.: Bounds on flow quantities.

Vol. 5 (1973)

Flügge, W., and Flugge-Lotz, I.: Ludwig Prandtl in the nineteen-thirties: Reminiscences.
Penner, S.S., and Jerskey, T.: Use of lasers for local measurement of velocity components, species, and temperatures.
Oppenheim, A.K., and Soloukhin, R.I.: Experiments in gasdynamics of explosions.
Fischer, H.B.: Longitudinal dispersion and turbulent mixing in open-channel flow.
Wegener, P.P., and Parlange, J.-Y.: Spherical-cap bubbles.
Mollo-Christensen, E.: Intermittency in large-scale turbulent flows.
Nieuwland, G.Y., and Spee, B.M.: Transonic airfoils: Recent developments in theory, experiment, and design.

Fay, J.A.: Buoyant plumes and wakes.
Acosta, A.J.: Hydrofoils and hydrofoil craft.
Saibel, E.A., and Macken, N.A.: The fluid mechanics of lubrication.
Gebhart, B.: Instability, transition, and turbulence in buoyancy-induced flows.
Horlock, J.H., and Lakshminarayana, B.: Secondary flows: Theory, experiment, and application in turbomachinery aerodynamics.
McCune, J.E., and Kerrebrock, J.L.: Noise from aircraft turbomachinery.
Ferri, A.: Mixing-controlled supersonic combustion.
Eichelbrenner, E.A.: Three-dimensional boundary layers.
Werle, H.: Hydrodynamic flow visualization.

Kogan, M.N.: Molecular gas dynamics.

Nickel, K.: Prandtl's boundary-layer theory from the viewpoint of a mathematician.

Vol. 6 (1974)

Taylor, G.I.: The interaction between experiment and theory in fluid mechanics.

Miles, J.W.: Harbor seiching.

Turner, J.S.: Double-diffusive phenomena.

Streeter, V.L., and Wylie, E.B.: Waterhammer and surge control.

van Atta, Ch.W.: Sampling techniques in turbulence measurements.

Phillips, O.M.: Nonlinear dispersive waves.

Truesdell, C.: The meaning of viscometry in fluid dynamics.

Panofsky, H.A.: The atmospheric boundary layer below 150 meters.

Roberts, P.H., and Donelly, R.J.: Superfluid mechanics.

Batchelor, G.K.: Transport properties of two-phase materials with random structure.

Benton, E.R., and Clark, jr., A.: Spin-up.

Orzag, St.A., and Israeli, M.: Numerical simulation of viscous incompressible flows.

Korbacher, G.K.: Aerodynamics of powered high-lift systems.

Vol. 7 (1975)

Burgers, J.M.: Some memories of early work in fluid mechanics at the Technical University of Delft.

Willmarth, W.W.: Pressure fluctuations beneath turbulent boundary layers.

Palm, E.: Nonlinear thermal convection.

Lomax, H., and Steger, L.: Relaxation methods in fluid mechanics.

Wieghardt, K.: Experiments in granular flow.

Christiansen, W.H., Russell, D.A., and Hertzberg, A.: Flow lasers.

Widnall, Sh.E.· The structure and dynamics of vortex filaments.

Tion, C L.: Fluid mechanics of heat pipes.

Koh, R.C.Y., and Brooks, N.H.: Fluid mechanics of waste-water disposal in the ocean.

Goldsmith, H.L., and Skalak, R.: Hemodynamics.

Ladyzhenskaya, O.A.: Mathematical analysis of Navier-Stokes equations for incompressible liquids.

Maxworthy, T., and Browand, F.K.: Experiments in rotating and stratified flows: Oceanographic application.

Laufer, J.. New trends in experimental turbulence research.

Raichlen, F.: The effect of waves on rubble-mound structures.

Csanady, G.T.: Hydrodynamics of large lakes.

Vol. 8 (1976)

Rouse, H.: Hydraulics' latest golden age.

Bird, R.B.: Useful non-Newtonian models.

Peterlin, A.: Optical effects in flow.

Davis, St.H.: The stability of time-periodic flows.

Cermak, J.E.: Aerodynamics of buildings.

Fischer, H.B.: Mixing and dispersion in estuaries.

Hill, J.C.: Homogeneous turbulent mixing with chemical reaction.

Pearson, J.R.A.: Instability in non-Newtonian flow.

Reynolds, W.C.: Computation of turbulent flows.

Comte-Bellot, G.: Hot-wire anemometry.

Wooding, R.A., and Morel-Seytoux, H.J.: Multiphase fluid flow through porous media.

Inman, D.L., Nordstrom, Ch.E., and Flick, R.E.: Currents in submarine canyons: An air-sea-land interaction.

Reshotko, E.: Boundary-layer stability and transition.

Libby, P.A., and Williams, F.A.: Turbulent flows involving chemical reactions.

Rusanov, V.V.: A blunt body in a supersonic stream.

Vol. 9 (1977)

Jones, R.T.: Recollections from an earlier period in American aeronautics.

Pipkin, A.C., and Tanner, R.I.: Steady non-viscometric flows of viscoelastic liquids.

Bradshaw, P.: Compressible turbulent shear layers.

Davidson, J.F., Harrison, D., and Guedes de Carvalho, J.R.F.: On the liquidlike behavior of fluidized beds.

Tani, I.: History of boundary-layer theory.

Williams, III, J.C.: Incompressible boundary-layer separation.

Plesset, M.S., and Prosperetti, A.: Bubble dynamics and cavitation.

Holt, M.: Underwater explosions.

Zel'dovich, Y.B.: Hydrodynamics of the universe.

Pedley, T.J.: Pulmonary fluid dynamics.

Canny, M.J.: Flow and transport in plants.

Spielman, Ll.A.: Particle capture from low-speed laminar flows.

Saville, D.A.: Electrokinetic effects with small particles.

Brennen, Ch., and Winet, H.: Fluid mechanics of propulsion by cilia and flagella.

Hütter, U.: Optimum wind-energy conversion systems.

Shen, Shan-fu: Finite-element methods in fluid mechanics.

Ffowcs Williams, J.E.: Aeroacoustics.

Belotserkovskii, S.M.: Study of the unsteady aerodynamics of lifting surfaces using the computer.

Vol. 10 (1978)

Binnie, A.M.: Some notes on the study of fluid mechanics in Cambridge.

Tuck, E.O.: Hydrodynamic problems of ships in restricted waters.

Bird, G.A.: Monte Carlo simulation of gasflows.

Berman, N.S.: Drag reduction by polymers.

Ryzhov, O.S.: Viscous transonic flows.

Griffith, W.C.: Dust explosions.

Leith, C.E.: Objective methods for weather prediction.

Callander, R.A.: River meandering.

Dickinson, R.E.: Rossby waves — Long-period oscillations of oceans and atmospheres.

Jenkins, J.T.: Flows of nematic liquid crystals.

Leibovich, S.: The structure of vortex breakdown.

Laws, E.M., and Livesey, J.L.: Flow through screens.

Sherman, F.S., Imberger, J., and Corcos, G.M.: Turbulence and mixing in stably stratified waters.

Patterson, G.S., Jr.: Prospects for computational fluid mechanics.

Taub, A.H.: Relativistic fluid mechanics.

Reethof, G.: Turbulence-generated noise in pipe flow.

Ashton, G.D.: River ice.

Mei, Chiang C.: Numerical methods in water-wave diffraction and radiation.

Keller, H.B.: Numerical methods in boundary-layer theory.

Busse, F.H.: Magnetohydrodynamics of the earth's dynamo.

A 2. Advances in Applied Mechanics, Academic Press, New York
(only contributions to fluid mechanics listed)

Vol. 1 (1948), ed. by R. von Mises and Th. von Kármán,

Dryden, H.L.: Recent advances in the mechanics of boundary layer flow. p. 2—40.

Burgers, J.M.: A mathematic model illustrating the theory of turbulence. p. 171—199.

von Mises, R., and Schiffer, M.: On Bergman's integration method in two-dimensional compressible fluid flow. p. 249—285.

Vol. 2 (1951), ed. by R. von Mises and Th. von Kármán
von Kármán, Th., and Lin, C.C.: On the statistical theory of isotropic turbulence. p. 2—19.
Kuerti, G.: The laminar boundary layer in compressible flow. p. 23—92.
Polubarinova-Kochina, P.Y.: Theory of filtration of liquids in porous media. p. 154—225.

Vol. 3 (1953), ed. by R. von Mises and Th. von Kármán
Carrier, G.F.: Boundary layer problems in applied mechanics. p. 1—19.
Zaldastani, O.: The one-dimensional isentropic fluid flow. p. 21—59.
Frenkiel, F.N.: Turbulent diffusion: Mean concentration distribution in a flow field of homogeneous turbulence. p. 62—107.
Ludloff, H.F.: On aerodynamics of blasts. p. 109—144.
Guderley, G.: On the presence of shocks in mixed subsonic-supersonic flow patterns. p. 145—184.
Rosenhead, L.: Vortex systems in wakes. p. 185—195.

Vol. 4 (1956), ed. by H.L. Dryden and Th. von Kármán
Clauser, F.H.: The turbulent boundary layer. p. 2—51.
Moore, F.K.: Three-dimensional boundary layer theory p. 160—228.

Vol. 5 (1958), ed. by H.L. Dryden and Th. von Kármán
Fabri, J., and Siestrunck, R.: Supersonic air ejectors. p. 1—34.
Van De Vooren, A.I.: Unsteady airfoil theory. p. 36—89.
Frieman, E.A., and Kulsrud, R.M.: Problems in hydromagnetics. p. 195—231.
Wegener, P.P., and Mack, L.M.: Condensation in supersonic and hypersonic wind tunnels. p. 307—447.

Vol. 6 (1960), ed. by H.L. Dryden and Th. von Kármán
Stewartson, K.: The theory of unsteady laminar boundary layers. p. 1—37.
Ludwig, G., and Heil, M.: Boundary layer theory with dissociation and ionization. p. 39—118.
Chester, W.: The propagation of shock waves along ducts of varying cross section. p. 120—152.
Oswatitsch, K.: Similarity and equivalence in compressible flow. p. 153—271.
Wille, R.: Karman vortex streets. p. 273—287.

Vol. 7 (1962), ed. by H.L. Dryden and Th. von Kármán
Mirels, H.: Hypersonic flow over slender bodies associated with power-law shocks. p. 2—54.

Raymond, H., and Robert, P.H.: Some elementary problems in magneto-hydrodynamics. p. 216—319.

Vol. 8 (1964), ed. by H.L. Dryden and Th. von Kármán,
Sears, W.R., and Resler, E.L.: Magneto-aerodynamics flow past bodies. p. 1—68.
Markovitz, H., and Coleman, B.: Incompressible second order fluids. p. 69—101.
Ribner, H.S.: The generation of sound by turbulent jets. p. 104—182.
Rumyantsev, V.V.: Stability of motion of solid bodies with liquid filled cavities by Lyapunov's method. p. 184—232.
Moiseev, N.N.: Introduction to the theory of oscillations of liquid-containing bodies. p. 233—289

Vol. 9 (1966), ed. by G.G. Cherny et al.
Drazin, P.G., and Howard, L.N.: Hydrodynamic stability of parallel flow of inviscid fluid. p. 1—89.
Moiseev, N.N., and Petrev, A.A.: The calculation of free oscillations of a liquid in a motionless container. p. 91—154.

Vol. 10 (1967), ed. by G.G. Cherny et al.
Lick, W.: Wave propagation in real gases. p. 1—72.
Paria, G.: Magneto-elasticity and magneto-thermoelasticity. p. 73—112.

Vol. 11 (1971), ed. by Chia-Shun Yih
Yao, Th., and Tsu, W.V.: Hydrodynamics of swimming fishes and cetaceans. p. 1—63.
Fung, Y.C.: A survey of the blood flow problem. p. 65—130.
Sichel, M.: Two-dimensional shock structure in transonic and hypersonic flow. p. 131—207.

Vol. 12 (1972), ed. by Chia-Shun Yih
Harper, J.F.: The motion of bubbles and drops through liquids. p. 59—129.
Germain, P.: Shock waves, jump relations and structure. p. 131—194.
Liu, V.C.: Interplanetary gas dynamics. p. 195—237.

Vol. 13 (1973), ed. by Chia-Shun Yih
Veronis, G.: Large scale ocean circulation. p. 2—92.
Wehausen, J.V.: Wave resistance of ships. p. 93—245.
Kuo, H.L.: Dynamics of quasigeostrophic flows and instability theory. p. 248—330.

Vol. 14 (1974), ed. by Chia-Shun Yih
Stewartson, K.: Multistructured boundary layers on flat plates and related bodies. p. 145—239.
Joseph, D.D.: Response curves for plane Poiseuille flow. p. 241—278.
Cowin, S.C.: The theory of polar fluids. p. 279—347.

Vol. 15 (1975), ed. by Chia-Shun Yih
Vanoni, V.A.: River dynamics. p. 1—87.
Tuck, T.O.: Matching problems involving flow through small holes. p. 89—158.
Willmarth, W.W.: Structure of turbulence in boundary layers. p. 159—259.

Vol. 16 (1976), ed. by Chia-Shun Yih
Batchelor, G.K.: G.I. Taylor as I knew him. p. 1—8.
Peregrine, D.H.: Interaction of water waves and currents. p. 10—117.
Moffatt, H.K.: Generation of magnetic fields by fluid motion. p. 120—181.
Yih, Chia-Shun: Instability of surface and internal waves. p. 369—419.

Vol. 17 (1977), ed. by Chia-Shun Yih
Long, R.R.: Some aspects of turbulence in geophysical systems. p. 2—90.
Ogilvie, T.F.: Singular-perturbation problems in ship hydrodynamics. p. 92—188.

A 3. **Progress in Aeronautical Sciences**, Pergamon Press, London
(only contributions to fluid mechanics listed)

Vol. I (1961), ed. by A. Ferri, D. Kuchemann and L.H.G. Sterne
Maskell, E.C.: On the principles of aerodynamic design. p. 1—7.
Legendre, R.: Calcul des profils d'aubes pour turbomachines transsoniques. p. 8—25.
Fenain, M.: La théorie des écoulements à potentiel homogène et ses applications au calcul des ailes en régime supersonique. p. 26—103.
Becker, E.: Instationäre Grenzschichten hinter Verdichtungsstössen und Expansionswellen. p. 104—173.
Goldworthy, F.A.: On the dynamics of ionized gas. p. 174—205.
Warren, C.H.E., and Randall, D.C.: The theory of sonic bangs. p. 238—274.

Vol. II (1962), ed. by A. Ferri, D. Küchemann, and L.H.G. Sterne
Rotta, J.: Turbulent boundary layers in incompressible flow. p. 1—219.
Cooke, J.C., and Hall, M.G.: Boundary layers in three-dimensions. p. 221—282.

Vol. III (1962), ed. by A. Ferri, D. Küchemann, and L.H.G. Sterne
Bagley, J.A.: Some aerodynamic principles for the design of swept wings. p. 1—83.
Sacks, A.H., and Burnell, J.A.: Ducted propellers — a critical review of the state of the art. p. 85—135.
Cox, R.N.: Experimental facilities for hypersonic research. p. 137—178.
Panofsky, H.A., and Press, H.: Meteorological and aeronautical aspects of atmospheric turbulence. p. 179—232.

Vol. V (1964), ed. by D. Küchemann and L.H.G. Sterne
Bradshaw, P., and Pankhurst, R.C.: The design of low speed wind tunnels. p. 1—69.
Tani, I.: Low speed flow involving bubble separation. p. 70—103.

Teipel, I.: Ergebnisse der Theorie schallnaher Strömungen. p. 104—142.

Germain, P.: Écoulements transsoniques homogènes. p. 143—273.

Esterma, J., and Roshko, A.: Rarified gas dynamics. p. 274—294.

Vol. VI (1965), ed. by D. Küchemann and L.H.G. Sterne

Smolderen, J.J.: The evolution of the equations of gas flow at low density. p. 1—132.

Gaster, M.: The role of spatially growing waves in the theory of hydrodynamics stability. p. 251—270.

Küchemann, D.: Hypersonic aircraft and their aerodynamic problems. p. 271—353.

Vol. VII (1966), ed. by D. Küchemann

Roy, M.: On the rolling-up of the conical vortices above a delta wing. p. 1—5.

Legendre, R.: Vortex sheets rolling-up along leading-edges of delta wings. p. 7—33.

Smith, J.H.B.: Theoretical work on the formation of vortex sheets. p. 35—51.

Hall, M.G.: The structure of concentrated vortex cores. p. 53—110.

Rott, N., and Lewellen, W.S.: Boundary layers and their interactions in rotating flows. p. 111—144.

Morton, B.R.: Geophysical vortices. p. 145—194.

Wille, R.: On unsteady flows and transient motions. p. 195—207.

Vol. VIII (1967), ed. by D. Kuchemann

Hess, J.L., and Smith, A.M.O.: Calculation of potential flow about arbitrary bodies. p. 1—138.

Lock, R.C., and Bridgewater, J.: Theory of aerodynamic design of swept-winged aircraft at transonic and supersonic speeds. p. 139—228.

Wuest, W.: Boundary layers in rarefied gas flow. p. 295—352.

Vol. IX (1968), ed. by D. Küchemann

Vries, D.G., and Beatrix, C.: Les procédés généraux de mesure des caratéristiques. p. 1—39.

Chushkin, P.J.: Numerical method of characteristics for three-dimensional supersonic flows. p. 41—122.

Michel, R.: Caractéristiques thermiques des couches limites et calcul pratique des transferts de chaleur en hypersonique. p. 123—214.

Broadbent, E.G.: A review of fluid mechanical and related problems in MHD generators. p. 215—327.

Küchemann, D., and Weber, J.: An analysis of some performance aspects of various types of aircraft designed to fly over different ranges at different speeds. p. 329—465.

Vol. X (1970), ed. by D. Küchemann

Jeromin, L.O.F.: The status of research in turbulent boundary layers with fluid injection. p. 65—189.

Fenain, M.: Calcul numérique des ailes en régime supersonique stationnaire ou instationnaire. p. 191—259.

Enselme, M.: Contribution au calcul des caractéristiques aérodynamiques d'un aéronef en écoulement supersonique stationnaire ou instationnaire. p. 261—336.

Vol. XI (1970), ed. by D. Küchemann

Dutton, J.A.: Effects of turbulence on aeronautical systems. p. 67—109.

Coupry, G.: Problémes du vol d'un avion en turbulence. p. 111—181.

Burnham, J.: Atmospheric turbulence at the cruise altitudes of supersonic transport aircraft. p. 183—234.

Green, J.E.: Interactions between shock waves and turbulent boundary layers. p. 235—340.

Vol. XII (1972), ed. by D. Küchemann

Jaffe, N.A., and Smith, A.M.O.: Calculation of laminar boundary layers by means of a differential-difference method. p. 49—212.

Michalke, A.: The instability of free shear layers. p. 213—239.

Smith, J.H.B.: Remarks on the structure of conical flow. p. 241—272.

Chevallier, J.P., and Taillet, J.: Récent progrès dans les techniques de mesure en hypersonique. p. 273—358.

Vol. XIII (1972), ed. by D. Küchemann

Barantsoy, R.G.: Some problems of gas solid surface interaction. p. 1—80.

Drummond, A.M.: Performance and stability of hypervelocity aircraft flying on a minor circle. p. 137—221.

Vol. XIV (1973) ed. by D. Küchemann

Lukasiewicz, J.: A critical review of development of experimental methods in high-speed aero-dynamics. p. 1—26.

Gonor, A.L.: Theory of hypersonic flow about a wing. p. 109.—175

Tanner, M.: Theoretical prediction of base pressure for steady base flow. p. 177—225.

Fuchs, H.V., and Michalke, A.: Introduction to aerodynamic noise theory. p. 227—297.

Vol. XV (1974), ed. by D. Küchemann

Rasmussen, H.: Application of variational methods in compressible flow calculations. p. 1—35.

Lichtfuss, H.J., and Starken, H.: Supersonic cascade flow. p. 37—149.

Hacker, T., and Oprisiv, C.: A discussion of the roll-coupling problem. p. 151—180.

Bütefisch, K.A., and Venemann, D.: The electron beam technique in hypersonic rarefied gas dynamics. p. 217—255.

Vol. XVI (1975), ed. by D. Kuchemann

Wazzan, A.R.: Spatial stability of Tollmien-Schlichting waves. p. 99—127.

Clements, R.R., and Maul, D.J.: The representation of sheets of velocity by discrete vortices. p. 129—146.

Chue, S.H.: Pressuro probes for fluid measurements. p. 147—223.

Tanner, M.: Reduction of base drag. p. 369—384.

Carriere, P., Sirieix, M., and Delery, J.: Méthodes de calcul des écoulement turbulents décollées et supersonique. p. 385—429.

Vol. XVII (1976/77), ed. by D. Küchemann

Broadbent, E.G.: Flows with heat addidion. p. 93—107.

Jones, D.S.: The mathematical theory of noise shielding. p. 149—229.

Broadbent, E.G.: Noise shielding for aircraft. p. 231—268.

Glass, J.J.: Shock waves on earth and in space. p. 269—286.

Taneda, S.: Visual study of unsteady separated flows around bodies. p. 237—348.

A 4. Advances in Aeronautical Sciences

Vol. I and Vol. II: Proceedings of the First International Congress in Aeronautical Sciences, Madrid, 8—13 September, 1958. Pergamon Press, London, 1959.

Vol. III and Vol. IV: Proceedings of the Second International Congress in Aeronautical Sciences, Zürich, 12—16 September, 1960. Pergamon Press, London, 1962.

Vol. V: Proceedings of the Third Congress of the International Council of the Aeronautical Sciences, Stockholm, 27—31 August, 1962. Spartan Books, Washington D.C., 1964.

Vol. VI: Proceedings of the Fourth Congress of the International Council of the Aeronautical Sciences, Paris, 24—28 August, 1964. Spartan Books, Washington D.C., 1965.

Two Volumes Aerospace Proceedings 1966: Proceedings of the Fifth Congress of the International Council of the Aeronautical Sciences, London, 12—16 September, 1966, ed. by The Royal Aeronautical Society and McMillan, London, 1967.

B. 手册，论文集，应用力学会议录

B 1. 手册

Princeton University Series on High Speed Aerodynamics and Jet Propulsion, Princeton University Press, 1955—1964, Vol. I to XII

Vol. I (1955), ed. by F.D. Rossini: Thermodynamics and physics of matter.

Vol. II (1956), ed. by B. Lewis, R.N. Pease, H.S. Taylor: Combustion processes.

Vol. III (1958), ed. by H.W. Emmons: Fundamentals of gas dynamics.

Vol. IV (1964), ed. by F.K. Moore: Theory of laminar flows.
Contributions by:
Moore, F.K.: Introduction.
Lagerstrom, P.A.: Laminar flow theory.
Mager, A.: Three-dimensional laminar boundary layers.
Rott, N.: Theory of time-dependent laminar flows.
Moore, F.K.: Hypersonic boundary layer theory.
Ostrach, S.: Laminar flow with body forces.
Shen, S.F.: Stability of laminar flows.

Vol. V (1959), ed. by C.C. Lin: Turbulent flows and heat transfer.
Contributions by:
Dryden, H.L.: Transition from laminar to turbulent flow.
Schubauer, G.B.: Turbulent flow.

Lin, C.C.: Statistical theories of turbulence.
Yachter, M., and Mayer, E.: Conduction of heat.
Deissler, R.G., and Sabersky, R.H.: Convective heat transfer and friction in flow of liquids.
Van Driest, E.R.: Convective heat transfer in gases.
Yuan, S.W.: Cooling by protective fluid films.
Penner, S.S.: Physical basis of thermal radiation.
Hottel, H.C.: Engineering calculations of radiant heat exchange.

Vol. VI (1954), ed. by W.R. Sears: General theory of high speed aerodynamics.

Vol. VII (1957), ed. by A.F. Donovan and H.R. Lawrence: Aerodynamic components of aircraft at high speeds.

Vol. VIII (1961), ed. by A.F. Donovan, H.R. Lawrence, F.E. Goddard, and R.R. Gilruth: High speed problems of aircraft and experimental methods.

Vol. IX (1954), ed. by R.W. Ladenburg, B. Lewis, R.N. Pease, and H.S. Taylor: Physical measurements in gas dynamics and combustion.

Vol. X (1964), ed. by W.R. Hawthorne: Aerodynamics of turbines and compressors.

Vol. XI (1960), ed. by W.R. Hawthorne and W.T. Olson: Design and performance of gas turbine power plants.

Vol. XII (1959), ed. by O.E. Lancaster: Jet propulsion engines.

Handbuch der Physik, ed. by S. Flugge, Springer Verlag, Berlin/Göttingen/Heidelberg.

Vol. VIII/1 (1959), Stromungsmechanik I
Oswatitsch, K.: Physikalische Grundlagen der Strömungslehre. p. 1—124.
Serrin, J.: Mathematical principles of classical fluid mechanics. p. 125—263.
Howarth, L.: Laminar boundary layers. p. 264—350.
Schlichting, H.: Entstehung der Turbulenz. p. 351—450.

Vol. VIII/2 (1963), Stromungsmechanik II
Berker, R.: Intégration des équations du mouvement d'un fluide visqueux incompressible. p. 1—384.
Weissinger, J.: Theorie des Tragflügels bei stationärer Bewegung in reibungslosen, inkompressiblen Medien. p. 385—437.
Lin, Chia-Chiao, and Reid, H.: Turbulent flow, theoretical aspects. p. 438—523.
Corrsin, S.: Turbulence, experimental methods p. 524—590.
Schaaf, S.A.: Mechanics of rarefied gases. p. 591—624.

Scheidegger, A.E.: Hydrodynamics of porous media. p. 625—662.

Vol. IX/1 (1960), Strömungsmechanik III

Schiffer, M.: Analytical theory of subsonic and supersonic flows. p. 1—161.

Cabannes, H.: Théorie des ondes de choc. p. 162—224.

Meyer, R.E.: Theory of characteristics of inviscid gas dynamics. p. 225—282.

Timman, R.: Linearized theory of unsteady flow of a compressible fluid. p. 283—310.

Gilbarg, D.: Jets and cavities. p. 311—445.

Wehausen, V., and Laitone, E.V.: Surface waves. p. 446—778.

Handbook of Fluid Dynamics, 27 Sections, ed. by V.L. Streeter, Section 9: Schlichting, H.: Boundary layer theory. p. 9,1—9,68. McGraw-Hill, New York, 3rd. ed. 1966.

Handbuch der Experimentalphysik. Vol. 4, Part I, ed. by W. Wien, and F. Harms, Leipzig, 1931. Contributions by Tollmien, W.: Grenzschicht-Theorie. p. 239—287; Turbulente Stromungen. p. 289—339.

B 2. 论文集

Prandtl, L.: Gesammelte Abhandlungen zur angewandten Mechanik, Hydro- und Aerodynamik. 3 Volumes, ed. by W. Tollmien, H. Schlichting, and H. Görtler. Springer Verlag, 1961.

von Kármán, Th.: Collected works of Theodore von Kármán. 4 Volumes (1902—1951). Butterworth, London, 1956; Supplement Volume (1952—1963), von Kármán Institute Rhode St. Genèse, Belgium, 1975.

Taylor, G.I.: The scientific papers of Sir Geoffrey Ingram Taylor. 4 Volumes, ed. by G.K. Batchelor. Cambridge University Press, 1958—1971.

Taylor, G.I.: Surveys in mechanics. The G.I. Taylor 70th anniversary volume, ed. by G.K. Batchelor, and R M. Daies, Cambridge, 1956.

B 3. 应用力学会议录

Görtler, H., and Tollmien, W. (ed.): Fünfzig Jahre Grenzschichtforschung. Eine Festschrift in Originalbeitragen. Vieweg, Braunschweig, 1955, 499 pp.

Görtler, H. (ed.): Grenzschichtforschung. IUTAM-Symposium. Freiburg/Breisgau, 1957. Springer Verlag, 1958, 411 pp.

Mécanique de la Turbulence, Marseille, 28 August—2 September 1961 Colloques Internationaux du Centre National de la Récherche Scientifique, No. 108, Paris, 1962, 470 pp.

Proceedings of the 10th International Congress of Applied Mechanics, Stresa, Italy, September 1960, ed. by F. Rolla and W.F. Koiter. Elsevier Publishing Co , Amsterdam/New York, 1962, 370 pp.

Proceedings of the 11th International Congress of Applied Mechanics, Munchen, Germany, August 1964, ed. by H. Görtler. Springer Verlag, Berlin, 1966, 1190 pp.

Proceedings of the 12th International Congress of Applied Mechanics, Stanford University, Cal , USA, August 1968, ed. by M. Hetényi and W.G. Vincenti. Springer Verlag, Berlin, 1969, 420 pp.

Proceedings of the 13th International Congress of Applied Mechanics, Moskau University, August 1972, ed. by E. Becker and G.K Mikhailov. Springer Verlag, Berlin, 1973, 366 pp.

Proceedings of the 14th International Congress of Applied Mechanics, Delft, Holland, August—September 1976, ed. by W.T. Koiter. North Holland Publishing Co., Amsterdam, 1976, Preprints, 260 pp.

Proceedings of the Boeing Symposium on Turbulence, held at the Boeing Scientific Research Laboratories, Seattle, Washington, USA, 23—27 June, 1969. University Press, Cambridge, 1970; reprinted from the Journal of Fluid Mechanics, Vol. 41, 480 pp.

C. 一般专题论文，述评，教科书

C 1. 一般专题论文

Howarth, L. (ed.): Modern developments in fluid dynamics High speed flow. Vol I, 330 pp. and Vol. II, 475 pp. 2nd ed., Clarendon Press, Oxford, 1956.

Thwaites, B. (ed.): Incompressible aerodynamics Fluid Motion Memoirs, 636 pp. Clarendon Press, Oxford, 1960.

Lachmann, G.V (ed.). Boundary layers and flow control. Vol. I and Vol. II, 1360 pp. Pergamon Press, London, 1961.

Rosenhead, L. (ed.): Laminar boundary layers. Fluid Motion Memoirs, 687 pp. Clarendon Press, Oxford, 1963.

Contributions by:

Lighthill, M.J.: Introduction; Real and ideal fluids. p. 1—45.

Lighthill, M.J.: Introduction; Boundary layer theory. p. 46—113.

Whitham, G.B.: The Navier Stokes equations of motion. p. 114—162.

Illingworth, C.R.: Flow at small Reynolds number. p. 163—197.

Jones, C.W., and Watson, E.J.: Two-dimensional boundary layers. p. 198—257.

Gadd, G.E., Jones, C.W., and Watson, E.L.: Approximate methods of solution. p. 258—348.

Stuart, J.T.: Unsteady boundary layers. p. 349—408.

Crabtree, L F., Küchemann D., and Sowerby, L. Three-dimensional boundary layers. p. 409—491.

Stuart, J.T.: Hydrodynamic stability. p. 492—579.

Pankhurst, R.C., and Gregory, N.: Experimental methods. p. 580—628.

C2. 述评

AGARD (= Advisory Group Aeronautical Research and Development)

AGARD Conference Proceedings, C.P. No. 30 (1968). Hypersonic boundary layers and flow fields. Symposium Fluid Dynamics Panel, London, 1968.

AGARD Conference Proceedings, C.P. No. 83 (1971). Facilities and techniques for aerodynamic testing at transonic speeds and high Reynolds numbers. Symposium Fluid Dynamics Panel, Göttingen, 1971.

AGARD Conference Proceedings, C.P. No. 93 (1971). Turbulent shear flow. Symposium Fluid Dynamics Panel, London, 1971.

AGARD Conference Proceedings, C P. No. 168 (1975). Flow separation. Symposium Fluid Dynamics Panel, Gottingen, 1975.

AGARDograph No. 97 (1965); Parts I, II, III, IV. Recent developments in boundary layer research. Symposium Fluid Dynamics Panel, Naples, 1965.

AGARDograph No. 164 (1972); Surugue, J. (ed.): Boundary layer effects in Turbomachines.

Bradshaw, P. (ed.): Turbulence. 335 pp. Springer Verlag, Berlin/Heidelberg/New York, 1976.

Contributions by:

Bradshaw, P.: Introduction. p. 1—44.

Fernholz, H.H.: External flow. p. 45—107.

Johnston, J.: Internal flow. p. 109—169.

Bradshaw, P., and Woods, J.D.: Geophysical turbulence and buoyant flows. p. 171—192.

Reynolds, W.C., and Cebeci, T.: Calculation of turbulent flows. p. 193—229.

Launder, B.E., Heat and mass transport. p. 231—287.

Lumley, J.L.: Two-phase and non-Newtonian flows. p. 289—328.

Bradshaw, P. (ed.) Turbulence research. Progress and problems. Proceedings of the 1976 Heat Transfer and Fluid Mech Inst. Stanford University Press, 1976.

Kline, S.J., Morkovin, M.V., Sovran, G., Cockerill, D.J., Coles, D.E., and Hirst, E A. (ed.): Proceedings: Computation of turbulent boundary layers. Vol. I and Vol. II; AFOSR-IFP Stanford Conference, Thermosci. Div. Dep. Mech Eng. Stanford University, 1969. Vol. I, ed. by Kline, Morkovin, Sovran, Cockerill· Methods, predictions, evaluation and flow structure. 590 pp. Vol. II, ed. by Coles and Hirst: Compiled data. 519 pp.

Fiedler, H. (ed.): Structure and mechanisms of turbulence, Vol. I and II. Proceedings, Berlin, 1977. Lecture Notes in Physics, Vol. 75 and 76. Springer Verlag, Berlin 1978.

Schmidt, F.W.: Symposium on Turbulent Shear Flows, 18 Sessions, April 18—20, 1977. The Pennsylvania State University, University Park, Pennsylvania.

C3. 教科书

Abramovich, G.N.: The theory of turbulent jets. (Translated from Russian) MIT Press, Cambridge, Mass., 1963.

Batchelor, G K.: An introduction to fluid dynamics. Cambridge University Press, London/New York, 1967.

Batchelor, G.K.: The theory of homogeneous turbulence. 2nd ed., Cambridge University Press, London, 1970.

Batchelor, G.K.: An introduction to turbulence and its measurements. Pergamon Press, Oxford/New York, 1971.

Betchov, R., and Criminale, W.O.: Stability of parallel flow. Academic Press, New York, 1967.

Betz, A.: Konforme Abbildung. 2nd ed., Springer Verlag, Berlin, 1964.

Bird, R.B., Stewart, W.E., and Lightfoot, E.M.: Transport phenomena. John Wiley, New York, 1960.

Brun, E.A., Martinot-Lagarde, A., and Mathieu, J.: Mécanique des fluides, Vol. I and II. 2nd ed. Dunod, Paris, 1968.

Cebeci, T., and Bradshaw, P.: Momentum transfer in boundary layers. McGraw-Hill, New York, 1977.

Cebeci, T., and Smith, A.M.O.: Analysis of turbulent boundary layers. Academic Press, New York, 1974.

Chandrasekhar, S.: Hydrodynamic and hydromagnetic stability. Clarendon Press, Oxford, 1961.

Chang, P.K.: Separation of flow. Pergamon Press, New York, 1970.

Chang, P.K.: Control of flow separation. Hemisphere Publishing Corporation, Washington, D.C. 1976.

Chapman, A.J.: Heat transfer. 2nd ed., Macmillan, New York, 1967.

Curle, N.: The laminar boundary layer equations. Clarendon Press, Oxford, 1962.

Curle, N., and Davies, H.J.: Modern fluid dynamics. Vol. I: Incompressible flow. Vol. II: Compressible flow. Van Nostrand Reinhold Comp., London/New York, 1968 and 1971.

Dorrance, W.H.: Viscous hypersonic flow. Theory of reacting and hypersonic boundary layers. McGraw-Hill, New York, 1963.

Dryden, H.L., Murnagan, F.P., and Bateman, H.: Hydrodynamics. Reprint, Dover Publications, New York, 1956.

Duncan, W.J., Thom, A.S., and Young, A.D.: An elementary treatise on the mechanics of fluids. Edward Arnold Publ., London, 1st ed. 1960; 2nd ed. 1970.

Eck, B.: Technische Stromungslehre. 7th ed, Springer, Berlin/Heidelberg/New York, 1966.

Eckert, E.R.G.: Einführung in den Warme- und Stoffaustausch. 3rd ed., Springer, Berlin, 1966.

Eckert, E.R.G., and Drake, jr., R.M.: Heat and mass transfer. McGraw-Hill, New York, 1959.

Eckhaus, W.: Studies in non-linear stability theory. Springer, New York, 1965

Evans, H.: Laminar boundary layers. Addison-Wesley Publishing Comp., Reading, Mass., 1968.

Favre, A., Kovasznay, L.S.H., Dumas, R., Gaviglio, J., and Coantic, M.: Preface de E.A. Brun: La turbulence en mecanique des fluides; bases théoriques et expérimentales, methodes statistiques. Gauthier-Villars, Paris, 1976.

Gersten, K.: Einfuhrung in die Stromungsmechanik. Düsseldorf, 1974.

Goldstein, S. (ed.): Modern developments in fluid dynamics. Vols. I and II. University Press, Oxford, 1938.

Goldstein, S.: Lectures in fluid mechanics. In: Lectures in applied mathematics, Vol. II. Interscience Publ., London/New York, 1960.

Gosman, A.O. et al.: Heat and mass transfer in recirculating flows. Academic Press, London/New York, 1969.

Grigull, U. (ed.): Groeber, H., Erk, S., and Grigull, U.: Die Grundgesetze der Wärmeubertragung. 3rd ed. 1955, 3rd printing 1963.

Hansen, A.G.: Fluid mechanics. Wiley Press, New York, 1967.

Hayes, D., and Probstein, F.: Hypersonic flow theory. Academic Press, New York, 1959.

Hinze, J.O.: Turbulence. 2nd ed. McGraw-Hill, New York, 1975.

Hoerner, S.F.: Fluid-dynamic drag. 2nd ed., Washington D.C., 1965.

Kays, W.M.: Convective heat and mass transfer. McGraw-Hill, New York, 1966.

Kaufmann, W.: Technische Hydro- und Aerodynamik. 3rd ed., Springer Verlag, Berlin, 1963. Vol. I: Inviscid flow. 2nd ed, 1966.

Knudsen, J.G., and Katz, D.L. Fluid dynamics and heat transfer. McGraw-Hill, New York, 1958.

Kuethe, A.M., and Schnetzler, J.D.: Foundations of aerodynamics. John Wiley, New York, 1959.

Kutateladze, S.S., and Leont'ev: Turbulent boundary layers in compressible gases. Translated from Russian by D.P. Spalding. Edward Arnold Publ., London, 1964.

Lamb, H.: Hydrodynamics. 6th ed., Cambridge, 1957. German translation: Lehrbuch der Hydrodynamik. 2nd ed., 1931.

Liepmann, H.W., and Roshko, A.: Elements of gasdynamics. John Wiley, New York, 1957.

Lin, C.C.: The theory of hydrodynamic stability. Cambridge University Press, 1955.

Lin, C.C.: Turbulent flows and heat transfer. Princeton University Press, 1959.

Langlois, W.E.: Slow viscous flow. Macmillan, New York, 1964.

Loitsianski, L.G.: Laminare Grenzschichten. Translated from Russian by W. Szablewski. Akademie-Verlag, Berlin, 1967.

Leslie, D.C.: The development of the theory of turbulence. Clarendon Press, Oxford, 1973.

Meksyn, D.: New methods in laminar boundary layer theory. Pergamon Press, London, 1961.

Muller, W.: Einführung in die Theorie der zähen Flüssigkeiten. Akademische Verlagsgesellschaft, Leipzig, 1932.

Oswatitsch, K.: Grundlagen der Gasdynamik. Springer Verlag, Wien/New York, 1976.

Pai, S.I.: Viscous flow theory. Vol. I: Laminar flow. Vol. II: Turbulent flow. Van Nostrand, Princeton, N.J., 1956 and 1957.

Pai, S.I.: Fluid dynamics of jets. Van Nostrand, New York, 1954.

Patankar, S.U., and Spalding, D.B.: Heat and mass transfer in boundary layers. 2nd ed., Intertext Book, London, 1970.

Plate, E.J.: Aerodynamic characteristics of atmospheric boundary layers. Atomic Energy Commission, 1971.

Prandtl, L., and Tietjens, O.: Hydro- und Aeromechanik, 2 Vols. Springer, Berlin, 1929 and 1931. Vol. I: Fundamentals of hydro- and aeromechanics. English translation by L. Rosenhead. McGraw-Hill, New York/London, 1924. Vol. II: Applied hydro- and aeromechanics. English translation by J.P. Den Hartog. McGraw-Hill, New York/London, 1934.

Prandtl, L.: Fuhrer durch die Stromungslehre. 7th ed., Vieweg, Braunschweig, 1969. English translation by W.M. Deans: Essentials in fluid dynamics. Blackie and Son, London, 1952.

Reynolds, A.J.: Turbulent flows in engineering. John Wiley, London, 1974.

Riegels, F.W.: Aerodynamische Profile. Oldenbourg, Munchen, 1958. English translation by D.G. Randall: Aerofoil sections. Butterworths, London, 1961.

Rohsenow, W.M., and Choi, H.U.: Heat, mass and momentum transfer. Prentice Hall, Englewood Cliffs, New Jersey, 1961.

Rotta, J.C.: Turbulente Strömungen. Teubner, Stuttgart, 1972.

Rouse, H.: Advanced mechanics of fluids. John Wiley, New York, 1959.

Sovran, G. (ed.): Fluid mechanics of internal flow. Elsevier, Amsterdam, 1967.

Schmidt, E.: Einführung in die technische Thermodynamik und die Grundlagen der chemischen Thermodynamik. 9th ed., Springer, Berlin, 1962. English translation by J. Kestin. Clarendon Press, Oxford, 1949; also Dover reprint.

Shapiro, A.H.: The dynamics and thermodynamics of compressible flow. Vols. I and II. Ronald Press, New York, 1953 and 1954.

Schlichting, H.: Grenzschichttheorie. 5th ed., Braun, Karlsruhe, 1965.

Schlichting. H., and Truckenbrodt, E.: Aerodynamik des Flugzeuges. Vols. I and II, 2nd ed., Springer, Berlin/Heidelberg/New York, 1967 and 1969.

Schubauer, G.B., and Tcen, C.M.: Turbulent flow. Princeton Aeronautical Paperbacks No. 9, Princeton, New Jersey, 1961.

Stewartson, K.: The theory of laminar boundary layers in compressible fluids. Clarendon Press, Oxford, 1964.

Townsend, A.A.: The structure of turbulent shear flow. 2nd ed., Cambridge University Press, 1976.

Truitt, R.W.: Hypersonic aerodynamics. Ronald Press, New York, 1959.

Truitt, R.W.: Fundamentals of aerodynamic heating. Ronald Press, New York, 1960.

Truckenbrodt, E.: Stromungsmechanik; Grundlagen und technische Anwendungen. Springer Verlag, Berlin/Heidelberg/New York, 1968.

Van Dyke, M.: Perturbation methods in fluid mechanics. 2nd ed., Academic Press, New York, 1975

Wieghardt, K.: Theoretische Strömungslehre, Teubner, Stuttgart, 1965.

White, F.M.: Viscous fluid flow. McGraw-Hill, New York, 1974.

Walz, A.: Strömungs- und Temperaturgrenzschichten. Braun-Verlag, Karlsruhe, 1966. English translation: Boundary layers of flow and temperature, by H.J. Oser, MIT Press, Cambridge, Mass., USA, 1969.

D. 历史性文献(以年代为序)

Prandtl, L.: Über Flussigkeitsbewegung bei sehr kleiner Reibung. Verhandlungen IIIrd Intern. Math. Kongress Heidelberg 1904, 484—491 (1904), Teubner, Leipzig, 1905. English translation: NACA Memo No. 452 (1928). Reprinted in: Vier Abhandlungen zur Hydro- und Aerodynamik, Göttingen, 1927; Coll. Works, Vol. II, 575—584.

Blasius, H.: Grenzschichten in Flüssigkeiten mit kleiner Reibung. Diss. Göttingen 1907. Z. Math. u. Phys. *56*, 1—37 (1908). English translation: NACA TM 1256.

Boltze, E.: Grenzschichten an Rotationskörpern. Diss. Göttingen 1908.

Hiemenz, K.: Die Grenzschicht an einem in den gleichformigen Flüssigkeitsstrom eingetauchten geraden Kreiszylinder. Diss. Göttingen 1911. Dingl. Polytechn. J. *28*, 321—410 (1911).

Prandtl, L.: Der Luftwiderstand von Kugeln. Nachr. Ges. Wiss. Gottingen, Math. Phys. Klasse, 177—190 (1914); Coll. Works, Vol. II, 597—608.

von Kármán, Th.: Über laminare und turbulente Reibung. ZAMM *1*, 233—252 (1921). NACA TM 1092 (1946).

Pohlhausen, K.: Zur naherungsweisen Integration der Differentialgleichung der laminaren Grenzschicht. ZAMM *1*, 252—268 (1921).

Prandtl, L.: Bemerkungen uber die Entstehung der Turbulenz. ZAMM *1*, 431—436 (1921); Coll. Works, Vol. II, 687—696.

Tietjens, O.: Beiträge zur Entstehung der Turbulenz. Diss. Göttingen 1922. ZAMM *5*, 200—217 (1925).

Burgers, J.M.: The motion of a fluid in the boundary layer along a plane smooth surface. Proc. First Intern. Congress Appl. Mech., Delft, 113—128 (1924).

Betz, A.: Ein Verfahren zur direkten Ermittlung des Profilwiderstandes. ZFM *16*, 42 (1925).

Prandtl, L.: Über die ausgebildete Turbulenz. ZAMM *5*, 136—139 (1925); Verhandlungen II. Intern. Kongress Angew. Mechanik, Zurich, 62—75 (1926); Coll. Works, Vol. II, 714—718.

Tollmien, W.: Berechnung turbulenter Ausbreitungsvorgange. ZAMM *6*, 468—478 (1926).

Prandtl, L.: The generation of vortices in fluids of small viscosity. 15th Wilbur Wright Memorial Lecture, London 1927. J. Roy. Aero. Soc. *31*, 720 (1927). See also: Die Entstehung von Wirbeln in einer Flüssigkeit mit kleiner Reibung. Z. Flugtechn. Motorluftsch. *18*, 489—496 (1927); Coll. Works, Vol. II, 752—777.

Tollmien, W.: Über die Entstehung der Turbulenz. I. Mitteilung Nachr. Ges. Wiss. Göttingen, Math. Phys. Klasse, 21—44 (1929). NACA TM 609 (1931).

Schlichting, H.: Über das ebene Windschattenproblem. Diss. Göttingen 1930. Ing.-Arch. *1*, 533—571 (1930).

Nikuradse, J.: Gesetzmäßigkeiten der turbulenten Strömung in glatten Rohren. Forsch.-Arb. Ing.-Wes. Heft 356 (1932).

Taylor, G.I.: The transport of vorticity and heat through fluids in turbulent motion. Appendix by A. Fage and V.M. Falkner. Proc. Roy. Soc. *135*, 685—705 (1932).

Prandtl, L.: Neuere Ergebnisse der Turbulenzforschung. Z. VDI *77*, 105—114 (1933); Coll. Works, Vol. II, 819—845.

Nikuradse, J.: Strömungsgesetze in rauhen Rohren. Forsch.-Arb. Ing.-Wes. Heft 361 (1933).

Schlichting, H.: Zur Entstehung der Turbulenz bei der Plattenstörmung. Nachr. Ges. Wiss. Göttingen, Math. Phys. Klasse, 182—208 (1933); see also ZAMM *13*, 171—174 (1933).

Prandtl, L.: The mechanics of viscous fluids. In W.F. Durand (ed.) Aerodynamics Theory, Vol. III. Springer Verlag, 34—208 (1935).

Tollmien, W.: Ein allgemeines Kriterium der Instabilität laminarer Geschwindigkeitsverteilungen. Nachr. Ges. Wiss. Göttingen, Math. Phys. Klasse, Fachgruppe I, *1*, 79—114 (1935).

Schlichting, H.: Amplitudenverteilung und Energiebilanz der kleinen Störungen bei der Plattenströmung. Nachr. Ges. Wiss. Göttingen, Math. Phys. Klasse, Fachgruppe I, *1*, 47—78 (1935).

Busemann, A.: Gasströmung mit laminarer Grenzschicht entlang einer Platte. ZAMM *15*, 23—25 (1935).

Jones, B.M.: Flight experiments on the boundary layer. First Wright Brothers' Memorial Lecture 1937. J. Aero. Sci. *5*, 81—101 (1938).

von Kármán, Th., and Tsien, H.S.: Boundary layer in compressible fluids. J. Aero. Sci. *5*, 227—232 (1938). See also: Th. von Kármán: Report on the Volta Congress, Rome. 1935.

Görtler, H.: Über eine dreidimensionale Instabilität laminarer Grenzschichten an konkaven Wänden. Nachr. Ges. Wiss. Göttingen, Math. Phys. Klasse, New Series *2*, No. 1 (1940).

Schubauer, G.B., and Skramstad, H.K.: Laminar boundary layer oscillations and stability of laminar flow. J. Aero. Sci. *14*, 69—78 (1947). NACA Rep. 909 (1948).

Tollmien, W.: Asymptotische Integration der Störungsdifferentialgleichung ebener laminarer Strömungen bei hohen Reynolds Zahlen. ZAMM *25/27*, 33—50 and 70—83 (1947).

Mangler, W.: Zusammenhang zwischen ebenen und rotationssymmetrischen Grenzschichten in kompressiblen Flussigkeiten. ZAMM *28*, 97—103 (1948).

Truckenbrodt, E.: Ein Quadraturverfahren zur Berechnung der laminaren und turbulenten Reibungsschicht bei ebener und rotationssymmetrischer Strömung. Ing.-Arch. *20*, 211—228 (1952).

Dryden, H. L.: Fifty years of boundary layer theory and experiment. Sciences *121*, 375—380 (1955).

Schlichting, H.: Application of boundary layer theory in turbomachinery. J. Basic Eng. *81*, 543—551 (1959).

Kestin, J.: The effect of free-stream turbulence on heat transfer rates. Advances in Heat Transfer *3*, 1—32 (1966).

Bradshaw, P.: The understanding and prediction of turbulent flow. 6th Reynolds-Prandtl Lecture. J. Roy. Aero. Soc. *76*, 403—418; see also DGLR Jb. 1972, 51—82.

Schlichting, H.: Recent progress in boundary layer research. 36th Wright Brothers' Memorial Lecture 1973. AIAA J. *12*, 427—440 (1974).

Smith, A. M. O.: High lift aerodynamics. 37th Wright Brothers' Memorial lecture 1974. J. Aircraft *12*, 501—530 (1975).

Schlichting, H.: An account of the scientific life of Ludwig Prandtl. Invited Lecture presented at the Symposium on Flow Separation of the AGARD Fluid Dynamics Panel at Göttingen, May 27 to 30, 1975. ZFW *23*, 297—316 (1975).

Tani, J.: History of boundary layer theory. Ann. Review Fluid Mech. *9*, 87—111 (1977).

E. Ludwig Prandtl 纪念文集（自1957年开始）

Betz, A.: Lehren einer funfzigjahrigen Stromungsforschung. ZFW *5*, 97—105 (1957).

Dryden, L.: Gegenwartsprobleme der Luftfahrtforschung. ZFW *6*, 217—233 (1958).

Roy, M.: Über die Bildung von Wirbelzonen in Strömungen mit geringer Zahigkeit ZFW *7*, 217—227 (1959).

Schmidt, E.: Thermische Auftriebsströmungen und Wärmeübergang. ZFW *8*, 273—284 (1960).

Lighthill, M. J.: A technique for rendering approximate solutions to physical problems uniformly valid. ZFW *9*, 267—275 (1961).

Tollmien, W.: Aspekte der Strömungsphysik 1962. ZFW *10*, 403—413 (1962).

Sauer, R.: Die Aufgabe des Mathematikers in der Aerodynamik. ZFW *11*, 349—357 (1963).

Ackeret, J.: Anwendungen der Aerodynamik im Bauwesen. ZFW *13*, 109—122 (1965).

Busemann, A.: Minimalprobleme der Luft- und Raumfahrt. ZFW *13*, 401—411 (1965).

Schlichting, H.: Einige neuere Ergebnisse aus der Aerodynamik des Tragflügels. DGLR Jb. 1966, 11—32 (1967).

Küchemann, D.: Entwicklungen in der Tragflügeltheorie. DGLR Jb. 1967, 11—22 (1968).

Wittmeyer, H.: Aeroelastomechanische Untersuchungen an dem Flugzeug SAAB 37 „VIGGEN". DGLR Jb. 1968, 11—23 (1969).

Oswatitsch, K.: Möglichkeiten und Grenzen der Linearisierung in der Strömungsmechanik. DGLR Jb. 1969, 11—17 (1970).

Germain, P.: Progressive waves. DGLR Jb. 1971, 11—30 (1972).

Magnus, K.: Fortschritte in der Kinetik von Mehrkörpersystemen. DGLR Jb. 1972, 11—26 (1973).

Becker, E.: Stoßwellen. DGLR Jb. 1973, 11—40 (1974).

Olszak, W.: Gedanken zur Entwicklung der Plastizitätstheorie. ZFW *24*, 123—139 (1976).

Schultz-Grunow, F.: Exakte Zugänge zu hydrodynamischen Problemen. ZFW *23*, 175—183 (1975).

Truckenbrodt, E.: Naherungslösungen der Strömungsmechanik und ihre physikalische Deutung. ZFW *24*, 178—187 (1976).

Young, A.D.: Some special boundary layer problems. ZFW *1*, 401—414 (1977).

Zierep, J.: Instabilitäten in Strömungen zäher, wärmeleitender Medien. ZFW *2*, 143—150 (1978).

主 题 索 引

二 画

三 画

四 画

五 画

六　　画

七　　画

八 画

九 画

十 画

十 五 画

十六 画 以 上

其 他

缩 写 词

AIAA J.	*Journal of the American Institute of Aeronautics and Astronautics*, New York, published since 1963 (see JAS and JASS)
ARC	Aeronautical Research Council, London. Publishes two series of documents, each numbered separately ARC RM — Reports and Memoranda ARC CP — Current Papers
ARSJ	Journal American Rocket Society
ASME	American Society of Mechanical Engineers, New York
J. Appl. Mech.	*Journal of Applied Mechanics*, being part E of the *Transactions of the* ASME (see above)
J. Heat Transfer	*Journal of Heat Transfer*, being part C of the *Transactions of the* ASME
AVA	Aerodynamische Versuchsanstalt, Goettingen. Germany
DFL	Deutsche Forschungsanstalt für Luft- und Raumfahrt, Braunschweig, Germany (till 1969)
DFVLR	Deutsche Forschungs- und Versuchsanstalt für Luft- und Raumfahrt, Koln (since 1969)
DVL	Deutsche Versuchsanstalt für Luft- und Raumfahrt, Köln, Germany (till 1969)
DGLR	Deutsche Gesellschaft für Luft- und Raumfahrt, Köln
ETH	Federal Institute of Technology (Eidgenoessische Technische Hochschule) Zurich, Switzerland
Forschg. Ing.-Wes.	Scientific journal entitled *Forschung auf dem Gebiete des Ingenieur-Wesens*, VDI (German Society of Engineers), Berlin and Duesseldorf (since 1948)
Forschungsheft	Research supplement to Forschg. Ing.-Wes. (see above)
Ing.-Arch.	Scientific journal entitled *Ingenieur-Archiv*, Berlin and, since 1947, Berlin and Heidelberg
JAS	*Journal of the Aeronautical Sciences*, New York, (1932—1958); replaced in 1959 by JASS
JASS	*Journal of Aero/Space Sciences*, New York (1959—1962); replaced in 1963 by AIAA J.
JFM	*Journal of Fluid Mechanics*, Cambridge, England
J. Roy. Aero. Soc.	= *Journal of the Royal Aeronautical Society*, London, England
NACA	The National Advisory Committee for Aeronautics, Washington D.C. [replaced in 1959 by NASA (see below)]. Published three series of documents, each numbered separately: NACA Rep. — Reports NACA TM — Technical Memoranda NACA TN — Technical Notes

NASA	National Aeronautics and Space Administration (created in 1969 in replacement of NACA)
NGTE	National Gas Turbine Establishment, Great Britain
ONERA	Office National d'Études et de Recherches Aérospatiales, Châtillon-sous-Bagneux, France
Proc. Roy. Soc. A	*Proceedings of the Royal Society, London*, series A
RAE	Royal Aircraft Establishment, Great Britain
USAF	United States Air Force
VDI	Verein Deutscher Ingenieure (German Society of Engineers), Duesseldorf. Publishes: Forschg. Ing.-Wes. with its supplement Forschungsheft (see above)
WGL Jb.	Jahrbuch der Wissenschaftlichen Gesellschaft für Luftfahrt, 1952—1962; für Luft- und Raumfahrt, 1963—1975 (H. Blenk and W. Schulz, eds., Vieweg, Braunschweig)
ZAMM	*Zeitschrift für angewandte Mathematik und Mechanik*, Berlin, Germany
ZAMP	*Zeitschrift für angewandte Mathematik und Physik*, Basel, Switzerland
ZFM	*Zeitschrift für Flugtechnik und Motorluftschiffahrt*, Munich and Berlin, Germany
ZFW	*Zeitschrift für Flugwissenschaft*, Braunschweig, Germany, 1953—1976; from 1977 replaced by *Zeitschrift für Flugwissenschaften und Weltraumforschung*, Köln.

常用符号一览表

为了不致于过分偏离有关论文中通常使用的惯用符号，需要用同一个符号来表示几个不同的量. 例如，λ 既表示层流和湍流管流的阻力系数，同时又在层流边界层的稳定性理论中表示扰动的波长. 类似地，k 既表示热边界层理论中的导热系数，同时又在粗糙度对湍流影响的讨论中表示突起物的高度.

下面是本书中最常用的符号一览表.

I. 一 般 符 号

A　浸湿面积或迎风面积

c　声速

d，D　直径

g　重力加速度

h　槽的宽度

l, L　长度

p　压力(单位面积上的力)

$q=\frac{1}{2}\rho V^2$　动压头

r，ϕ，z　柱坐标

r，R　半径

u　平均速度(在管道中)

U_∞　来流速度

$U(x)$　位势流动速度

u，v，w　速度分量

$\bar{u}$　时间平均速度(管道或边界层)

x, y, z　直角坐标

V　来流速度

ρ　密度(单位体积的质量)

ω　角速度

II. 粘性流动，湍流

A_τ　湍流粘性系数

b　射流或尾迹的宽度

c_D　阻力系数

c_f　表面摩擦系数

c_f'　局部表面摩擦系数

D　阻力

$H_{12}=\delta_1/\delta_2$ 速度剖面的第一形状因子

$H_{32}=\delta_3/\delta_2$ 速度剖面的第二形状因子

$\mathbf{M}=(v/c)$Mach 数

k　粗糙元(突起物)的高度

k_S　有效砂粒粗糙度的颗粒高度

K　边界层中速度剖面的形状因子

l　混合长度

$\mathbf{R}$　$=(VL/\nu$ 或 $\bar{u}d/\nu$ 或 $U\delta/\nu)$Reynolds 数

$\mathbf{R}_i$　Richardson 数

$\mathbf{S}$　Strouhal 数

$\mathbf{T}$　湍流度(或湍流强度)

u',v',w'　脉动速度分量

$\overline{u'^2},\overline{v'^2},\overline{u'v'},\cdots$　脉动速度的时间平均项

U　圆管中心线上的最大速度

U_∞　自由来流速度

$v_*=\sqrt{\tau_0/\rho}$ 摩擦速度

y　离开壁面的距离

δ　边界层厚度

δ_1　位移边界层厚度

δ_2　动量边界层厚度

δ_3　能量边界层厚度

ε_τ　湍流中表观(有效)运动粘性系数

$\eta = yv_*/\nu$　离开壁面的无量纲距离

$\varkappa$　湍流中的经验常数；$l = \varkappa y$

λ　管流的阻力系数

Λ　层流边界层中速度剖面的型参数

μ　粘性系数

$\nu = \mu/\rho$　运动粘性系数

τ　切应力(单位面积所受的力)

τ_0，τ_w　壁面切应力

$\phi = u/v_*$　无量纲速度

ψ　流函数

III. 从层流向湍流的转捩

c　$\beta/\alpha = c_r + ic_i$

c_i　增长(或衰减)系数

c_r　扰动波传播速度

$\mathbf{R}_{\mathrm{crit}} = (U_m\delta_1/\nu)_{\mathrm{crit}}$　临界 Reynolds 数

$\mathbf{T}_a$　Taylor 数

u', v'　扰动速度分量

$U(y)$　边界层速度剖面

$U_m(x)$　势流速度

β　$\beta_r + i\beta_i$

β_i　增长(或衰减)系数

β_r　扰动的圆频率

γ　间歇因子

$\lambda = 2\pi/\alpha$　扰动的波长

$\phi(y)$　扰动流函数的振幅

IV. 热边界层和可压缩边界层

$a = k/\rho c_p$ 热扩散系数

$c = \sqrt{\gamma p/\rho}$ 声速

c_p, c_v 定压比热和定容比热

$\mathbf{E} = U_\infty^2/c_p\Delta T$ Eckert 数

$\mathbf{G} = g\beta l^3\Delta T/\nu^2$ Grashof 数

h 焓

k 导热系数

$\mathbf{M} = V/c$ Mach 数

$\mathbf{N} = \alpha l/k$ Nusselt 数

$\mathbf{P} = \nu/a$ Prandtl 数

q 热通量(单位面积单位时间的热量)

r 恢复因子

R 气体常数

$\mathbf{R}_i = -\{(g/\rho)(d\rho/dy)\}/(dU/dy)^2_w$ Richardson 数

$\mathbf{S} = \mathbf{N}/\mathbf{RP}$ Stanton 数

$\mathbf{S}_c$ Schmidt 数

T 温度

T_a 绝热壁温度(恢复温度)

T_w 壁面温度

α 传热系数

β 热膨胀系数

$\gamma = c_p/c_v$ 等熵指数

δ_T 热边界层厚度

ΔT 温度差

Φ 耗散函数

ω 粘性-温度关系的指数